高等学校交通运输与工程类专业教材建设委员会规划教材
高等学校应用型本科系列教材

工程招投标
与合同管理

（第3版）

刘光凤 编 著

刘 燕 主 审

人民交通出版社
北 京

内 容 提 要

本教材以公路工程项目为背景,以招投标与合同管理的工作过程为主线,以施工阶段招投标和合同管理为重点,注重理论联系实际,以让学生掌握实践技能为目标。本教材共分8章,主要内容包括:工程招投标与合同管理概述、招投标与合同法律基础、工程项目施工招投标、工程项目其他各阶段的招标、合同范本、合同管理、索赔管理、工程合同终结管理与后评价等内容。每章均附有本章任务训练。

本教材可作为高等学校应用型本科、继续教育学院本(专)科、职教本科和高职高专专升本学生的教材,也可作为工程管理人员、工程技术人员的培训教材或自学用书。

图书在版编目(CIP)数据

工程招投标与合同管理 / 刘光凤编著. — 3版.

北京 : 人民交通出版社股份有限公司, 2025. 5.

ISBN 978-7-114-20203-2

Ⅰ. TU723

中国国家版本馆CIP数据核字第2025Y29N53号

Gongcheng Zhao-Toubiao yu Hetong Guanli

书　　　名:**工程招投标与合同管理(第3版)**
著 作 者:刘光凤
责任编辑:袁倩倩
责任校对:赵媛媛　魏佳宁
责任印制:张　凯
出版发行:人民交通出版社
地　　　址:(100011)北京市朝阳区安定门外外馆斜街3号
网　　　址:http://www.ccpcl.com.cn
销售电话:(010)85285911
总 经 销:人民交通出版社发行部
经　　　销:各地新华书店
印　　　刷:北京虎彩文化传播有限公司
开　　　本:787×1092　1/16
印　　　张:22.25
字　　　数:528千
版　　　次:2007年3月　第1版
　　　　　　2015年6月　第2版
　　　　　　2025年5月　第3版
印　　　次:2025年5月　第3版　第1次印刷　总第16次印刷
书　　　号:ISBN 978-7-114-20203-2
定　　　价:59.00元

(有印刷、装订质量问题的图书,由本社负责调换)

　　本教材第1版于2007年出版,第2版于2015年出版,这两版教材均由重庆交通大学刘燕编著、长沙理工大学刘开生主审。现出于以下原因需对第2版教材进行修订。

　　在第2版教材出版后,国家及行业主管部门颁布了《中华人民共和国民法典》(2021年施行)、《必须招标的工程项目规定》(2018年施行)、《中华人民共和国标准监理招标文件》(2017年版)、《中华人民共和国标准勘察招标文件》(2017年版)、《中华人民共和国标准设计招标文件》(2017年版)、《中华人民共和国标准材料采购招标文件》(2017年版)、《中华人民共和国标准设备采购招标文件》(2017年版)等,修订了《中华人民共和国招标投标法》(2017年修订)、《中华人民共和国招标投标法实施条例》(2019年修订)、《中华人民共和国建筑法》(2019年修订)、《公路工程标准体系》(JTG 1001—2017)、《公路工程建设项目招标投标管理办法》(2016年施行)、《建设工程施工合同(示范文本)》(2017年版)、《建设工程设计合同(示范文本)》(2015年版)、《建设工程勘察合同(示范文本)》(2016年版)、《建设项目工程总承包合同(示范文本)》(2020年版)等,这些与工程招投标与合同管理相关的法律法规、标准、范本的颁布和修订,使教材内容已不符合工程实践,无法满足培养应用型人才的基本需求。

　　本教材作为高等学校应用型本科规划教材,需进一步丰富工程规范与实践方面的内容,提高其实用性和实践指导性。

第3版教材在保留第2版教材总体结构的基础上，主要做了如下修订：

(1)按照国家和行业的最新法律法规、标准、范本等对相关内容进行了全面的修订。

(2)收集工程实践中新的案例素材对第2版教材中的案例进行更新和丰富。

本教材在修订过程中，由重庆交通大学刘光凤负责统稿和文稿校订，其中，第一章、第二章、第五章、第六章和第八章主要由刘光凤和朱红燕负责编著；第三章、第四章和第七章主要由刘光凤和李志远负责编著。

本教材的修订引用了其他作者的部分著作成果，在此向他们表示深深的感谢。由于编著者水平有限，教材中的疏漏或不足之处，恳请读者批评指正。

编著者
2025年3月

目 录

CONTENTS

第 一 章

工程招投标与合同管理概述

● 知识目标

(1)掌握工程招投标的定义、工程招标方式、工程招标范围、工程招标类型、工程招标程序,熟悉工程招投标的基本性质、特点、基本原则。

(2)掌握工程合同的定义和类型、工程合同管理的定义和内容,熟悉工程合同的体系、特点和生命期以及工程合同管理的意义和工作流程。

● 能力目标

(1)能够判断招标方式、招标范围、招标类型。

(2)能够判断合同类型,明晰合同管理内容和流程。

● 素质目标

(1)培养公开、公平、公正、诚实信用的思政品质。

(2)增强工程项目招投标活动法律意识,培养良好的职业道德。

● 知识架构

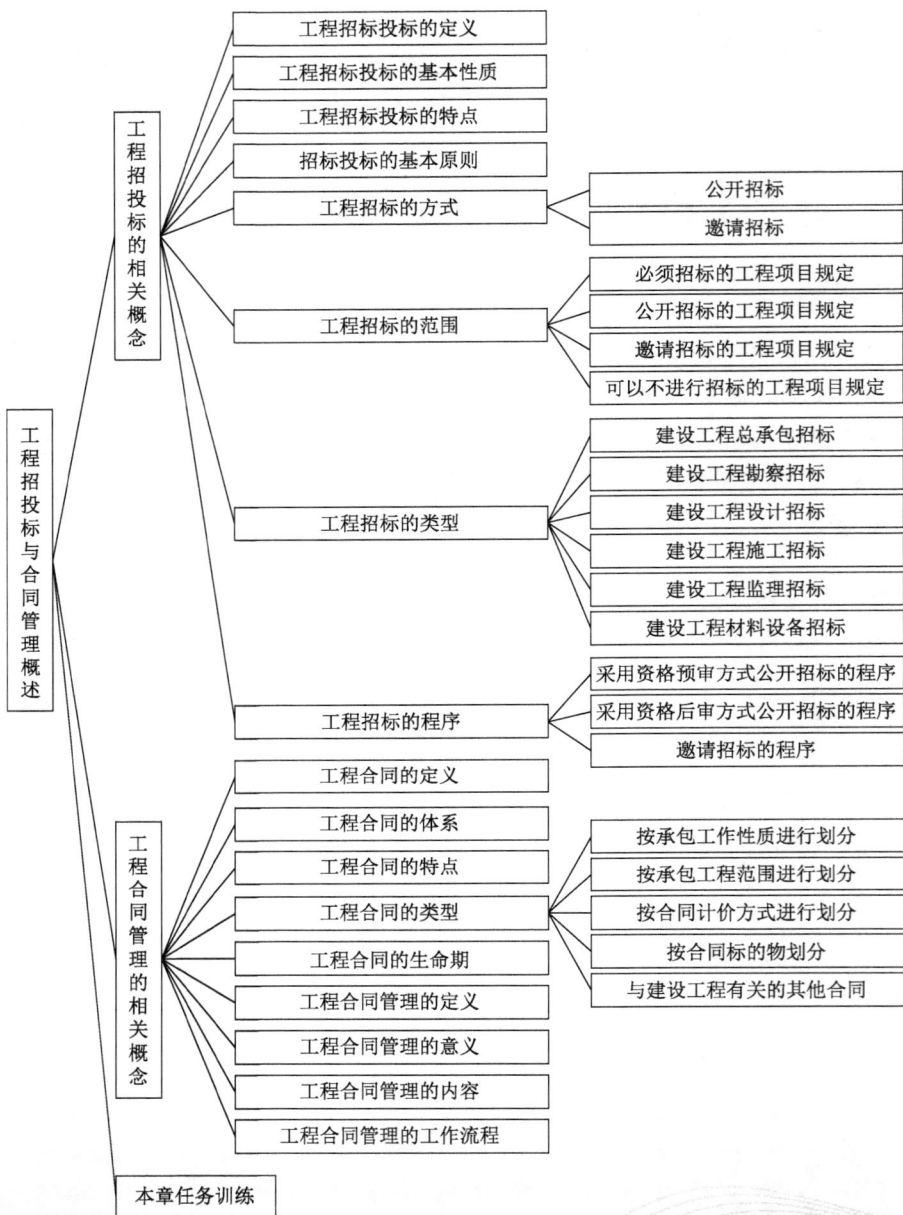

第一节 工程招投标的相关概念

一 工程招标投标的定义

招标投标(Tendering and Bidding)是一种国际上普遍应用的、有组织的市场采购行为,是建筑工程项目、货物及服务中广泛使用的买卖交易方式,是由唯一的招标人设定标的,约请若干(大于或等于3个)投标人公平竞争,通过秘密报价,从中择优选定一个中标者并双方达成交易协议的行为。

招标人是提出招标项目、进行招标的法人或者其他组织。

投标人是响应招标、参加投标竞争的法人或者其他组织。

二 工程招标投标的基本性质

①招标投标是市场竞争的表现形式。招标投标活动从若干投标人中择优选定一个中标者,具有市场竞争属性。

②招标投标是建筑产品的价格形成方式之一。招投标活动涉及招标控制价、标底和投标报价等造价文件,清晰地展示了建筑产品价格。

③招标投标是承包合同的订立方式,是承包合同的形成过程。《中华人民共和国民法典》(以下简称《民法典》)规定,招标属于要约邀请,投标属于要约,中标通知书属于承诺,招标投标活动也是合同的形成过程。

④招标投标是一种法律行为。招标投标活动是一种法律行为,须严格遵守《民法典》、《中华人民共和国招标投标法》(以下简称《招标投标法》)等法律规定。

三 工程招标投标的特点

①法规性强,采购程序规范化。国内外对工程招投标都有相应的规定,工程招标与投标必须遵守相应法律法规。

②专业性强。工程招标投标涉及工程技术、工程质量、工程经济、合同、商务、法律法规等,专业性强。

③透明度高,以公开、公平、公正和诚实信用为原则。《招标投标法》第五条规定:招标投标活动应当遵循公开、公平、公正和诚实信用的原则。

④风险性高。工程招标投标是一次性的,确定买卖双方经济合同关系在前,产品或服务的提供在后,这对建设单位和承包人来说风险性很高。

⑤理论性与实践性强。工程招投标的基本原理和招标工作程序、招标投标文件的组成、标底报价的计算、投标策略等,具有很强的理论性和实践性。

四 招标投标的基本原则

①合法原则。招标投标是承包合同的订立方式,应遵守相关法律、行政法规。合法原则

包括主体(招标人和投标人资格)合法、内容(招标文件中的内容)合法、程序(招标投标程序)合法、代理(招标人的代理人)合法等。

②平等原则。《民法典》规定:合同当事人的法律地位平等,一方不得将自己的意志强加给另一方。

③公开原则。要求招标投标活动具有高度的透明度,按公布的评标标准评审投标人,公开发布招标公告,公开开标,公开中标结果。

④优胜劣汰原则。由唯一的招标人设定标的,约请若干投标人公平竞争,通过秘密报价,从中择优选定中标者并双方达成交易协议。

⑤遵循价值规律和服从供求规律相统一的原则。在定标时,中标单位的价格应符合价值规律,反映供求规律的作用、建筑产品的社会必要劳动消耗量和当前的市场价格。

⑥诚实信用原则。《民法典》规定:当事人行使权利、履行义务应当遵循诚实信用原则。诚实信用原则要求不得规避招标,串通投标、泄露标底、骗取中标、非法转包等。

五　工程招标的方式

依据竞争程度进行分类,工程招标可以分为公开招标和邀请招标;从招标的范围进行分类,工程招标可以分为国际招标和国内招标。

1. 公开招标

公开招标,又称无限竞争性招标,是指招标人以招标公告的方式邀请不特定的法人或者其他组织投标。

招标人采用公开招标方式的,应当发布招标公告。依法必须进行招标项目的招标公告,应当通过国家指定的报刊、信息网络或者其他媒介发布。

招标公告应当载明招标人的名称和地址,招标项目的性质、数量、实施地点和时间,以及获取招标文件的办法等事项。

公开招标的优点包括:有利于开展真正意义上的竞争,最充分地遵循公开、公正、平等竞争的招标原则,防止和克服垄断;能有效地促使承包人增强竞争实力,努力提高工程质量,缩短工期,降低造价,通过节约和提升效率,创造最合理的利益回报;有利于防范招标投标活动操作人员和监督人员的舞弊现象。

公开招标的缺点包括:参加竞争的投标人越多,每个参加者中标的概率将越小,损失投标费用的风险就越大;招标人审查投标人资格、投标文件的工作量比较大,耗费的时间较长,招标费用较多。

2. 邀请招标

邀请招标,又称有限竞争性招标或选择性招标,是指招标人以投标邀请书的方式邀请特定的法人或者其他组织投标。

招标人采用邀请招标方式的,应当向三个及以上具备承担招标项目的能力、资信良好的特定的法人或者其他组织发出投标邀请书。

投标邀请书应当载明招标人的名称和地址,招标项目的性质、数量、实施地点和时间,以及获取招标文件的办法等事项。

邀请招标的优点在于目标集中,招标的组织工作较容易,工作量比较小。其缺点是由于参加投标的单位较少,竞争性较差,招标单位对投标单位的选择余地较小,如果招标单位在选择邀请单位前所掌握的信息资料不足,则会失去发现最适合承担该项目的承包人的机会。

公开招标和邀请招标都必须按规定的招标程序进行,投标人必须按招标文件的规定进行投标。

六 工程招标的范围

1. 必须招标的工程项目规定

凡在中华人民共和国境内进行下列工程建设项目,包括项目的勘察、设计、施工、监理以及与工程建设有关的重要设备、材料等的采购,必须进行招标。

①大型基础设施、公用事业等关系社会公共利益、公众安全的项目;

②全部或者部分使用国有资金投资或国家融资的项目;

③使用国际组织或者外国政府贷款、援助资金的项目。

国家发展和改革委员会于2018年3月27日公布了《必须招标的工程项目规定》(国家发展改革委2018年第16号令),于2018年6月1日起施行,并于2018年6月6日公布了《必须招标的基础设施和公用事业项目范围规定》(发改办法规〔2018〕843号),这两份文件对必须进行招标的工程项目范围进行了具体规定。

全部或者部分使用国有资金投资或者国家融资的项目包括:

①使用预算资金200万元人民币以上,并且该资金占投资额10%以上的项目;

②使用国有企业事业单位资金,并且该资金占控股或者主导地位的项目。

使用国际组织或者外国政府贷款、援助资金的项目包括:

①使用世界银行、亚洲开发银行等国际组织贷款、援助资金的项目;

②使用外国政府及其机构贷款、援助资金的项目。

不属于以上几条规定情形的大型基础设施、公用事业等关系社会公共利益、公众安全的项目,必须招标的具体范围包括:

①煤炭、石油、天然气、电力、新能源等能源基础设施项目;

②铁路、公路、管道、水运,以及公共航空和A1级通用机场等交通运输基础设施项目;

③电信枢纽、通信信息网络等通信基础设施项目;

④防洪、灌溉、排涝、引(供)水等水利基础设施项目;

⑤城市轨道交通等城建项目。

对于以上的各类工程建设项目,其勘察、设计、施工、监理以及与工程建设有关的重要设备、材料等的采购达到下列标准之一的,必须招标:

①施工单项合同估算价在400万元人民币以上;

②重要设备、材料等货物的采购,单项合同估算价在200万元人民币以上;

③勘察、设计、监理等服务的采购,单项合同估算价在100万元人民币以上。

同一项目中可以合并进行的勘察、设计、施工、监理以及与工程建设有关的重要设备、材料等的采购,合同估算价合计达到前款规定标准的,必须招标。

2. 公开招标的工程项目规定

国务院发展改革部门确定的国家重点建设项目和各省、自治区、直辖市人民政府确定的地方重点建设项目，以及全部使用国有资金投资或者国有资金投资占控股或者主导地位的工程建设项目，应当公开招标。

3. 邀请招标的工程项目规定

①项目技术复杂或有特殊要求，或者受自然地域环境限制，只有少量潜在投标人可供选择；

②涉及国家安全、国家秘密或者抢险救灾，适宜招标但不宜公开招标；

③采用公开招标方式的费用占项目合同金额的比例过大。

国家重点建设项目的邀请招标，应当经国务院发展改革部门批准；地方重点建设项目的邀请招标，应当经各省、自治区、直辖市人民政府批准。

4. 可以不进行招标的工程项目规定

①涉及国家安全、国家秘密、抢险救灾或者属于利用扶贫资金实行以工代赈、需要使用农民工等特殊情况，不适宜进行招标；

②施工主要技术采用不可替代的专利或者专有技术；

③已通过招标方式选定的特许经营项目投资人依法能够自行建设；

④采购人依法能够自行建设；

⑤在建工程追加的附属小型工程或者主体加层工程，原中标人仍具备承包能力，并且其他人承担将影响施工或者功能配套要求；

⑥国家规定的其他情形。

七 工程招标的类型

1. 建设工程总承包招标

建设工程总承包招标即选择项目总承包人招标，分为两种类型，其一是指工程项目实施阶段的全过程招标，其二是指工程项目建设全过程的招标。前者是在设计任务书完成后，从项目勘察、设计到交付使用进行一次性招标；后者则是从项目的可行性研究到交付使用进行一次性招标，建设单位只需提供项目投资和使用要求及竣工、交付使用期限，其可行性研究、勘察设计、材料和设备采购、施工安装、生产准备和试运行、交付使用，均由一个总承包人负责承包，即所谓"交钥匙工程"。

我国由于长期采取设计与施工分开的管理体制，目前具备设计、施工双重能力的施工企业较少。在国内工程招标中，所谓建设工程总承包招标，往往是指对一个项目全部施工的总招标，与国际惯例所指的总承包尚有相当大的差距。因此，与国际接轨，提高我国建筑企业在国际建筑市场的竞争力，深化施工管理体制改革，造就一批具有真正总包能力的智力密集型龙头企业，是我国建筑业发展的重要战略目标。

2. 建设工程勘察招标

建设工程勘察招标，是指招标人就拟建工程的勘察任务发布通告，以法定方式吸引勘察单位参加竞争,经招标人审查获得投标资格的勘察单位按照招标文件的要求,在规定的时间内向招标人投递标书,招标人从中选择条件优越者完成勘察任务。

3. 建设工程设计招标

建设工程设计招标,是指招标人就拟建工程的设计任务发布通告,以法定方式吸引设计单位参加竞争,经招标人审查获得投标资格的设计单位按照招标文件的要求,在规定的时间内向招标人投递标书,招标人从中择优确定中标单位完成工程设计任务。

4. 建设工程施工招标

建设工程施工招标,是指招标人就拟建工程发布公告或者邀请,以法定方式吸引建筑施工企业参加竞争,招标人从中选择条件优越者完成工程建设任务。

5. 建设工程监理招标

建设工程监理招标,是指招标人为了委托监理任务的完成,以法定方式吸引监理单位参加竞争,招标人从中选择条件优越者完成监理任务。

6. 建设工程材料设备招标

建设工程材料设备招标,是指招标人就拟购买的材料设备发布公告或者邀请,以法定方式吸引建设工程材料设备供应商参加竞争,招标人从中选择条件优越者购买其材料设备。

八 工程招标的程序

综合考虑招标方式和资格审查方式,可以将工程招标的程序分为以下三款:采用资格预审方式公开招标的程序、采用资格后审方式公开招标的程序和邀请招标的程序。以下主要从招标人角度阐述工程招标的程序。

1. 采用资格预审方式公开招标的程序

①编制资格预审文件;

②发布资格预审公告,发售资格预审文件,公开资格预审文件关键内容;

③接收资格预审申请文件;

④组建资格审查委员会对资格预审申请人进行资格审查,资格审查委员会编写资格审查报告;

⑤根据资格审查结果,向通过资格预审的申请人发出投标邀请书;向未通过资格预审的申请人发出资格预审结果通知书,告知未通过的依据和原因;

⑥编制招标文件;

⑦发售招标文件,公开招标文件的关键内容;

⑧需要时,组织潜在投标人踏勘项目现场,召开投标预备会;

⑨接收投标文件,公开开标;

⑩组建评标委员会评标,评标委员会编写评标报告、推荐中标候选人;

⑪公示中标候选人相关信息;

⑫确定中标人;

⑬编制招标投标情况的书面报告；

⑭向中标人发出中标通知书，同时将中标结果通知所有未中标的投标人；

⑮与中标人订立合同。

2. 采用资格后审方式公开招标的程序

采用资格后审方式公开招标的，在完成招标文件编制并发布招标公告后，按照第1款程序第⑦项至第⑮项进行。

3. 邀请招标的程序

采用邀请招标的，在完成招标文件编制并发出投标邀请书后，按照第1款程序第⑦项至第⑮项进行。

第二节　工程合同管理的相关概念

一　工程合同的定义

工程合同是指发包人（在本书中，发包人也称建设单位）和承包人为完成指定的工程项目任务而达成的、明确当事人双方权利和义务的协议。工程项目涉及多方的经济利益，往往需要多个合同来协调各方关系。一般的建设项目所涉及的合同主要有勘察设计合同、建设工程承包合同、设备采购合同、设备租赁合同、贷款合同、技术协作合同、保险合同等。

工程合同具有五个构成要素：

①合法的合同目的；

②依据法律确定的合同类型；

③合同规章；

④合同的彼此一致性；

⑤报酬原则。

二　工程合同的体系

现代社会化大生产和专业化分工，使得工程项目的相关合同达几十份、几百份，甚至几千份。这些合同都是为了完成项目目标，定义项目的活动及其之间的复杂关系而形成的。在这个体系中，建设单位和承包人的合同是最重要的。

1. 建设单位的主要合同关系

与建设单位签订的合同通常称为主合同。建设单位必须将经过项目目标分解和结构分析所确定的各种工程任务委托出去，由专门的单位来完成。不同项目的主合同在工程范围、内容、形式上会有很大差别。根据工程分标方式的不同，建设单位可能订立几十份合同，例如将各专业工程分别甚至分段委托，或将材料和设备供应分别委托；也可能将上述委托以各种形式进行合并,只签订几份甚至一份主合同。通常建设单位需签订咨询合同、勘察设计合同、材料设备采购合同(建设单位负责的材料和设备供应)、工程施工合同、贷款合同等。

2. 承包人的主要合同关系

承包人要完成合同所规定的工作。如施工承包人应完成的工作包括工程量表中确定的工程范围的施工、竣工及保修,并为完成这些工作提供劳动力、施工设备、建筑材料、管理人员、临时设施。在EPC[engineering(设计)、procurement(采购)、construction(施工)的组合,中文叫设计采购施工总承包,是指工程总承包企业依据规定,承担项目的设计、采购、施工和试运营等工作,并对工程全面负责的项目模式]项目中,EPC承包人应承揽整个建设工程的设计、采购、施工,并对所承包的建设工程的质量、安全、工期、造价等全面负责。承包人在不具备相关优势或工期紧张等情况下,可能签订工程分包合同、设备和材料供应合同、运输合同、加工合同、租赁合同、劳务合同等。

在许多大型工程中,特别是总承包工程中,两个或两个以上的企业往往组成联合体,这些企业之间必须订立联合体协议。

在工程项目中,特别是在大型工程项目中,合同关系是极为复杂的。各工程项目根据项目的具体情况和建设单位的能力、需求等的不同,通常会有不同的合同体系。图1-2-1为采用分别发包时的某工程合同体系示意图,图1-2-2为某工程总包合同示意图。

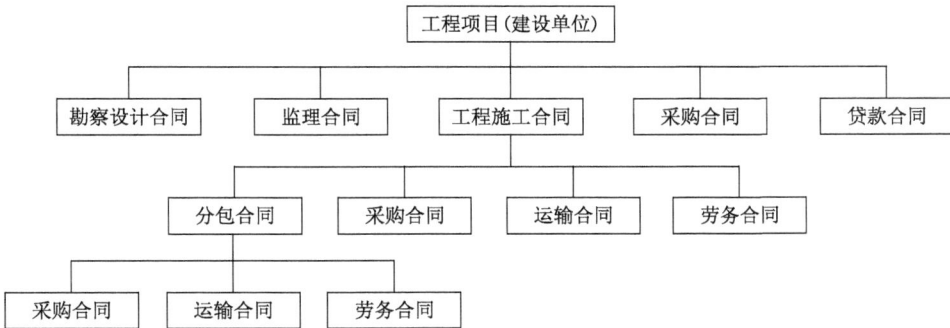

图 1-2-1 某工程合同体系示意图

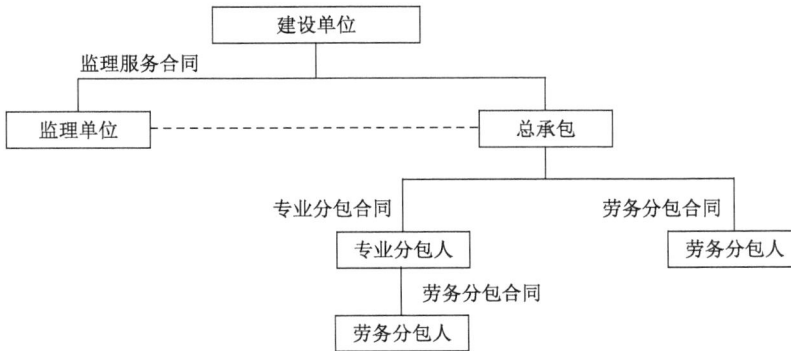

图 1-2-2 某工程总包合同示意图

三 工程合同的特点

工程合同与一般合同相比,具有以下特点:

1. 合同的标的物具有特殊性

工程合同的标的物是工程项目,工程项目具有固定性,其对应的生产具有流动性;由于时间、地点、技术、经济、环保等条件不同,工程项目具有一次性的特点,无法按重复的模式去组织建设;建筑产品体积庞大,消耗资源多,涉及面广,投资额度大,工程项目建设受自然条件影响大,不确定因素多。合同标的物的特殊性决定了项目合同管理的复杂性。

2. 经济法律关系具有多元性

工程项目实施过程中会涉及多方面的关系。如建设单位可能通过招标代理机构进行项目招标,聘请工程管理公司进行项目管理等;承包方则会涉及工程分包方、材料采购与供应方、银行保险公司等众多单位的关系。在大型工程项目中,甚至会有几十家分包单位;国际工程招标投标中,还会涉及国外的工程单位。工程合同中必须明确所涉及的各方的关系,订立相应的条款。这就决定了工程合同的经济法律关系具有多元性的特点。

3. 合同履行的期限长

工程项目规模大、内容复杂,因而其实施周期一般较长,这就导致了项目合同的履行期限长。由此,也决定了合同管理的长期性,必须保证合同各方在享有约定权利的基础上履行合同中约定的义务;同时,也必须加强对工程项目各种合同的整体管理,保证各种构成要素的协调配合。

4. 合同内容庞杂

工程项目建设涉及诸方的因素和多方面的法律关系,这些都要反映在工程合同中。因此,工程合同往往分写成多个文件,既要涵盖项目实施全过程的各个环节,又要包含项目实施过程中的各种条款。比如,除了一般性条款(如作业范围、质量、工期、造价等)外,还会有一些特殊性条款(如保险、税收、专利、文物等),有的条款多达几十条甚至更多。因此,在签订合同时,一定要全面考虑多种关系和因素,仔细斟酌每一条条款,否则可能产生严重的不良后果。

5. 合同具有多变性

工程项目庞大、复杂、施工周期长,在建设中受到地区、环境、气候、地质、政治、经济及市场变化等多因素影响,在项目实施过程中经常出现设计变更、进度计划的修改,以及对合同某些条款的变更。所以,在项目管理中,要有专人及时做好设计或施工变更洽谈记录,明确由变更产生的经济责任,并妥善保存相关资料,作为索赔、变更或终止合同的依据。

6. 合同风险大

工程项目具有的多元性、复杂性、多变性、履约周期长及金额大、市场竞争激烈等特征,这些特征增加了工程合同的风险。因此慎重分析各种风险因素,在签订合同前科学合理地拟定风险条款,在履行合同时采取有效措施,防范风险的发生,是十分重要的。

7. 工程合同具有国家管理的特殊性

工程项目的标的物为建筑物、构筑物等不动产,与土地密不可分,承包人所取得的工作成果不仅具有不可移动性,而且须长期存在和发挥作用,是关系国计民生的大事。因此,国家对建设工程项目不仅要建设规划,而且要实行严格的监督管理。工程合同的订立、合同的履行,以及资金的投放和最终的成果验收都受到国家的严格管理和监督。

四　工程合同的类型

工程合同按不同的分类方法,有不同的类型。最常见的是按承包工作性质、承包工程范围、合同计价方式等进行划分。

1. 按承包工作性质进行划分

按照承包工作性质的不同,工程合同可以划分为工程勘察合同、工程设计合同、材料设备采购合同、工程施工合同、工程监理合同等。

(1)工程勘察合同

工程勘察合同是指承包人根据发包人的委托,完成工程项目的勘察工作,并获取发包人支付报酬的合同。工程勘察合同的内容主要包括提交有关基础资料和文件的期限、质量要求、费用以及其他协作条件等条款。

(2)工程设计合同

工程设计合同是指承包人根据发包人的委托,完成工程项目的设计工作,并获取发包人支付报酬的合同。工程设计合同的内容包括提交有关基础资料和文件的期限、质量要求、费用以及其他协作条件等条款。

(3)材料设备采购合同

工程项目实施过程中需要的材料设备通常需要从项目组织外部获得,因此项目组织如建设单位(当采用建设单位供材时)为了获得施工货物与服务而与供应商签订的合同称为材料设备采购合同。

(4)工程施工合同

工程施工合同是指承包人根据发包人的委托,完成工程项目的施工工作,发包人接受工作成果并向承包人支付报酬的合同。工程施工合同的主要内容通常包括工程范围、建设工期、中间交工工程的开工和竣工时间、工程质量、工程造价、技术资料交付时间、材料和设备供应责任、拨款和结算、竣工验收、质量保修范围和质量保证期、双方相互协作等条款。

(5)工程监理合同

工程监理合同是指工程建设单位聘请监理单位代其对工程项目进行管理,明确双方权利、义务的协议。监理是指监理人受委托人的委托,依照法律法规、工程建设标准、勘察设计文件及合同,在施工阶段对建设工程质量、进度、造价进行控制,对合同、信息进行管理,对工程建设相关方的关系进行协调,并履行建设工程安全生产管理法定职责的服务活动。在工程监理合同中,建设单位称委托人,监理单位称受托人。工程监理合同的内容主要包括监理工程的范围和规模、监理工程的地点、监理工程的投资额、报酬和监理工作起止时间等条款。

2. 按承包工程范围进行划分

按照承包工程范围的不同，工程合同可以划分为项目总承包合同、施工总承包合同、专业分包合同和劳务分包合同等。

（1）项目总承包合同

项目总承包合同是指在建设工程项目中，总承包方（通常为一个专业承包公司或工程公司）与建设单位（项目发起方或投资方）之间签订的合同。总承包方应按照合同约定，对工程项目的勘察、设计、采购、施工、试运行（竣工验收）等实行全过程或若干阶段的承包。在这种合同模式下，总承包方通常要对工程的质量、安全、成本和工期等关键因素向建设单位承担责任。

（2）施工总承包合同

施工总承包合同是指发包人将全部施工任务发包给具有施工承包资质的建筑企业，由施工总承包企业按照合同的约定向建设单位负责，承包完成施工任务的合同。施工总承包一般包括土建、安装等工程，原则上工程施工部分只有一个总承包单位，且建筑工程主体结构的施工必须由总承包单位自行完成。

（3）专业分包合同

专业分包合同是指承包人与具有相应专业资质的分包人之间依法签订的合同。专业分包是指工程总承包人或施工总承包人依据专业分包合同的约定，将承包工程中的专业工程分包给具有相应资质条件的专业分包人完成，由工程总承包人支付工程分包价款，并由总承包人与分包人对分包工程项目负连带责任的工程承包方式。

（4）劳务分包合同

劳务分包合同是指承包人与具有施工劳务资质的劳务企业之间依法签订的合同。劳务分包不是二次分包，而是把一个复杂劳务中的简单劳务剥离出来交给劳务企业去完成。总承包人或专业分包的承包人发包劳务，无须经过建设单位的同意。劳务分包合同属于建设工程施工合同，劳务分包合同的标的是劳务，不涉及材料，合同工程款是对劳务的报酬。劳务分包的核心在于劳务分包合同中的承包人要有相应资质，承包对象是劳务部分而不是分包工程本身。

3. 按合同计价方式进行划分

在实际工程中，合同计价方式多种多样。按照合同计价方式的不同，工程合同可以划分为总价合同、单价合同和成本加酬金合同等。合同类型的选择应考虑工程项目的具体情况。现代工程中最典型的合同类型有总价合同、单价合同、成本加酬金合同。

（1）总价合同

总价合同是指根据约定的施工图、已标价工程量清单或预算书及有关条件进行合同价格计算、调整和确认的建设工程施工合同，在约定的范围内合同总价不作调整。对建设单位来说，只需配备少量管理和技术人员对项目实施进行监督、验收、服务，因而管理方便。对承包方来说，如果工程地质资料及设计图纸和说明书都很详细，能据以精确地估价，则采用总价合同也方便；但如果所需资料不详细，不能进行精确估价，则承包方会承担较大的风险。因此，总价合同通常适用于规模小、技术不复杂的工程。

（2）单价合同

单价合同是指根据工程量清单及其综合单价进行合同价格计算、调整和确认的建设工程施工合同，在约定的范围内合同单价不作调整。单价合同的特点是单价优先，建设单位在招标文件中给出的工程量表中的工程量是参考数字，而实际合同价款按实际完成的工程量和承包人所报的单价计算。在单价合同中通常应明确编制工程量清单的方法和工程计量方法。

单价合同适用范围广。在单价合同中，承包人仅按合同规定承担报价的风险，即对所报单价的正确性和适宜性承担责任，而工程量变化的风险由建设单位承担。由于风险分配比较合理，单价合同能够适用于大多数工程，能调动承包人和建设单位双方的管理积极性。单价合同通常又分为固定单价合同和可调单价合同等形式。

（3）成本加酬金合同

成本加酬金合同是指按照工程实际发生的直接成本（人工、材料、施工机械使用费等）加上商定的总管理费用和计划利润来确定工程总造价的合同。

其具体做法有四种：

①成本加固定百分比酬金。

计算公式为：

$$C=C_s(1+P) \qquad (1-2-1)$$

式中：C——工程总造价；

C_s——工程实际发生的直接成本，实报实销；

P——固定的百分数。

这种方法虽然简便，但是总价随直接成本的增加而增加，不能起到鼓励承包人降低成本的作用，现在已较少采用。

②成本加固定酬金。

计算公式为：

$$C=C_s+F \qquad (1-2-2)$$

式中：F——事先商定的酬金，为一固定数目。

这种方法仍然不能鼓励承包人降低成本，但是可鼓励承包人缩短工期，因为承包人总是希望尽快完工，尽早取得报酬。

③成本加浮动酬金。

该方法是预先商定项目成本和酬金的预期水平，待工程完工后，根据实际成本与预期成本的差距，酬金上下浮动。

如果 $C_s=C_p$，则有 $C=C_s+F$

如果 $C_s<C_p$，则有 $C=C_s+F+\Delta F$

如果 $C_s>C_p$，则有 $C=C_s+F-\Delta F$

其中，C_p 为预先商定的直接成本（预期成本）；ΔF 为因预期和实际成本差异而确定的浮动酬金（可以是绝对值）。

这种方法的优点是可鼓励承包人降低成本，缩短工期；其缺点是成本不易确定。

④目标成本加奖罚。

这是在仅有初步设计和工程说明书即迫切要求开工的情况下采用的一种计价方法,其计价方式与成本加浮动酬金基本相同。通常先根据粗略估算的工程量和适当的单价表编制概算作为目标成本。另规定一个百分数作为酬金,如果实际成本高于目标成本,则减酬金;如果实际成本低于目标成本,则加酬金。

计算公式为:

$$C=C_s+P_1C_m+P_2(C_m-C_s) \qquad (1\text{-}2\text{-}3)$$

式中:C_m——目标成本;

P_1——基本酬金百分数;

P_2——奖罚百分数。

总的来说,成本加酬金合同适用于工程设计招标后设计单位还没有提出施工图设计的情况,或遭地震、水灾或战争破坏后亟待修复的工程项目。

4. 按合同标的物划分

按合同标的物不同工程合同可划分为以下几种类型。

(1)工程监理委托合同

工程监理委托合同是指建设单位(委托方)与监理咨询单位为完成某一工程项目的监理服务,规定并明确双方的权利、义务和责任关系的协议。

(2)工程勘察设计合同

工程勘察设计合同是指建设单位(委托方)与勘察设计单位(承包方)为完成某一工程项目的勘察设计任务,规定并明确双方的权利、义务和责任关系的协议。

(3)建筑安装工程施工准备合同

建筑安装工程施工准备合同是指在较大型或复杂的工程项目建设中,为了做好施工准备工作,保证工程顺利开工与进行,由建设单位与施工企业或相关单位签订的明确双方在施工准备阶段的权利、义务及责任关系的协议。

(4)建筑安装工程承包合同

建筑安装工程承包合同是指建设单位与施工承包单位为完成某一工程项目建设任务或某一特定建筑安装工程任务,明确双方权利、义务及责任关系的协议。

(5)建筑装饰工程施工合同

建筑装饰工程施工合同是指建设单位与建筑装饰承包单位为完成某一工程项目的装饰工程施工任务,明确双方权利、义务及责任关系的协议。

(6)建筑安装工程分包合同

建筑安装工程分包合同是指工程项目施工的承包单位(总包),将其所承揽的工程项目中的部分,分别委托给其他专业(如安装工程、机械施工工程)承包人(即分包)施工时,相互之间签订的明确双方权利、义务及责任关系的协议。

(7)物资供应合同(采购合同)

物资供应合同(采购合同)是指需方出于工程建设需要向供方购买建筑材料和设备而签订的明确双方权利、义务及责任关系的协议,应特别注意供应产品名称、数量、价格、质量检测标准、供应时间及送达地点等。

（8）成品、半成品加工订货合同

随着建筑产品工业化程度的提高,施工企业签订成品、半成品加工订货合同的种类和数量越来越多。成品、半成品加工订货合同是指承包人按施工图纸要求,找建筑构件厂、木材加工厂等构配件生产加工单位承揽制造,承包人验收成品并支付加工费用时,双方之间签订的合同。合同中要明确加工的产品名称、规格、数量、质量标准、价格、运输要求、送达时间与地点等权利、义务及责任关系。

由于工程项目的规模、性质、要求不同及项目管理的需要不同,上述合同可根据实际情况进行合并、调整或增减。

5. 与建设工程有关的其他合同

严格地讲,与建设工程有关的其他合同并不属于建设工程合同的范畴。但是这些合同所规定的权利和义务等内容,与建设工程活动密切相关,可以说建设工程合同从订立到履行的全过程离不开这些合同。

（1）国有土地使用权出让或转让合同

建设单位进行工程项目的建设,必须合法取得土地使用权,除以划拨方式取得土地使用权以外,都必须通过签订国有土地使用权出让或转让合同来获得。

（2）城市房屋拆迁合同

城市房屋拆迁合同的有效履行,是建设单位依法取得施工许可的先决条件。根据《中华人民共和国建筑法》的有关规定,建设单位申请施工许可证时,应当具备的条件之一是拆迁进度符合施工要求。

（3）建设工程保险合同和担保合同

建设工程保险合同是指为了化解工程风险,由建设单位或承包人与保险公司订立的保险合同。建设工程担保合同是指为了保证建设工程合同当事人的适当履约,由建设单位或承包人作为被担保人,与银行或担保公司签订的担保合同。

建设工程保险合同和担保合同是实施工程建设有效风险管理、增强合同当事人履约意识、保证工程质量和施工安全的需要,FIDIC（国际咨询工程师联合会编制的《土木工程施工合同条件》）和我国《建设工程施工合同（示范文本）》（2017年版）等合同条件中都规定了工程保险和工程担保的内容。

不同类型的合同,有不同的特点,在使用时应充分考虑具体情况。在选择合同类型时一般考虑以下因素:

①合同双方的意愿及管理能力;

②项目规模、技术复杂程度及细节的可确认程度;

③项目实际成本与项目日常风险评价;

④竞价范围;

⑤项目工期要求的紧迫程度;

⑥项目周期;

⑦合作合同以及转包范围的限定;

⑧项目的外部因素和风险性。

【例1-1】 单价合同案例

某公司在参与南亚某国一公路改造项目的施工投标时,发现由于招标文件出错,长60km、宽3.6m的现有混凝土路面铲除被错误地估算为20000m²。经过现场踏勘后,该公司投标人员进一步证实招标文件中的20000m²是错的,应该为200000m²。

承包公司在编制投标文件时,将"铲除旧路面"的单价提高,按400TK(孟加拉国塔卡(Taka)的货币简称)/m²报价;同时将沥青混凝土路面单价按230TK/m²报价(正常价格应为265TK/m²),开标时,该公司以最低价中标。

在项目执行过程中,监理工程师发现了这个问题,这是由招标机构的失误造成的。建设单位和监理工程师试图通过变更设计改变被动局面和挽回损失,拟取消"铲除旧路面"项目,然而在工程量清单中找不出其他可以代替"铲除旧路面"的子项目;若不进行铲除直接在旧路面上铺设基层,经试验,会发生滑移。无奈,建设单位只得付出较高昂的费用作为代价。

由于咨询单位工作失误,招标机构将"铲除旧路面"项目的工程量200000m²少写了一个零,变成20000m²,承包人在核算工程量时发现这一差错,却没有向建设单位提出,并在现场考察时特别注意这个问题,进一步证实是招标文件错了。承包人巧妙地利用了这个错误,在编制投标文件时,适当抬高了"铲除旧路面"项目的单价,同时又把沥青混凝土路面单价略作降低。结果该承包人以低价中标,而在实施中又获得了较好的收益。

该案例是巧妙地利用了建设单位招标文件中工程量的错误,采取了不平衡报价,提高了单价,而总价不高;同时"铲除旧路面"项目是公路改造项目的先序工作,可以早收工程款,仅此一举就取得了事半功倍的效果。

五 工程合同的生命期

不同种类的合同有不同的委托方式和履行方式,它们经过不同的阶段会有不同的生命期。在项目的合同体系中比较典型的、最为复杂的是工程承包合同,它一般要经历以下两个阶段:

(1)合同的形成阶段

合同一般通过招标投标形成。合同的形成阶段从起草招标文件开始直到合同签订为止。

(2)合同的执行阶段

合同的执行阶段从签订合同开始直到承包人按合同规定完成工程,并通过保修期为止。

图1-2-3为工程施工承包合同的生命期示意图。

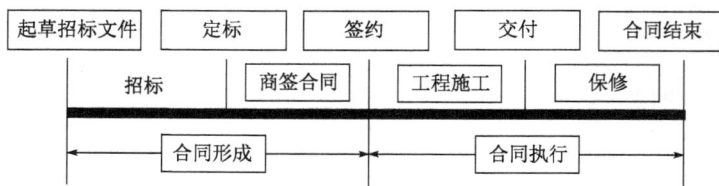

图1-2-3 工程施工承包合同的生命期示意图

六 工程合同管理的定义

工程合同管理是指对工程合同的签订、履行、变更和解除进行监督检查,对合同履行过程中发生的争议或纠纷进行处理,以确保合同依法订立和全面履行。工程合同管理贯穿合同签订、履行、终结至归档的全过程。其任务是根据法律、政策和企业经营目标的要求,运用指导、组织、监督等手段,促使当事人依法签订、履行、变更合同和承担违约责任,制止和查处利用工程合同进行违法活动,保证工程建设项目顺利实施。

七 工程合同管理的意义

①适应我国社会主义市场经济发展的需要。

随着我国社会主义市场经济体制日益完善,建筑业持续快速发展。政府部门职能的转变,要求建设单位与承包企业双方的行为将主要依据合同关系加以明确及约束,其各自的权益也将依靠合同受到法律的保护。

②加强工程项目管理、提高合同履约率。

建设单位作为项目法人,必须增强法治观念,加强工程建设的合同管理。

③推行项目法人责任制、招标投标制、工程建设监理制和合同管理制的重要手段。

我国建筑市场管理中所推行的项目法人责任制、招标投标制、工程建设监理制和合同管理制,是建筑业规范化管理的保证。建设单位必须学会正确、科学地运用合同管理手段,规范化地管理工程合同,以提高工程建设的经济效益和社会效益。

④提高对国际工程建设市场的竞争意识及合同管理的技能,为进入国际工程承包市场打下基础。

现代化建筑市场的模式应当是:市场机制健全,具有合格的市场主体,有完备的市场要素,通过建立健全市场保障体系及有关各类法律法规,保证建筑市场秩序良好。

八 工程合同管理的内容

工程合同管理是工程项目管理的主要内容之一。严格地讲,合同管理贯穿合同形成到执行的全过程。因此,我们可以相应地把合同管理工作分为两个阶段:合同形成阶段的合同管理与合同执行阶段的合同管理。

1. 合同形成阶段的合同管理

这一阶段的合同管理工作主要是合同总体策划,通过招标投标签订合同。

合同总体策划是指在工程项目开始阶段对与工程相关的合同进行合理规划,以保证项目目标和企业目标的实现。其主要内容包括:确定各合同的工程承包范围,选择合同种类和合同条件,选择招标方式,确定重要的合同条款等。

合同签订的过程,是合同双方互相协商并就各方的权利、义务达成一致意见的过程。签订合同是双方意志统一的表现。有关的法律、法规是签订合同的重要依据和保障,严格履行与科学管理工程建设合同是控制工程投资、确保工程质量的重要手段,可通过工程合同的管理防范和化解合同双方间的纠纷。因此,要求合同双方在签订有关合同时,应就合同条款的内容进行认真研究、推敲,力求条款内容完善、措辞严谨、签订合同程序合法、双方的权利和义务明确。合同双方认真按有效合同履行其职,可以预防和减少合同纠纷的发生,即使发生合同纠纷,也可以通过调解或仲裁的方式,依据合同来保护双方的合法权益。

工程合同签订阶段的管理工作主要有工程合同的签订和工程合同的谈判。

1)工程合同的签订

签订工程承包合同的准备工作时间很长。通常是从准备招标文件开始,继而招标、投标、开标、评标、中标,直至合同谈判结束为止的一整段时间。

工程合同一经签署就对签约双方产生法律约束力,任何一方都应严肃、认真、积极执行合同,否则将承担相应的责任。为此,在工程合同签订时通常应考虑合同签订遵守的基本原则,合同签订的程序,合同的文件组成及其主要内容,合同签订的形式。具体应注意:

①签约前注意了解对方是否具有法人资格、对方的信誉及其他有关情况和资料。若由代理人签约,则要了解代理人是否有具有法律效力的法人委托书。

②合同文本用词要准确,不能产生歧义,要注意合同主要条款是否齐全,用词是否确切,合同双方的权利与义务是否对等。应尽可能使用标准文本或合同范本。

③合同签订前应尽可能进行公证,以确保合同的有效性。

④合同签订后应按有关规定及时送交合同主管部门审查并向有关部门备案。有的合同必须经批准方能生效的,要在规定的时间内完成。

⑤全部合同文件包括合同文本、附件、工程施工变更资料及有关会议纪要、来往函电等,应由专人保管,不得丢失。

⑥合同优先顺序。

2)工程合同的谈判

合同应双方共同认可并达成一致。欲达到此目标,双方进行合同谈判是基本途径。对于以招标方式进行发包的工程项目,合同谈判有其特殊的作用。决标后,建设单位要与中标者进行谈判,即将过去双方达成的协议具体化,并最后签署合同协议书。

合同谈判的内容因项目情况、招标文件规定、发包人的要求和合同性质的不同而不同。一般来讲,合同谈判会涉及合同的所有商务条款和技术条款,但谈判时必须抓住谈判的重点。以施工承包合同为例,其谈判的重点通常为合同价格条款、价格调整条款、支付方式条款、不可抗力、合同解除、违约责任、仲裁等内容。

2. 合同执行阶段的合同管理

在合同执行阶段,项目各参与方必须严格履行合同中规定的职责,进行有效管理。

合同执行阶段的合同管理主要是保证合同的履行,协调项目各参与方之间的关系,处理必要的合同变更,进行索赔管理。具体有以下工作内容:

①建立健全工程合同管理制度。包括项目合同归口管理制度,考核制度,合同规章管理制度,合同台账、统计及归档制度。

②经常对项目经理及有关人员进行合同法及有关法律知识教育,提高合同管理人员素质。

③对合同履行情况进行监督检查。通过检查,发现问题并及时协调解决,提高合同履约

率。检查的主要内容有合同法及有关法规贯彻执行情况、合同管理办法及有关规定的贯彻执行情况、合同签订和履行情况,减少和避免合同纠纷的发生。

④对合同履行情况进行统计分析。包括工程合同份数、造价、履约率、纠纷次数、违约原因、变更次数及原因等。通过统计分析,发现问题并及时协调解决,提高利用合同进行生产经营的能力。

⑤组织和配合有关部门做好有关工程合同的鉴证、公证和调解、仲裁及诉讼活动。

⑥做好工程合同的后评价工作。按照合同全生命期管理的要求,在合同执行后必须进行合同后评价,总结合同签订和执行过程中的利弊得失、经验教训,得出分析报告,作为后续工程合同管理的借鉴。

在合同执行阶段,索赔管理是一项非常重要的工作,也是该阶段合同管理的难点,相关内容见本书的第七章。

九　工程合同管理的工作流程

工程合同管理贯穿项目管理的整个过程,并与项目的其他管理职能协调。在项目全过程中,工程合同管理工作过程见图1-2-4。

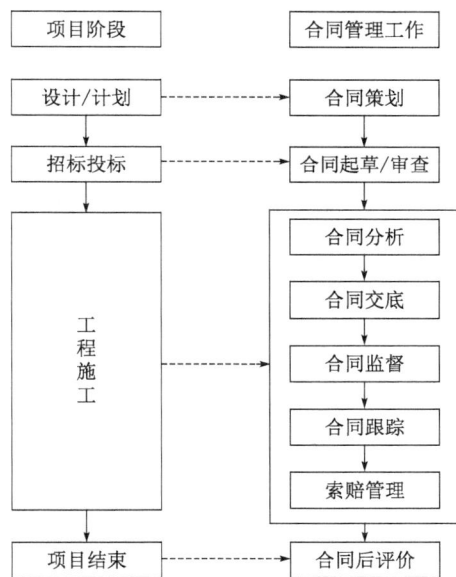

图1-2-4　工程合同管理工作过程

● **本章任务训练**

1. 简答题

(1)请简述工程招投标的定义。

(2)请简述公开招标和邀请招标的定义。

(3)请简述工程合同和工程合同管理的定义。

(4)请简述工程合同的特点。

(5)请简述工程合同管理的工作流程。

2. 多选题

(1)下列哪些选项属于工程招投标的基本性质？（　　　）

    A. 市场竞争的表现形式　　　　　　　　B. 建筑产品价格的形成方式

    C. 承包合同的订立方式和形成过程　　　D. 法律行为

(2)下列哪些选项属于工程招投标的特点？（　　　）

    A. 法规性强　　　　B. 专业性强　　　　C. 透明度高　　　　D. 风险性高

    E. 理论性和实践性强

(3)下列哪些选项必须进行招标？（　　　）

    A. 施工单项合同估算价在400万元人民币以上

    B. 重要设备、材料等货物的采购,单项合同估算价在200万元人民币以上

    C. 勘察、设计、监理等服务的采购,单项合同估算价在100万元人民币以上

    D. 同一项目中可以合并进行的勘察、设计、施工、监理以及与工程建设有关的重要设备、材料等的采购,合同估算价合计达到规定标准的

(4)下列哪些选项属于按照承包工作性质划分工程合同类型？（　　　）

    A. 勘察合同　　　　B. 设计合同　　　　C. 材料设备采购合同

    D. 施工合同　　　　E. 监理合同

(5)下列哪些选项属于按照合同计价方式划分工程合同类型？（　　　）

    A. 总价合同　　　　　　　　　　　　　B. 单价合同

    C. 成本加酬金合同　　　　　　　　　　D. 施工合同

3. 实训

招投标活动程序和方式是什么？ 如何处理招投标活动中的突发事件？

第一章参考答案

第 二 章

招投标与合同法律基础

● 知识目标

(1)掌握工程项目招投标活动中招标、投标、开标、评标、中标等的法律基础,熟悉法律总则、附则和法律责任。

(2)掌握合同的订立、效力、履行、违约责任、变更、转让、权利义务终止等的法律基础。

(3)掌握与建设工程相关的合同担保、保险和仲裁的法律基础,熟悉合同公证。

● 能力目标

(1)能够应用工程项目招投标法律基础处理招投标活动突发事件。

(2)能够应用合同法律基础处理合同管理突发事件。

● 素质目标

(1)增强工程项目招投标与合同管理的知法守法意识。

(2)践行招投标与合同管理的职业规范。

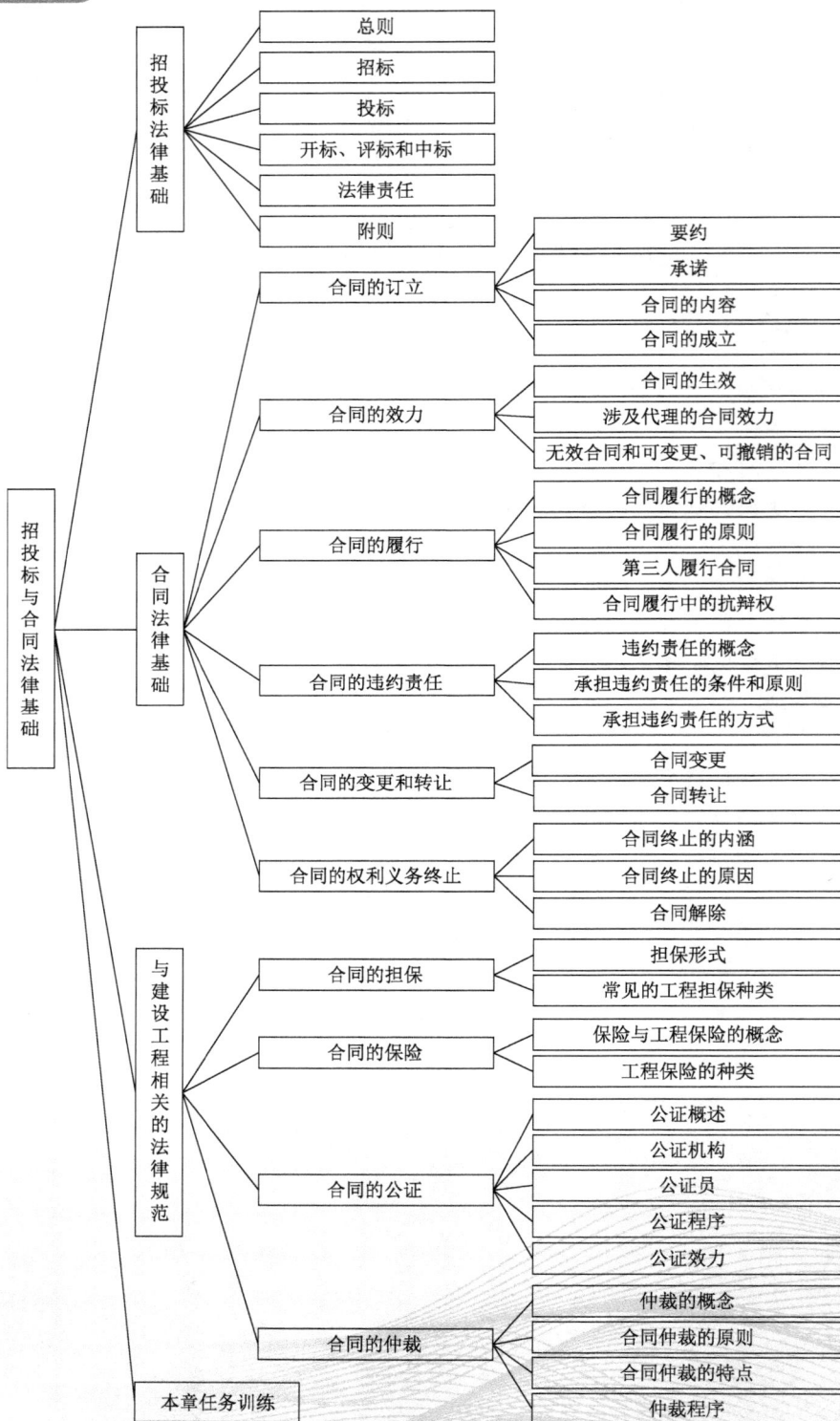

● 知识架构

```
                    ┌─ 总则
                    ├─ 招标
         招          ├─ 投标
         投          ├─ 开标、评标和中标
         标          ├─ 法律责任
         法          └─ 附则
         律
         基
         础                                ┌─ 要约
                                          ├─ 承诺
                          合同的订立 ──────┤
                                          ├─ 合同的内容
                                          └─ 合同的成立

                                          ┌─ 合同的生效
                          合同的效力 ──────┼─ 涉及代理的合同效力
                                          └─ 无效合同和可变更、可撤销的合同

                                          ┌─ 合同履行的概念
                                          ├─ 合同履行的原则
                          合同的履行 ──────┤
  招                      合            ├─ 第三人履行合同
  投                      同            └─ 合同履行中的抗辩权
  标                      法
  与          ──────      律                ┌─ 违约责任的概念
  合                      基          合同的违约责任 ──┼─ 承担违约责任的条件和原则
  同                      础                └─ 承担违约责任的方式
  法
  律                          合同的变更和转让 ──┬─ 合同变更
  基                                      └─ 合同转让
  础
                                          ┌─ 合同终止的内涵
                          合同的权利义务终止 ──┼─ 合同终止的原因
                                          └─ 合同解除

                                          ┌─ 担保形式
                          合同的担保 ──────┴─ 常见的工程担保种类
         与
         建              合同的保险 ──────┬─ 保险与工程保险的概念
         设                              └─ 工程保险的种类
         工
         程                              ┌─ 公证概述
         相                              ├─ 公证机构
         关          合同的公证 ──────────┼─ 公证员
         的                              ├─ 公证程序
         法                              └─ 公证效力
         律
         规                              ┌─ 仲裁的概念
         范          合同的仲裁 ──────────┼─ 合同仲裁的原则
                                          ├─ 合同仲裁的特点
         本章任务训练                      └─ 仲裁程序
```

第一节　招投标法律基础

招投标法律基础是招标投标法，它是处理招投标活动中产生的社会关系的法规总称。其中，《中华人民共和国招标投标法》已由第九届全国人民代表大会常务委员会第十一次会议于1999年8月30日通过，自2000年1月1日起施行。《全国人民代表大会常务委员会关于修改〈中华人民共和国招标投标法〉、〈中华人民共和国计量法〉的决定》（2017年12月27日第十二届全国人民代表大会常务委员会第三十一次会议通过）规定，凡在我国境内进行招标采购项目的采购活动，必须依照该法的规定进行。

其主要内容包括：总则、招标、投标、开标、评标和中标、法律责任、附则。

一　总则

总则共七条，其内容包括本法制定的目的，适用范围，必须招标的规定，不得规避招标的规定，招标投标活动应遵循的原则，不得限制、排斥和干涉招标投标活动的规定、监督等。

（1）本法制定目的。**第一条**　为了规范招标投标活动，保护国家利益、社会公共利益和招标投标活动当事人的合法权益，提高经济效益，保证项目质量，制定本法。

（2）本法适用范围。**第二条**　在中华人民共和国境内进行招标投标活动，适用本法。

（3）必须招标的规定。**第三条**　在中华人民共和国境内进行下列工程建设项目包括项目的勘察、设计、施工、监理以及与工程建设有关的重要设备、材料等的采购，必须进行招标：（一）大型基础设施、公用事业等关系社会公共利益、公众安全的项目；（二）全部或者部分使用国有资金投资或者国家融资的项目；（三）使用国际组织或者外国政府贷款、援助资金的项目。前款所列项目的具体范围和规模标准，由国务院发展计划部门会同国务院有关部门制订，报国务院批准。法律或者国务院对必须进行招标的其他项目的范围有规定的，依照其规定。

（4）不得规避招标的规定。**第四条**　任何单位和个人不得将依法必须进行招标的项目化整为零或者以其他任何方式规避招标。

（5）招标投标活动的原则。**第五条**　招标投标活动应当遵循公开、公平、公正和诚实信用的原则。

（6）不得限制、排斥和干涉招标投标活动的规定。**第六条**　依法必须进行招标的项目，其招标投标活动不受地区或者部门的限制。任何单位和个人不得违法限制或者排斥本地区、本系统以外的法人或者其他组织参加投标，不得以任何方式非法干涉招标投标活动。

（7）监督。**第七条**　招标投标活动及其当事人应当接受依法实施的监督。有关行政监督部门依法对招标投标活动实施监督，依法查处招标投标活动中的违法行为。对招标投标活动的行政监督及有关部门的具体职权划分，由国务院规定。

二　招标

招标共17条，其内容包括招标人的定义，招标项目的审批和资金规定，招标方式，办理招标事宜，招标代理机构，资格审查，编制招标文件，踏勘项目现场，保密规定，招标文件的澄清或修改,投标文件编制时间等。

(1)招标人定义。**第八条** 招标人是依照本法规定提出招标项目、进行招标的法人或者其他组织。

(2)招标项目的审批和资金规定。**第九条** 招标项目按照国家有关规定需要履行项目审批手续的,应当先履行审批手续,取得批准。招标人应当有进行招标项目的相应资金或者资金来源已经落实,并应当在招标文件中如实载明。

(3)招标方式。**第十条** 招标分为公开招标和邀请招标。公开招标,是指招标人以招标公告的方式邀请不特定的法人或者其他组织投标。邀请招标,是指招标人以投标邀请书的方式邀请特定的法人或者其他组织投标。**第十一条** 国务院发展计划部门确定的国家重点项目和省、自治区、直辖市人民政府确定的地方重点项目不适宜公开招标的,经国务院发展计划部门或者省、自治区、直辖市人民政府批准,可以进行邀请招标。**第十六条** 招标人采用公开招标方式的,应当发布招标公告。依法必须进行招标的项目的招标公告,应当通过国家指定的报刊、信息网络或者其他媒介发布。招标公告应当载明招标人的名称和地址、招标项目的性质、数量、实施地点和时间以及获取招标文件的办法等事项。**第十七条** 招标人采用邀请招标方式的,应当向三个以上具备承担招标项目的能力、资信良好的特定的法人或者其他组织发出投标邀请书。投标邀请书应当载明本法第十六条第二款规定的事项。

(4)办理招标事宜。**第十二条** 招标人有权自行选择招标代理机构,委托其办理招标事宜。任何单位和个人不得以任何方式为招标人指定招标代理机构。招标人具有编制招标文件和组织评标能力的,可以自行办理招标事宜。任何单位和个人不得强制其委托招标代理机构办理招标事宜。依法必须进行招标的项目,招标人自行办理招标事宜的,应当向有关行政监督部门备案。

(5)招标代理机构。**第十三条** 招标代理机构是依法设立、从事招标代理业务并提供相关服务的社会中介组织。招标代理机构应当具备下列条件:(一)有从事招标代理业务的营业场所和相应资金;(二)有能够编制招标文件和组织评标的相应专业力量。**第十四条** 招标代理机构与行政机关和其他国家机关不得存在隶属关系或者其他利益关系。**第十五条** 招标代理机构应当在招标人委托的范围内办理招标事宜,并遵守本法关于招标人的规定。

(6)资格审查。**第十八条** 招标人可以根据招标项目本身的要求,在招标公告或者投标邀请书中,要求潜在投标人提供有关资质证明文件和业绩情况,并对潜在投标人进行资格审查;国家对投标人的资格条件有规定的,依照其规定。招标人不得以不合理的条件限制或者排斥潜在投标人,不得对潜在投标人实行歧视待遇。

(7)编制招标文件。**第十九条** 招标人应当根据招标项目的特点和需要编制招标文件。招标文件应当包括招标项目的技术要求、对投标人资格审查的标准、投标报价要求和评标标准等所有实质性要求和条件以及拟签订合同的主要条款。国家对招标项目的技术、标准有规定的,招标人应当按照其规定在招标文件中提出相应要求。招标项目需要划分标段、确定工期的,招标人应当合理划分标段、确定工期,并在招标文件中载明。**第二十条** 招标文件不得要求或者标明特定的生产供应者以及含有倾向或者排斥潜在投标人的其他内容。

(8)踏勘项目现场。**第二十一条** 招标人根据招标项目的具体情况,可以组织潜在投标人踏勘项目现场。

(9)保密规定。**第二十二条** 招标人不得向他人透露已获取招标文件的潜在投标人的名称、数量以及可能影响公平竞争的有关招标投标的其他情况。招标人设有标底的,标底必须保密。

(10)招标文件的澄清或修改。**第二十三条** 招标人对已发出的招标文件进行必要的澄清或者修改的,应当在招标文件要求提交投标文件截止时间至少十五日前,以书面形式通知所有招标文件收受人。该澄清或者修改的内容为招标文件的组成部分。

(11)投标文件编制时间。**第二十四条** 招标人应当确定投标人编制投标文件所需要的合理时间;但是,依法必须进行招标的项目,自招标文件开始发出之日起至投标人提交投标文件截止之日止,最短不得少于二十日。

三 投标

投标共9条,其内容包括:投标人的定义,投标人的资格要求,编制投标文件,投标文件提交,投标文件的补充,修改或者撤回规定,投标文件的分包要求,联合体投标,串通投标、行贿、弄虚作假等违法行为等。

(1)投标人的定义。**第二十五条** 投标人是响应招标、参加投标竞争的法人或者其他组织。依法招标的科研项目允许个人参加投标的,投标的个人适用本法有关投标人的规定。

(2)投标人的资格要求。**第二十六条** 投标人应当具备承担招标项目的能力;国家有关规定对投标人资格条件或者招标文件对投标人资格条件有规定的,投标人应当具备规定的资格条件。

(3)编制投标文件。**第二十七条** 投标人应当按照招标文件的要求编制投标文件。投标文件应当对招标文件提出的实质性要求和条件作出响应。招标项目属于建设施工的,投标文件的内容应当包括拟派出的项目负责人与主要技术人员的简历、业绩和拟用于完成招标项目的机械设备等。

(4)投标文件提交。**第二十八条** 投标人应当在招标文件要求提交投标文件的截止时间前,将投标文件送达投标地点。招标人收到投标文件后,应当签收保存,不得开启。投标人少于三个的,招标人应当依照本法重新招标。在招标文件要求提交投标文件的截止时间后送达的投标文件,招标人应当拒收。

(5)投标文件的补充,修改或者撤回。**第二十九条** 投标人在招标文件要求提交投标文件的截止时间前,可以补充、修改或者撤回已提交的投标文件,并书面通知招标人。补充、修改的内容为投标文件的组成部分。

(6)投标文件的分包要求。**第三十条** 投标人根据招标文件载明的项目实际情况,拟在中标后将中标项目的部分非主体、非关键性工作进行分包的,应当在投标文件中载明。

(7)联合体投标。**第三十一条** 两个以上法人或者其他组织可以组成一个联合体,以一个投标人的身份共同投标。联合体各方均应当具备承担招标项目的相应能力;国家有关规定或者招标文件对投标人资格条件有规定的,联合体各方均应当具备规定的相应资格条件。由同一专业的单位组成的联合体,按照资质等级较低的单位确定资质等级。联合体各方应当签订共同投标协议,明确约定各方拟承担的工作和责任,并将共同投标协议连同投标文件一并提交招标人。联合体中标的,联合体各方应当共同与招标人签订合同,就中标项目向招标人承担连带责任。招标人不得强制投标人组成联合体共同投标,不得限制投标人之间的竞争。

(8)串通投标、行贿、弄虚作假等违法行为。**第三十二条**　投标人不得相互串通投标报价,不得排挤其他投标人的公平竞争,损害招标人或者其他投标人的合法权益。投标人不得与招标人串通投标,损害国家利益、社会公共利益或者他人的合法权益。禁止投标人以向招标人或者评标委员会成员行贿的手段谋取中标。**第三十三条**　投标人不得以低于成本的报价竞标,也不得以他人名义投标或者以其他方式弄虚作假,骗取中标。

四　开标、评标和中标

开标、评标和中标共15条,其内容包括:开标时间和地点,开标主持人和参与人,开标程序,评标委员会,评标程序,中标人的投标应符合的条件,否决投标,评标过程中各参与方的违法行为,中标通知,订立合同,招标投标情况的书面报告,中标人的权利义务等。

(1)开标时间和地点。**第三十四条**　开标应当在招标文件确定的提交投标文件截止时间的同一时间公开进行;开标地点应当为招标文件中预先确定的地点。

(2)开标主持人和参与人。**第三十五条**　开标由招标人主持,邀请所有投标人参加。

(3)开标程序。**第三十六条**　开标时,由投标人或者其推选的代表检查投标文件的密封情况,也可以由招标人委托的公证机构检查并公证;经确认无误后,由工作人员当众拆封,宣读投标人名称、投标价格和投标文件的其他主要内容。招标人在招标文件要求提交投标文件的截止时间前收到的所有投标文件,开标时都应当当众予以拆封、宣读。开标过程应当记录,并存档备查。

(4)评标委员会。**第三十七条**　评标由招标人依法组建的评标委员会负责。依法必须进行招标的项目,其评标委员会由招标人的代表和有关技术、经济等方面的专家组成,成员人数为五人以上单数,其中技术、经济等方面的专家不得少于成员总数的三分之二。前款专家应当从事相关领域工作满八年并具有高级职称或者具有同等专业水平,由招标人从国务院有关部门或者省、自治区、直辖市人民政府有关部门提供的专家名册或者招标代理机构的专家库内的相关专业的专家名单中确定;一般招标项目可以采取随机抽取方式,特殊招标项目可以由招标人直接确定。与投标人有利害关系的人不得进入相关项目的评标委员会;已经进入的应当更换。评标委员会成员的名单在中标结果确定前应当保密。

(5)评标程序。**第三十八条**　招标人应当采取必要的措施,保证评标在严格保密的情况下进行。任何单位和个人不得非法干预、影响评标的过程和结果。**第三十九条**　评标委员会可以要求投标人对投标文件中含义不明确的内容作必要的澄清或者说明,但是澄清或者说明不得超出投标文件的范围或者改变投标文件的实质性内容。**第四十条**　评标委员会应当按照招标文件确定的评标标准和方法,对投标文件进行评审和比较;设有标底的,应当参考标底。评标委员会完成评标后,应当向招标人提出书面评标报告,并推荐合格的中标候选人。招标人根据评标委员会提出的书面评标报告和推荐的中标候选人确定中标人。招标人也可以授权评标委员会直接确定中标人。国务院对特定招标项目的评标有特别规定的,从其规定。

(6)中标人的投标应符合的条件。**第四十一条**　中标人的投标应当符合下列条件之一:(一)能够最大限度地满足招标文件中规定的各项综合评价标准;(二)能够满足招标文件的实质性要求,并且经评审的投标价格最低;但是投标价格低于成本的除外。

（7）否决投标。**第四十二条** 评标委员会经评审，认为所有投标都不符合招标文件要求的，可以否决所有投标。依法必须进行招标的项目的所有投标被否决的，招标人应当依照本法重新招标。

（8）评标过程中各参与方的违法行为。**第四十三条** 在确定中标人前，招标人不得与投标人就投标价格、投标方案等实质性内容进行谈判。**第四十四条** 评标委员会成员应当客观、公正地履行职务，遵守职业道德，对所提出的评审意见承担个人责任。评标委员会成员不得私下接触投标人，不得收受投标人的财物或者其他好处。评标委员会成员和参与评标的有关工作人员不得透露对投标文件的评审和比较、中标候选人的推荐情况以及与评标有关的其他情况。

（9）中标通知。**第四十五条** 中标人确定后，招标人应当向中标人发出中标通知书，并同时将中标结果通知所有未中标的投标人。中标通知书对招标人和中标人具有法律效力。中标通知书发出后，招标人改变中标结果的，或者中标人放弃中标项目的，应当依法承担法律责任。

（10）订立合同。**第四十六条** 招标人和中标人应当自中标通知书发出之日起三十日内，按照招标文件和中标人的投标文件订立书面合同。招标人和中标人不得再行订立背离合同实质性内容的其他协议。招标文件要求中标人提交履约保证金的，中标人应当提交。

（11）招标投标情况的书面报告。**第四十七条** 依法必须进行招标的项目，招标人应当自确定中标人之日起十五日内，向有关行政监督部门提交招标投标情况的书面报告。

（12）中标人的权利义务。**第四十八条** 中标人应当按照合同约定履行义务，完成中标项目。中标人不得向他人转让中标项目，也不得将中标项目肢解后分别向他人转让。中标人按照合同约定或者经招标人同意，可以将中标项目的部分非主体、非关键性工作分包给他人完成。接受分包的人应当具备相应的资格条件，并不得再次分包。中标人应当就分包项目向招标人负责，接受分包的人就分包项目承担连带责任。

五 法律责任

法律责任共16条，其内容包括：必须进行招标的项目而不招标或者规避招标的法律责任，招标代理机构的法律责任，招标人的法律责任，投标人的法律责任，评标委员会的法律责任、中标人的法律责任、行政机关的法律责任、其他责任等。

（1）必须进行招标的项目而不招标或者规避招标的法律责任。**第四十九条** 违反本法规定，必须进行招标的项目而不招标的，将必须进行招标的项目化整为零或者以其他任何方式规避招标的，责令限期改正，可以处项目合同金额千分之五以上千分之十以下的罚款；对全部或者部分使用国有资金的项目，可以暂停项目执行或者暂停资金拨付；对单位直接负责的主管人员和其他直接责任人员依法给予处分。

（2）招标代理机构的法律责任。**第五十条** 招标代理机构违反本法规定，泄露应当保密的与招标投标活动有关的情况和资料的，或者与招标人、投标人串通损害国家利益、社会公共利益或者他人合法权益的，处五万元以上二十五万元以下的罚款；对单位直接负责的主管人员和其他直接责任人员处单位罚款数额百分之五以上百分之十以下的罚款；有违法所得的，并处没收违法所得；情节严重的，禁止其一年至二年内代理依法必须进行招标的项目并予以公告,直至由工商行政管理机关吊销营业执照;构成犯罪的,依法追究刑事责任。给他人造成损失的,依法承担赔偿责任。前款所列行为影响中标结果的,中标无效。

(3)招标人的法律责任。**第五十一条** 招标人以不合理的条件限制或者排斥潜在投标人的,对潜在投标人实行歧视待遇的,强制要求投标人组成联合体共同投标的,或者限制投标人之间竞争的,责令改正,可以处一万元以上五万元以下的罚款。**第五十二条** 依法必须进行招标的项目的招标人向他人透露已获取招标文件的潜在投标人的名称、数量或者可能影响公平竞争的有关招标投标的其他情况的,或者泄露标底的,给予警告,可以并处一万元以上十万元以下的罚款;对单位直接负责的主管人员和其他直接责任人员依法给予处分;构成犯罪的,依法追究刑事责任。前款所列行为影响中标结果的,中标无效。

(4)投标人的法律责任。**第五十三条** 投标人相互串通投标或者与招标人串通投标的,投标人以向招标人或者评标委员会成员行贿的手段谋取中标的,中标无效,处中标项目金额千分之五以上千分之十以下的罚款,对单位直接负责的主管人员和其他直接责任人员处单位罚款数额百分之五以上百分之十以下的罚款;有违法所得的,并处没收违法所得;情节严重的,取消其一年至二年内参加依法必须进行招标的项目的投标资格并予以公告,直至由工商行政管理机关吊销营业执照;构成犯罪的,依法追究刑事责任。给他人造成损失的,依法承担赔偿责任。**第五十四条** 投标人以他人名义投标或者以其他方式弄虚作假,骗取中标的,中标无效,给招标人造成损失的,依法承担赔偿责任;构成犯罪的,依法追究刑事责任。依法必须进行招标的项目的投标人有前款所列行为尚未构成犯罪的,处中标项目金额千分之五以上千分之十以下的罚款,对单位直接负责的主管人员和其他直接责任人员处单位罚款数额百分之五以上百分之十以下的罚款;有违法所得的,并处没收违法所得;情节严重的,取消其一年至三年内参加依法必须进行招标的项目的投标资格并予以公告,直至由工商行政管理机关吊销营业执照。**第五十五条** 依法必须进行招标的项目,招标人违反本法规定,与投标人就投标价格、投标方案等实质性内容进行谈判的,给予警告,对单位直接负责的主管人员和其他直接责任人员依法给予处分。前款所列行为影响中标结果的,中标无效。

(5)评标委员会的法律责任。**第五十六条** 评标委员会成员收受投标人的财物或者其他好处的,评标委员会成员或者参加评标的有关工作人员向他人透露对投标文件的评审和比较、中标候选人的推荐以及与评标有关的其他情况的,给予警告,没收收受的财物,可以并处三千元以上五万元以下的罚款,对有所列违法行为的评标委员会成员取消担任评标委员会成员的资格,不得再参加任何依法必须进行招标的项目的评标;构成犯罪的,依法追究刑事责任。**第五十七条** 招标人在评标委员会依法推荐的中标候选人以外确定中标人的,依法必须进行招标的项目在所有投标被评标委员会否决后自行确定中标人的,中标无效,责令改正,可以处中标项目金额千分之五以上千分之十以下的罚款;对单位直接负责的主管人员和其他直接责任人员依法给予处分。

(6)中标人的法律责任。**第五十八条** 中标人将中标项目转让给他人的,将中标项目肢解后分别转让给他人的,违反本法规定将中标项目的部分主体、关键性工作分包给他人的,或者分包人再次分包的,转让、分包无效,处转让、分包项目金额千分之五以上千分之十以下的罚款;有违法所得的,并处没收违法所得;可以责令停业整顿;情节严重的,由工商行政管理机关吊销营业执照。**第五十九条** 招标人与中标人不按照招标文件和中标人的投标文件订立合同的,或者招标人、中标人订立背离合同实质性内容的协议的,责令改正;可以处中标项金额千分之五以上千分之十以下的罚款。**第六十条** 中标人不履行与招标人订立的合同的,履约保证金不予退还,给招标人造成的损失超过履约保证金数额的,还应当对超过部分予以赔偿;没有提交履约保证金的,应当对招标人的损失承担赔偿责任。中标人不按照与招标人订立的合同履行义务,情节严重的,取消其二年至五年内参加依法必须进行招标的项目的投标资格并予以公告,直至由工商行政管理机关吊销营业执照。因不可抗力不能履行合同的,不适用前两款规定。

(7)行政机关的法律责任。**第六十一条** 本章规定的行政处罚,由国务院规定的有关行政监督部门决定。本法已对实施行政处罚的机关作出规定的除外。

(8)其他责任。**第六十二条** 任何单位违反本法规定,限制或者排斥本地区、本系统以外的法人或者其他组织参加投标的,为招标人指定招标代理机构的,强制招标人委托招标代理机构办理招标事宜的,或者以其他方式干涉招标投标活动的,责令改正;对单位直接负责的主管人员和其他直接责任人员依法给予警告、记过、记大过的处分,情节较重的,依法给予降级、撤职、开除的处分。个人利用职权进行前款违法行为的,依照前款规定追究责任。**第六十三条** 对招标投标活动依法负有行政监督职责的国家机关工作人员徇私舞弊、滥用职权或者玩忽职守,构成犯罪的,依法追究刑事责任;不构成犯罪的,依法给予行政处分。**第六十四条** 依法必须进行招标的项目违反本法规定,中标无效的,应当依照本法规定的中标条件从其余投标人中重新确定中标人或者依照本法重新进行招标。

六 附则

附则共4条,其内容包括:提出异议或投诉,可以不进行招标的规定,招标投标法施行时间等。

(1)提出异议或投诉。**第六十五条** 投标人和其他利害关系人认为招标投标活动不符合本法有关规定的,有权向招标人提出异议或者依法向有关行政监督部门投诉。

(2)可以不进行招标的规定。**第六十六条** 涉及国家安全、国家秘密、抢险救灾或者属于利用扶贫资金实行以工代赈、需要使用农民工等特殊情况,不适宜进行招标的项目,按照国家有关规定可以不进行招标。**第六十七条** 使用国际组织或者外国政府贷款、援助资金的项目进行招标,贷款方、资金提供方对招标投标的具体条件和程序有不同规定的,可以适用其规定,但违背中华人民共和国的社会公共利益的除外。

(3)招标投标法施行时间。**第六十八条** 本法自2000年1月1日起施行。

第二节 合同法律基础

合同是民事主体之间设立、变更、终止民事法律关系的协议。合同作为一种协议,其本质是一种合意,必须是两个以上意思表示一致的民事法律行为。依法成立的合同,受法律保护,仅对当事人具有法律约束力,但是法律另有规定的除外。

合同中当事人所确立的权利、义务,必须是当事人依法可以享有的权利和能够承担的义务,这是合同具有法律效力的前提。如果在订立合同过程中存在违法行为,当事人不仅达不到预期的目的,还应根据违法情况承担相应的法律责任。

《民法典》第三编合同的制定是为了保护民事主体的合法权益,调整民事关系,维护社会和经济秩序,适应中国特色社会主义发展要求,弘扬社会主义核心价值观。我国实行改革开放以来,一直十分重视合同的立法工作。从传统的计划经济到市场经济的建立和不断完善,实际上也是合同相关法律法规逐步健全完善的过程。为了适应我国发展社会主义市场经济的需要,规范市场交易规则,保护合同当事人的合法权益,维护社会经济秩序,2020年5月28日,第十三届全国人民代表大会第三次会议通过了《民法典》,自2021年1月1日起施行。原有的《中华人民共和国婚姻法》《中华人民共和国继承法》《中华人民共和国民法通则》《中华人民共和国收养法》《中华人民共和国担保法》《中华人民共和国合同法》《中华人民共和国物权法》《中华人民共和国侵权责任法》《中华人民共和国民法总则》同时废止。

一 合同的订立

订立合同的过程,就是双方当事人采用要约、承诺方式或者其他方式进行协商的过程。要约和承诺,是达成合意的方式。《民法典》第四百七十一条规定:"当事人订立合同,可以采取要约、承诺方式或者其他方式。"合同中有关双方的合意,需要当事人相互交换意思表示,以求相互取得一致。往往由一方提出要约,另一方又提出新要约,反复多次最后有一方完全接受了对方的要约,这样才能使合同成立,这个过程被称为合同订立的程序。

要约,是合同订立过程中的首要环节。没有要约,就不存在承诺,合同也就无从产生。没有承诺,要约没有获得响应,也就失去了存在的价值。应当注意,一方提出要约,受要约人可能有四种应对方式:第一,作出承诺而成立合同。第二,提出新要约。第三,提出要约邀请,希望对方重新发出要约。第四,予以拒绝。后三种应对方式都使要约失去效力。是否正确地区分要约、要约邀请、新要约、承诺,对判断合同是否成立至关重要。

1. 要约

(1)要约的概念

要约,在许多场合又被称为发价、发盘。《民法典》第四百七十二条对要约的定义是:要约是希望与他人订立合同的意思表示。该定义强调了要约以追求合同成立为目的,没有限定受要约人是特定的当事人。因为按照《民法典》第四百七十三条规定:商业广告和宣传的内容符合要约条件的,构成要约。

(2)要约的要件

《民法典》第四百七十二条指出,要约的意思表示应当符合下列条件:

①内容具体确定。

②表明经受要约人承诺,要约人即受该意思表示约束。

通过对要约的含义做具体分析,要约应当具备以下要件:

①要约是特定当事人以缔结合同为目的的意思表示。所谓特定的当事人,是指要约人能为外界所确定。要约还必须是向相对人作出的订立合同的意思表示。相对人,一般是指特定的相对人。要约一般是向特定的相对人发出的,但也可以向不特定的相对人发出。如正在工作的自动售货机、自选市场标价陈列的由消费者自取的商品等,都是针对不特定当事人发出的要约。没有相对人,也就没有受领要约的人,要约也就失去了意义。要约还应以订立合同

为直接目的,这是要约与要约邀请的一个重要区别。

②要约应包含在被接受时就受其约束的意旨。要约以追求合同的成立为直接目的,要约是为了唤起承诺,并接受承诺的约束。承诺是受要约人同意要约的意思表示。要约在获得承诺后,当事人双方之间成立合同,进入债的锁链。若一项提议没有这样的法律效果,那么这项提议可能是要约邀请,而不可能是要约。

③要约的内容应当确定,能够在当事人之间建立起债权债务关系。合同的内容是以条款表现出来的,要约中应包含足以使合同成立的全部必要条款。哪些是必要条款,应当根据合同的性质和当事人的合同目的来确定,不可一概而论。标的条款是所有合同应当具备的条款,但只有标的条款尚不能构成合意,还需要设定其他条款。比如,买卖合同除标的条款外,还应有数量、价金条款。如果要约没有对数量、价金的具体约定,而有确定数量、价金的方法,合同也可以成立。

（3）要约的方式

要约一般采用通知方式。通知,可以是口头通知,也可以是书面通知。口头方式可以当面提出,也可以用打电话的方式提出。书面方式,一般是通过寄送订货单、书信以及发送电子邮件、电报等形式提出。一方当事人也可以向相对人发出加盖公章或者签字的合同书作为要约。如果当事人在发出的合同书上未签字、盖章,说明当事人不愿受其约束,因此只能认为发出合同书为提出的要约邀请。

（4）要约的效力

《民法典》第一百三十七条规定:"以对话方式作出的意思表示,相对人知道其内容时生效。以非对话方式作出的意思表示,到达相对人时生效。以非对话方式作出的采用数据电文形式的意思表示,相对人指定特定系统接收数据电文的,该数据电文进入该特定系统时生效;未指定特定系统的,相对人知道或者应当知道该数据电文进入其系统时生效。当事人对采用数据电文形式的意思表示的生效时间另有约定的,按照其约定。"一般地说,口头要约自受要约人了解时方能发生法律效力,因为口头要约是被受要约人了解才算送达。

（5）要约的失效

《民法典》第四百七十八条规定,有下列情形之一的,要约失效:

①要约被拒绝;

②要约被依法撤销;

③承诺期限届满,受要约人未作出承诺;

④受要约人对要约的内容作出实质性变更。

要约被拒绝。受要约人在要约规定的承诺期之前,就明示予以拒绝,此时要约提前失去约束力。比如,甲于3月1日向乙发出要约,要求乙在4月1日以前答复。乙拒绝的通知书于3月15日到达甲,此时,要约失效。

要约被依法撤销。在符合撤销条件时,要约人可以撤销要约,被撤销的要约是一个已经生效的要约,被撤回的要约是尚未生效的要约,因此撤销发生要约失效(消灭)的问题,撤回不发生要约失效(消灭)的问题。

承诺期限届满,受要约人未作出承诺。要约期限届满而未获得承诺,受要约人以沉默的方式表示拒绝,即受要约人在规定的期限内未予以答复,此时要约效力终止。具体来说,采用口头方式发出的要约,受要约人没有立即承诺,要约的效力即终止;如果要约采用书面方式,要约人规定了承诺期限的,受要约人没在规定的期限内送达承诺,要约的效力即终止。

受要约人对要约的内容作出实质性变更。受要约人对要约的内容作出实质性的变更,说明受要约人提出了新要约(《民法典》第四百八十八条),新要约意味着对原要约的拒绝,使原要约失去效力。双方当事人的主体地位发生变化,原受要约人成为要约人,原要约人成为受要约人。

(6)要约的撤回与撤销

①要约的撤回。要约的撤回,是指要约人阻止要约发生效力的意思表示。我国对要约的生效采取到达主义,如果不采取到达主义,就不存在撤回的问题。《民法典》第一百四十一条规定:"行为人可以撤回意思表示。撤回意思表示的通知应当在意思表示到达相对人前或者与意思表示同时到达相对人。"要约撤回有两种情况。其一,撤回通知先于要约到达受要约人,此时不会给受要约人造成任何损害,自应允许以撤回通知时取消要约,要约不发生效力。其二,撤回通知与要约同时到达受要约人,此时,受要约人也不会因信赖要约而行事,不会产生损害,撤回通知也足以抵销要约。在要约生效前对发送的要约的修改,其效果等于原要约撤回,新要约产生。比如,甲方对乙方发出要约,要以4600元/t的价格卖出1000t钢材,在要约生效之前,甲方又发出通知把钢材4600元/t改成4800元/t。这就等于以新要约撤回了旧要约。

②要约的撤销。要约的撤销,是指要约人消灭要约效力的意思表示。《民法典》第四百七十七条规定:"撤销要约的意思表示以对话方式作出的,该意思表示的内容应当在受要约人作出承诺之前为受要约人所知道;撤销要约的意思表示以非对话方式作出的,应当在受要约人作出承诺之前到达受要约人。"要约的撤销采用通知的方式。在要约生效后、承诺生效前对要约的修改,其效果等于旧要约撤销,新要约产生。要约到达受要约人后,要约对要约人产生约束力,此时不发生撤回的问题,但要约人尚有可能撤销要约。

要约撤销和要约撤回的区别:目的上,要约的撤销在于消灭要约的效力;要约的撤回在于阻止要约生效。时间上,要约的撤销是在要约生效之后,承诺发出之前;要约的撤回是在要约生效之前。如果承诺生效,则合同成立,要约既不能撤回,也不能撤销,否则就等于允许当事人撕毁合同。

不得撤销的情形。撤销,是撤销一个已经生效的要约,为了保护受要约人的信赖利益,对要约的撤销应当有所限制。根据《民法典》第四百七十六条的规定,有下列情形之一的要约不得撤销:A. 要约人以确定承诺期限或者其他形式明示要约不可撤销;B. 受要约人有理由认为要约是不可撤销的,并已经为履行合同做了合理准备工作。其一,要约人确定承诺期限。因为确定了承诺期限,也就是规定了要约的有效期限,即意味着要约人在要约期限内等待受要约人的答复。同时要约规定了承诺期限,就等于要约人承诺在承诺期限内不撤销。规定承诺期限,法律推定是要约人放弃撤销权的表示。实践中对于承诺期限的表达方式多种多样。比如,有的要约中这样规定:"6月10日后价格及其他条件将失效。"要约中的"6月10日"就是承诺期限的最后一天。这种要约是不可撤销的。"请按要求在3天内将水泥送到工地""请在15天内答复""3个月内款到即发货"等均属于规定了承诺期限。其二,以其他形式明示要约不可撤销。下列情形都可以认为是明示要约不可撤销:"我方将保持要约中列举的条件不变,直到你方答复为止""这是一个不可撤销的要约"等。如果当事人在要约中称"这是一个确定的要约",仅仅这样表述,不能认为该要约不可撤销。因为,要约本身就是确定的。明示要约不可撤销,并不等于要约永远有效,如果受要约人在合理的时间内未作答复,要约自动失效(《民法典》第四百七十八条、第四百八十一条)。其三,受要约人有理由认为要约是不可撤销的,并已经为履行合同做了合理准备工作。一般来说,要约中要求受要约人以行为作为承诺的,受要约人就有理由认为要约是不可撤销的。如"款到即发货""如同意,请尽快发货"等。除了受要约人有理由认为要约是不可撤销的以外,还有一个并列的条件,就是受要约人已经为履行合同做了必要的准备。比如:购买原材料;办理借贷筹备货款;购买车船机票准备到要约人指定的地点去完成工作等。没有规定承诺期限的要约有撤销的可能,没有规定承诺期限的要约也不会永久有效力,经过合理期限,要约会自动失效。

(7)要约邀请的概念和表现形式及要约与要约邀请的区别

①要约邀请的概念和表现形式。要约邀请又称为要约引诱。《民法典》第四百七十三条规定:"要约邀请是希望他人向自己发出要约的表示。拍卖公告、招标公告、招股说明书、债券募集办法、基金招募说明书、商业广告和宣传、寄送的价目表等为要约邀请。商业广告和宣传的内容符合要约条件的,构成要约。"寄送的价目表、拍卖公告、招标公告和商业广告都是对不特定相对人发出的信息。

②要约和要约邀请的区别。根据《民法典》第四百七十二条的规定,要约必须同时具备两个条件:一是内容具体确定;二是表明经受要约人承诺,要约人即受该意思表示约束。欠缺其中任何一个条件,都不能构成要约;欠缺其中的一个条件,可以构成要约邀请。要约邀请是行为人为寻找合同对象,使自己能发出要约,或唤起他人要约于自己的宣传引诱活动。要约和要约邀请都包含着当事人订立合同的愿望,但两者又有很大区别。

A. 效力不同。要约对要约人具有约束力,即:要约送达,要约人就不得撤回,如果当事人想要撤销要约,也要符合法定的条件。要约邀请对要约人没有在撤回上的限制,当事人可以任意撤回,要约邀请不存在撤销的问题。但要约邀请也可能构成缔约责任和《中华人民共和国反不正当竞争法》《中华人民共和国广告法》上的责任。

B. 要约以订立合同为直接目的,受要约人承诺送达,合同即告成立。要约邀请,则不是以订立合同为直接目的,它只是唤起别人向自己作出要约表示或使自己能向别人发出要约。

C. 要约必须包含能使合同得以成立的必要条款,或者说,要约必须能够决定合同的内容。一个买卖合同要约通常需要标的、数量、价金三个条款。而要约邀请不要求包含使合同得以成立的必要条款。要约邀请一般只是笼统地宣传自己的业务能力、产品质量、服务态度等。

D. 要约一般针对特定的对象。而要约邀请的对象一般是不特定的大众对象。这是就一般情况而言的。但不宜以对象的不同作为划分要约与要约邀请的基本标准,要约可以针对不特定的多数人,这并不妨碍某特定人的承诺与要约的结合而成立合同;要约邀请亦不妨碍针对特定的当事人,特定的当事人可以根据要约邀请的内容提出自己的要约。

E. 要约一般是针对特定相对人的,故要约多采取一般信息传达方式,即口头方式和书面方式。要约邀请一般是针对不特定多数人的,故往往借助电视、广播、报刊等媒介传播。

总之,要约与要约邀请最根本的区别是:受要约人有承诺权,受要约邀请人没有承诺权。这是效力上的区别。

2. 承诺

(1)承诺的概念

承诺是受要约人同意要约的意思表示,是指受要约人接受要约中的全部条款,向要约人作出的同意按要约成立合同的意思表示。承诺与要约结合,方能构成合同。《民法典》第四百七十九条规定:"承诺是受要约人同意要约的意思表示。"要约是一个诺言,承诺也是一个诺言,一个诺言代表一项债务,两个诺言取得了一致,就构成了一个合同。

(2)承诺的条件

①承诺是对要约同意的意思表示。承诺必须针对要约进行。对于有偿合同,要约与承诺是互为等价关系的两项允诺,一项不符合要约条件的提议,对其答复不是承诺,双方不能建立对价关系。没有有效的要约存在,承诺也就是无的之矢了。

②承诺必须是受要约人向要约人作出答复。非受要约人向要约人作出的表示接受的意思表示不是承诺,要约人并不因此与其成立合同。受要约人向非要约人作出的表示接受的意思表示也不是承诺,非要约人并没有成立合同的意图,一方的意思表示不能强加给无关的人。

③承诺必须是不附条件的同意要约的各项条款。如果受要约人对要约中的某些条款提出修改意见,这样的答复不能视作承诺,而是受要约人提出的反要约。

④承诺应当在要约确定的期限内到达要约人。《民法典》第四百八十六条规定:受要约人超过承诺期限发出承诺,或者在承诺期限内发出承诺,按照通常情形不能及时到达要约人的,为新要约;但是,要约人及时通知受要约人该承诺有效的除外。《民法典》第四百八十七条规定:受要约人在承诺期限内发出承诺,按照通常情形能够及时到达要约人,但是因其他原因致使承诺到达要约人时超过承诺期限的,除要约人及时通知受要约人因承诺超过期限不接受该承诺外,该承诺有效。《民法典》第四百八十一条规定:承诺应当在要约确定的期限内到达要约人。要约没有确定承诺期限的,承诺应当依照下列规定到达:

A. 要约以对话方式作出的,应当即时作出承诺;

B. 要约以非对话方式作出的,承诺应当在合理期限内到达。

其一,要约中规定了承诺期限的,承诺应当在此期限内作出并到达要约人才能视为有效承诺。例如,以信件发出承诺,应当在承诺期内发出信件并到达要约人指定的地方或者要约人能够有效控制的地方。其二,要约未确定承诺期限的,应当在法律规定的合理期限内到达要约人,这里又分为两种情况。

第一种情况,要约以对话方式作出,如当面提出要约或者打电话提出要约,受要约人应当即时作出承诺,否则要约立即失效。

第二种情况,要约以非对话方式作出,如以书面方式、行为方式作出,承诺应当在合理的期限内到达。合理的期限的判断要综合考虑以下事实:

a. 要约发出的时间和到达的时间。例如,甲公司出售紧俏、鲜活物品,以信件在6月1日给乙公司发出要约,由于邮局的原因,到达的时间是6月10日,如果事过境迁(如鱼只能活5~7天),则合理的期限就不存在了。

b. 作出承诺所必要的时间。一般而言,要给受要约人一个考虑期或者犹豫期。如果标的物的价值比较大,考虑、犹豫期要长一些;反之,考虑、犹豫期要短一些。如果标的物价格随市场行情变化,则犹豫期就比较短,反之可长一些。要以诚实信用原则为指导,结合要约的背景(包括交易习惯)来具体判断"合理的期限"这个时间段的长度。

c. 承诺通知到达所需要的时间。承诺通知要占用一段路途时间,如以信件为承诺通知就是如此。

（3）承诺的期限

《民法典》第四百八十二条规定："要约以信件或者电报作出的,承诺期限自信件载明的日期或者电报交发之日开始计算。信件未载明日期的,自投寄该信件的邮戳日期开始计算。要约以电话、传真、电子邮件等快速通讯方式作出的,承诺期限自要约到达受要约人时开始计算。"承诺的期限从发出之日或者发出之时开始计算,是因为发出是固定的时间点,不从受要约人收到的时间开始计算,是因为受要约人收到要约的时间往往不固定,特别容易引起当事人的争议。

承诺的期限起算点有以下几种情况:

①要约人以电报发出要约的,承诺期限应当自电报交发之日起计算。

②要约人以信件发出要约的,承诺期限以信件所载明的日期起算。

③如果信件没有载明（发信）日期或者信件所载发信日期与信封所载日期明显不符（因要约人的笔误可产生此问题）的,应按信封邮戳日期起算。

④要约人以电话、电传或者其他快速方法发出要约的,承诺期限应自要约到达受要约人时开始计算。如以电子邮件的方法发出要约,则邮件发送成功时到达。

（4）承诺的方式

《民法典》第四百八十条规定："承诺应当以通知的方式作出,但是,根据交易习惯或者要约表明可以通过行为作出承诺的除外。"

①通知的方式。承诺的方式应当符合法律的规定或者要约的规定。要约没有规定承诺方式的,应依交易习惯、交易的性质确定承诺的方式。在一般情况下,受要约人接受要约应当向要约人发出承诺通知。承诺通知应为明示方式,沉默或不作为本身一般不构成承诺。根据要约的规定以及当事人之间确立的习惯做法或惯例,受要约人可以作出某种行为诸如发货或支付价金等表示同意,而无须向发价人发出通知,则接受该行为时生效,但其行为必须在规定的期限内实施,如未规定时间,则应在合理的时间内作出（《民法典》第四百八十四条）。上述规定说明,沉默在特定情况下亦可构成承诺。特定情况有两种:一种是受要约人接受了履行或实际履行了要约提出的行为,据上述行为,可以推定当事人承诺的真实意思;另一种是根据交易习惯,使受要约人可以用沉默表示承诺。这种习惯,通常是指有相对固定联络的交易伙伴之间的习惯。

②行为可以构成承诺。比如,某建筑公司急需水泥,向甲、乙两个水泥厂发出要约,要求购买300t水泥,甲水泥厂回电报承诺,乙水泥厂为解建筑公司的燃眉之急,将水泥送至建筑公司。建筑公司以已经与甲水泥厂签订合同为由拒收。此案中,乙水泥厂的行为构成有效承诺,双方构成了事实合同,建筑公司无权拒收。以行为为承诺,被称为"意思实现"。

（5）承诺的生效

《民法典》第四百八十四条规定："以通知方式作出的承诺,生效的时间适用本法第一百三十七条的规定。承诺不需要通知的,根据交易习惯或者要约的要求作出承诺的行为时生效。"《民法典》第四百八十四条第1款是对该法第四百八十条的进一步规定。

关于承诺生效的时间,大陆法系采用到达主义;英美法系采用"投邮规则"（或称投邮主义）。我国《民法典》合同编采用到达主义。

（6）承诺的撤回

承诺的撤回,是阻止承诺发生效力的意思表示。《民法典》第一百四十一条规定："行为人可以撤回意思表示。撤回意思表示的通知应当在意思表示到达相对人前或者与意思表示同时到达相对人。"《民法典》第四百八十五条规定："承诺可以撤回。承诺的撤回适用本法第一百四十一条的规定。"承诺可以撤回,但不能撤销。也就是说,承诺尚未生效时,可以取消承诺;承诺通知到达要约人时生效,如果承诺已经生效,则不能取消,即不能撤销。因为承诺生效,合同成立,如果允许撤销承诺,等于赋予承诺人任意撕毁合同的权利。如此,要约人的利益就得不到保障,交易安全就得不到保护。

(7)承诺的内容

①对承诺内容的要求。

承诺的内容应当与要约的内容一致,即承诺应当是对要约的接受。承诺与要约相一致的要求,在英美法系中被称为镜像规则。镜像规则也称为"完全一致规则",它要求承诺就像对着镜子反射一样与要约一致,而没有任何改变和限制。这种规则,不能适应现代市场条件下的交易需要。

②实质性变更。

所谓变更,是指受要约人在对要约的答复中对要约的内容作出了扩大、限制或者增删。所谓实质性变更,是指这种变更提出了不同于要约的权利与义务。《民法典》第四百八十八条规定："承诺的内容应当与要约的内容一致。受要约人对要约的内容作出实质性变更的,为新要约。有关合同标的、数量、质量、价款或者报酬、履行期限、履行地点和方式、违约责任和解决争议方法等的变更,是对要约内容的实质性变更。"

3. 合同的内容

合同的内容由当事人约定,这是合同自由的重要体现。《民法典》合同编规定了合同一般应当包括的条款,但这些条款不是合同成立的必备条件。

①当事人的姓名或者名称和住所。明确合同主体,对了解合同当事人的基本情况、履行合同和确定诉讼管辖具有重要的意义。合同当事人包括自然人、法人、其他组织。

②标的。标的是合同当事人双方权利和义务共同指向的对象。标的表现形式为物、劳务、行为、智力成果、工程项目等。

③数量。数量是衡量合同标的的尺度,是以数字和其他计量单位表示的尺度。

④质量。质量是标的的内在品质和外观形态的综合指标。合同对质量标准的约定应当是准确而具体的,对于技术上较为复杂和容易引起歧义的词语、标准,应当加以说明和解释。对于强制性的标准,当事人必须执行,合同约定的质量不得低于该强制性标准。而对于推荐性的标准,国家鼓励采用。

⑤价款或者报酬。价款或者报酬是当事人一方向交付标的的另一方支付的货币。标的物的价款由当事人双方协商,但必须符合国家的物价政策,劳务酬金也是如此。合同中应写明有关银行结算和支付方法的条款。

⑥履行的期限、地点和方式。履行的期限是当事人各方依照合同规定全面完成各自义务的时间,也包括合同的签订期、有效期和履行期。履行的地点是指当事人交付标的和支付价款或酬金的地点,包括标的的交付、提取地点,服务、劳务或工程项目建设的地点,价款或劳务的结算地点。履行的方式是指当事人完成合同规定义务的具体方法,包括标的的交付方式和价款或酬金的结算方式。

⑦违约责任。违约责任是任何一方当事人不履行或者不适当履行合同规定的义务而应

当承担的法律责任。当事人可以在合同中约定,一方当事人违反合同时,向另一方当事人支付一定数额的违约金,或者按约定的违约损害赔偿规则来计算。

⑧解决争议的方法。在合同履行过程中不可避免地发生争议,为使争议发生后能够有一个双方都接受的解决办法,应在合同条件中对此作出规定。

4. 合同的成立

依法成立的合同,在当事人之间建立起他们追求的法律关系。这种法律关系对当事人具有法律约束力。依法成立的合同,受法律保护。合同成立与合同订立不同。合同订立,强调的是订约的过程,即强调的是要约和承诺的过程。订立所追求的目标,就是成立合同,合同成立是订立的结果。当然,有订立行为,合同不一定成立。

《民法典》第四百九十条规定:"当事人采用合同书形式订立合同的,自当事人均签名、盖章或者按指印时合同成立。在签名、盖章或者按指印之前,当事人一方已经履行主要义务,对方接受时,该合同成立。法律、行政法规规定或者当事人约定合同应当采用书面形式订立,当事人未采用书面形式但是一方已经履行主要义务,对方接受时,该合同成立。"签字、盖章有其一即可。签字或者盖章,是当事人达成合意的外在标志,也可以称为形式上的标志。签字,是当事人、法定代理人、负责人或者他们授权的代理人签字。自然人作为合同当事人在合同上不签字而只盖上自己的私人名章,也是可以的,但我国私人名章没有备案,因此不签名而只盖章,在交易中存在不安全因素。对于法人、其他组织来说,其公章都应经过备案。

《民法典》第四百九十一条规定:"当事人采用信件、数据电文等形式订立合同要求签订确认书的,签订确认书时合同成立。当事人一方通过互联网等信息网络发布的商品或者服务信息符合要约条件的,对方选择该商品或者服务并提交订单成功时合同成立,但是当事人另有约定的除外。"签订确认书是当事人附加的程序。

应当注意:要求签订确认书须在合同成立之前。合同成立之后,一方当事人要求签订确认书,实际上是要否定或者推翻已经产生约束力的合同。对于这种做法当然不能予以支持。《民法典》第四百八十三条规定:"承诺生效时合同成立。但是法律另有规定或者当事人另有约定的除外。"承诺生效是合同成立的实质要件,也是判断合同成立时间的标准。承诺是对要约的接受,承诺生效,两个意思表示取得一致,合同成立。为什么不规定"承诺生效时合同生效"呢?因为学术上的主流观点认为合同成立不一定生效,如定金合同和自然人之间的借款合同成立时"未生效"。

【例2-1】 2023年6月15日,甲公司向乙公司发出一份订单,并要求乙公司在2023年7月10日之前答复。2023年7月初,该种货物的国际市场价格大幅度下跌,甲公司通知乙公司:"前次订单中所列货物价格作废,如你公司愿意降价20%,则要约有效期延长至7月20日。"乙公司收到通知后,立即于7月3日回信表示不同意降价,同时对前一订单表示接受,正常情况下,此信可以在7月8日到达,但由于邮局工人罢工,甲公司于7月15日才接到回信,甲公司立即答复:"第一次的订单已经撤销,接受无效。"乙公司坚持第一次的订单不能撤销,甲公司又于7月20日回复认为乙公司的承诺已经逾期,合同不成立。

(1)甲公司6月15日的订单是(　　)。

　　A. 要约　　　　　　　　　　　　　B. 要约邀请

(2)甲公司7月初的通知的效力(　　)。

　　A. 是新要约

　　B. 是对原要约的撤销,且撤销有效

　　C. 是对原要约的撤销,如果乙公司及时对此表示反对,则撤销无效

　　D. 是对原要约的撤销,如果乙公司没有及时对此表示反对,则撤销有效

(3)乙公司7月3日的回信(　　)。

　　A. 是有效的承诺,因为未超过有效期限

　　B. 是无效的承诺,因为已经超过有效期限,而且甲公司已经及时提出反对

　　C. 不构成承诺,因为要约已经撤销

　　D. 是有效的承诺,因为正常情况下,该信本来可以在要约有效期限内到达,且甲公司并没有及时以承诺逾期为理由表示反对

(4)如果乙公司在7月3日发出的信中没有对原订单表示是否接受,则(　　)。

　　A. 乙公司仍然有权接受原订单,只要接受的通知在7月10日以前到达甲公司

　　B. 乙公司仍然有权接受原订单,只要接受的通知在7月20日以前到达甲公司

　　C. 即使乙公司未在7月10日前接受原订单,仍然可以在7月20日以前降价20%接受订单

　　D. 如果乙公司未在7月10日前接受原订单,则不能再接受原订单

(5)如果乙公司在7月3日发出的信中表示同意降价10%,则此信(　　)。

　　A. 构成有效承诺　　　　　　　　　　B. 构成反要约

　　C. 视为同意甲公司撤销原要约　　　　D. 视为拒绝甲公司的新要约

答:(1)A　　　(2)A　　　(3)D　　　(4)AC　　　(5)BCD

二　合同的效力

1. 合同的生效

(1)合同生效的概念及条件

合同生效是指合同对双方当事人的法律约束力的开始。《民法典》第四百六十五条对合同约束力进行了规定:"依法成立的合同,受法律保护。依法成立的合同,仅对当事人具有法律约束力,但是法律另有规定的除外。"合同生效应当具备下列条件:

①当事人具有相应的民事权利能力和民事行为能力;

②意思表示真实;

③不违反法律、行政法规的强制性规定,不违背公序良俗。

(2)合同的生效时间

一般来说,依法成立的合同,自成立时生效,但是法律另有规定或者当事人另有约定的除

外。依照法律、行政法规的规定,合同应当办理批准等手续的,依照其规定。未办理批准等手续影响合同生效的,不影响合同中履行报批等义务条款以及相关条款的效力。应当办理申请批准等手续的当事人未履行义务的,对方可以请求其承担违反该义务的责任。具体地讲,口头合同自受要约人承诺时生效;书面合同自当事人双方签字或者盖章时生效;法律规定应当采用书面形式的合同,当事人虽然未采用书面形式但已经履行全部或者主要义务的,可以视为合同有效。当事人可以对合同生效约定附条件或者约定附期限。附条件的合同,包括附生效条件的合同和附解除条件的合同两类。附生效条件的合同,自条件成就时生效;附解除条件的合同,自条件成就时失效。附条件的合同一经成立,在条件成就前,当事人对于所约定的条件是否成就,应当听其自然发展。

2. 涉及代理的合同效力

当合同具备生效条件时,代理行为符合法律规定,授权代理人在授权范围内订立的合同当然有效。但在有些情况下,涉及代理的合同效力十分复杂。

(1)限制民事行为能力人订立的合同

无民事行为能力人不能订立合同,限制民事行为能力人一般情况下不能独立订立合同。限制民事行为能力人订立的合同,经法定代理人追认以后,合同才有效。

(2)无权代理

行为人没有代理权、超越代理权或者代理权终止后,仍然实施代理行为,未经被代理人追认的,对被代理人不发生效力。相对人可以催告被代理人自收到通知之日起三十日内予以追认。被代理人未作表示的,视为拒绝追认。行为人实施的行为被追认前,善意相对人有撤销的权利。撤销应当以通知的方式作出。行为人实施的行为未被追认的,善意相对人有权请求行为人履行债务或者就其受到的损害请求行为人赔偿。但是,赔偿的范围不得超过被代理人追认时相对人所能获得的利益。相对人知道或者应当知道行为人无权代理的,相对人和行为人按照各自的过错承担责任。

(3)表见代理

表见代理是行为人没有代理权、超越代理权或者代理权终止后,仍然实施代理行为,相对人有理由相信行为人有代理权的,代理行为有效。善意第三人与无权代理人进行的交易行为(订立合同),其后果由被代理人承担。表见代理的规定,其目的是保护善意的第三人。表见代理一般应当具备以下条件:

①表见代理人并未获得被代理人的授权,是无权代理;

②客观上存在让相对人相信行为人具备代理权的理由;

③相对人善意且无过失。

3. 无效合同和可变更、可撤销的合同

(1)无效合同的概念和合同无效的情形

无效合同是指当事人订立的违反了法律规定的条件,国家不承认其效力,不给予法律保护的合同。无效合同从订立之时起就没有法律效力。《民法典》第一编第六章第三节规定有下列情形之一的合同无效:

①无民事行为能力人实施的民事法律行为无效。

②行为人与相对人以虚假的意思表示实施的民事法律行为无效。

③违反法律、行政法规的强制性规定的民事法律行为无效。但是，该强制性规定不导致该民事法律行为无效的除外。

④违背公序良俗的民事法律行为无效。

⑤行为人与相对人恶意串通，损害他人合法权益的民事法律行为无效。

合同中的下列免责条款无效：

①造成对方人身损害的；

②因故意或者重大过失造成对方财产损失的。

上述两种免责条款具有一定的社会危害性，双方即使没有合同关系也可以追究对方的侵权责任。因此这两种免责条款无效。

无效合同的确认权归人民法院或仲裁机构，其他任何机构均无权确认合同无效。

（2）可变更、可撤销合同的概念和种类

可变更、可撤销的合同是指欠缺生效条件，但一方当事人可依照自己的意思使合同的内容变更或者使合同的效力消灭的合同。可变更、可撤销的合同不同于无效合同，当事人提出请求是合同被变更、撤销的前提。当事人如果只要求变更，人民法院或仲裁机构不得撤销其合同。《民法典》第一编第六章第三节规定有下列情形之一的，当事人一方有权请求人民法院或仲裁机构变更或撤销其合同：

①基于重大误解实施的民事法律行为，行为人有权请求人民法院或者仲裁机构予以撤销；

②一方以欺诈手段，使对方在违背真实意思的情况下实施的民事法律行为，受欺诈方有权请求人民法院或者仲裁机构予以撤销；

③第三人实施欺诈行为，使一方在违背真实意思的情况下实施的民事法律行为，对方知道或者应当知道该欺诈行为的，受欺诈方有权请求人民法院或者仲裁机构予以撤销；

④一方或者第三人以胁迫手段，使对方在违背真实意思的情况下实施的民事法律行为，受胁迫方有权请求人民法院或者仲裁机构予以撤销；

⑤一方利用对方处于危困状态、缺乏判断能力等情形，致使民事法律行为成立时显失公平的，受损害方有权请求人民法院或者仲裁机构予以撤销。

由于可撤销的合同只是涉及当事人意思表示不真实的问题，因此法律对撤销权的行使有一定的限制。有下列情形之一的，撤销权消灭：

①当事人自知道或者应当知道撤销事由之日起一年内、重大误解的当事人自知道或者应当知道撤销事由之日起九十日内没有行使撤销权；

②当事人受胁迫，自胁迫行为终止之日起一年内没有行使撤销权；

③当事人知道撤销事由后明确表示或者以自己的行为表明放弃撤销权。

当事人自民事法律行为发生之日起五年内没有行使撤销权的，撤销权消灭。

（3）合同无效和被撤销后的法律后果

合同无效或被撤销的合同自始没有法律约束力。合同部分无效，不影响其他部分效力的，其他部分仍然有效。合同无效、被撤销或终止的，不影响合同中独立存在的有关解决争议方法的条款的效力。

合同被确认无效和被撤销后，合同规定的权利义务即为无效。履行中的合同应当终止履行，尚未履行的不得继续履行。对因履行无效合同和被撤销合同而产生的财产后果应当依法进行处理：

①返还财产。由于无效合同或被撤销的合同自始没有法律约束力,因此,返还财产是处理无效合同和被撤销合同的主要方式。合同被确认无效和被撤销后,当事人依据该合同所取得的财产,应当返还给对方。

②赔偿损失。合同被确认无效或被撤销后,有过错的一方应赔偿对方因此而受到的损失。如果双方都有过错,应当根据过错的大小各自承担相应的责任。

③折价补偿。即合同被确认无效后,返还财产不具备现实条件或者没有必要或者返还财产成本过高,可以通过折价补偿的方式使财产关系恢复原状。

三 合同的履行

1. 合同履行的概念

合同履行是指合同各方当事人按照合同的规定,全面履行各自的义务,实现各自的权利,使各方的目的得以实现的行为。合同依法成立,当事人就应当按照合同的约定,全部履行自己的义务。签订合同的目的在于履行,通过合同的履行取得某种权益。合同的履行以有效的合同为前提和依据,因为无效合同从订立之时起就没有法律效力,不存在合同履行的问题。合同履行是该合同具有法律约束力的首要表现。

2. 合同履行的原则

（1）合同全面履行的原则

当事人应当按照约定全面履行自己的义务,即按合同约定的标的、价款、数量、质量、地点、期限、方式等全面履行各自的义务。按照约定履行自己的义务,既包括全面履行义务,也包括正确适当履行合同义务。

合同生效后,当事人就质量、价款或者报酬、履行地点等内容没有约定或者约定不明确的,可以协议补充,不能达成补充协议的,按照合同有关条款或者交易习惯确定。按照合同有关条款或者交易习惯确定,一般只能适用于部分常见条款欠缺或者不明确的情况,因为只有这些内容才能形成一定的交易习惯。如果按照上述办法仍不能确定合同如何履行的,适用下列规定进行履行：

①质量要求不明的,按照强制性国家标准履行;没有强制性国家标准的,按照推荐性国家标准履行;没有推荐性国家标准的,按照行业标准履行;没有国家标准、行业标准的,按照通常标准或者符合合同目的的特定标准履行。

②价款或报酬不明的,按订立合同时履行地的市场价格履行;依法应当执行政府定价或政府指导价的,按规定履行。

③履行地点不明确的,给付货币的,在接收货币一方所在地履行;交付不动产的,在不动产所在地履行;其他标的在履行义务一方所在地履行。

④履行期限不明确的,债务人可以随时履行,债权人也可以随时要求履行,但应给对方必要的准备时间。

⑤履行方式不明确的,按照有利于实现合同目的的方式履行。

⑥履行费用的负担不明确的,由履行义务一方承担;因债权人增加的履行费用,由债权人负担。

合同在履行中既可能按照市场行情约定价格,也可能执行政府定价或政府指导价。如果按照市场行情约定价格履行,则市场行情的波动不应影响合同价格,合同仍然执行原价格。

《民法典》第五百一十三条规定:执行政府定价或政府指导价的,在合同约定的交付期限内政府价格调整时,按照交付时的价格计价。逾期交付标的物的,遇价格上涨时,按照原价格执行;遇价格下降时,按照新价格执行。逾期提取标的物或者逾期付款的,遇价格上涨时,按照新价格执行;遇价格下降时,按照原价格执行。

(2)诚实信用原则

当事人应当遵循诚实信用原则,根据合同性质、目的和交易习惯履行通知、协助和保密的义务。当事人首先要保证自己全面履行合同约定的义务,并为对方履行创造条件。当事人双方应关心合同履行情况,发现问题应及时协商解决。一方当事人在履行过程中发生困难,另一方当事人应在法律允许的范围内给予帮助。在合同履行过程中应信守商业道德,保守商业秘密。

(3)绿色原则

当事人在履行合同过程中,应当避免浪费资源、污染环境和破坏生态。

3. 第三人履行合同

第三人履行合同包括债务人向第三人履行的合同和由第三人向债权人履行的合同两种情况。

①债务人向第三人履行的合同。《民法典》规定债务人向第三人履行合同是指当事人约定由债务人向第三人履行债务,债务人未向第三人履行债务或者履行债务不符合约定的,应当向债权人承担违约责任。法律规定或者当事人约定第三人可以直接请求债务人向其履行债务,第三人未在合理期限内明确拒绝,债务人未向第三人履行债务或者履行债务不符合约定的,第三人可以请求债务人承担违约责任;债务人对债权人的抗辩,可以向第三人主张。

②由第三人向债权人履行的合同。当事人约定由第三人向债权人履行债务,第三人不履行债务或者履行债务不符合约定的,债务人应当向债权人承担违约责任。

4. 合同履行中的抗辩权

抗辩权是指双方在合同的履行中,都应当履行自己的债务,一方不履行或者有可能不履行时,另一方可以据此拒绝对方的履行要求。

(1)同时履行抗辩权

当事人互负债务,没有先后履行顺序的,应当同时履行。同时履行抗辩权包括:一方在对方履行之前有权拒绝其履行要求;一方在对方履行债务不符合约定时,有权拒绝相应的履行要求。

同时履行抗辩权的适用条件:

①由同一商务合同产生互负的对价给付债务;

②合同中未约定履行的顺序;

③对方当事人没有履行债务或没有正确履行债务;

④对方的对价给付是可能履行的义务。

所谓对价给付,是指一方履行的义务和对方履行的义务之间具有互为条件、互为牵连的关系并且在价格上基本相等。

（2）先履行抗辩权

《民法典》第五百二十六条规定："当事人互负债务，有先后履行顺序，应当先履行债务一方未履行的，后履行一方有权拒绝其履行要求。先履行一方履行债务不符合约定的，后履行一方有权拒绝其相应的履行要求。"先履行抗辩权的适用条件是：

①合同有先后履行顺序。从《民法典》第五百二十六条的规定来看，可以不基于同一双务合同。如一方不交付定金，另一方自然可以不履行合同。先履行义务人由于不可抗力不履行，后履行义务人有无抗辩权？当然有，合同是商品交换的法律形式。商品交换最基本的规则是"你不给我，我就不给你"。你不给我发货，我就不给你货款，尽管你不发货是由不可抗力造成的。你不发货是由不可抗力造成的，我可以免除你的违约责任（免除违约金、赔偿金等），对我履行抗辩权并无影响。

②先履行义务人不履行合同义务或者履行义务不符合约定。当事人可以针对对方不履行进行抗辩，也可以针对对方履行合同不符合约定进行抗辩，还可以针对合同的权利瑕疵进行抗辩。具体地说，先履行抗辩权可以针对以下几种情况：其一，针对不履行、部分不履行进行抗辩；其二，针对迟延履行进行抗辩；其三，针对瑕疵履行进行抗辩；其四，针对权利瑕疵进行抗辩（参见《民法典》第六百一十四条、第七百二十三条）。针对当事人的部分履行，相对人可以行使抗辩权。最简单的例子是甲方应当发货10批，但只发5批，乙方自然只支付5批的货款。

【例2-2】 甲方于2022年1月将某桥梁工程发包给乙方，在建设工程合同中约定：甲方负责"三通一平"（通水、通电、通路，场地平整），"三通一平"于2022年6月完成，约定乙方2023年8月交工。但甲方"三通一平"的工作，至2022年9月才完成，乙方公司此时才可以进入工地。至2023年8月，乙方不能交工。请问：乙方是否承担违约责任？

答： 乙方不承担违约责任。乙方有权顺延工期（行使履行抗辩权）。《民法典》第八百零三条规定："发包人未按照约定的时间和要求提供原材料、设备、场地、资金、技术资料的，承包人可以顺延工程日期，并有权请求赔偿停工、窝工等损失。"顺延工程日期，是行使履行抗辩权的一种方式。行使履行抗辩权，不影响追究对方违约责任的权利。

（3）不安抗辩权

不安抗辩权是指合同中约定了履行的顺序，合同成立后发生了应当后履行合同一方财务状况恶化的情况，应当先履行合同的一方在对方未履行或提供担保前有权拒绝先履行。设立不安抗辩权的目的在于预防合同成立后情况发生变化而损害合同另一方的利益。

《民法典》第五百二十七条规定，应当先履行债务的当事人，有确切证据证明对方有下列情形之一的，可以中止履行：

①经营状况严重恶化；

②转移财产、抽逃资金，以逃避债务；

③丧失商业信誉；

④有丧失或可能丧失履行债务能力的其他情形。

当事人没有确切证据中止履行的,应当承担违约责任。条文中所说的四种情形构成预期重大违约时,先履行义务人可以根据《民法典》第五百六十三条规定解除合同。当事人中止履行合同的,应当及时通知对方,对方提供适当的担保时应恢复履行。中止履行后,对方在合理的期限内未恢复履行能力且未提供适当的担保,中止履行的一方可以解除合同。当事人没有确切证据证明应中止履行合同的,应承担违约责任。

> **【例2-3】** 甲方、乙方在1月20日签订了合同,由甲方卖给乙方一台价款为320万元的机器,交货时间为1月23日,付款时间为2月25日。1月25日甲方交货后,乙方认为机器质量很好,又于当日与乙方签订合同,再购买一台机器。发货日期为3月25日。至3月25日,甲方公司可以以乙方公司未支付第一份合同的货款为由拒绝第二份合同的发货,因为乙方欠缺商业信用。

(4)代位权

代位权是指债务人怠于行使其对第三人(次债务人)享有的到期债权,而有害于债权人的债权时,债权人为保障自己的债权而以自己的名义行使债务人对次债务人债权的权利。《民法典》第五百三十五条规定:"因债务人怠于行使其债权或者与该债权有关的从权利,影响债权人的到期债权实现的,债权人可以向人民法院请求以自己的名义代位行使债务人对相对人的权利,但是该权利专属于债务人自身的除外。代位权的行使范围以债权人的到期债权为限。债权人行使代位权的必要费用,由债务人负担。相对人对债务人的抗辩,可以向债权人主张。"具体地说,债权人行使代位权,是以自己为原告,以次债务人为被告,要求次债务人对债务人履行到期债务,该还债行为直接向债权人履行。

债权人可以越过债务人以原告名义直接起诉次债务人,获得债权的清偿。因此,代位权对解决三角债、连环债,避免当事人的诉累,维护债权人的利益,维护交易安全具有重要的作用。代位权行使的结果,使债权人直接获得清偿。

> **【例2-4】** 甲方为工程的发包人,乙方为承包人,乙方经甲方同意,将土方工程(挖基坑)分包给工头张某,张某雇用了77个农民完成了土方工程。临近春节,这77个农民找工头张某索要工钱,张某找乙方索要,乙方以甲方不给为由拒绝。张某无法支付工钱,又怕农民打他,就躲了起来。请问:农民还可以向谁索要工钱?
>
> **答:**可以提起代位权诉讼,向乙方索要,分包合同是否有效,不影响代位权的成立。当前的理论认为,不能向甲方索要。
>
> **【例2-5】** 甲方向乙方提供了200万元的借款,丙方又欠乙方300万元工程款。甲不是金融企业,无权放贷。按照目前的规定,甲、乙之间的合同是无效的,利息不应当给予追缴,但乙方应当返还本金。甲方对乙方追缴200万元的本金是合法的。这样,甲方行使代位权就有了前提。甲方可以起诉丙方,要求丙方直接向自己清偿200万元工程款。

四 合同的违约责任

1. 违约责任的概念

违约责任是指当事人一方不履行合同义务或者履行合同义务不符合约定时应当承担的法律责任。违约行为的表现形式包括不履行和不适当履行。不履行是指当事人不能履行或拒绝履行合同义务。不能履行合同的当事人一般也应承担违约责任。《民法典》第五百七十七条规定:当事人一方不履行合同义务或者履行合同义务不符合约定的,应当承担继续履行、采取补救措施或者赔偿损失等违约责任。上述继续履行、采取补救措施或者赔偿损失等,都属于财产责任。违约责任,是违反有效合同构成的责任。未成立的合同、无效合同、被撤销的合同以及效力未定的合同(可追认的合同)未被追认时均不产生违约责任。因为上述合同不具有履行效力,当事人的约定不被法律所承认。

2. 承担违约责任的条件和原则

(1)承担违约责任的条件

当事人承担违约责任的条件是指当事人承担违约责任应具备的要件。其构成要件有两个:其一,有违约行为;其二,有过错。

①有违约行为。违约行为包括不履行和履行不符合约定。违约行为可以是预期违约(参见《民法典》第五百六十三条第二项和第五百七十八条的规定),也可以是届期违约。

②有过错。未按合同履行,但有免责事由,则不承担违约责任;未按合同履行,无免责事由,则要承担违约责任。有无免责事由,由违约人举证。过错责任原则要求:当事人因过错违约始构成违约责任。免责事由分为法定的免责事由和约定的免责事由。约定的免责事由属于当事人意思自治范畴。但约定免责,不得违反《民法典》第五百零六条的规定。

在这个问题上争论最多的是应当采用过错责任原则还是严格责任原则。过错责任原则要求违约人承担违约责任的前提是违约人必须有过错。而严格责任原则不要求以违约人有过错为承担违约责任的前提,只要违约人有违约行为就应当承担违约责任。我国《民法典》规定的"不履行合同义务或者履行合同义务不符合约定"这两种违约形态,体现的就是严格责任原则。在严格责任原则下,除非存在免责事由,否则只要有违约行为,违约方即应承担违约责任;在过错责任原则下,多强调事实的违约行为,其免责事由的举证一般较为困难。但对缔约过失、无效合同和可撤销合同依然适用过错责任原则。

当然,违反合同而承担的违约责任,是以合同有效为前提的。无效合同从订立之时起就没有法律效力,所以谈不上违约责任问题。但对部分无效合同中有效条款的不履行,仍应承担违约责任。所以,当事人承担违约责任的前提,必须是违反了有效的合同或合同条款中的有效部分。

(2)承担违约责任的原则

我国《民法典》规定的承担违约责任是以补偿性为原则的。补偿性是指违约责任旨在弥补或补偿由违约行为造成的损失。对于财产损失的赔偿范围,我国《民法典》规定,赔偿损失额应相当于由违约行为造成的损失,包括合同履行后可获得的利益。

违约责任在有些情况下也具有惩罚性。如:合同约定了违约金,违约行为没有造成损失或损失小于约定的违约金;约定了定金等。

3．承担违约责任的方式

1)继续履行

继续履行是指违反合同的当事人不论是否承担了赔偿金或违约金责任,都必须根据对方的要求,在自己能够履行的条件下,对合同未履行的部分继续履行。因为订立合同的目的就是通过履行实现当事人的目的,从立法的角度,应当鼓励和要求合同的实际履行。承担赔偿金或违约金责任不能免除当事人的履约责任。特别是金钱债务,违约方必须继续履行,因为金钱是一般等价物,没有别的方式可以替代履行。因此,当事人一方未支付价款或者报酬的,对方可以要求其支付价款或者报酬。

当事人一方不履行非金钱债务或履行非金钱债务不符合约定的,对方也可以要求继续履行。但有下列情形之一的除外:

(1)法律上或事实上不能履行

法律上不能履行主要有以下几种情况:

①特定的标的物已经被他人善意取得。如卖方的物已卖或预期违约,其所有的标的物已经被一买受人善意取得,此时要求卖方继续履行合同则会侵犯第三人的合法权益。故实际履行属法律上不能。

②强制实际履行侵害债务人的人身自由。当继续履行涉及当事人的人身自由时,法院不能判决合同继续履行。对于雇佣合同、演出合同、科研合同、无偿保管合同等,均不得强制实际履行。

③债务人破产。当债务人进入破产程序时,若强制债务人实际履行,则等于授予债权人以优先权。这对债务人的其他债权人是不公平的,也违反了法律关于破产的规定。

④债务为自然债务。如果超过诉讼时效,债务人的债务转化为自然债务。自然债务是不能强制执行的债务,因此,不能强制实际履行。

⑤实践合同约定的债务。对于实践合同约定的债务,一方当事人强制实际履行的要求不能支持。因为实践合同通常是无偿合同,法律给无偿付出的一方以反悔权。这种反悔权是通过不交付标的物或不履行合同约定的其他义务体现的。在交付标的物或履行合同约定的其他义务之前,实践合同约定的义务,还没有发生履行效力,因此不能强制实际履行。否则,就等于法律赋予当事人的反悔权。比如,2022年5月1日黄某答应在同年5月6日借给李某一辆汽车用,至5月6日,黄某并不提供汽车,李某向法院提起诉讼,要求黄某提供汽车。对于李某的诉讼请求,法院不能予以支持。因为,借用合同是实践合同,黄某有反悔权。

事实上不能履行的情况:事实不能主要是基于自然法则的不能。比如一幅古画已经被火烧成灰烬或已经丢失。这幅古画是独一无二、无法替代的。因而,强制实际履行在事实上不能。

(2)债务标的不适于强制履行或履行费用过高

债务人的债务标的不适于强制履行或者履行费用过高,致使不能实现合同目的,人民法院或仲裁机构可以根据债权人的请求终止合同权利义务关系,但不影响违约责任的承担。

【例2-6】 如合伙合同不仅需合伙人的投资,还需要合伙人的主观努力。因而合伙合同不适于强制实际履行。再如,履行期限过长的合同,也是不适于强制实际履行的合同。

【例2-7】 甲应当卖给乙普通红砖100万块,甲违约,乙向法院要求强制甲履行。但甲已经停炉烧砖,若甲对乙赔偿,则赔偿50万元(包括了可得利益)。如甲实际履行,重新开炉烧砖,则需花费150万元。普通红砖在市场上可以轻易买到,此时应当判决赔偿,而不应当判决强制实际履行。这种情况下,也不宜判决甲方买来普通红砖送给乙,因为这样仍然增加费用。

(3)债权人在合理期限内未请求履行

债权人在合理的期限内没有要求履行,视为放弃了要求实际履行的权利。"合理的期限",要根据具体情况来判断。如债权人甲要求债务人乙(果园主)交付9t苹果,但提出实际履行的要求时,季节已过。此时的要求不合理,不应当给予支持。不能把"合理的期限"理解为诉讼时效。

当事人就延迟履行约定违约金的,违约方支付违约金后,还应当履行债务。

2)采取补救措施

所谓的补救措施主要是指我国《民法典》中确定的,在当事人违反合同的事实发生后,为防止损失发生或扩大,由违反合同一方依照法律规定或约定采取的修理、更换、重新制作、退货、减少价格或报酬等措施,以给权利人弥补或挽回损失的责任形式。采取补救措施的责任形式,主要发生在质量不符合约定的情况下。

3)赔偿损失

当事人一方不履行合同义务或履行合同义务不符合约定的,给对方造成损失的,应当赔偿对方的损失。损失赔偿额应相当于由违约造成的损失,包括合同履行后可以获得的利益,但不得超过违反合同一方订立合同时预见或应当预见的由违反合同可能造成的损失。这种方式是承担违约责任的主要方式。因为违约一般都会对当事人造成损失,赔偿损失是守约者避免损失的有效方式。

当事人一方不履行合同义务或履行合同义务不符合约定的,在履行义务或采取补救措施后,对方还有其他损失的,应承担赔偿责任。当事人一方违约后,对方应采取适当措施防止损失的扩大,没有采取措施致使损失扩大的,不得就扩大的损失请求赔偿,当事人因防止损失扩大而支出的合理费用,由违约方承担。

4)支付违约金

当事人可以约定一方违约时应根据违约情况向对方支付一定数额的违约金,也可以约定因违约产生的损失额的赔偿办法。约定违约金低于损失额的,当事人可以请求人民法院或仲裁机构予以增加;约定违约金过分高于损失额的,当事人可以请求人民法院或仲裁机构予以适当减少。违约金包括不履行合同的违约金、逾期履行的违约金、瑕疵履行的违约金。

不履行合同的违约金是指当事人没有履行主债务应当支付的违约金,这种违约金一般按合同标的额的一定比例计算。当合同部分未履行时,按未履行的部分计算。逾期履行,也称履行迟延,是指在合同债务已经到期,合同当事人不按法定或者约定的时间履行的情况。逾期履行的违约金一般是按迟延的日期(天数等)计算的。瑕疵履行的违约金,是指当事人履行的质量不符合要求而约定支付的违约金。瑕疵履行的违约金不能与实际履行并用,因为被违约人接受了履行,并从违约金中得到了损失的补偿。

【**例2-8**】 A公司卖给B公司1000t钢材,总价款450万元。按照合同约定分10批发货,每批100t。A公司前7批钢材质量符合要求,第8批不符合要求,不能用于桥梁工程施工,B公司就该批解除,该批订货自始失去效力。按照《民法典》第六百三十三条第一款的规定,解除该批货物不影响今后各批。A公司后来所发的第9、10批钢材符合要求。A、B公司在订立合同时,约定不履行的一方要按标的额的10%向对方支付违约金。B解除了第8批的订货。现B公司要求A公司支付违约金,请问:A公司应当支付多少?

答:假如A公司一批货都没有发或者发出的10批货都不符合质量要求,B公司解除10批订货,则A公司要支付45万元不履行的违约金。现B公司解除10批货中的第8批货,B公司则应当将该批货返还给A公司,A公司补偿B公司4.5万元。

5)定金罚则

《民法典》第五百八十六条规定:"当事人可以约定一方向对方给付定金作为债权的担保。定金合同自实际交付定金时成立。"同时,《民法典》第五百八十七条规定:"债务人履行债务的,定金应当抵作价款或者收回。给付定金的一方不履行债务或者履行债务不符合约定,致使不能实现合同目的的,无权请求返还定金;收受定金的一方不履行债务或者履行债务不符合约定,致使不能实现合同目的的,应当双倍返还定金。"定金是预交的违约金,但法律对定金的数额有限制。《民法典》第五百八十六条规定:"定金的数额由当事人约定;但是,不得超过主合同标的额的百分之二十,超过部分不产生定金的效力。"因此定金又不具备违约金完全弥补损失的功能。我国《民法典》规定:定金合同自实际交付定金时成立。根据上述规定,定金合同应为实践合同而非诺成合同。基于定金的实践性,《民法典》第五百八十六条规定:"实际交付的定金数额多于或者少于约定数额的,视为变更约定的定金数额。"与定金有关的法律条款见表2-2-1。

与定金有关的条款 表2-2-1

序号	项目	内容	条款
1	定金的类型	(1)违约定金;(2)证约定金;(3)立约定金;(4)成约定金;(5)解约定金	《民法典》第五百八十六条、第五百八十七条、第五百八十八条
2	定金的实践性	(1)交付时生效;(2)交付时数额有变化,受领者无异议,以交付数额生效	《民法典》第五百八十六条

续上表

序号	项目	内容	条款
3	定金罚则的适用	债务人履行债务的,定金应当抵作价款或者收回。给付定金的一方不履行债务或者履行债务不符合约定,致使不能实现合同目的的,无权请求返还定金;收受定金的一方不履行债务或者履行债务不符合约定,致使不能实现合同目的的,应当双倍返还定金	《民法典》第五百八十七条
4	定金适用类型	(1)不履行;(2)"相当于"不履行(瑕疵履行、迟延履行导致合同目的不能实现)	《民法典》第五百八十七条
5	定金数额	不超过主合同标的额的百分之二十,超过部分不产生定金的效力	《民法典》第五百八十六条
6	定金与违约金	不能合并适用,只能由被违约人选择适用	《民法典》第五百八十八条
7	定金的最终归属	债务人履行债务的,定金应当抵作价款或者收回	《民法典》第五百八十七条
8	定金合同的形式	可以采用书面形式、口头形式或其他形式	《民法典》第四百六十九条
9	主合同无效时定金合同	主合同无效,定金合同必然无效	法理

当事人既约定违约金,又约定定金的,一方违约时,对方可以选择适用违约金或定金条款,具体见表2-2-2。但是,这两种违约责任不能合并使用。

违约金与定金并用　　　　　　　　　　　　　　　　表2-2-2

序号	内容	可否并用	理由
1	继续履行与不履行的违约金	否	矛盾(方向相反)
2	继续履行与迟延履行的违约金	可	违约之后的继续履行构成迟延
3	继续履行与瑕疵履行的违约金	否	矛盾(接受瑕疵履行时,支付瑕疵履行的违约金)
4	继续履行与定金	否	矛盾(定金适用于不履行)
5	定金与迟延履行的违约金	否	矛盾(定金适用于不履行)
6	定金与不履行的违约金	否	性质相同,简单相加造成不公平的结果
7	定金与瑕疵履行的违约金	否	定金适用于不履行,瑕疵履行是履行
8	定金与不履行的赔偿金	可	定金不足以弥补损失时,以赔偿金补充
9	定金与迟延履行的赔偿金	否	矛盾(方向相反)
10	定金与瑕疵履行的赔偿金	否	矛盾(方向相反)
11	不履行的违约金与不履行的赔偿金	否	性质相同
12	不履行的违约金与迟延履行的违约金	否	矛盾

【例2-9】 A公司卖给B公司5000t煤炭,合同价100万元,按照合同约定分10批发货,每批500t。A公司前7批煤炭质量符合要求,第8批不符合要求,不能用于锅炉的燃烧,B公司就该批解除,该批订货自始失去效力。按照《民法典》第六百三十三条第一款的规定,解除该批货物不影响今后各批。A公司后来所发第9、10批煤炭符合要求。B公司在订立合同时,付给A公司10万元定金。现B公司要求适用定金罚则,请问A公司应当返还多少?

答:如果B公司交付的10万元定金不折抵价款的话,那么A公司应当返还11万元(其中包含了双倍返还的2万元),其中10万元是B公司自己的。假如A公司一批货都没有发或者发出的10批货都不符合质量要求,B公司解除10批订货,则A公司要双倍返还20万元,其中10万元是B公司自己的。每批货获得1万元的补偿,那么10批货中的1批货未履行或1批货被解除,则应当返还11万元。该批货得1万元的补偿。

【例2-10】 A公司与B公司签订买卖合同,由A公司卖给B公司一套价款为200万元的设备。B公司按照约定给了A公司10万元定金。双方当事人在合同中还约定,任何一方不履行合同都要给对方15万元违约金。如果A公司不履行合同,B公司应该要求其支付违约金,还是要求适用定金罚则?如果B公司撕毁合同,A公司是要求其支付违约金,还是要求适用定金罚则?

答:如果A公司不履行合同,B公司应当要求其支付违约金,因为违约金是15万元。如果选择适用定金罚则,A公司双倍返还定金20万元,其中10万元是B公司自己的,B公司只得到10万元的补偿。B公司选择违约金,不影响其向A公司交付的10万元定金。如果A公司不返还,则构成不当得利。

如果B公司撕毁合同,A公司也应当要求其支付违约金,因为违约金有15万元。如果选择适用定金罚则,其只能没收B公司交付的10万元定金。A公司选择违约金,但应当返还已收的10万元定金。A公司主动债权与被动债权相抵销,即实际上不需要返还10万元定金,B公司实际要再向A公司交付5万元,等于B公司向A公司交付15万元的违约金。

【例2-11】 甲与乙以通用产品为标的物订立了一份买卖合同,甲向乙支付定金2万元。合同订立后,甲无理拒绝履行,给乙造成损失3万元,此时,甲无权要求乙返还定金,还应再支付乙1万元以弥补其损失。甲实际支出3万元。如果在这份合同中,乙无理拒绝履行合同,给甲造成损失1万元,则乙应按定金罚则双倍返还定金,即返还甲4万元,还应支付给甲赔偿金1万元。乙实际支出5万元。

五 合同的变更和转让

1. 合同变更

合同变更有狭义和广义之分。狭义的合同变更是指合同内容的某些变化,是在主体不变、标的不变、法律性质不变的条件下,在合同没有履行或没有完全履行之前,出于一定的原因,由当事人对合同约定的权利义务进行局部调整。这种调整,通常表现为对合同某些条款的修改或补充。如买卖合同标的物数量的增加或减少、交货时间的提前或延期、运输方式和交货地点改变等都可视为合同的变更。

广义的合同变更,除包括合同内容的变更以外,还包括合同主体的变更,即由新的主体取代原合同的某一主体,这实质上是合同的转让。合同内容的变更,是当事人之间民事关系的某种变化,它是本质意义上的变更;而合同主体的变更,则是合同某一主体与新的主体建立民事权利义务关系,因此,它不是本质意义上的变更。合同变更,是针对已经成立的合同或针对生效的合同。无效合同和已经被撤销的合同不存在变更的问题。对可撤销而尚未被撤销的合同,当事人也可以不经人民法院或仲裁机关裁决,采取协商的手段,变更某些条款,消除合同瑕疵,使之成为符合法律要求的合同。

合同变更,通常要遵循一定的程序或依据某项具体原则或标准。协商一致是合同变更的必要条件,任何一方都不得擅自变更合同。这些程序、原则、标准等可以在订立合同时约定,也可以在合同订立后约定。有些合同需要有关部门的批准或登记,依照法律、行政法规的规定,合同变更、转化、解除等情形应当办理批准等手续。

有效的合同变更必须有明确的合同内容的变更。如果当事人对合同的变更约定不明确,视为没有变更。合同变更后原合同债消灭,产生新的合同债。因此,合同变更后,当事人不得再按原合同履行,而须按变更后的合同履行。

2. 合同转让

合同转让是指合同一方将合同的权利、义务全部或部分转让给第三人的法律行为。合同的转让,体现了债权债务关系是动态的财产关系这一特性。合同的转让包括债权转让和债务承担两种情况,当事人也可将权利、义务一并转让。

1)债权转让

债权转让是指合同债权人通过协议将其债权全部或部分转让给第三人的行为。债权人可以将合同的权利全部或部分转让给第三人。《民法典》第五百零二条规定:"依照法律、行政法规的规定,合同的变更、转让、解除等情形应当办理批准等手续的,适用前款规定。"即"依照法律、行政法规的规定,合同应当办理批准等手续的,依照其规定。未办理批准等手续影响合同生效的,不影响合同中履行报批等义务条款以及相关条款的效力。应当办理申请批准等手续的当事人未履行义务的,对方可以请求其承担违反该义务的责任。"

但下列情形债权不可以转让:

①根据债权性质不得转让。如对公益事业的赠与合同,受赠人不能将债权转让。

②根据当事人约定不得转让。

③依照法律规定不得转让。如《民法典》第四百零七条规定:"抵押权不得与债权分离而单独转让或者作为其他债权的担保。债权转让的,担保该债权的抵押权一并转让,但是法律另有规定或者当事人另有约定的除外。"

当事人约定非金钱债权不得转让的,不得对抗善意第三人。当事人约定金钱债权不得转让的,不得对抗第三人。

《民法典》第五百四十六条规定:债权人转让债权,未通知债务人的,该转让对债务人不发生效力。债权转让的通知不得撤销,但是经受让人同意的除外。《民法典》第五百五十一条规定:债务人将债务的全部或者部分转移给第三人的,应当经债权人同意。例如,债权人甲方通知债务人乙方:"我的100万元债权已经转让给丙方,请向丙方履行。"第二天,甲方又通知乙方,要求乙方仍向自己履行,乙方可以提出权利已消灭的抗辩。乙方的理由是:"你甲方已经不是我的债权人了。"

受让人取得权利后,同时拥有与此权利相对应的从权利。若从权利与原债权人不可分割,则从权利不随之转让。债务人对债权人的抗辩同样可以针对受让人。

有些从权利是专属于债权人自身的权利,在债权人转让债权时,该从权利不发生转移。例如:甲方租给乙方房屋2年,租金按年预付。甲方把租金债权转让给丙方,但解除权并不随着债权转移给丙方,当乙方不向丙方交付租金时,由甲方决定是否解除租赁合同。

2)债务承担

根据《民法典》的相关规定,债务承担有两种主要类型:一是免责的债务承担,即通常所称的债务转移;二是并存的债务承担,即通常所称的债务加入。

(1)债务转移

债务转移是指债务人将债务的全部或者部分转移给第三人的,应当经债权人同意。债务人或者第三人可以催告债权人在合理期限内予以同意,债权人未作表示的,视为不同意。

债务人转移债务的,新债务人可以主张原债务人对债权人的抗辩。原债务人对债权人享有债权的,新债务人不得向债权人主张抵销。例如,甲、乙双方订立承揽合同,约定甲方4月1日交付工作成果,乙方于同年4月15日付款7万元。甲方履行义务后,乙方经甲方同意在4月2日将债务转让给丙方,乙方在4月3日又将检验结果通知丙方,说明接受的工作成果基本不符合要求。丙方可以向甲方行使履行抗辩权,在甲方修理或重做之前,拒绝支付7万元。

债务人转移债务的,新债务人应当承担与主债务有关的债务,但该从债务专属于原债务人自身的除外。

(2)债务加入

债务加入是指第三人与债务人约定加入债务并通知债权人,或者第三人向债权人表示愿意加入债务,债权人未在合理期限内明确拒绝的,债权人可以请求第三人在其愿意承担的债务范围内和债务人承担连带债务。

3)权利和义务同时转让

当事人一方经对方同意,可以将自己在合同中的权利和义务一并转让给第三人。当事人订立合同后合并的,合并后的法人或其他组织行使合同权利,履行合同义务。当事人订立合同后分立的,除债权人和债务人另有约定外,由分离的法人或其他组织对合同的权利和义务享有连带债权,承担连带债务。

合同的转让,与合同的第三人履行或接受履行不同,第三人并不是合同的当事人,他只是代债务人履行义务或代债权人接受义务的履行。合同责任由当事人承担而不是由第三人承担。合同转让后,第三人成为合同的当事人。合同转让,虽然在合同内容上没有发生变化,但出现了新的债权人或债务人,故合同转让的效力在于成立了新的法律关系,即成立了新的合同,原合同应消灭,由新的债务人履行合同,或者由新的债权人享有权利。

六 合同的权利义务终止

1. 合同终止的内涵

合同终止是指当事人之间根据合同确定的权利义务在客观上不复存在。合同终止是随着一定法律事实发生而发生的。合同中止只是在法定的特殊情况下,当事人暂时停止履行合同,当这种特殊情况消失以后,当事人仍然承担继续履行的义务;而合同终止是合同关系的消灭,不可能恢复。

合同的权利义务终止后,当事人应当遵循诚实信用的原则。根据交易习惯履行通知、协助、保密、旧物回收等义务。合同的权利义务关系终止不影响合同中结算和清理条款的效力。

2. 合同终止的原因

《民法典》第五百五十七条规定有下列情形之一的,债权债务终止:

①债务已经履行;

②债务相互抵销;

③债务人依法将标的物提存;

④债权人免除债务;

⑤债权债务同归于一人;

⑥法律规定或者当事人约定终止的其他情形。

合同解除的,该合同的权利义务关系终止。

(1)债务已经履行

债务已按照约定履行即是债的清偿,是按照合同约定实现债权目的的行为。清偿含义与履行相同,但履行侧重于合同动态的过程,而清偿则侧重于合同静态的实现结果。

清偿是合同的权利义务终止最主要和最常见的原因。清偿一般由债务人为之,但不以债务人为限,也可能由债务人的代理人或第三人进行合同的清偿。清偿的标的物一般是合同规定的标的物,但是债权人同意,也可用合同规定的标的物以外的物品来清偿其债务。

(2)债务相互抵销

债务相互抵销是指两个人彼此互负债务,各以其债权充当债务的清偿,使双方的债务在等额范围内归于消灭。债务抵销可以分为约定债务抵销和法定债务抵销两类。

(3)债务人依法将标的物提存

标的物提存是指出于债权人的原因致使债务人无法向其交付标的物,债务人可以将标的物交给有关机关保存,以此消灭合同的制度。因为债务的履行往往要有债权人的协助,如果出于债权人的原因致使债务人无法向其交付标的物,仅仅要求债权人承担违约责任,将使债务人长期处于合同不合理的约束之下。提存制度正是为了解决这一问题。债务人将标的物提存后,合同的权利义务即告终止。我国目前的提存机构为公证机构。《民法典》第五百七十条规定有下列情形之一,难以履行债务的,债务人可以将标的物提存:

①债权人无正当理由拒绝受领;

②债权人下落不明;

③债权人死亡未确定继承人、遗产管理人,或者丧失民事行为能力未确定监护人;

④法律规定的其他情形。

标的物不适于提存或者提存费用过高的,债务人依法可以拍卖或变卖标的物,提存所得的价款。

标的物提存后,除债权人下落不明外,债务人应当及时通知债权人或者债权人的继承人、遗产管理人、监护人、财产代管人。标的物毁损、灭失的风险由债权人承担。提存期间标的物的孳息归债权人所有,提存费用由债权人承担。债权人可随时提取提存物,但必须以偿还债务人的到期债务或提供担保为基础。否则,提存部门根据债务人的要求拒绝其领取提存物。债权人领取提存物的权利,自提存之日起5年内不行使而消灭,提存物扣除提存费用后,归国家所有。

(4)债权人免除债务

债权人免除债务是指债权人免除债务人的债务,即债权人以消灭债务人的债务为目的而抛弃债权的意思表示。债权人免除债务人部分或者全部债务的,债权债务部分或者全部终止,但是债务人在合理期限内拒绝的除外。由于债务消灭,从债务如利息债务、担保债务等也同时归于消灭。免除债务是一种民事法律行为,必须以抛弃的意思表示而不能以事实行为的方式作出。免除是一种无偿行为,必须以债权债务关系消灭为内容。

(5)债权债务同归于一人

债权债务同归于一人也称混同,《民法典》第五百七十六条规定:债权和债务同归于一人的,债权债务终止,但是损害第三人利益的除外。混同是一种事实,无须任何意思表示。

(6)法律规定或者当事人约定终止的其他情形

除上述原因外,法律规定或当事人约定合同终止的其他情形出现时,合同也宣告终止。如时效(取得时效)的期满、合同的撤销、作为合同主体的自然人死亡而其债务又无人承担等。

3. 合同解除

合同解除是指对已经发生法律效力,但尚未履行或尚未完全履行的合同,因当事人一方的意思表示或双方的协议而使债权债务关系提前归于消灭的行为。合同解除可分为约定解除和法定解除两类。

约定解除是当事人通过行使约定的解除权或双方协商决定而进行的合同解除。当事人协商一致可以解除合同,即合同的协商解除。当事人可以约定一方解除合同的事由。解除合同的事由发生时,解除权人可以解除合同,即合同约定解除权的解除。

法定解除是解除条件直接由法律规定的合同解除。当法律规定的解除条件具备时,当事人可以解除合同。它与合同约定解除权的解除都是具备一定解除条件时,由一方行使解除权;这二者的区别则在于解除条件的来源不同。有下列情形之一的,当事人可以解除合同:

①因不可抗力致使不能实现合同目的。不可抗力是指不能预见、不能避免并且不能克服的客观情况。不可抗力往往导致合同当事人无法履行合同义务,这种无法履约不是当事人的过错引起的,受不可抗力影响的一方可以解除合同。如果不可抗力对双方都有影响,则双方

都享有解除权。

②预期违约。在履行期限届满之前,当事人一方明确表示或以自己的行为表明不履行主要债务。拒绝履行是指债务人能够履行而违法地作出不履行的意思表示,这实际上是英美法系中的预期违约。它既可以是明确表示,也可以是以自己的行为表明。因为在许多情况下,违约行为发生后到履行期限届满再追究违约人的违约责任,将给守约者造成无法挽回的损失,也会浪费大量的社会财富。在这种情况下,守约当事人可以解除合同。

③当事人迟延履行主要债务,经催告后在合理期限内仍未履行。迟延履行是指债务人在履行期限届满后仍未履行债务。当事人迟延履行主要债务,如果继续履行仍能实现合同目的或者债权的履行利益仍然能够实现的情况下,债权人不能径直通知债务人解除合同,而应催告债务人履行合同义务。经催告后,债务人在合理的时间内仍未履行,此时债权人获得单方解除权,可以通知债务人解除合同。催告是债权人向债务人发出的请求履行的通知。合理的期限,是指给予债务人必要的履行准备时间。合理期限的长短,应当根据合同的具体情况确定。

④当事人迟延履行债务或者有其他违约行为致使不能实现合同目的。当事人迟延履行合同或者有其他违约行为致使合同目的不能实现,已经构成了根本违约,此时无须经催告程序,被违约人在违约人履行期限届满未履行合同时,即可通知对方解除合同。

【例2-12】 甲定于4月12日举办中学生运动会,其与乙订立承揽合同,要求乙将特制的在运动会开幕式上使用的大钟于4月11日前送到。至4月11日,乙没有送货,甲了解到乙还没有将钟装好,根本不能保证4月12日的使用,遂通知乙解除合同,并要求乙赔偿损失。此例中,甲解除合同不需要事先经过催告程序。

⑤法律规定的其他情形。上述四项合同解除的法定条件仅仅是列举式的,不能包含所有可以解除合同的情况。法律规定的其他情形可以解除合同的,当事人也可以解除。如质量不合格等。质量不合格构成重大违约的(不能实现合同目的),被违约一方无须催告,有权直接通知违约人解除合同。

以持续履行的债务为内容的不定期合同,当事人可以随时解除合同,但是应当在合理期限之前通知对方。

第三节 与建设工程相关的法律规范

一 合同的担保

担保,是指合同的当事人双方为了使合同能够得到全面按约履行,根据法律、行政法规的规定,经双方协商一致而采取的一种具有法律效力的保护措施。

1. 担保形式

我国《民法典》规定的担保形式有五种。即保证、抵押、质押、留置和定金。

1)保证

(1)保证的概念

保证是指为保障债权的实现,保证人和债权人约定,当债务人不履行到期债务或者发生当事人约定的情形时,由保证人履行债务或者承担责任。

(2)保证人资格

《民法典》规定以下情况不得作保证人:

①机关法人不得为保证人,但是经国务院批准为使用外国政府或者国际经济组织贷款进行转贷的除外;

②以公益为目的的非营利法人、非法人组织不得为保证人。

(3)保证的方式

保证的方式:一是一般保证,二是连带责任保证。

一般保证。保证人在主合同纠纷未经审判或者仲裁,并就债务人财产依法强制执行仍不能履行债务前,有权拒绝向债权人承担保证责任,但是有下列情形之一的除外:

①债务人下落不明,且无财产可供执行;

②人民法院已经受理债务人破产案件;

③债权人有证据证明债务人的财产不足以履行全部债务或者丧失履行债务能力;

④保证人书面表示放弃本款规定的权利。

连带责任保证。债务人不履行到期债务或者发生当事人约定的情形时,债权人可以请求债务人履行债务,也可以请求保证人在其保证范围内承担保证责任。

一般保证中先执行债务人财产,不足清偿的,执行保证人财产(一定要先经过审判或者仲裁,并就债务人财产依法强制执行仍不能履行以后才可以执行保证人的财产);连带责任保证中债权人可直接要求执行保证人的财产。当事人对保证方式没有约定或者约定不明确的,按照一般保证方式承担保证责任。

(4)保证责任

①债权人转让债权。债权人转让全部或者部分债权,未通知保证人的,该转让对保证人不发生效力。保证人与债权人约定禁止债权转让,债权人未经保证人书面同意转让债权的,保证人对受让人不再承担保证责任。

②债务人转让债务。债权人未经保证人书面同意,允许债务人转移全部或者部分债务,保证人对未经其同意转移的债务不再承担保证责任,但是债权人和保证人另有约定的除外。

③变更主合同。债权人和债务人未经保证人书面同意,协商变更主债权债务合同内容,减轻债务的,保证人仍对变更后的债务承担保证责任;加重债务的,保证人对加重的部分不承担保证责任。债权人和债务人变更主债权债务合同的履行期限,未经保证人书面同意的,保证期间不受影响。

④人保与物保并存。被担保的债权既有物的担保又有人的担保的,债务人不履行到期债务或者发生当事人约定的实现担保物权的情形,债权人应当按照约定实现债权;没有约定或者约定不明确,债务人自己提供物的担保的,债权人应当先就该物的担保实现债权;第三人提供物的担保的,债权人可以就物的担保实现债权,也可以请求保证人承担保证责任。

⑤多个保证人。同一债务有两个以上保证人的,保证人应当按照保证合同约定的保证份

额承担保证责任。没有约定保证份额的,债权人可以请求任何一个保证人在其保证范围内承担保证责任。

2)抵押

(1)抵押的概念

抵押是指为担保债务的履行,债务人或者第三人不转移财产的占有,将该财产抵押给债权人,债务人不履行到期债务或者发生当事人约定的实现抵押权的情形,债权人有权就该财产优先受偿。前款规定债务人或者第三人为抵押人,债权人为抵押权人。提供担保的财产为抵押财产。

(2)可以抵押的财产

下列财产可以抵押:建筑物和其他土地附着物,建设用地使用权,海域使用权,生产设备、原材料、半成品、产品,正在建造的建筑物、船舶、航空器,交通运输工具,法律、行政法规未禁止抵押的其他财产。

(3)禁止抵押的财产

下列财产不得抵押:土地所有权;宅基地、自留地、自留山等集体所有土地的使用权,但是法律规定可以抵押的除外;学校、幼儿园、医疗机构等为公益目的成立的非营利法人的教育设施、医疗卫生设施和其他公益设施;所有权、使用权不明或者有争议的财产;依法被查封、扣押、监管的财产;法律、行政法规规定不得抵押的其他财产。

(4)抵押权的实现

债务人不履行到期债务或者发生当事人约定的实现抵押权的情形,抵押权人可以与抵押人协议以抵押财产折价或者以拍卖、变卖该抵押财产所得的价款优先受偿。协议损害其他债权人利益的,其他债权人可以请求人民法院撤销该协议。协议不成的,抵押权人可以向人民法院提起诉讼。

抵押物折价或者拍卖、变卖后,其价款超过债权数额的部分归抵押人所有,不足部分由债务人清偿。

法律规定,作为债务人抵押担保的第三人,在抵押权人实现抵押权后,除当事人另有约定外,有权在其责任范围内向债务人追偿,享有债权人对债务人的权利,但是不得损害债权人的利益。

3)质押

(1)质押的概念

质押是指为担保债务的履行,债务人或者第三人将其动产出质给债权人占有,债务人不履行到期债务或者发生当事人约定的实现质权的情形,债权人有权就该动产优先受偿。前款规定的债务人或者第三人为出质人,债权人为质权人,交付的动产为质押财产。

(2)质押的种类

质押包括动产质押和权利质押两种。

动产质押是指债务人或者第三人将其动产移交债权人占有,将该动产作为债权的担保。债务人不履行到期债务或者发生当事人约定的实现质权的情形,质权人可以与出质人协议以质押财产折价,也可以就拍卖、变卖质押财产所得的价款优先受偿。质押财产折价或者变卖的,应当参照市场价格。根据《民法典》第四百三十六条规定,债务人履行债务或者出质人提前清偿所担保的债权的,质权人应当返还质押财产。债务人不履行到期债务或者发生当事人约定的实现质权的情形,质权人可以与出质人协议以质押财产折价,也可以就拍卖、变卖质押财产所得的价款优先受偿。质押财产折价或者变卖的,应当参照市场价格。

权利质押是指出质人将其法定的可以质押的权利凭证交付质权人,以担保质权人的债权得以实现的法律行为。根据《民法典》第四百四十条规定,债务人或者第三人有权处分的下列权利可以出质:

①汇票、本票、支票;

②债券、存款单;

③仓单、提单;

④可以转让的基金份额、股权;

⑤可以转让的注册商标专用权、专利权、著作权等知识产权中的财产权;

⑥现有的以及将有的应收账款;

⑦法律、行政法规规定可以出质的其他财产权利。

(3)质权生效时间

①质权自出质人交付质押财产时设立

②以汇票、本票、支票、债券、存款单、仓单、提单出质的,质权自权利凭证交付质权人时设立;没有权利凭证的,质权自办理出质登记时设立。法律另有规定的,依照其规定。

③汇票、本票、支票、债券、存款单、仓单、提单的兑现日期或者提货日期先于主债权到期的,质权人可以兑现或者提货,并与出质人协议将兑现的价款或者提取的货物提前清偿债务或者提存。

④以基金份额、股权出质的,质权自办理出质登记时设立。基金份额、股权出质后,不得转让,但是出质人与质权人协商同意的除外。出质人转让基金份额、股权所得的价款,应当向质权人提前清偿债务或者提存。

⑤以注册商标专用权、专利权、著作权等知识产权中的财产权出质的,质权自办理出质登记时设立。知识产权中的财产权出质后,出质人不得转让或者许可他人使用,但是出质人与质权人协商同意的除外。出质人转让或者许可他人使用出质的知识产权中的财产权所得的价款,应当向质权人提前清偿债务或者提存。

⑥以应收账款出质的,质权自办理出质登记时设立。应收账款出质后,不得转让,但是出质人与质权人协商同意的除外。出质人转让应收账款所得的价款,应当向质权人提前清偿债务或者提存。

4)留置

(1)留置的概念

留置是指合同当事人一方依据法律规定或合同约定,占有合同中对方的财产,有权留置以保护自身合法利益的法律行为。《民法典》第四百四十七条规定:债务人不履行到期债务,债权人可以留置已经合法占有的债务人的动产,并有权就该动产优先受偿。前款规定的债权人为留置权人,占有的动产为留置财产。《民法典》第四百四十八条规定:债权人留置的动产,应当与债权属于同一法律关系,但是企业之间留置的除外。

(2)留置权构成要件

①债权清偿期限已到;

②债权人依照合同的约定占有债务人的动产;

③债权的发生与该动产属于同一法律关系。

（3）当事人的权利和义务以及留置权的消灭

①当事人的权利和义务。

留置权人与债务人应当约定留置财产后的债务履行期限；没有约定或者约定不明确的，留置权人应当给债务人六十日以上履行债务的期限，但是鲜活易腐等不易保管的动产除外。

债务人逾期仍不履行的，留置权人可以与债务人协议以留置物折价，也可以就拍卖、变卖留置财产所得的价款优先受偿。留置财产折价或者拍卖、变卖后，其价款超过债权数额的部分归债务人所有，不足部分由债务人清偿。

【例2-13】 甲有仓库，乙有一批新鲜的香蕉摆放在甲的仓库里，因为乙没有缴纳仓租，所以甲行使留置权。可是香蕉不能摆放两个月以上的时间。甲应如何处理？

答：按提存的相关规定，标的物不适合提存或提存费用过高的，可以依法拍卖或变卖标的物。如果在一定期限内乙不履行债务责任，那么甲可以先把香蕉依法变卖，将所得交存提存机关，比如公证处。

留置权人负有妥善保管留置物的义务。保管不善致使留置物灭失或者毁损的，留置权人应当承担民事责任。

②留置权的消灭。

留置权消灭的原因：留置权人对留置财产丧失占有；留置权人接受债务人另行提供担保的。

5）定金

（1）定金的概念

定金是指合同当事人一方为了证明合同的成立和担保合同的履行，在按合同规定应给付的款额内，向对方预先给付一定数额的货币。定金的数额由当事人约定，但不得超过主合同标的额的20%。定金与预付款的区别是预付款仅有预先支付的作用，无担保作用，即使合同一方违约也不产生任何法律作用。

（2）定金合同和定金罚则

①定金合同。当事人采用定金方式作担保时，应签订定金合同。定金合同从实际交付定金之日起生效。

②定金罚则。债务人履行债务的，定金应当抵作价款或者收回。给付定金的一方不履行债务或者履行债务不符合约定，致使不能实现合同目的的，无权请求返还定金；收受定金的一方不履行债务或者履行债务不符合约定，致使不能实现合同目的的，应当双倍返还定金。

2. 常见的工程担保种类

①投标担保。投标担保是指投标人在投标报价之前或同时，向建设单位提交投标保证金，保证一旦中标，则履行中标签约承包工程。投标保证金不得超过招标标段估算价的20%。

②履约担保。履约担保是为保障承包人履行承包合同所作的一种承诺。一旦承包人没能履行合同义务，担保人给予赔付，或者担保人接收工程实施义务，另觅经建设单位同意的其

他承包人负责继续履行承包合同义务。这是工程担保中最重要的,且是担保金额最大的一种工程担保。

③预付款担保。预付款担保是指要求承包人提供的,为保证工程预付款用于该工程项目,不准承包人挪作他用及卷款潜逃的工程担保。

④维修担保。维修担保即缺陷责任期担保,是保障维修期内出现质量缺陷时,承包人为负责维修而提供的担保。维修担保可以单列,也可以包含在履约担保内,维修保证金(也称质量保证金)最高不超过合同价格的30%。

⑤反担保。担保人为了防止向债权人赔付后,不能从被担保人处取得补偿,往往要求被担保人另外提交反担保作为担保人开具担保的条件,这样,一旦发生担保人代被担保人赔付后,就可以从反担保的担保人处取得补偿。

⑥付款担保。付款担保是指建设单位要求承包人提供的为保证承包人按时向分包人、供货商支付款的担保。

⑦建设单位支付担保。建设单位支付担保指建设单位向承包人出具的担保,建设单位如不按照合同规定的支付条件支付工程款给承包人,则由担保人向承包人付款。

⑧分包担保。在工程建设中,总承包人要为分包人的工作对建设单位负全责。总承包人为了保障自己不被分包所累,防止分包人违约与负债,通常要求分包人提供履约担保。

⑨留置权的使用。除了上述所讲的担保之外,为防止承包人携带资产出工地致履行合同时失约,合同中还应做出具体规定,以使合同的正常履行有更可靠的保证。如《建设工程施工合同(示范文本)》(2017年版)第8.9条(材料与设备专用要求)规定:"承包人运入施工现场的材料、工程设备、施工设备以及在施工场地建设的临时设施,包括备品备件、安装工具与资料,必须专用于工程。未经发包人批准,承包人不得运出施工现场或挪作他用;经发包人批准,承包人可以根据施工进度计划撤走闲置的施工设备和其他物品。"这些规定实质是建设单位在遇到承包人违约时,可以行使留置权这种合同担保形式。同样,承包人对其完成的工程项目可行使留置权,直到建设单位付清一切工程费用。

前四种担保是国际上常见的工程担保种类。

二 合同的保险

1. 保险与工程保险的概念

(1)保险的概念

2015年4月24日第十二届全国人民代表大会常务委员会第十四次会议对《中华人民共和国保险法》进行了第三次修正。该法第二条规定:"本法所称保险,是指投保人根据合同约定,向保险人支付保险费,保险人对于合同约定的可能发生的事故因其发生所造成的财产损失承担赔偿保险金责任,或者当被保险人死亡、伤残、疾病或者达到合同约定的年龄、期限等条件时承担给付保险金责任的商业保险行为。"

保险是一种受法律保护的分散危险、消化损失的经济制度。危险的存在是保险得以存在的前提条件,无危险即无保险。危险可分为财产危险、人身危险和法律责任危险三种。财产危险是指财产因意外事故或自然灾害而遭受毁损或灭失的危险;人身危险是指人们因生老病死和失业等而遭致财产损失的危险;法律责任危险是指对他人的财产、人身实施不法侵害,依

法应负赔偿责任的危险。基于以上的危险,我们设立保险制度。保险应具备如下特征:

①必须有危险存在。无危险则无保险。

②被保险人对于保险标的须有某种能以金钱估量的并为法律和公序良俗所认可的经济利益。

③保险必须有多数人参加,建立保险基金。

④保险人须对危险所造成的损失给予经济补偿。

⑤保险法律关系是通过保险合同建立的,保险合同具有法律约束力。

（2）工程保险的概念

工程保险是指建设单位和承包人为了工程项目的顺利实施,向保险人(公司)支付保险金,保险人根据合同约定对在工程建设中可能产生的财产和人身伤害承担赔偿保险金责任。

2. 工程保险的种类

我国相关法律规定购买的工程保险主要有以下几种:建筑工程一切险、安装工程一切险、第三者责任险、工伤保险和意外伤害保险、货物运输保险和其他保险。

1）建筑工程一切险

（1）建筑工程一切险的概念

建筑工程一切险承保各类民用、工业和公用事业建筑工程项目,包括道路、水坝、桥梁、港埠等,在建造过程中由自然灾害或意外事故引起的一切损失。

建筑工程一切险往往还加保第三者责任险,即保险人在承保某建筑工程的同时,还对该工程在保险期限内因发生意外事故造成的依法应由被保险人负责的工地上及邻近地区的第三者的人身伤亡、疾病或财产损失,以及被保险人因此而支付的诉讼费用和事先经保险人书面同意支付的其他费用,负赔偿责任。

（2）被保险人

在工程保险中,保险公司可以在一张保险单上对所有参加该项工程的有关各方都给予所需的保险。具体地讲,建筑工程一切险的被保险人包括:建设单位;承包人或分包人;技术顾问,包括建设单位雇用的建筑师、工程师及其他专业顾问。

由于被保险人不止一个,而且每个被保险人各有其本身的权益和责任,为了避免有关各方相互之间追偿责任,大部分保险单还加贴共保交叉责任条款。根据这一条款,每个被保险人如同各自有一张单独的保单,其应负的那部分"责任"发生问题,财产遭受损失,就可以从保险人那里获得相应的赔偿。如果各个被保险人之间发生相互的责任事故,每个负有责任的被保险人都可以在保单项下得到保障。即:这些责任事故造成的损失,都可由保险人负责赔偿,无须根据各自的责任相互进行追偿。

（3）承保的内容

建筑工程一切险的投保内容:为合同中约定的永久工程、临时工程和设备及已运至施工工地用于永久工程的材料和设备所投的保险。

（4）承保的危险

保险人对以下危险承担赔偿责任:洪水、潮水、水灾、地震、海啸、暴雨、风暴、雪崩、地崩、山崩、冻灾、冰雹及其他自然灾害;雷电、火灾、爆炸;飞机坠毁,飞机部件或物件坠落;盗窃;工人、技术人员因缺乏经验、疏忽过失、恶意行为等造成的事故;原材料缺陷或工艺不善所引起的事故;除外责任以外的其他不可预料的自然灾害或意外事故。

(5)除外责任

建筑工程一切险的除外责任:被保险人的故意行为引起的损失;战争、罢工、核污染的损失;自然磨损;停工;错误设计引起的损失、费用或责任;换置、修理或矫正标的本身原材料缺陷或工艺不善所支付的费用;非外力引起的机构或电器装置的损坏或建筑用机器、设备、装置失灵;领有公用运输用执照的车辆、船舶、飞机的损失;文件、账簿、票据、现金、有价证券、图表资料的损失。

2)安装工程一切险

安装工程一切险承保安装各种工厂用的机器、设备、储油罐、钢结构工程、起重机、吊车,以及包含机械工程因素的任何建造工程因自然灾害或意外事故而引起的一切损失。

由于目前机电设备价值日趋高昂,工艺和构造日趋复杂,这种安装工程的风险越来越高。因此,在国际保险市场上,安装工程一切险已发展成一种保障比较广泛、专业性很强的综合性险种。

安装工程一切险的投保人可以是建设单位,也可以是承包人或卖方(供货商或制造商)。在合同中,有关利益方,如所有人、承包人、转承包人、供货人、制造人、技术顾问等其他有关方,都可被列为被保险人。

安装工程一切险也可以根据投保人的要求附加第三者责任险。在安装工程建设过程中因发生任何意外事故,造成在工地及邻近地区的第三者人身伤亡、残疾或财产损失,依法应由被保险人承担赔偿责任时,保险人将负责赔偿并包括被保险人因此而支付的诉讼费用或事先经保险人同意支付的其他费用。安装工程第三者责任险的最高赔偿限额,应视工程建设过程中可能造成第三者人身或财产损害的最大危险程度确定。

3)第三者责任险

第三者责任险是公众责任保险的一种。一般将其作为建筑工程保险的附加险予以承保。承保建筑工程险保单项下的工程,在保险期限内,因发生意外事故造成的工地上及附近地区的第三者的人身伤亡、疾病或财产损失所引起的应由被保险人负责的经济赔偿责任以及被保险人因此而支付的诉讼费用。《建设项目工程总承包合同(示范文本)》(2020年版)规定:双方应按照专用合同条件的约定投保第三者责任险,并在缺陷责任期终止证书颁发前维持其持续有效。第三者责任险最低投保额应在专用合同条件内约定。

4)工伤保险和意外伤害保险

工伤保险是指为了保障因工作遭受事故伤害或者患职业病的职工获得医疗救治和经济补偿,促进工伤预防和职业康复,分散用人单位的工伤风险而进行的投保。建筑施工企业应当依法为职工参加工伤保险,缴纳工伤保险费。鼓励企业为从事危险作业的职工办理意外伤害保险,支付保险费。《建设项目工程总承包合同(示范文本)》(2020年版)规定:发包人应依照法律规定为其在施工现场的雇用人员办理工伤保险,缴纳工伤保险费;并要求工程师及由发包人为履行合同聘请的第三方在施工现场的雇用人员依法办理工伤保险。承包人应依照法律规定为其履行合同雇用的全部人员办理工伤保险,缴纳工伤保险费,并要求分包人及由承包人为履行合同聘请的第三方雇用的全部人员依法办理工伤保险。

发包人和承包人可以为其施工现场的全部人员办理意外伤害保险并支付保险费,包括其员工及为履行合同聘请的第三方的人员,具体事项由合同当事人在专用合同条款约定。除专用合同条款另有约定外,承包人应为其施工设备等办理财产保险。

5)货物运输保险

货物运输保险(货运险)是指以运输途中的货物为保险标的,保险人对由自然灾害和意外事故造成的货物损失负赔偿责任的保险。各种运输险一般有平安险和一切险等。所谓运输一切险,是指包括平安险和其他外来原因所致的损失保险;而平安险一般是指在运输过程中各种自然灾害造成货物损失或损坏、运输工具遭受各种事故(如海轮的搁浅、触礁、沉没、碰撞、失火、爆炸等,空运的坠毁、失踪、碰撞、翻车、失火、爆炸等)造成的损害或灭失,以及失落、丢失等造成的损失。但是,保险公司对于装运前(运输保险责任开始之前)货物已存在的品质不良和数量短缺以及货物的自然损耗、特性改变等损失不承担责任。

此外,货物运抵现场后,承包人还应按照专用合同条件的约定为运抵现场的施工设备、材料、工程设备和临时工程等办理财产保险,保险期限自上述货物运抵现场至其不再为工程所需要为止。

6)其他保险

发包人应按照相关的法律法规和专用合同条件约定,投保其他保险并保持保险有效,其投保费用由发包人自行承担。承包人应按照工程总承包模式所适用的法律法规和专用合同条件约定投保相应保险并保持保险有效,其投保费用包含在合同价格中,但在合同执行过程中,新颁布适用的法律法规规定由承包人投保的强制保险,应根据相关约定增加合同价款。承包人应为其施工设备等办理保险,其投保金额应足以现场重置。办理本款保险的一切费用均由承包人承担,并包括在工程量清单的单价及总价中,发包人不单独支付。

三 合同的公证

1. 公证概述

合同公证是国家公证机构根据当事人的申请依法确认合同的合法性与真实性的法律制度。我国的公证机构是司法部领导下的各级公证处,它代表国家行使公证权。根据《中华人民共和国公证法》的规定,公证是公证机构根据自然人、法人或者其他组织的申请,依照法定程序对民事法律行为、有法律意义的事实和文书的真实性、合法性予以证明的活动。我国合同的公证实行自愿原则。

2. 公证机构

公证机构是依法设立,不以营利为目的,依法独立行使公证职能、承担民事责任的证明机构。公证机构按照统筹规划、合理布局的原则,可以在县、不设区的市、设区的市、直辖市或者市辖区设立;在设区的市、直辖市可以设立一个或者若干个公证机构。公证机构不按行政区划层层设立。要设立公证机构,应当具备以下条件:有自己的名称,有固定的场所,有两名以上公证员,有开展公证业务所必需的资金。

设立公证机构,由所在地的司法行政部门报省、自治区、直辖市人民政府司法行政部门按照规定程序批准后,颁发公证机构执业证书。公证机构的负责人应当在有三年以上执业经历的公证员中推选产生,由所在地的司法行政部门核准,报省、自治区、直辖市人民政府司法行政部门备案。

根据自然人、法人或者其他组织的申请,公证机构可以办理下列公证事项:

①合同;

②继承;

③委托、声明、赠与、遗嘱;

④财产分割;

⑤招标投标、拍卖;

⑥婚姻状况、亲属关系、收养关系;

⑦出生、生存、死亡、身份、经历、学历、学位、职务、职称、有无违法犯罪记录;

⑧公司章程;

⑨保全证据;

⑩文书上的签名、印鉴、日期,文书的副本、影印本与原本相符;

⑪自然人、法人或者其他组织自愿申请办理的其他公证事项。

法律、行政法规规定应当公证的事项,有关自然人、法人或者其他组织应当向公证机构申请办理公证。

除上述内容外,根据自然人、法人或者其他组织的申请,公证机构也可以办理下列事务:

①法律、行政法规规定由公证机构登记的事务;

②提存;

③保管遗嘱、遗产或者其他与公证事项有关的财产、物品、文书;

④代写与公证事项有关的法律事务文书;

⑤提供公证法律咨询。

另外,公证机构在进行公证时不得有下列行为:

①为不真实、不合法的事项出具公证书;

②毁损、篡改公证文书或者公证档案;

③以诋毁其他公证机构、公证员或者支付回扣、佣金等不正当手段争揽公证业务;

④泄露在执业活动中知悉的国家秘密、商业秘密或者个人隐私;

⑤违反规定的收费标准收取公证费;

⑥法律、法规、国务院司法行政部门规定禁止的其他行为。

公证机构应当建立业务、财务、资产等管理制度,对公证员的执业行为进行监督,建立执业过错责任追究制度。公证机构应当参加公证执业责任保险。

3. 公证员

公证员是符合公证法规定的条件,在公证机构从事公证业务的执业人员。公证员的数量根据公证业务需要确定。担任公证员,应当具备下列条件:具有中华人民共和国国籍;年龄二十五周岁以上六十五周岁以下;公道正派,遵纪守法,品行良好;通过国家统一法律职业资格考试取得法律职业资格;在公证机构实习两年以上或者具有三年以上其他法律职业经历并在公证机构实习一年以上,经考核合格。

从事法学教学、研究工作,具有高级职称的人员,或者具有本科以上学历,从事审判、检察、法制工作、法律服务满十年的公务员、律师,已经离开原工作岗位,经考核合格的,可以担任公证员。有下列情形之一的,不得担任公证员:无民事行为能力或者限制民事行为能力的;因故意犯罪或者职务过失犯罪受过刑事处罚的；被开除公职的；被吊销公证员、律师执业证书的。

担任公证员，应当由符合公证员条件的人员提出申请，经公证机构推荐，由所在地的司法行政部门报省、自治区、直辖市人民政府司法行政部门审核同意后，报请国务院司法行政部门任命，并由省、自治区、直辖市人民政府司法行政部门颁发公证员执业证书。公证员应当遵纪守法，恪守职业道德，依法履行公证职责，保守执业秘密。

4. 公证程序

（1）申请

自然人、法人或者其他组织申请办理公证，可以向住所地、经常居住地、行为地或者事实发生地的公证机构提出。申请办理涉及不动产的公证，应当向不动产所在地的公证机构提出；申请办理涉及不动产的委托、声明、赠与、遗嘱的公证，可以适用相关规定。自然人、法人或者其他组织可以委托他人办理公证，但遗嘱、生存、收养关系等应当由本人办理公证的除外。申请办理公证的当事人应当向公证机构如实说明申请公证的事项的有关情况，提供真实、合法、充分的证明材料；提供的证明材料不充分的，公证机构可以要求补充。

（2）受理

公证机构受理公证申请后，应当告知当事人申请公证事项的法律意义和可能产生的法律后果，并将告知内容记录存档。有下列情形之一的，公证机构不予办理公证：

①无民事行为能力人或者限制民事行为能力人没有监护人代理申请办理公证的；

②当事人与申请公证的事项没有利害关系的；

③申请公证的事项属专业技术鉴定、评估事项的；

④当事人之间对申请公证的事项有争议的；

⑤当事人虚构、隐瞒事实，或者提供虚假证明材料的；

⑥当事人提供的证明材料不充分或者拒绝补充证明材料的；

⑦申请公证的事项不真实、不合法的；

⑧申请公证的事项违背社会公德的；

⑨当事人拒绝按照规定支付公证费的。

（3）审查

公证机构办理公证，应当根据不同公证事项的办证规则，分别审查下列事项：

①当事人的身份、申请办理该项公证的资格以及相应的权利；

②提供的文书内容是否完备，含义是否清晰，签名、印鉴是否齐全；

③提供的证明材料是否真实、合法、充分；

④申请公证的事项是否真实、合法。

公证机构对申请公证的事项以及当事人提供的证明材料，按照有关办证规则需要核实或者对其有疑义的，应当进行核实，或者委托异地公证机构代为核实，有关单位或者个人应当依法予以协助。

（4）出具公证书

公证机构经审查，认为申请提供的证明材料真实、合法、充分，申请公证的事项真实、合法的，应当自受理公证申请之日起15个工作日内向当事人出具公证书。但是，因不可抗力、补充证明材料或者需要核实有关情况的，所需时间不计算在期限内。公证书应当按照国务院司法行政部门规定的格式制作,由公证员签名或者加盖签名章并加盖公证机构印章。公证书自出具之日起生效。公证书应当使用全国通用的文字;在民族自治地方,根据当事人的要求,可以制作当地通用的民族文字文本。公证书需要在国外使用,使用国要求先认证的,应当经中华人民共和国外交部或者外交部授权的机构和有关国家驻中华人民共和国使(领)馆认证。

5. 公证效力

经公证的民事法律行为、有法律意义的事实和文书,应当作为认定事实的根据,但有相反证据足以推翻该项公证的除外。对经公证的以给付为内容并载明债务人愿意接受强制执行承诺的债权文书,债务人不履行或者履行不适当的,债权人可以依法向有管辖权的人民法院申请执行。债权文书确有错误的,人民法院裁定不予执行,并将裁定书送达双方当事人和公证机构。法律、行政法规规定未经公证的事项不具有法律效力的,依照其规定。

当事人、公证事项的利害关系人认为公证书有错误的,可以向出具该公证书的公证机构提出复查。公证书的内容违法或者与事实不符的,公证机构应当撤销该公证书并予以公告,该公证书自始无效;公证书有其他错误的,公证机构应当予以更正。当事人、公证事项的利害关系人对公证书的内容有争议的,可以就该争议向人民法院提起民事诉讼。

四 合同的仲裁

1. 仲裁的概念

仲裁是合同双方在争议发生前或争议发生后达成协议,自愿将争议交给第三者作出裁决,双方有义务执行的一种解决争议的办法。

①仲裁的发生是以双方当事人自愿为前提。这种自愿,体现在仲裁协议中。仲裁协议,可以在争议发生前达成,也可以在争议发生后达成。

②仲裁的客体是当事人之间发生的一定范围的争议。这些争议大体包括经济纠纷、劳动纠纷、对外经贸纠纷、海事纠纷等。

③仲裁须有三方活动主体,即双方当事人和第三方(仲裁组织)。仲裁组织以当事人双方自愿为基础进行裁决。

④裁决具有强制性。当事人一旦选择了仲裁解决争议,仲裁者所作的裁决对双方都有约束力,双方都要认真履行,否则,权利人可以向人民法院申请强制执行。

2. 合同仲裁的原则

①公平、合理、合法原则。仲裁应当根据事实,符合法律规定,公平、合理地解决纠纷。

②自愿原则。当事人采用仲裁方式解决纠纷,应当双方自愿,达成仲裁协议。没有仲裁协议,一方申请仲裁的,仲裁委员会不予受理。

③独立仲裁原则。仲裁依法独立进行,不受行政机关、社会团体和个人的干涉。

④先行调解原则。仲裁机构在处理经济纠纷时,应当先行调解,只有在当事人不愿调解或调解不成时,才依法进行仲裁。仲裁须遵照《民法典》的规定程序进行。

⑤或裁或审原则。当事人达成仲裁协议,一方向人民法院起诉的,人民法院不予受理,但仲裁协议无效的除外。

⑥一裁终局原则。仲裁实行一裁终局的制度。裁决作出后,当事人就同一纠纷再申请仲

裁或者向人民法院起诉的,仲裁委员会或者人民法院不予受理。裁决被人民法院依法裁定撤销或者不予执行的,当事人就该纠纷可以根据双方重新达成的仲裁协议申请仲裁,也可以向人民法院起诉。

合同纠纷的仲裁结果生效后,当事人应当执行,当事人一方在规定的期限内不履行仲裁机构裁决的,另一方可向有管辖权的人民法院申请强制执行。

3. 合同仲裁的特点

①体现当事人的意思自治。这种意思自治不仅体现在仲裁的受理应当以仲裁协议为前提,还体现在仲裁的整个过程中,许多内容都可以由当事人自主确定。

②专业性。由于各仲裁机构的仲裁员都由各方面的专业人士组成,当事人完全可以选择熟悉纠纷领域的专业人士担任仲裁员。

③保密性。保密和不公开审理是仲裁制度的特点,除当事人、代理人,以及需要时的证人和鉴定人外,其他人员不得出席和旁听仲裁开庭审理,仲裁庭和当事人不得向外界透露案件的任何实体及程序问题。

④裁决的终局性。仲裁裁决作出后是终局的,对当事人具有约束力。

⑤执行的强制性。仲裁裁决具有强制执行的法律效力,当事人可以向人民法院申请强制执行。由于中国是《承认及执行外国仲裁裁决公约》的缔约国,中国的涉外仲裁裁决可以在世界上100多个公约成员国得到承认和执行。

4. 仲裁程序

1)申请和受理

(1)当事人申请仲裁的条件

纠纷发生后,当事人申请仲裁应当符合下列条件:有仲裁协议;有具体的仲裁请求、事实和理由,属于仲裁委员会的受理范围。

(2)仲裁委员会的受理

仲裁委员会收到仲裁申请书之日起五日内,认为符合受理条件的,应当受理,并通知当事人;认为不符合受理条件的,应当书面通知当事人不予受理,并说明理由。

仲裁委员会受理仲裁申请后,应当在仲裁规则规定的期限内将仲裁规则和仲裁员名册送达申请人,并将仲裁申请书副本、仲裁规则、仲裁员名册送达被申请人。被申请人收到仲裁申请书副本后,应当在仲裁规则规定的期限内向仲裁委员会提交答辩书。仲裁委员会收到答辩书后,应当在仲裁规则规定的期限内将答辩书副本送达申请人。被申请人未提交答辩书的,不影响仲裁程序的进行。

2)仲裁庭的组成

(1)仲裁庭的组成形式

仲裁庭可以由三名仲裁员或者一名仲裁员组成。由三名仲裁员组成的,设首席仲裁员。

(2)仲裁员的产生

当事人约定由三名仲裁员组成仲裁庭的,应当各自选定或者各自委托仲裁委员会主任指定一名仲裁员,第三名仲裁员由当事人共同选定或者共同委托仲裁委员会主任指定。第三名仲裁员是首席仲裁员。当事人约定由一名仲裁员成立仲裁庭的,应当由当事人共同选定或者共同委托仲裁委员会主任指定仲裁员。当事人没在仲裁规则规定的期限内约定仲裁庭的组成的方式或者选定仲裁员的,由仲裁委员会主任指定。

3)开庭和裁决

(1)开庭与否的决定

仲裁应当开庭进行,当事人协议不开庭的,仲裁庭可以根据仲裁申请书、答辩书以及其他材料作出裁决。仲裁不公开进行。当事人协议公开的,可以公开进行,涉及国家秘密的除外。

(2)不到庭或者未经许可中途退庭的处理

申请人经书面通知,无正当理由不到庭或者未经仲裁庭许可中途退庭的,可以视为撤回仲裁申请。被申请人经书面通知,无正当理由不到庭或者未经仲裁庭许可中途退庭的,可以缺席裁决。

(3)证据的提供

当事人应当对自己的主张提供证据。仲裁庭认为有必要收集的证据,可以自行收集。仲裁庭对专门性问题认为需要鉴定的,可以交由当事人约定的鉴定部门鉴定,也可以由仲裁庭指定的鉴定部门鉴定。根据当事人的请求或者仲裁庭的要求,鉴定部门应当派鉴定人参加开庭。当事人经仲裁庭许可,可以向鉴定人提问。

(4)开庭中的辩论

当事人在仲裁过程中有权进行辩论。辩论终结时,首席仲裁员或者独任仲裁员应当征询当事人的最后意见。

(5)当事人自行和解

当事人申请仲裁后,可以自行和解。达成和解协议的,可以请求仲裁庭根据和解协议作出裁决书,也可以撤回仲裁申请。当事人达成和解协议,撤回仲裁申请后反悔的,可以根据仲裁协议申请仲裁。

(6)仲裁庭主持下的调解

仲裁庭在作出裁决前,可以先行调解。调解达成协议的,仲裁庭应当制作调解书或者根据协议的结果制作裁决书。调解书与裁决书具有同等法律效力。调解书经双方当事人签收后,即发生法律效力。在调解书签收前当事人反悔的,仲裁庭应当及时作出裁决。

(7)仲裁裁决的作出

裁决应当按照多数仲裁员的意见作出,少数仲裁员的不同意见可以记入笔录。仲裁庭不能形成多数意见时,裁决应当按照首席仲裁员的意见作出。裁决书自作出之日起发生法律效力。

4)仲裁裁决的执行

仲裁委员会的裁决作出后,当事人应当履行裁决。一方当事人不履行的,另一方当事人可以依照民事诉讼法的有关规定向人民法院申请执行。受申请的人民法院应当执行。

● 本章任务训练

1. 简答题

(1)请简述招标投标法关于招标代理机构应当具备哪些条件。

(2)请简述招标投标法关于评标委员会组建的规定。

(3)请简述招标投标法关于中标人的权利义务规定。

(4)请简述合同的内容。

(5)请简述合同履行的定义。

（6）请简述合同转让的含义。

（7）请简述保险的含义。

（8）请简述公证的含义。

（9）请简述合同仲裁的原则有哪些。

（10）请简述仲裁的程序。

2. 多选题

（1）招标投标活动应当遵循哪些原则？（　　　）

  A. 公开　　　　　　B. 公平　　　　　　C. 公正　　　　　　D. 诚实信用

（2）下列哪些选项属于串通投标、行贿、弄虚作假等违法行为？（　　　）

  A. 投标人相互串通投标报价，排挤其他投标人的公平竞争

  B. 投标人与招标人串通投标

  C. 投标人以向招标人或者评标委员会成员行贿的手段谋取中标

  D. 投标人以低于成本的报价竞标

  E. 投标人以他人名义投标

（3）下列哪些情形属于要约失效？（　　　）

  A. 要约被拒绝

  B. 要约被依法撤销

  C. 承诺期限届满，受要约人未作出承诺

  D. 受要约人对要约的内容作出实质性变更

（4）下列哪些选项属于合同生效应当具备的条件？（　　　）

  A. 当事人具有相应的民事权利能力和民事行为能力

  B. 意思表示真实

  C. 不违反法律、行政法规的强制性规定

  D. 不违背公序良俗

（5）下列哪些情形属于合同无效？（　　　）

  A. 无民事行为能力人实施的民事法律行为无效

  B. 行为人与相对人以虚假的意思表示实施的民事法律行为无效

  C. 违反法律、行政法规的强制性规定的民事法律行为无效。但是，该强制性规定不导致该民事法律行为无效的除外

  D. 违背公序良俗的民事法律行为无效

  E. 行为人与相对人恶意串通，损害他人合法权益的民事法律行为无效

（6）下列哪些选项属于同时履行抗辩权的适用条件？（　　　）

  A. 由同一双务合同产生互负的对价给付债务

  B. 合同中未约定履行的顺序

  C. 对方当事人没有履行债务或没有正确履行债务

  D. 对方的对价给付是可能履行的义务

（7）下列哪些选项属于承担违约责任的方式？（　　　）

  A. 继续履行　　　B. 采取补救措施　　C. 赔偿损失　　　　D. 支付违约金

  E. 定金罚则

（8）下列哪些情形发生，债权债务终止？（　　　）

  A. 债务已经履行   B. 债务相互抵销

  C. 债务人依法将标的物提存   D. 债权人免除债务

  E. 债权债务同归于一人

（9）下列哪些情形发生，当事人可以解除合同？（　　　）

  A. 因不可抗力致使不能实现合同目的

  B. 预期违约

  C. 当事人迟延履行主要债务，经催告后在合理期限内仍未履行

  D. 当事人迟延履行债务致使不能实现合同目的

（10）下列哪些选项属于合同担保形式？（　　　）

  A. 保证   B. 抵押   C. 质押   D. 留置

  E. 定金

3. 案例分析题

  甲公司与乙公司于2023年3月签订了一份加工承揽合同，约定乙公司为甲公司生产混凝土构件若干，由甲公司提供图纸和样品，生产工期为90天，总价100万，甲公司先向乙公司支付预付款10万，其余货款待全部完工验收合格后支付，货物由乙公司按照甲公司指示送货上门。

  乙公司在生产工期内如期完成加工作业，后甲公司派人对混凝土构件进行了验收，并验收合格。但在乙公司要求甲公司提供送货地点向甲公司送货时，甲公司却以没有现金为由拒绝受领货物，并拒绝支付剩余货款。后乙公司多次要求送货，均被甲公司以种种理由拒绝。

  于是，乙公司将所完成混凝土构件提存，并明示提存机关：如果甲公司不支付剩余90万货款，不得让甲公司领取标的物。乙公司在提存之日向甲公司发出了提存通知。

  甲公司随即到提存机关要求领取提存物，提存机关要求甲公司出示已支付剩余货款的凭证，但甲公司不能出示已支付剩余货款的凭证，并认为乙公司提存货物是向其履行交付行为，货物已归甲公司所有，提存机关无权扣押该公司货物，与有没有支付剩余货款无关。而乙公司也随后向法院提起诉讼，要求甲公司支付剩余货款。

  问题：请分析乙公司提存、甲公司领取提存物是否成立？

第二章参考答案

第 三 章

工程项目施工招投标

● 知识目标

(1)熟悉施工招标条件、流程和资格审查,掌握施工招标文件的组成和编制。

(2)熟悉施工投标程序、工程投标决策、投标组织的成立和资格预审,掌握施工招标的资格预审文件和投标文件的编制与递交。

(3)熟悉施工合同的概念和特点,掌握施工合同的签订和内容。

● 能力目标

(1)能够协助编制施工招标活动的资格预审文件和招标文件。

(2)能够协助编制施工招标活动的资格预审申请文件和投标文件。

(3)能够协助编制施工合同文件。

(4)能够应用施工招投标法律规范处理相应突发事件。

● 素质目标

(1)培养工程项目施工招标投标的职业能力。

(2)增强工程项目施工招标投标的合法合规意识。

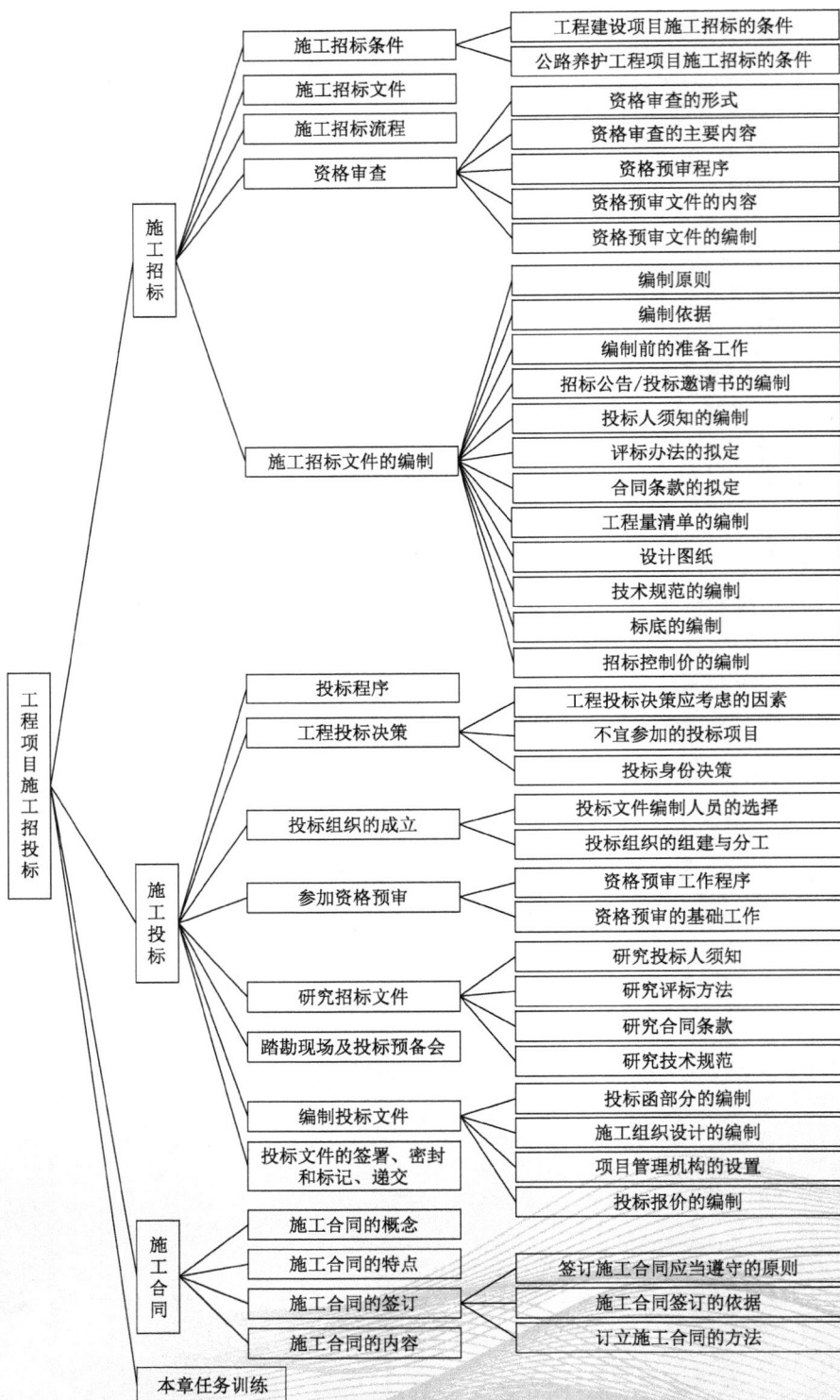

● 知识架构

```
工程项目施工招投标
├─ 施工招标
│   ├─ 施工招标条件
│   │   ├─ 工程建设项目施工招标的条件
│   │   └─ 公路养护工程项目施工招标的条件
│   ├─ 施工招标文件
│   ├─ 施工招标流程
│   ├─ 资格审查
│   │   ├─ 资格审查的形式
│   │   ├─ 资格审查的主要内容
│   │   ├─ 资格预审程序
│   │   ├─ 资格预审文件的内容
│   │   └─ 资格预审文件的编制
│   └─ 施工招标文件的编制
│       ├─ 编制原则
│       ├─ 编制依据
│       ├─ 编制前的准备工作
│       ├─ 招标公告/投标邀请书的编制
│       ├─ 投标人须知的编制
│       ├─ 评标办法的拟定
│       ├─ 合同条款的拟定
│       ├─ 工程量清单的编制
│       ├─ 设计图纸
│       ├─ 技术规范的编制
│       ├─ 标底的编制
│       └─ 招标控制价的编制
├─ 施工投标
│   ├─ 投标程序
│   ├─ 工程投标决策
│   │   ├─ 工程投标决策应考虑的因素
│   │   ├─ 不宜参加的投标项目
│   │   └─ 投标身份决策
│   ├─ 投标组织的成立
│   │   ├─ 投标文件编制人员的选择
│   │   └─ 投标组织的组建与分工
│   ├─ 参加资格预审
│   │   ├─ 资格预审工作程序
│   │   └─ 资格预审的基础工作
│   ├─ 研究招标文件
│   │   ├─ 研究投标人须知
│   │   ├─ 研究评标方法
│   │   ├─ 研究合同条款
│   │   └─ 研究技术规范
│   ├─ 踏勘现场及投标预备会
│   ├─ 编制投标文件
│   │   ├─ 投标函部分的编制
│   │   ├─ 施工组织设计的编制
│   │   ├─ 项目管理机构的设置
│   │   └─ 投标报价的编制
│   └─ 投标文件的签署、密封和标记、递交
└─ 施工合同
    ├─ 施工合同的概念
    ├─ 施工合同的特点
    ├─ 施工合同的签订
    │   ├─ 签订施工合同应当遵守的原则
    │   ├─ 施工合同签订的依据
    │   └─ 订立施工合同的方法
    └─ 施工合同的内容

本章任务训练
```

72

第一节 施 工 招 标

通常建设项目设计工作完成后,建设单位就可开始进行建筑工程和建筑安装工程的施工招标,以选择施工承包单位。施工招标过程可粗略地划分为三个阶段:第一阶段是招标准备阶段,从准备招标开始,到发出招标公告或发出投标邀请函为止;第二阶段是招标与投标阶段,从发布招标公告或发出投标邀请函之日起,到投标截止日止;第三阶段是开标、评标和中标阶段,从开标之日起,到与中标单位签订施工承包合同止。

建设项目施工招标由招标人依法组织实施。任何单位和个人不得以任何方式非法干涉工程施工招标活动。本章根据《工程建设项目施工招标投标办法》(七部委30号令)介绍工程建设项目施工招标。

一 施工招标条件

1. 工程建设项目施工招标的条件

《工程建设项目施工招标投标办法》对工程建设项目进行施工招标的条件做了明确规定。依法必须招标的工程建设项目,应当具备下列条件才能进行施工招标:

(1)招标人已经依法成立;

(2)初步设计及概算应当履行审批手续的,已经批准;

(3)有相应资金或资金来源已经落实;

(4)有招标所需的设计图纸及技术资料。

2. 公路养护工程项目施工招标的条件

按照我国《公路养护工程施工招标投标管理暂行规定》(2003年版),实施招标的公路养护工程项目,应具备以下条件:

①项目已列入年度养护维修计划;

②资金来源已落实;

③有关养护方案或者设计文件已经完成;

④招标文件已编制完毕;

⑤其他相关准备工作已完成。

当然,对公路养护工程项目,其实施招标的规模也有规定:

①公路小修保养最小标的为连续20km或者小于20km的整条路段,最短养护合同期限为一年;

②大中修公路养护工程投资100万元以上的项目。

二 施工招标文件

在实际应用中,招标文件应分卷装订。工程施工招标文件见表3-1-1。

工程施工招标文件

表 3-1-1

卷次	篇次	内容
第一卷	第一章	招标公告(或投标邀请书)
	第二章	投标人须知
	第三章	评标办法
	第四章	合同条款及格式
	第五章	工程量清单
第二卷	第六章	图纸
第三卷	第七章	技术标准和要求
第四卷	第八章	投标文件格式

除上述内容外,招标人在招标期间对招标文件所作的澄清、修改,也构成招标文件的组成部分。同时,招标人根据项目具体特点和实际需要,可在前附表中载明需要补充的其他材料,如工程地质勘察报告。

三 施工招标流程

工程施工招标分为公开招标和邀请招标。公开招标,根据资格审查形式又分为资格预审方式的公开招标和资格后审方式的公开招标,其招标的流程分别见图 3-1-1 和图 3-1-2。

邀请招标的流程见图 3-1-3。

四 资格审查

1. 资格审查的形式

按国际惯例,为保证投标人基本满足招标要求,必须对投标人进行资格审查。资格审查分为资格预审和资格后审。

(1)资格预审

资格预审是指在投标前对潜在投标人进行的资格审查。进行资格预审的,一般不再进行资格后审。招标人应当在资格预审文件中载明资格预审的条件、标准和方法。经资格预审后,招标人应当向资格预审合格的潜在投标人发出资格预审合格通知书,告知获取招标文件的时间、地点和方法,并同时向资格预审不合格的潜在投标人告知资格预审结果。资格预审不合格的潜在投标人不得参加投标。

(2)资格后审

不采用资格预审的公开招标应进行资格后审,可在开标后进行资格审查。对于一些开工期要求比较早,不算复杂的工程项目,为了争取早日开工,可不进行资格预审而进行资格后审。

招标人 信息传递 投标人

| 编制资格预审文件 | → 信息传递 → | 收集工程招标信息 |

发布资格预审公告，
发售资格预审文件，
公开资格预审文件
关键内容

← 购买资格预审文件 ←

填报资格预审文件

← 按规定时间、地点和密封要求递交 ←

接收资格预审申请文件

进行资格审查，编写
审查报告 → 通知投标人澄清 → 资格预审文件澄清

发出投标邀请书 → 接受邀请

编制招标文件

发售招标文件，公开招标
文件的关键内容 ← 购买招标文件

组织潜在投标人踏勘现
场，召开投标预备会（如有） 对工程进行现场踏勘，参加
投标预备会（如有）

编制标书

← 按规定时间、地点和密封要求递交投标书 ←

接收投标文件，公开开标 参加开标

组建评标委员会评标 → 通知投标人澄清 → 投标书澄清

公示中标候选人

确定中标人 → 发出中标通知 → 中标

编制招标投标情况的
书面报告

签订合同

图 3-1-1 资格预审方式的公开招标流程图

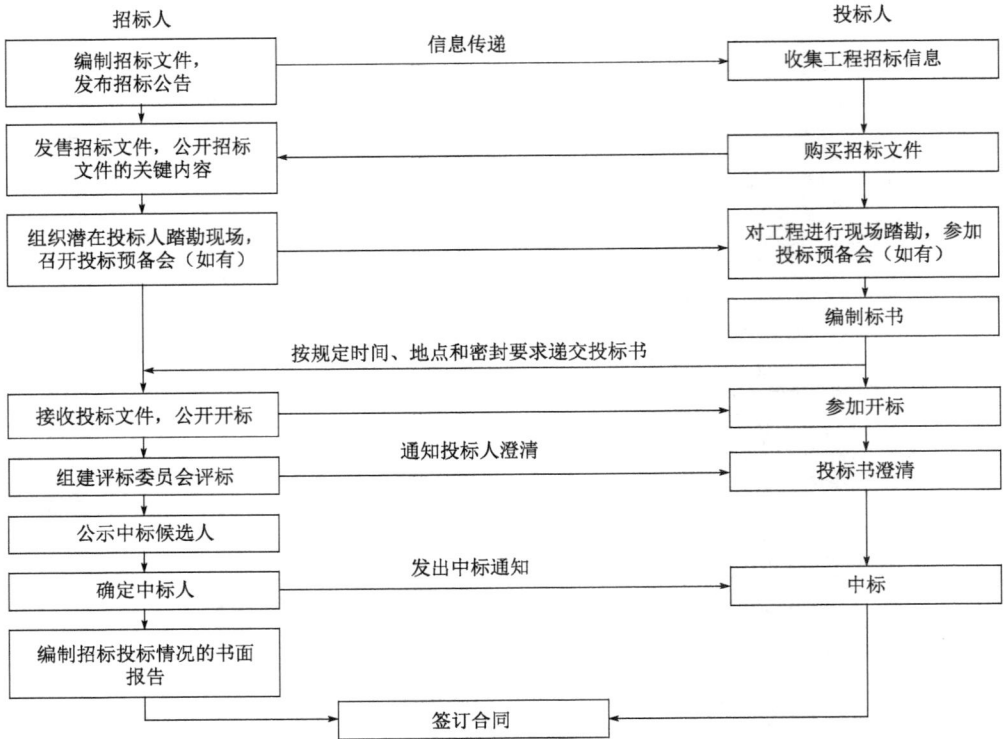

图 3-1-2　资格后审方式的公开招标流程图

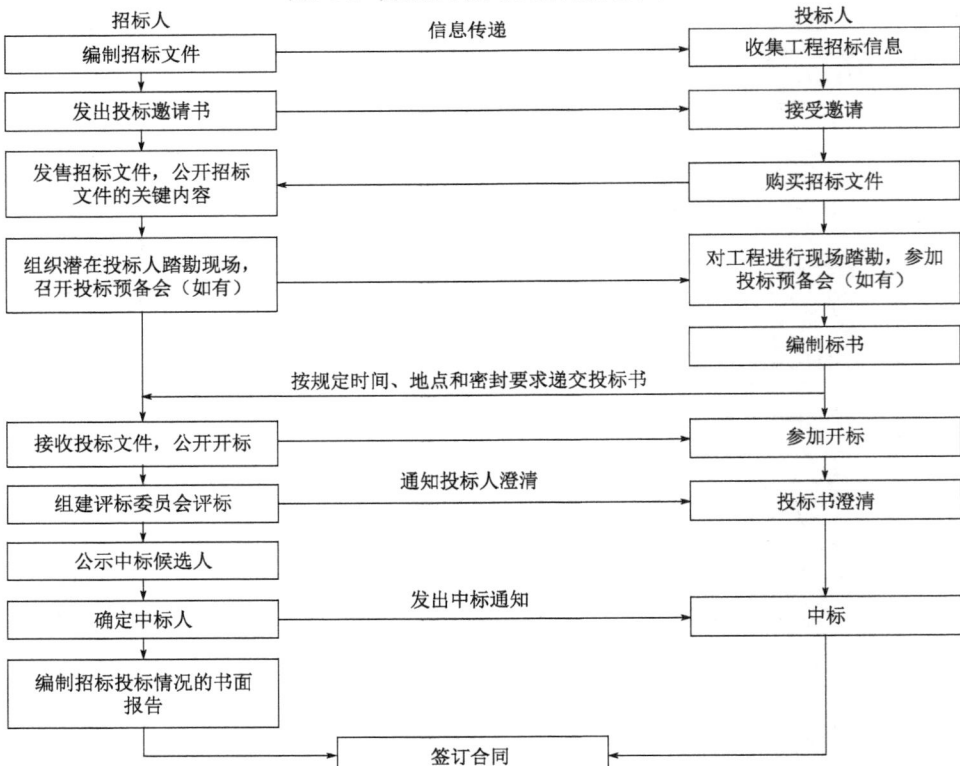

图 3-1-3　邀请招标流程图

资格后审是在招标文件中加入资格审查的内容。投标人在填报投标文件的同时,按要求填写资格审查资料。评标委员会在正式评标前先对投标人进行资格审查,对资格审查合格的投标人进行评标,对不合格的投标人的投标应予否决。

资格后审的内容与资格预审的内容大致相同,主要包括投标人的组织机构、财务状况、人员与设备情况、施工经验等方面。

2. 资格审查的主要内容

按《工程建设项目施工招标投标办法》的规定,招标人应根据招标项目的要求和相关法律法规,设定项目招标的投标人资格条件。投标人的资格条件可分为两部分,即基本资格条件和专业资格条件。基本资格条件是指对投标人的合法地位和信誉等提出要求;专业资格条件是指对投标人履行拟定招标项目的能力提出要求。因此,资格审查应主要审查潜在投标人或者投标人是否符合下列条件:

①具有独立订立合同的权利;

②具有履行合同的能力,包括专业、技术资格和能力,资金、设备和其他物质设施状况,管理能力,经验、信誉和相应的从业人员;

③没有处于被责令停业,投标资格被取消,财产被接管、冻结,破产状态;

④在最近三年内没有骗取中标和严重违约及重大工程质量问题;

⑤国家规定的其他资格条件。

进行资格审查时,招标人不得以不合理的条件限制、排斥潜在投标人或者投标人,不得对潜在投标人或者投标人实行歧视待遇。任何单位和个人不得以行政手段或者其他不合理方式限制投标人的数量。

3. 资格预审程序

资格预审是资格审查的主要形式。资格预审有严格的程序,一般分为三个步骤,即编制资格预审文件,邀请潜在投标人(或称申请人)参加资格预审;发售资格预审文件,有兴趣的潜在投标人提交资格预审申请书;接受申请书进行资格预审并确定合格的投标人名单。具体程序见图3-1-4。

4. 资格预审文件的内容

资格预审文件包括资格预审公告、申请人须知、资格审查办法、资格预审申请文件格式、项目建设概况。

如果申请人有疑问,可在规定的时间前以书面形式要求招标人对资格预审文件进行澄清。在规定的时间前,招标人如果需要对资格预审文件进行修改,可以书面形式通知申请人。

招标人对资格预审文件的澄清或修改,也应视为资格预审文件的组成部分。当资格预审文件、资格预审文件的澄清或修改等在同一内容的表述上不一致时,以最后发出的书面文件为准。

5. 资格预审文件的编制

资格审查可采用资格预审和资格后审。采用公开招标方式的,原则上采用资格后审方式对投标人进行资格审查。采用资格预审时,应专门编制资格预审文件;采用资格后审时,应在招标文件中载明对投标人资格要求。资格预审文件由招标人或其代理机构编制。申请人提供的资格预审或资格后审材料基本一致。以下主要阐述资格预审文件的编制。

步骤	建设单位/招标代理机构	潜在投标人（或称申请人）
(1)编制资格预审文件，邀请潜在投标人参加资格预审	编制资格预审文件	
	发布资格预审公告	对本项目有兴趣的潜在投标人
(2)发售资格预审文件，投标人提交资格预审申请书	发售资格预审文件	购买资格预审文件
		根据资格预审文件，潜在投标人提出资格预审申请书
(3)资格预审，确定投标人名单	资格预审资料分析评价，确定投标人名单，并通知他们，以确定参加投标的意向	确认参加投标的意向
	通知所有申请者通过预审的投标人名单	得到投标人名单
	投标人名单	预审合格的申请人准备投标

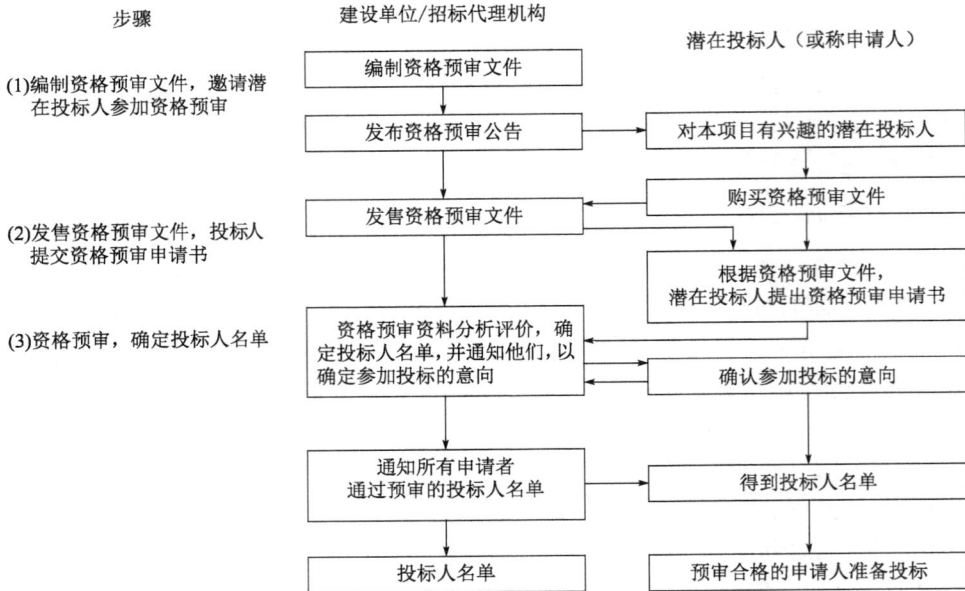

图 3-1-4 资格预审程序框图

1）资格预审公告

资格预审公告的作用：一是发布某项目将要招标，二是发布资格预审的详细信息。资格预审公告要说明以下主要内容：

①招标条件；

②项目概况与招标范围；

③申请人资格要求；

④资格预审方法；

⑤资格预审文件的获取；

⑥资格预审申请文件的递交；

⑦发布公告的媒介；

⑧联系方式。

【例3-1】 ××高速公路路面工程施工招标资格预审公告示例。

××高速公路路面工程施工招标
资格预审公告

1 招标条件

本招标项目 ××高速公路 已由 ××省发展和改革委员会 以《××省发展改革委关于××高速公路项目核准的批复》批准建设，初步设计已由 ×× (批准机关名称)以 ×× (批文名称及编号)批准，项目建设单位为 ××高速公路有限公司 ，建设资金来自 股东投资与国内银行项目贷款 ，项目出资比例为 25%:75% ，招标人为 ××高速公路有限公司 。项目已具备招标条件，现进行公开招标，特邀请有兴趣的潜在投标人(以下简称"申请人")提出资格预审申请。

2 项目概况与招标范围

××高速公路路线全长约66.3km,设计速度100km/h,其中××至××段(起点至K30+066)采用双向四车道,整体式路基标准宽度26m,××至××段(K30+066至K66+297)采用双向六车道,整体式路基标准宽度33.5m,分离式路基宽度16.75m。本次路面工程施工招标划分为1个标段。本次路面工程招标主要包括4cm上面层改性沥青混凝土、6cm中面层沥青混凝土和8cm下面层沥青混凝土路面及水泥混凝土路面(不包括所有隧道混凝土路面),桥面铺装的沥青混凝土面层(不包括整体化层),以及交通标志、标线、护栏、隔离栅等。

3 申请人资格要求

3.1 本次资格预审要求申请人具备住房和城乡建设部颁发的公路工程施工总承包特级资质,取得国家或省级有关部门颁发的有效安全生产许可证,具有类似高速公路施工经验,并在人员、设备、资金等方面具有相应的施工能力。

申请人应进入交通运输部"全国公路建设市场信用信息管理系统"(http://glxy.mot.gov.cn)中的公路工程施工资质企业名录,且申请人名称和资质与该名录中的相应企业名称和资质完全一致。

3.2 本次资格预审不接受联合体资格预审申请。

3.3 每个申请人最多可对××(具体数量)个标段提出资格预审申请;被招标项目所在地省级交通运输主管部门评为××信用等级的申请人,最多可对××(具体数量)个标段提出资格预审申请。每个申请人允许中××(具体数量)个标。对申请人信用等级的认定条件为:××。

3.4 与招标人存在利害关系可能影响招标公正性的单位,不得提出资格预审申请。单位负责人为同一人或存在控股、管理关系的不同单位,对同一标段提出资格预审申请的,最多只能有一家单位通过资格预审。

3.5 在"信用中国"网站(http://www.creditchina.gov.cn/)中被列入失信被执行人名单的申请人,不能通过资格预审。

4 资格预审方法

本次资格预审采用有限数量制。

5 资格预审文件的获取

5.1 请申请人于2022年4月24日至2022年4月29日每日9时30分至11时30分,14时00分至16时00分(北京时间,下同),在××市××区××路××号××××持单位介绍信和经办人身份证购买资格预审文件。参加多个标段资格预审的申请人必须分别购买相应标段的资格预审文件,并对每个标段单独递交资格预审申请文件。

5.2 资格预审文件每套售价500元,售后不退。

6 资格预审申请文件的递交

6.1 递交资格预审申请文件截止时间(申请截止时间,下同)为2022年5月6日16时00分,申请人应于当日14时00分至16时00分将资格预审申请文件递交至××市××区××路××号××××××。

6.2 逾期送达的、未送达指定地点的或不按照资格预审文件要求密封的资格预审申请文件,招标人将予以拒收。

7 发布公告的媒介

本次资格预审公告同时在《××日报》、中国采购与招标网、××省建设工程交易中心信息网(http://www.××.gd.cn/××/)、××省招标投标监管网(www.××.gov.cn)上发布。如媒体发布公告内容不一致者,以××省建设工程交易中心网站公告为准。

8 联系方式

招 标 人:__××高速公路有限公司__	招标代理机构:_____	
地 址:__××省××市××路××号楼××室__	地 址:_____	
邮 政 编 码:_____	邮 政 编 码:_____	
联 系 人:_____	联 系 人:_____	
电 话:_____	电 话:_____	
传 真:_____	传 真:_____	
电 子 邮 件:_____	电 子 邮 件:_____	
网 址:_____	网 址:_____	
开 户 银 行:_____	开 户 银 行:_____	
账 号:_____	账 号:_____	

_____年__月__日

2)资格预审申请人须知

资格预审申请人须知是指导申请人按招标人的资格审查的要求,正确编制资格预审材料的说明。其内容包括总则、资格预审文件、资格预审申请文件的组成及编制要求、资格预审申请文件的递交、资格预审申请文件的审查、通知和确认等内容。

(1)总则

资格预审申请人须知的总则中,包括:

①项目概况。

项目概况中阐明招标项目已具备招标条件,特邀请有兴趣承担该工程的申请人提出资格预审申请。同时对招标项目招标人、招标代理机构、招标项目名称合同段建设地点等予以说明。通常在申请人须知前附表列明。

②资金来源和落实情况。

说明招标项目的资金来源、招标项目的出资比例、招标项目的资金落实情况等。通常在申请人须知前附表列明。

③招标范围、计划工期和质量要求。

招标项目的招标范围、计划工期、质量要求通常在申请人须知前附表列明。

④申请人资格要求。

申请人的资格要求应载明承担工程施工的资质条件、能力和信誉,包括财务要求、业绩要求、信誉要求、项目经理资格及其他要求。通常在申请人须知前附表列明。

如果项目接受联合体申请资格预审的,联合体申请人除应符合上述要求外,还应遵守相应的规定,如:按资格预审文件提供的格式签订联合体协议书,明确联合体牵头人和各方的权利义务等。

《标准施工招标资格预审文件》(2007年版)和《公路工程标准施工招标资格预审文件》(2018年版),对申请人的身份及其他方面也做了严格的规定,规定申请人不得存在下列情形之一:

a. 为招标人不具有独立法人资格的附属机构(单位);

b. 为本标段前期准备提供设计或咨询服务的法人或其他任何附属机构(单位),但设计施工总承包的除外;

c. 为本标段的监理人;

d. 为本标段的代建人;

e. 为本标段的招标代理机构;

f. 与本标段的监理人或代建人或招标代理机构同为一个法定代表人的;

g. 与本标段的监理人或代建人或招标代理机构存在控股或参股关系;

h. 与本标段的监理人或代建人或招标代理机构相互任职或工作的;

i. 被责令停业的;

j. 财产被接管或冻结的;

k. 在最近三年内有骗取中标或严重违约或重大工程质量问题的;

l. 与招标人存在利害关系且可能影响招标公正性的;

m. 被省级及以上交通运输主管部门取消招标项目所在地的投标资格且处于有效期内;

n. 在国家企业信用信息公示系统(http://www.gsxt.gov.cn/)中被列入严重违法失信企业名单;

o. 在"信用中国"网站(http://www.creditchina.gov.cn/)中被列入失信被执行人名单;

p. 申请人或其法定代表人、拟委任的项目经理在近三年内有行贿犯罪行为的(行贿犯罪行为的认定以检察机关职务犯罪预防部门出具的查询结果为准);

q. 法律法规或申请人须知前附表规定的其他情形。

除以上内容外,在申请人须知中对语言文字和费用承担方面也应做相应的规定:来往文件均使用中文;申请人准备和参加资格预审发生的费用自理。

(2)资格预审文件

在总则中对资格预审文件的组成做出规定。资格预审文件包括资格预审公告、申请人须知、资格审查办法、资格预审申请文件格式、项目建设概况,以及对资格预审文件的澄清和对资格预审文件的修改等内容。

(3)资格预审申请文件的组成及编制要求

①资格预审申请文件的组成。

资格预审申请文件应包括下列内容:

a. 资格预审申请函;

b. 法定代表人身份证明或附有法定代表人身份证明的授权委托书;

c. 联合体协议书;

d. 申请人基本情况表;

e. 近年财务状况表；

f. 近年完成的类似项目情况表；

g. 正在施工和新承接的项目情况表；

h. 近年发生的诉讼及仲裁情况；

i. 其他材料(见申请人须知前附表)；

j. 申请人的信誉情况表；

k. 拟委任的项目经理和项目总工资历表。

②资格预审申请文件的编制要求。

资格预审申请文件应按规定的"资格预审申请文件格式"编写,如有必要,可以增加附页,并作为资格预审申请文件的组成部分。如果招标人在申请人须知前附表中表示接受联合体资格预审申请的,在规定的表格和资料中应包括联合体各方相关情况。

(4)资格预审申请文件的递交

资格预审申请文件的递交对资格预审申请文件的密封和标识及资格预审申请文件递交的截止时间、递交资格预审申请文件的地点等做出相应的规定。

(5)资格预审申请文件的审查

一方面对资格预审申请文件审查委员会的组建方式和审查委员会人数做出相应规定,另一方面应规定审查标准。

(6)通知和确认

招标人应明确在规定的时间内以书面形式将资格预审结果通知申请人,并向通过资格预审的申请人发出投标邀请书。如果应申请人书面要求,招标人应对资格预审结果作出解释。

通过资格预审的申请人收到投标邀请书后,应在规定的时间内以书面形式明确表示是否参加投标。如果在规定时间内未表示是否参加投标或明确表示不参加投标的,不得再参加投标。因此造成潜在投标人数量不足3个的,招标人重新组织资格预审或不再组织资格预审而直接招标。

(7)申请人的资格改变

通过资格预审的申请人,如果其组织机构、财务能力、信誉情况等资格条件发生变化,使其不再实质上满足"资格审查办法"规定标准的,其投标不被接受。

(8)纪律与监督

纪律与监督方面有严禁贿赂、不得干扰资格审查工作、保密、投诉等规定。

(9)需要补充的其他内容

根据项目的实际情况可补充的其他内容。

3)资格审查办法

资格审查方法有合格制和有限数量制两种。

(1)合格制

资格预审采用合格制的审查方法,凡符合资格初步审查标准和详细审查标准的申请人均通过资格预审。

①审查标准。

资格初步审查标准的审查因素及审查标准见表3-1-2。

初步审查标准的审查因素及审查标准 表 3-1-2

审查因素	审查标准
申请人名称	与营业执照、资质证书、安全生产许可证一致
申请函签字盖章	有法定代表人或其委托代理人签字或加盖单位章
申请文件格式	符合"资格预审申请文件格式"的要求
联合体申请人	提交联合体协议书,并明确联合体牵头人(如有)
……	……

资格详细审查标准的审查因素及审查标准见表 3-1-3。

详细审查标准的审查因素及审查标准 表 3-1-3

审查因素	审查标准
营业执照	具备有效的营业执照
安全生产许可证	具备有效的安全生产许可证
资质等级	符合申请人须知的相关规定
财务状况	符合申请人须知的相关规定
类似项目业绩	符合申请人须知的相关规定
信誉	符合申请人须知的相关规定
项目经理资格	符合申请人须知的相关规定
其他要求	符合申请人须知的相关规定
联合体申请人	符合申请人须知的相关规定
……	……

②审查程序。

审查委员会依据初步审查标准对资格预审申请文件进行初步审查。有一项因素不符合审查标准的,不能通过资格预审。在审查过程中,审查委员会可以要求申请人提交规定的有关证明和证件的原件,以便核验。

审查委员会依据详细审查标准对通过初步审查的资格预审申请文件进行详细审查。有一项因素不符合审查标准的,不能通过资格预审。

通过资格预审的申请人除应满足初步审查标准和详细审查标准外,还不得存在下列任何一种情形:

a. 不按审查委员会要求澄清或说明的;

b. 有在"申请人须知"中关于申请人身份及其他方面的禁行规定的任何一种情形的;

c. 在资格预审过程中弄虚作假、行贿或有其他违法违规行为的。

在审查过程中,审查委员会可以书面形式,要求申请人对所提交的资格预审申请文件中不明确的内容进行必要的澄清或说明。申请人的澄清或说明应采用书面形式,并不得改变资格预审申请文件的实质性内容。申请人的澄清和说明内容属于资格预审申请文件的组成部分。招标人和审查委员会不接受申请人主动提出的澄清或说明。

③审查结果。

审查委员会按照规定的程序对资格预审申请文件完成审查后,确定通过资格预审的申请人名单,并向招标人提交书面审查报告。如果通过资格预审申请人的数量不足3个的,招标人重新组织资格预审或不再组织资格预审而直接招标。

（2）有限数量制

资格预审采用有限数量制时,审查委员会依据规定的审查标准和程序,对通过初步审查和详细审查的资格预审申请文件进行量化打分,按得分由高到低的顺序确定通过资格预审的申请人。通过资格预审的申请人数量不超过资格审查办法规定的数量。

采用有限数量制这种形式审查时,其初步审查标准和详细审查标准的审查因素、审查标准、审查程序等与合格制相同,不同的一是应事先确定通过资格预审的人数,二是应确定具体的评分标准。评分标准中应列明评分因素,通常应考虑财务状况、类似项目业绩、信誉、认证体系等因素,并具体规定各评分因素对应的评分标准。

4)资格预审申请文件格式

为保证申请人在资格预审文件中清晰、完整地反映资格审查的实质性内容,规范申请人提交的资格预审申请文件,在招标人的资格预审文件中应对资格预审申请文件的格式进行规定。我国对施工招标有《标准施工招标资格预审文件》（2007年版）,各行业也编制颁发了行业的标准施工招标资格预审文件,如交通运输部发布了《公路工程标准施工招标资格预审文件》（2018年版）。一些行业还根据工程项目的特点编制颁发了其他项目主体的招标资格预审文件示范文本,如交通运输部颁发了《经营性公路建设项目投资人招标资格预审文件示范文本》。

以上这些标准招标资格预审文件对资格预审申请文件的格式都做了统一的规定。

5)项目建设概况

在资格预审文件的最后,招标人应对项目建设概况进行说明,包括项目总体的说明、建设条件的说明、建设要求的说明及其他需要说明的情况。

【例3-2】 ××高速公路施工招标资格预审申请人须知前附表示例（表3-1-4）。

申请人须知前附表
表3-1-4

条款号	条款名称	编列内容
1.1.2	招标人	名　称:××高速公路有限公司 地　址:××省××市××路××号302室 联系人:王先生 电　话:××××××××××
1.1.3	招标代理机构	无
1.1.4	招标项目名称	××高速公路
1.1.5	标段建设地点	××省××市
1.2.1	资金来源及比例	股东投资,国内银行项目贷款,25%:75%
1.2.2	资金落实情况	已落实
1.3.1	招标范围	路基、路面工程施工

续上表

条款号	条款名称	编列内容
1.3.2	计划工期	计划工期: 579 日历天 计划开工日期:2022 年 5 月 1 日 计划交工日期:2023 年 11 月 30 日
1.3.3	质量要求	标段工程交工验收的质量评定:合格且综合评分不小于 90 分 竣工验收的质量评定:合格且综合评分不小于 90 分
1.3.4	安全目标	无职工因工死亡事故,职工因工重伤率控制在 0.1% 以内
1.4.1	申请人资质条件、能力和信誉	资质条件:见附录 1(本教材略) 财务要求:见附录 2(本教材略) 业绩要求:见附录 3(本教材略) 信誉要求:见附录 4(本教材略) 项目经理和项目总工资格:见附录 5(本教材略) 其他要求:无
1.4.2	是否接受联合体资格预审申请	不接受
1.4.3	申请人不得存在的其他关联情形	无
1.4.4	申请人不得存在的其他不良状况或不良信用记录	无
2.2.1	申请人要求澄清资格预审文件	时间: 2022 年 5 月 2 日 16 时 00 分 形式:书面形式
2.2.2	资格预审文件澄清发出的形式	书面形式
2.2.3	申请人确认收到资格预审文件澄清	时间:收到澄清后 24 小时内(以发出时间为准) 形式:书面形式
2.3.1	资格预审文件修改发出的形式	书面形式
2.3.2	申请人确认收到资格预审文件修改	时间:收到修改后 24 小时内(以发出时间为准) 形式:书面形式
3.1.1	构成资格预审申请文件的其他材料	申请人认为其他与资格预审有关的所有资料
3.2.4	近年财务状况的年份要求	2019—2021 年
3.2.5	近年完成的类似项目情况的时间要求	2019 年 1 月 1 日—2021 年 12 月 31 日
3.3.2	资格预审申请文件副本份数及其他要求	3 份,另加 1 份电子文件(U 盘存储) 其他要求:无

续上表

条款号	条款名称	编列内容
3.3.3	装订的其他要求	书脊上应列明资格预审申请人名称
4.1.2	封套上写明	招标人名称:××高速公路有限公司 招标人地址:××省××市××路××号302室 ××高速公路施工招标资格预审申请文件 在2022年6月6日16时00分前不得开启 申请人名称:
4.2.3	是否退还资格预审申请文件	否
5.1.2	审查委员会的组建	审查委员会构成:××人,其中招标人代表××人,专家××人; 专家确定方式:依法从相应评标专家库中随机抽取
5.2	资格审查方法	有限数量制
6.1	资格预审结果的通知时间	上级主管部门批复资格预审结果后3天内
6.3	资格预审结果的确认时间	收到投标邀请书后24小时内(以发出时间为准)予以确认
8.4.1	监督部门	监督部门:××省交通运输厅监察室 地　　址:××市××路××号 电　　话:×××-××××××××× 传　　真:×××-××××××××× 邮政编码:××××××
9	是否采用电子招标投标	□否 □是,具体要求:
10.1.1	申请人申请资格	每个申请人最多可对××(具体数量)个标段提出资格预审申请;被招标项目所在地省级交通运输主管部门评为××信用等级的申请人,最多可对××(具体数量)个标段提出资格预审申请。每个申请人允许中××(具体数量)个标。对申请人信用等级的认定条件为:××
需要补充的其他内容		
1.4	1.4　申请人资格要求 增加下列内容: 　　1.4.4　申请人在资格预审申请时,若实际承担施工的是其直属的子公司,必须遵守以下规定: 　　(1)在资格预审申请文件中应明确具体承担施工的子公司名称及负责施工的主要内容; 　　(2)若该子公司具有相应的施工资质,其不得以任何形式同时申请本招标项目任一合同段类别的资格预审; 　　(3)资格预审申请文件应提供子公司施工经验、施工能力(包括人员、设备)、管理能力和履约信誉等方面的资料。 　　1.4.5　如果资格申请是由一个申请人提出的,而它又是由若干个下属单位组成的机构,那么在申请中应明确指出工程的各主要部分将由哪一个下属单位承担。根据本条规定,提交的申请文件包括实际承担本工程的下属单位或专业单位的资料。资格的评审亦只考虑这些下属单位或专业单位在业绩、人员、设备和财力上是否合格。 　　1.4.7　××省交通运输厅通报表彰免资格预审且在有效期内的企业,申请本项目资格预审,在满足强制性的前提下,按资格预审文件的规定提交资格预审申请文件后直接通过资格预审	

续上表

条款号	条款名称	编列内容
3.2.5		第3.2.5项替换为： "近年完成的类似项目情况表"应附中标通知书、合同协议书、交工验收证书等三份资料的复印件。有关资料应能清晰表达申请人填写的有关业绩数据及程度，如上述三份资料不能体现工程项目的里程长度、结构类型，还需要附有发包人书面评价或发包人证明资料
6.2		第6.2项替换为： 招标人保留拒绝或接受任何资格预审申请的权利，有权宣布资格预审过程无效或拒绝所有申请，对资格预审结果由此而引起的对资格预审申请人的影响不承担责任，也无须向资格预审申请人解释原因
9.1.2		第9.1.2项细化如下： 申请人提交的资格预审申请文件(初步施工组织计划除外)将作为施工合同文件的组成部分。 如果申请人通过资格预审，资格预审申请文件中填列的拟投入本合同工程的人员、资金(包括信贷证明)以及拟设置的组织机构在投标时原则上应按原有内容填报。 在申请文件所填报的人员中，以下人员在投标期间不得调整：项目经理、项目总工(含备选)
9.4		增加第9.4款，内容如下： 资格预审文件中所有复印件均指彩色扫描件或彩色复印件。资格预审文件中提到的货币单位除有特别说明外，均指人民币
9.5		增加第9.5款，内容如下： 申请人不得将本合同工程违法分包和转包

五 施工招标文件的编制

工程建设项目符合《工程建设项目招标范围和规模标准规定》(2000年版)规定的范围和标准的，必须通过招标选择施工单位。工程项目施工招标文件是招标人单方面阐述自己的招标条件和具体要求的意思表示，是招标人确定、修改和解释有关招标事项的各种书面表达形式的统称。

1. 编制原则

工程项目施工招标投标活动，依法应由招标人负责，任何单位和个人不得以任何方式非法干涉工程施工招标投标活动。在编制施工招标文件时应遵循以下原则：

(1)公正合理的原则

招标文件是具有法律效力的文件，双方都要遵守，并承担相应义务，因此招标文件的编制必须坚持公正合理的原则。公正是指不偏不倚、平等对待招标人和投标人。合理是指招标人提出技术要求、商务条件必须依据充分并切合实际。

(2)公平竞争的原则

招标文件编制必须坚持公平竞争的原则。只有公平、公开才能吸引真正感兴趣、有竞争力的投标人竞争。公平竞争是指招标文件不能存有歧视性条款。招标文件应载明配套的评标因素和标准,尽量做到科学合理,这样会使招标活动更加公开,相对减少人为因素,也会使潜在的投标人更感兴趣。

(3)科学规范的原则

招标文件编制必须坚持科学规范的原则。招标文件应该以规范的文字,把招标的目的、要求、进度、保修期服务等描述得简洁有序、准确明了。招标文件的用词、用语一定要准确无误,表述清楚,不允许使用大概、大约等无法确定的词汇以及表达上含糊不清的语句,尽量少用或不用形容词,禁止使用有歧义的语言,防止投标人出现理解误差。招标文件要做到格式统一、字体统一、语言统一、数字运用统一、技术要求使用标准统一等。

2. 编制依据

(1)法律法规

法律法规是招标文件编制的主要依据。招标文件是招标投标活动中最重要的法律文件,招标文件的内容应符合国家法律法规。招标文件编制的主要依据是相关的法律、法规、规章和行政规范性文件,如《招标投标法》《民法典》《中华人民共和国招标投标法实施条例》等。

(2)招标文件范本

招标文件范本是招标文件编制的直接依据。国家有关部门颁发的相关招标文件范本,是指导招标文件编制工作的规范性文件,招标文件应按照范本编写。如2007年国家九部委联合颁发《中华人民共和国标准施工招标文件》(2007年版)(简称《标准施工招标文件》)。考虑到行业的特点,各行业也编制颁发了行业标准文件,如交通运输部编制颁发了《公路工程标准施工招标文件》(2018年版)。

(3)招标人自身的需求

招标文件应全面满足招标人的需求。招标文件要充分体现以下几个方面:一是招标文件要充分反映招标策划与合同管理策划的成果;二是招标文件合同条款在体现公平的基础上,要体现招标人的主导地位和控制权;三是招标文件中应合理划分合同风险,尽可能规避招标人的风险。

技术条款是反映招标工程项目具体而详细的内容要求,是招标工程项目一个比较清晰的框架。技术条款的要求越详细、越接近招标人合法的实际要求,才能使招标结果越符合需求。招标文件应能全面、准确反映工程的技术指标、质量水平要求、验收标准、计量与支付条件等。这些问题没有明确,招标文件就不能贴近招标人需求,还会给投标人编制投标文件带来很多困惑和疑问,影响最终招标成效和质量。

3. 编制前的准备工作

1)组建招标文件编制团队

招标文件编制团队的组建,主要包括两方面的工作:一是对招标文件编制人员的选择。招标文件编制涉及技术、经济、法律等领域,是一项综合性的工作,因此要求招标文件编制人员应具有一定的专业知识储备,熟悉与招投标相关的国家、地方法律、法规及综合性文件,熟悉项目相关施工及管理技术标准、项目造价管理相关标准及知识、项目合同管理的相关知识。二是招标文件编制团队应有明确的分工和良好的协作配合,由一名具备前述知识和丰富经验的人员主要负责编制,由相关专业技术人员配合,招标标底或控制价应由专业造价人员编制。

2)收集整理招标资料

招标文件编制团队组建后,应开始收集整理招标资料,招标资料主要包括如下内容:①与工程项目招投标相关的国家法律法规、行业和地方招投标相关规定等;②国家及行业相关标准施工招标文件;③工程施工技术标准、图纸、相关技术资料和相关技术标准、规范、综合性文件等;④工程计价依据及工程造价管理相关依据。

3)制定招标工作计划

制定一个完整、严密、合理的招标工作计划,有利于招标工作有条不紊地顺利进行,也便于检查,当中间环节出现问题时能及时发现,尽快修正,保证总体计划的完成。

编制招标工作计划既要和设计阶段计划、建设资金计划、征地拆迁计划、工期计划等相互呼应,又要考虑合理的招标阶段时间间隔,并结合工程规模和范围,作不同的安排。在编制时应考虑到:一方面,招标工作的时间不能太长,时间太长,不但可能影响建设计划的完成,而且会造成人、财、物的浪费。另一方面,招标工作时间也不能安排得过紧。时间太短,不仅会影响招标工作的质量,而且使投标单位没有足够的时间编制标书,对招标单位和投标单位都不利。

【例3-3】 ××高速公路工程施工招标工作计划示例(表3-1-5)。

××高速公路工程施工招标工作计划
表3-1-5

工作阶段	序号	工作内容	日期	时间(日历天)	备注
准备阶段	1	确定招标方式、合同类型		30	初步设计和概算批准的前提下
	2	申请批准招标及采取的招标方式			
	3	准备资格预审文件送主管部门审定			
资格预审	4	发布资格预审通告	2月20日	55	3月20日起考察投标单位
	5	发售资格预审文件	2月25日		
	6	提交申请书截止日	3月15日		
	7	发投标邀请信	4月10日		
	8	完成招标文件编制、审定、印发	4月15日		
招标阶段	9	发售招标文件	4月20日	92	
	10	召开标前会议与组织现场考察	5月4—6日		
	11	截止投标并开标	7月20日		
评标签约阶段	12	初评提出名单	8月5日	47	从发中标通知书到监理工程师发开工令期限规定为84天内
	13	开澄清会	8月6—10日		
	14	终评提出推荐名单	8月25日		
	15	编制评标报告送审、决标	8月30日		
	16	发中标通知书	9月5日		
	17	签订合同→补充必要附件	9月20日		
开工阶段	18	承包人进入现场	10月5日	35	
	19	监理工程师签发开工令	11月1日		
	20	开工	11月8日		

例3-3是国内投资项目的资格预审,如果是世界银行等外资贷款项目,则不但要进行国际竞争性招标,还要报世界银行审批或认可,考虑中间环节增多和翻译,时间会更长。如果是地方性中小型工程项目,不一定进行资格预审,编标、决标、签约到开工的时间也可大大缩短。总之,必须从实际出发,具体工程具体对待。

4)合同数量的确定

建设单位依据自身的管理能力、设计的进展情况、建设项目本身的特点、外部环境条件等因素,经过充分考虑比较后,首先决定施工阶段的标段数量和合同类型。

建设项目的招标可以是全部工作内容一次性发包,也可以将工作内容分解成几个独立的阶段或独立的项目分别招标,如单位工程招标、土建工程招标、安装工程招标、设备订购招标、材料采购招标,以及特殊专业工程施工招标等。全部工程一次性发包,建设单位只与一个承包人(或承包人联营体)签订合同,施工过程中的合同管理比较简单,但有能力承包的投标人相对较少。如果建设单位有足够的管理能力,也可将整个工程分成几个单位工程或专项工程,采取分别招标的方式。

建设单位在进行分标确定合同数量时,主要应考虑以下几方面因素:

(1)工程特点

每个建设项目都有其特殊性,通常会体现在以下方面:

①工程的类型、规模、特点、技术复杂程度;

②工程质量要求;

③设计深度和工程范围的确定性;

④工期的限制;

⑤项目的盈利性;

⑥工程风险程度;

⑦工程资源(如资金、材料、设备等)供应及限制条件。

建设单位应根据以上因素合理分标,确定工程项目施工的合同数量。

(2)施工现场条件

进行分标时,应充分考虑各承包人在现场施工的情况,尽量避免或减少交叉干扰,以利于项目管理单位在合同履行过程中对各合同包之间的协调管理。当施工场地比较集中,工程量不大,且技术不太复杂时,一般不用分标;当工作面分散、工程量大或有某些特殊技术要求时,可以考虑分标或分包。

(3)对工程造价的影响

合同数量对工程造价的影响,并不是一个绝对的、一概而论的问题,应根据工程项目的具体条件客观分析。如果工程项目实施总承包,则便于承包人的施工管理,人工、机械设备和临时施工设施便于统一调配使用,单位间的相互干扰少,并有可能获得较低报价。对于大型复杂工程的施工总承包,由于有能力参与竞争的单位较少,中标的合同价较高。如果采用细分合同包的方法分别招标,可参与竞争的投标人增多,建设单位就能够获得具有竞争性的商业报价。

(4)承包人的特长

一个施工企业往往在某一方面有其专长,如果按专业分合同包,可增加对某一专项有特长的承包人的吸引力,既能提高投标的竞争性,又有利于保证工程按期、优质、圆满地完成。有时还可招请到在某一方面有先进专利施工技术的承包人,完成特定工程部位的施工任务。

（5）注意合同之间的衔接

建设项目由单项工程、单位工程或分部工程组成,在考虑确定合同段的数量时,既要考虑各施工单位之间的交叉干扰,又要注意各合同段之间的相互联系。合同段之间的联系是指各合同段之间的空间衔接和时间衔接。在空间上,要明确划分每一合同包的界限,避免在承包人之间对合同的平面或立面交接工作的责任产生推诿或扯皮。时间衔接是指工程进度的衔接,特别是"关键线路"上的施工项目,要保证前一合同包的工作内容按期或提前完成,避免影响后续承包人的施工进度,以确保整个工程按计划有序完成。

（6）其他因素影响

影响分标的因素有很多,如资金的筹措、设计图纸完成的时间等。有时,为了照顾本国或本地区承包人的利益,也可能将其作为分标或分包的考虑因素。总之,建设单位在分标时,应在综合考虑上述各影响因素的基础上,拟定几个方案进行比较,然后确定合同数量。

5）合同类型的选择

在实际工程中,合同类型丰富。不同种类的合同,有不同的应用条件;不同的权利和责任的分配,不同的付款方式,对合同双方有不同的风险。现代工程中最典型的合同类型有单价合同、总价合同、成本加酬金合同等。建设单位应综合考虑以下因素来确定合同类型:

（1）工程项目的复杂程度

规模大且技术复杂的工程项目,承包风险较大,各项费用不易准确估算,因而一般不宜采用总价合同。最好是有把握的部分采用总价合同,估算不准的部分采用单价合同或成本加酬金合同。有时,在同一工程中采用不同的合同形式,是建设单位和承包人合理分担施工风险因素的有效办法。

（2）项目设计深度

施工招标时所依据的项目设计深度,经常是选择合同类型的重要因素。招标图纸和工程量清单的详细程度能否让投标人进行合理报价,取决于已完成的设计深度。表3-1-6中列出了不同设计阶段与合同类型的选择关系,以供参考。

合同类型选择参考表 表3-1-6

合同类型	设计阶段	设计主要内容	设计应满足条件
总价合同	施工图设计	(1)详细的设备清单; (2)详细的材料清单; (3)施工详图; (4)施工图预算; (5)施工组织设计	(1)设备、材料的安排; (2)非标准设备的制造; (3)施工图预算的编制; (4)施工组织设计的编制; (5)其他施工要求
单价合同	技术设计	(1)较详细的设备清单; (2)较详细的材料清单; (3)工程必需的设计内容; (4)修正概算	(1)设计方案中重大技术问题的要求; (2)有关试验方面确定的要求; (3)有关设备制造方面的要求

续上表

合同类型	设计阶段	设计主要内容	设计应满足条件
成本加酬金合同或单价合同	初步设计	(1)总概算; (2)设计依据、指导思想; (3)建设规模; (4)主要设备选型和配置; (5)主要材料需要量; (6)主要建筑物、构筑物的形式和估计工程量; (7)公用辅助设施; (8)主要技术经济指标	(1)主要材料、设备订购; (2)项目总造价控制; (3)技术设计的编制; (4)施工组织设计的编制

(3)施工技术的先进程度

如果施工中有较大部分采用新技术、新工艺,当建设单位和承包人在这方面没有经验,且在国家颁布的标准、规范、定额中又没有可作为依据的标准时,为了避免投标人盲目地提高承包价款,或低估施工难度而导致承包亏损,不宜采用总价合同,可考虑选用成本加酬金合同。

(4)施工工期的紧迫程度

招标对工程设计虽有一定的要求,但在招标过程中,一些紧急工程(如灾后恢复工程等)要求尽快开工且工期较紧,此时可能仅有实施方案,还没有施工图纸,因此不可能让承包人报出合理的价格,宜采用成本加酬金合同。

对一个建设项目而言,采用的合同形式不是固定不变的。在一个项目中各个不同的工程部分或不同阶段,可以采用不同形式的合同。

6)工程招标方式的选择

工程施工招标分为公开招标和邀请招标。不同招标方式有其特点及适用范围。一般要根据承包形式、合同类型、建设单位所拥有的招标时间(工程紧迫程度)等决定。

采用公开招标的方式,建设单位选择范围大,承包人之间充分地平等竞争,有利于降低报价,提高工程质量,缩短工期。但公开招标的招标期较长,建设单位工作量大。同时,采用公开招标,许多承包人竞争一个标,除中标的一家外,其他各家的花费都是徒劳,因此会造成许多无效投标,导致社会资源的浪费。这会导致承包人经营费用的增加,最终导致整个市场工程成本的提高。

根据我国《工程建设项目施工招标投标办法》规定,依法必须进行公开招标的项目,有下列情形之一的,可以邀请招标:

①项目技术复杂或有特殊要求,或者受自然地域环境限制,只有少量潜在投标人可供选择;

②涉及国家安全、国家秘密或者抢险救灾,适宜招标但不宜公开招标;

③采用公开招标方式的费用占项目合同金额的比例过大。

采用邀请招标,建设单位的事务性管理工作较少,招标所用的时间较短,费用低,同时建设单位可以获得一个比较合理的价格,但其选择范围具有一定的局限性。

4. 招标公告/投标邀请书的编制

《标准施工招标文件》的第一章为招标公告和投标邀请书。对于未进行资格预审的公开招标项目,招标文件应包括招标公告;对于邀请招标项目,招标文件应包括投标邀请书;对于已进行资格预审的项目,招标文件应包括投标邀请书(代资格预审通过通知书)。

1)招标公告(未进行资格预审)的编制

要告知潜在投标人招标项目已具备招标条件,现对该项目的施工进行公开招标。招标公告要列明的主要内容包括:

(1)项目概况与招标范围

项目概况主要从宏观角度简要介绍招标项目的建设地点、规模、计划工期等内容。招标范围则需针对招标项目的内容、标段划分及各标段的内容进行概括性的描述,使潜在投标人能够初步判断其是否感兴趣、是否有实力完成该项目。

(2)投标人资格要求

招标人主要审查投标人是否具有独立订立合同的权利、是否有相应的履约能力等,但不得以不合理的条件限制、排斥投标人,也不得对投标人实行歧视待遇。

①招标人根据项目具体特点和实际需要,明确提出投标人应具有的最低资质要求、业绩要求及在人员、设备、资金等方面应具有的相应施工能力。

②表明招标人是否接受联合体投标。如果接受联合体投标,应明确各联合体投标成员在资质、财务、业绩、信誉等方面应满足的最低要求。

③招标人可以依据项目特点和市场情况,对投标标段的数量进行限制,避免在后续招标时出现因允许同时参加多个标段投标而造成每个投标人均能获得一个合同的结果。

(3)招标文件的获取

招标文件的获取含具体时间、详细地址、获取条件(持单位介绍信)、招标文件每套售价等。

(4)投标文件的递交

招标人应当根据有关法律规定和项目具体特点合理确定投标文件递交的截止时间、详细地址。

(5)发布公告的媒介

公布招标公告发布的媒介名称。

根据《招标公告发布暂行办法》和《国家发展和改革委员会关于指定发布依法必须招标项目资格预审公告和招标公告的媒介的通知》,《中国日报》《中国经济导报》《中国建设报》、中国采购与招标网(http://www.chinabidding.com.cn)为发布依法必须招标项目招标公告的媒介。各地方人民政府依照审批权限审批的依法必须招标的民用建筑项目的招标公告,可在省、自治区、直辖市人民政府发展改革部门指定的媒介发布。

(6)联系方式

公布招标人的地址、邮编、联系人、电话、传真、电子邮件、网址、开户银行及账号等。如果招标人委托招标代理机构进行招标,应同时公布招标代理机构的地址、邮编、联系人、电话、传真、电子邮件、网址、开户银行及账号等。

招标公告通常包括以上主要内容。具体的工程项目应根据项目的具体情况确定。

【例3-4】 ××高速公路项目路基土建施工招标公告示例。

××高速公路项目路基土建工程
施工招标公告

1 招标条件

本招标项目××高速公路项目(以下简称"本项目")已由国家发展和改革委员会批准建设,施工图设计已由<u>××</u>(批准机关名称)以<u>××</u>(批文名称及编号)批准,项目建设单位为××高速公路有限责任公司,建设资金来自国家补助、省自有资金、国内银行贷款,出资比例为<u>××:××</u>,招标人为<u>××</u>。项目已具备招标条件,现对该项目的施工进行公开招标。

2 项目概况与招标范围

2.1 工程概况

××高速公路项目起于××,止于××。路线全长150km,主线上共设置桥梁59156m/107座,隧道87668m/35座,桥隧总比例约83.6%;设置12处互通式立交、5处服务区、4处停车区、4处管理分中心、4处养护工区、1处主线收费站等必要的交通工程及沿线管养设施。

2.2 技术标准

双向四车道高速公路,设计速度为80km/h,路基宽度为整体式路基24.5m,设计荷载为公路Ⅰ级,设计洪水频率为1/100,特大桥设计洪水频率为1/300,隧道主洞建筑限界为净宽10.25m×5.00m,路面结构类型为沥青混凝土。其他指标采用交通运输部颁布的《公路工程技术标准》(JTG B01—2014)。

2.3 招标范围

本次招标为本项目路基土建工程施工招标(不含路面、安全设施、绿化、机电、房建工程及隧道)。本次招标划分为22个标段,标段号为G3~G24。本次招标标段分A、B、C、D四个类别进行资格后审。各标段所属类别、起讫桩号、主要工程规模详见附表一(本教材略)。

2.4 预计合同工期

G3~G9标段工期为36个月,G10~G24标段工期为48个月。

缺陷责任期为24个月,质量保修期为60个月。

3 投标人资格要求

3.1 本次招标要求投标人须具备<u>××</u>资质、<u>××</u>业绩,并在人员、设备、资金等方面具有相应的施工能力。

投标人应进入交通运输部"全国公路建设市场信用信息管理系统"(http://glxy.mot.gov.cn)中的公路工程施工资质企业名录,且投标人名称和资质与该名录中的相应企业名称和资质完全一致。

3.2 本次招标D类标段接受联合体投标申请,A、B、C类标段均不接受联合体投标申请。采用联合体投标的,应满足下列要求:

①联合体所有成员不得超过2家,联合体由1个牵头人和1个成员方组成,且本次联合体只允许由具有公路工程施工总承包特级资质的企业和施工总承包一级资质的企业组成。

②联合体各成员均应满足3.1款中除"业绩条件要求"外的其他要求。联合体成员应具有2017年1月起至今完成国内新建高速公路主体工程累计长度不小于10km的业绩。联合体协议约定同一专业分工由2家单位共同承担的,联合体成员承担的工作量比例不能超过其提供业绩占"业绩条件要求"专业业绩的比例,牵头人承担的工作量比例不能超过其提供业绩占"业绩条件要求"专业业绩的比例,不同专业分工由不同单位分别承担的,按照各自专业资质确定联合体资质,业绩考核按其专业分别计算;联合体牵头人和成员的该专业业绩总和应满足3.1款中"业绩条件要求"中该专业要求,其业绩总和应满足3.1款中"业绩条件要求"中总业绩要求。联合体成员单位不得超越其从业许可范围承担施工任务。

③联合体各方在本次招标中以自己的名义单独投标或者参加其他联合体投标的,相关投标均无效。

3.3 每个投标人最多可对 ×× 个标段投标;被招标项目所在地省级交通运输主管部门评为 ×× 信用等级的投标人,最多可对 ×× 个标段投标。每个投标人允许中 ×× 个标。对投标人信用等级的认定条件为: ×× 。

3.4 与招标人存在利害关系可能影响招标公正性的单位,不得参加投标。单位负责人为同一人或存在控股、管理关系的不同单位,不得参加同一标段投标,否则,相关投标均无效。

3.5 在"信用中国"网站(http://www.creditchina.gov.cn/)中被列入失信被执行人名单的投标人,不得参加投标。

4 招标文件的获取

4.1 凡有意参加投标者,请于2022年8月28日至2022年9月9日,每日9时00分至12时00分,14时30分至17时30分(北京时间,下同),在××省××市××路××号××大厦302室持单位介绍信和经办人身份证购买招标文件。参加多个标段投标的投标人必须分别购买相应标段的招标文件,并对每个标段单独递交投标文件。

4.2 招标文件每套售价××元,图纸每套售价××元,招标人根据对本合同工程勘察所取得的水文、地质、气象和料场分布、取土场、弃土场位置等资料编制的参考资料每套售价××元,售后不退。

5 投标文件的递交及相关事宜

5.1 招标人将于下列时间和地点组织进行工程现场踏勘并召开投标预备会。

踏勘现场时间: ×× 年 ×× 月 ×× 日 ×× 时 ×× 分,集中地点: ×× 。

投标预备会时间: ×× 年 ×× 月 ×× 日 ×× 时 ×× 分,地点: ×× 。

5.2 投标文件递交的截止时间(投标截止时间,下同)为2022年9月27日10时30分,投标人应于当日8时30分至10时30分将投标文件递交至××市××路××号××大厦1605号。

5.3　逾期送达的、未送达指定地点的或不按照招标文件要求密封的投标文件,招标人将予以拒收。

6　发布公告的媒介

本次招标公告同时在中国采购与招标网(http//www.chinabidding.com.cn)、××省交通运输厅网站(www.××.gov.cn)、××公共资源交易信息网(www.××.com)和××省交通投资集团有限责任公司网站(www.××.com)等媒体上发布。

7　联系方式

招　标　人: ××高速公路有限责任公司	招标代理机构: ××建设管理有限公司
地　　　址: ××市××路××号××大厦302室	地　　　　址: ××市××路××号
邮政编码: ＿＿＿＿＿＿＿	邮　政　编　码: ＿＿＿＿＿＿＿
联　系　人: ＿＿＿＿＿＿＿	联　　系　　人: ＿＿＿＿＿＿＿
电　　　话: ＿＿＿＿＿＿＿	电　　　　话: ＿＿＿＿＿＿＿
传　　　真: ＿＿＿＿＿＿＿	传　　　　真: ＿＿＿＿＿＿＿
电 子 邮 件: ＿＿＿＿＿＿＿	电　子　邮　件: ＿＿＿＿＿＿＿
网　　　址: ＿＿＿＿＿＿＿	网　　　　址: ＿＿＿＿＿＿＿
开 户 银 行: ＿＿＿＿＿＿＿	开　户　银　行: ＿＿＿＿＿＿＿
账　　　号: ＿＿＿＿＿＿＿	账　　　　号: ＿＿＿＿＿＿＿

＿＿＿＿＿＿年＿＿月＿＿日

2)投标邀请书的编制

投标邀请书是招标人向资格审查合格的投标人正式发出参加本项目投标的邀请。投标邀请书是投标人具有参加投标资格的证明,而没有得到投标邀请书的投标人,无权参加本项目的投标。

(1)适用于邀请招标的投标邀请书

适用于邀请招标的投标邀请书应当载明招标条件、项目概况与招标范围、投标人资格要求、招标文件的获取、投标文件的递交、确认和联系方式等事项。其中大部分内容与招标公告基本相同,唯一区别是投标邀请书无须说明发布公告的媒介,但对投标人增加了在收到投标邀请书后的约定时间内,以传真或快递方式予以确认是否参加投标的要求。

(2)适用于代资格预审通过通知书的投标邀请书

适用于代资格预审通过通知书的投标邀请书一般应包括项目名称、被邀请人名称、购买招标文件的时间、招标文件的售价、投标截止时间、收到邀请书的确认时间和联系方式等。与适用于邀请招标的投标邀请书相比,由于已经经过了资格预审阶段,所以在代资格预审通过通知书的投标邀请书里,不包括招标条件、项目概况与招标范围和投标人资格要求等内容。

此外,招标人应当在投标邀请书中载明是否接受联合体投标。

【例3-5】 适用于代资格预审通过通知书的投标邀请书示例。

××高速公路××大桥施工投标邀请书

__××__（被邀请单位名称）：

你单位已通过资格预审，现邀请你单位按招标文件规定的内容，参加××高速公路××大桥施工投标。

请你单位于 <u>××</u> 年 <u>××</u> 月 <u>××</u> 日至 <u>××</u> 年 <u>××</u> 月 <u>××</u> 日，每日 <u>××</u> 时 <u>××</u> 分至 <u>××</u> 时 <u>××</u> 分，<u>××</u> 时 <u>××</u> 分至 <u>××</u> 时 <u>××</u> 分（北京时间，下同），在 <u>××</u> 市 <u>××</u> 区 <u>××</u> 路 <u>××</u> 号 <u>××</u> 省建设工程交易中心（详细地址）持本邀请书、单位介绍信及经办人身份证购买招标文件。

招标文件每套售价 <u>××</u> 元，图纸每套售价 <u>××</u> 元，招标人根据对本合同工程勘察所取得的水文、地质、气象和料场分布、取土场、弃土场位置等资料编制的参考资料每套售价 <u>××</u> 元，售后不退。

招标人将于下列时间和地点组织进行工程现场踏勘并召开投标预备会。

踏勘现场时间：____年__月__日__时__分，集中地点：<u>××省××市××路××号××大厦</u><u>415号</u>。

投标预备会时间：____年__月__日__时__分，地点：<u>××省××市××路47号××高速公路有限公司五楼会议室</u>。

投标文件递交的截止时间（投标截止时间，下同）为____年__月__日__时__分，投标人应于当日 <u>13</u> 时 <u>30</u> 分至 <u>15</u> 时 <u>30</u> 分将投标文件递交至 <u>××市××区××路××号××省建设工程交易中心</u>（详细地址）。

逾期送达的、未送达指定地点的或不按照招标文件要求密封的投标文件，招标人将予以拒收。

你单位收到本邀请书后，请于 <u>××</u> 年 <u>××</u> 月 <u>××</u> 日 <u>××</u> 时 <u>××</u> 分前，以书面形式确认是否参加投标。在本邀请书规定的时间内未表示是否参加投标或明确表示不参加投标的，不得再参加投标。

招　标　人：<u>××高速公路有限公司</u>	招标代理机构：＿＿＿＿＿＿＿＿＿
地　　　址：<u>××市××路××号××大厦415室</u>	地　　　　址：＿＿＿＿＿＿＿＿＿
邮政编码：＿＿＿＿＿＿＿＿＿	邮　政　编　码：＿＿＿＿＿＿＿＿＿
联系人：＿＿＿＿＿＿＿＿＿	联　　系　　人：＿＿＿＿＿＿＿＿＿
电　　话：＿＿＿＿＿＿＿＿＿	电　　　　话：＿＿＿＿＿＿＿＿＿
传　　真：＿＿＿＿＿＿＿＿＿	传　　　　真：＿＿＿＿＿＿＿＿＿
电子邮件：＿＿＿＿＿＿＿＿＿	电　子　邮　件：＿＿＿＿＿＿＿＿＿
网　　址：＿＿＿＿＿＿＿＿＿	网　　　　址：＿＿＿＿＿＿＿＿＿
开户银行：<u>中国工商银行××市分行营业部</u>	开　户　银　行：＿＿＿＿＿＿＿＿＿
账　　号：＿＿＿＿＿＿＿＿＿	账　　　　号：＿＿＿＿＿＿＿＿＿

＿＿＿＿年__月__日

5. 投标人须知的编制

投标人须知是招标投标活动应遵循的程序规则和对编制、递交投标文件等投标活动的要求,通常不是合同文件的组成部分。投标人须知中对合同执行有实质性影响的内容,如招标范围、工期、质量、报价等要求,应在构成合同文件组成部分的合同条款、技术标准与要求、工程量清单等文件中载明,但各部分文件中载明的内容应当一致。投标人须知包括投标人须知前附表、正文和附表格式等内容。

1)投标人须知前附表

投标人须知前附表的主要作用:一是将投标人须知中的关键内容和数据摘要列表,起到强调和提醒作用,方便投标人迅速掌握投标人须知内容;二是对投标人须知正文中的未尽事宜给予具体约定。当正文中的内容与投标人须知前附表规定的内容不一致时,以投标人须知前附表的规定为准。

投标人须知前附表由招标人根据招标项目具体特点和实际需要编制和填写,但务必与招标文件中其他章节相衔接,并不得与投标人须知正文内容相抵触,否则抵触内容无效。

2)正文

(1)总则

在总则中要说明项目概况,资金来源和落实情况,招标范围、计划工期和质量要求,投标人资格要求,费用承担等问题。

①项目概况。

项目概况包括:招标项目已具备招标条件的说明;招标项目招标人的名称、地址、联系人和联系电话;招标代理机构的名称、地址、联系人和联系电话;招标项目名称;标段建设地点。

②资金来源和落实情况。

资金来源和落实情况包括:招标项目的资金来源(包括国拨资金、国债资金、银行贷款、自筹资金等);招标项目的出资比例(如国债资金40%,银行贷款50%,企业自筹10%);招标项目的资金落实情况(如国债资金部分已经列入年度计划、银行贷款部分已签订贷款协议、企业自筹部分已经存入项目专用账户)。

③招标范围、计划工期和质量要求。

招标范围应准确明了,采用工程专业术语填写。如某公路工程项目为第五合同段K0+000～K13+500中路基土石方、路面工程施工。招标人应根据项目具体特点和实际需要合理划分标段,并据此确定招标范围,避免过细分割工程或支解工程。

计划工期由招标人根据项目具体特点和实际需要填写。有适用工期定额的,应参照工期定额合理确定。《建设工程质量管理条例》第十条规定,建设工程发包单位不得任意压缩合理工期。投标人须知前附表中填写的计划工期、计划开工日期、计划竣工日期应该是与正文中的计划工期一致的。根据《民法典》第七百九十五条规定,施工合同中约定有中间交工工期的,应当在本项对应的前附表中明确。

质量要求应根据国家、行业颁布的建设工程施工质量验收标准填写。不能将各种质量奖项、奖杯等作为质量要求。

④投标人资格要求。

如果已进行资格预审,投标人应是收到招标人发出投标邀请书的单位。如果未进行资格预审,投标人应具备承担本工程施工的资质条件、能力和信誉,具体包括资质条件、财务要求、业绩要求、信誉要求、项目经理资格及其他要求。

招标人根据项目具体特点和实际需要,提出投标人在资质、财务、业绩、信誉、项目经理资格等方面的最低要求。需要注意的是,这些内容实际构成评标办法中资格评审标准的内容。其中:

资质是指住房和城乡建设部《建筑业企业资质管理规定》(中华人民共和国住房和城乡建设部令第22号)划定的资质类别及等级,包括施工总承包资质、专业承包资质、施工劳务资质。如某公路工程资格审查确定的资质条件为公路工程施工总承包一级及以上资质。

财务要求是指企业的注册资本金、净资产、资产负债率、平均货币资金余额和主营业务收入的比值、银行授信额度等一项或多项指标情况。

招标人根据项目具体特点和实际需要,明确提出投标人应具有的业绩要求,以证明投标人具有完成本标段工程施工的能力。业绩要求须与招标公告一致。

企业信誉是指企业在市场中所获得的社会上公认的信用和名誉,它反映出一个企业的履约信用。有关行政管理部门对企业信用考核有规定的,按照有关规定执行。一般来讲,考察企业的信誉,主要针对企业以往履约情况、不良记录等提出具体要求。

项目经理资格是指建设行政主管部门颁发的建造师执业资格。在规定项目经理资格时,其专业和级别,应与建设行政主管部门的要求一致。如招标项目为$120000m^2$办公楼,可以填写:建筑工程专业一级建造师。

其他要求是指招标人依据行业特点及本次招标项目的特点、需要,针对投标人企业提出的一些要求,例如,对企业提出质量、环境保护和职业健康、安全等管理体系认证方面的要求。

项目接受联合体申请资格预审的,联合体申请人除应符合上述要求外,还应遵守做出相应的规定。规定投标人不得存在的情形,详见第81页,规定申请人不得存在的下列情形a~q。

⑤费用承担。

投标人准备和参加投标活动发生的费用自理。

⑥保密。

参与招标投标活动的各方应对招标文件和投标文件中的商业和技术等秘密保密,违者应对由此造成的后果承担法律责任。

⑦语言文字。

在我国,除专用术语外,与招标投标有关的语言文字均使用中文。必要时专用术语应附有中文注释。

⑧计量单位。

所有计量单位均采用中华人民共和国法定计量单位。

⑨踏勘现场。

是否组织踏勘现场以及何时组织踏勘现场,由招标人依据项目特点及招标进程自主决定。招标人按规定的时间、地点组织投标人踏勘项目现场。踏勘现场后涉及对招标文件进行澄清修改的,应当依据《招标投标法》第二十三条规定,在招标文件要求提交投标文件的截止时间至少15日前以书面形式通知所有招标文件收受人。考虑到在踏勘现场后投标人有可能质疑招标文件部分条款,组织投标人踏勘现场的时间一般应在投标截止时间15日前及投标预备会召开前进行。

投标人踏勘现场发生的费用自理。除招标人的原因外,投标人自行负责在踏勘现场中所发生的人员伤亡和财产损失。招标人在踏勘现场中介绍的工程场地和相关的周边环境情况,供投标人在编制投标文件时参考,招标人不对投标人据此作出的判断和决策负责。

⑩投标预备会。

是否召开投标预备会,以及何时召开投标预备会由招标人依据项目特点及招标进程自主决定。如果召开,招标人在投标人须知前附表规定的时间和地点召开投标预备会,澄清投标人提出的问题。

投标人应在投标人须知前附表规定的时间前,以书面形式将提出的问题送达招标人,以便招标人在会议期间澄清。该澄清内容为招标文件的组成部分。澄清涉及对招标文件进行补充、修改的,应当依据《招标投标法》第二十三条规定,在招标文件要求提交投标文件的截止时间至少15日前以书面形式通知所有招标文件收受人。考虑到投标预备会后需要将招标文件的澄清、补充和修改书面通知所有购买招标文件的投标人,组织投标预备会的时间一般应在投标截止时间15日前进行。

⑪分包。

投标人拟在中标后将中标项目的部分非主体、非关键性工作进行分包的,应符合招标人在投标人须知前附表规定的分包内容、分包金额和接受分包的第三人资质要求等限制性条件。

《民法典》第七百九十一条规定,总承包人或者勘察、设计、施工承包人经发包人同意,可以将自己承包的部分工作交由第三人完成。第三人就其完成的工作成果与总承包人或者勘察、设计、施工承包人向发包人承担连带责任。承包人不得将其承包的全部建设工程转包给第三人或者将其承包的全部建设工程支解以后以分包的名义分别转包给第三人。禁止承包人将工程分包给不具备相应资质条件的单位。禁止分包单位将其承包的工程再分包。建设工程主体结构的施工必须由承包人自行完成。《招标投标法》第三十条规定,投标人根据招标文件载明的项目实际情况,拟在中标后将中标项目的部分非主体、非关键性工作进行分包的,应当在投标文件中载明。据此,前述条款规定招标人可以依据项目情况,选择不允许或允许分包。如果选择后者,则应进一步明确分包内容的名称或要求,以及分包项目金额和资质条件等方面的限制。实际操作中需要注意的是:①投标人拟分包的工作内容和工程量,须符合投标人须知前附表规定的分包内容、分包数量和金额等限制性条件,否则作废标处理;②分包人的资格能力应与投标文件中载明的分包工作的标准和规模相适应,具备相应的专业承包资质,否则也作废标处理。

⑫响应和偏差。

投标文件偏离招标文件某些要求,视为投标文件存在偏差。偏差包括重大偏差和细微偏差。

《工程建设项目施工招标投标办法》第二十四条规定,招标人应当在招标文件中规定实质性要求和条件,并用醒目的方式标明,以便评标委员会有效地判定投标文件是否实质性响应了招标文件。实质性要求和条件不允许偏离,否则即作废标处理。招标人可以依据项目情况,在招标文件中对非实质性要求和条件,载明允许偏离的范围和幅度。投标文件应对招标文件的实质性要求和条件作出满足性或更有利于招标人的响应,否则,视为投标文件存在重大偏差,投标人的投标将被否决。投标人还应根据招标文件的要求提供施工组织设计等内容以对招标文件作出响应。

(2)招标文件

招标文件是对招标投标活动具有法律约束力的最主要文件。投标人须知应该阐明招标文件的组成、招标文件的澄清和修改及招标文件的异议。投标人须知中没有载明具体内容的,不构成招标文件的组成部分,对招标人和投标人没有约束力。

①招标文件的组成。

除了在投标人须知中写明的招标文件的内容外,对招标文件的解释、修改和补充内容也是招标文件的组成部分。

施工招标文件包括下列内容:

A. 招标公告(或投标邀请书);

B. 投标人须知;

C. 评标办法;

D. 合同条款及格式;

E. 工程量清单;

F. 图纸;

G. 技术标准和要求;

H. 投标文件格式;

I. 投标人须知前附表规定的其他材料(招标人根据项目具体特点和实际需要,在投标人须知前附表中载明需要补充的其他材料,如工程地质勘察报告);

J. 工程量清单计量规则。

②招标文件的澄清。

依据《招标投标法》的规定,招标人对已发出的招标文件应进行必要的澄清。

投标人在仔细阅读和检查招标文件的全部内容的基础上,如发现缺页或附件不全,应及时向招标人提出,以便补齐;如有疑问,应在投标人须知前附表规定的时间前以书面形式如信函、电报、传真等,要求招标人对招标文件予以澄清。

招标文件的澄清应在投标人须知前附表规定的投标截止时间15天前以书面形式发给所有购买招标文件的投标人,但不指明澄清问题的来源。如果澄清发出的时间距投标截止时间不足15天,且澄清内容可能影响投标文件编制的,将相应延长投标截止时间。

投标人在收到澄清后,应在投标人须知前附表规定的时间内以书面形式通知招标人,确认已收到该澄清。除非招标人认为确有必要答复,否则,招标人有权拒绝回复投标人在规定的时间后提出的任何澄清要求。

③招标文件的修改。

在招标文件发布后,确需对招标文件进行修改的,招标人应在投标截止时间15天前,对招标文件进行修改,并以书面形式通知所有已购买招标文件的投标人。如果修改的时间距投标截止时间不足15天,且修改内容可能影响投标文件编制的,相应延长投标截止时间,以保证投标人有合理的时间编制投标文件。

④招标文件的异议。

投标人或其他利害关系人对招标文件有异议的,应在投标截止时间10日前以书面形式提出。招标人将在收到异议之日起3日内作出答复;作出答复前,将暂停招标投标活动。

(3)投标文件

投标文件是投标人响应和依据招标文件向招标人发出的要约文件。招标人在投标人须知中对投标文件的组成、投标报价、投标有效期、投标保证金、资格审查资料、备选投标方案和投标文件的编制提出明确要求。

①投标文件的组成。

投标文件应包括下列内容:

A. 投标函及投标函附录;

B. 法定代表人身份证明或附有法定代表人身份证明的授权委托书;

C. 联合体协议书(如有);

D. 投标保证金;

E. 已标价工程量清单;

F. 施工组织设计;

G. 项目管理机构;

H. 拟分包项目情况表;

I. 资格审查资料;

J. 投标人须知前附表规定的其他材料(招标人根据项目具体特点和实际需要,在投标人须知前附表中可载明投标人需要递交的其他材料,如结构大样图、加工图等)。

其中投标函是最重要的文件,其他组成部分都是投标函的支持性文件,投标函须盖单位章或经其法定代表人或其委托代理人签字或盖章,并且在开标会上当众宣读。

以上投标文件的组成内容出自《标准施工招标文件》,是对投标文件组成内容的一般规定。对于专业领域的公路工程项目,《公路工程标准施工招标文件》(2018年版)给出了具有专业特色的,更适用于公路工程项目的具体要求。

《公路工程标准施工招标文件》(2018年版)将投标文件的组成划分为单信封和双信封两种形式。当采用单信封形式时,投标文件的组成内容大致与《标准施工招标文件》中的一般规定相同,仅多出"调价函及调价后的工程量清单(如有)"这一内容。当采用双信封形式时,投标文件应包括下列内容:

第一个信封(商务及技术文件):

A. 投标函及投标函附录;

B. 授权委托书或法定代表人身份证明;

C. 联合体协议书;

D. 投标保证金;

E. 施工组织设计;

F. 项目管理机构;

G. 拟分包项目情况表;

H. 资格审查资料;

I. 投标人须知前附表规定的其他资料。

第二个信封(报价文件):

A. 调价函及调价后的工程量清单(如有);

B. 投标函;

C. 已标价工程量清单;

D. 合同用款估算表。

投标人在评标过程中作出的符合法律法规和招标文件规定的澄清确认,构成投标文件的组成部分。

②投标报价。

招标人必须在招标文件中明确投标人投标报价的要求。标准施工招标文件投标报价要求中,对以下内容作出明确规定:A. 投标报价的依据是工程量清单,必须按工程量清单提供的格式报价;B. 投标人在投标截止时间前修改投标报价;C. 投标报价不得超过招标控制价。因此招标人应在投标人须知中对投标人报价的格式、报价原则以及修改报价的做法进行规定。

投标报价应包括国家规定的增值税税金,除投标人须知前附表另有规定外,增值税税金按一般计税方法计算。投标人应按《中华人民共和国标准施工招标文件》(2007年版)第八章"投标文件格式"的要求在投标函中进行报价并填写工程量清单相应表格。

③投标有效期。

在投标人须知前附表规定的投标有效期内,投标人不得要求撤销或修改其投标文件。在投标有效期内,投标人撤销投标文件的,应承担招标文件和法律规定的责任。除投标人须知前附表另有规定外,投标有效期为90日。投标有效期从投标截止时间起开始计算,主要用来组织评标委员会评标、招标人定标、发出中标通知书,以及签订合同等工作,一般需要考虑三个因素:一是组织评标委员会完成评标需要的时间,二是招标人定标需要的时间,三是签订合同需要的时间。

出现特殊情况需要延长投标有效期的,招标人以书面形式通知所有投标人。投标人应予以书面答复,同意延长的,应相应延长其投标保证金的有效期,但不得要求或被允许修改或撤销其投标文件;投标人拒绝延长的,其投标失效,但投标人有权收回其投标保证金及以现金或支票形式递交的投标保证金的银行同期活期存款利息。

④投标保证金。

在投标人须知中,招标人应对投标保证金及其相关事宜做出相关规定:

A. 关于投标保证金的形式、数额,以及联合体投标人投标保证金的递交方式规定。

招标人可以依据不同项目的特点和要求,对投标保证金的形式和数额予以明确。保证金的形式除现金外,可以是银行出具的银行保函、保兑支票、银行汇票或现金支票;投标保证金的数额不得超过投标总价的2%,且最高不超过80万元。实际编制招标文件,可以依据项目预算,确定一个固定的投标保证金数额,也可以在招标文件中规定一个缴纳比例,如投标报价的1.6%,同时不超过80万元。投标保证金应符合招标文件第八章"投标文件格式"中的"投标保证金"格式要求。投标保证金作为投标文件的组成部分,其有效期与投标有效期应一致。

联合体投标的,其投标保证金由牵头人递交,并应符合投标人须知前附表的规定。

B. 投标人不按规定提交投标保证金的,其投标文件作废标处理。

C. 招标人退还投标保证金时间的规定:招标人与中标人签订合同后5日内,向中标人和未中标人无息退还投标保证金。

D. 招标人依法没收投标保证金的规定。有下列情形之一的,投标保证金将不予退还:投标人在投标有效期内撤销投标文件;中标人在收到中标通知书后,无正当理由不与招标人订立合同,在签订合同时向招标人提出附加条件,或不按照招标文件要求提交履约保证金;发生投标人须知前附表规定的其他可以不予退还投标保证金的情形。

⑤资格审查资料。

资格审查资料分已进行资格预审和未进行资格预审两种情况。

已进行资格预审的,投标人在编制投标文件时,需要更新或补充资料用于反映在递交资格预审申请文件后、投标截止时间前发生的,可能影响其资格条件或履约能力的新情况,以证实其各项资格条件仍能继续满足资格预审文件的要求,具备承担本标段施工的资质条件、能力和信誉。未按规定提交资料的,视为弄虚作假。已经提交且没有发生变化的资料,不应要求投标人再次提交。

未进行资格预审的,招标人应对投标人须提交的资格审查文件的内容及编制进行规定。

A. "投标人基本情况表"应附企业法人营业执照副本和组织机构代码证副本(按照"三证合一"或"五证合一"登记制度进行登记的,可仅提供营业执照副本,下同)、施工资质证书副本、安全生产许可证副本、基本账户开户许可证的复印件,投标人在交通运输部"全国公路建设市场信用信息管理系统"公路工程施工资质企业名录中的网页截图复印件,以及投标人在国家企业信用信息公示系统中基础信息(体现股东及出资详细信息)的网页截图或由法定的社会验资机构出具的验资报告或注册地工商部门出具的股东出资情况证明复印件。

企业法人营业执照副本和组织机构代码证副本、施工资质证书副本、安全生产许可证副本、基本账户开户许可证的复印件应提供全本(证书封面、封底、空白页除外),应包括投标人名称、投标人其他相关信息、颁发机构名称、投标人信息变更情况等关键页在内,并逐页加盖投标人单位章。

B. "近年财务状况表"应附经会计师事务所或审计机构审计的财务会计报表,包括资产负债表、现金流量表、利润表和财务情况说明书的复印件,具体年份要求见投标人须知前附表。投标人的成立时间少于投标人须知前附表规定年份的,应提供成立以来的财务状况表。

C. "近年完成的类似项目"应是已列入交通运输主管部门"全国公路建设市场信用信息管理系统"并公开的主包已建业绩或分包已建业绩,具体时间要求见投标人须知前附表。

D. "近年完成的类似项目情况表"应附在交通运输部"全国公路建设市场信用信息管理系统"中查询到的企业"业绩信息"相关项目网页截图复印件,即包括"项目名称""标段类型""合同价""主要工程量""项目主要管理人员"等栏目在内的项目详细信息网页截图复印件。在交通运输部"全国公路建设市场信用信息管理系统"中无法查询,但可在省级交通运输主管部门"公路建设市场信用信息管理系统"中查询的,应附省级交通运输主管部门"公路建设市场信用信息管理系统"中查询到的网页截图复印件。除网页截图复印件外,投标人无须再提供任何业绩证明材料。如投标人未提供相关项目网页截图复印件或相关项目网页截图中的信息无法证实投标人满足招标文件规定的资格审查条件(业绩最低要求),则该项目业绩不予认定。

E. "投标人的信誉情况表"应附投标人在国家企业信用信息公示系统中未被列入严重违法失信企业名单、在"信用中国"网站中未被列入失信被执行人名单的网页截图复印件,以及由项目所在地或投标人住所地检察机关职务犯罪预防部门出具的近三年内投标人及其法定代表人、拟委任的项目经理均无行贿犯罪行为的查询记录证明原件。

F. "拟委任的项目经理和项目总工资历表"应附项目经理和项目总工的身份证、职称资格证书以及资格审查条件所要求的其他相关证书(如建造师注册证书、安全生产考核合格证书等)的复印件,建造师注册证书、安全生产考核合格证书在政府相关部门网站上公开信息的网页截图复印件,以及投标人所属社保机构出具的拟委任的项目经理和项目总工的社保缴费证明或其他能够证明拟委任的项目经理和项目总工参加社保的有效证明材料复印件。

另外还应附交通运输部"全国公路建设市场信用信息管理系统"中载明的、能够证明项目经理和项目总工具有相关业绩的网页截图复印件。在交通运输部"全国公路建设市场信用信息管理系统"中无法查询,但可在省级交通运输主管部门"公路建设市场信用信息管理系统"中查询的,应附省级交通运输主管部门"公路建设市场信用信息管理系统"中查询到的网页截图复印件。除网页截图复印件外,投标人无须再提供任何业绩证明材料。如投标人未提供相关业绩网页截图复印件或相关业绩网页截图中的信息无法证实投标人满足招标文件规定的资格审查条件(项目经理和项目总工最低要求),则该业绩不予认定。如项目经理或项目总工目前仍在其他项目上任职,则投标人应提供由该项目发包人出具的、承诺上述人员能够从该项目撤离的书面证明材料原件。

G. "拟委任的其他管理和技术人员汇总表"(如有)应填报满足投标人须知前附表规定的其他人员的相关信息。"拟委任的其他管理和技术人员资历表"(如有)中相关人员应附身份证、职称资格证书以及资格审查条件所要求的其他相关证书的复印件,相关业绩证明材料复印件,以及投标人所属社保机构出具的社保缴费证明或其他能够证明其参加社保的有效证明材料复印件。

H. "拟投入本标段的主要施工机械表""拟配备本标段的主要材料试验、测量、质检仪器设备表"(如有)应填报满足投标人须知前附表规定的机械设备和试验检测设备。

I. 投标人须知前附表规定接受联合体投标的,上述规定的表格和资料应包括联合体各方相关情况。

⑥备选投标方案。

除投标人须知前附表另有规定外,投标人不得递交备选投标方案。允许投标人递交备选投标方案的,只有中标人所递交的备选投标方案方可予以考虑。评标委员会认为中标人的备选投标方案优于其按照招标文件要求编制的投标方案的,招标人可以接受该备选投标方案。投标人提供两个或两个以上投标报价,或在投标文件中提供一个报价,但同时提供两个或两个以上施工组织设计的,视为提供备选方案。

投标人须知前附表规定允许投标人提交备选投标方案的,招标人应在招标文件第三章"评标办法"前附表中单独增加一个条款"备选方案的评审与比较",阐明仅对中标人的备选方案进行评审、比较,并详细列明需要评审与比较的事项,一般有以下几个方面:A. 投标方案与备选投标方案的优劣比较,如人、财、物等资源投入,环境保护,资源消耗,技术复杂程度;

B. 备选投标方案的技术可实现性；C. 备选投标方案节省的投资等，并将评审结论、建议纳入评标报告。

⑦投标文件的编制。

《招标投标法》规定，投标文件应当对招标文件提出的实质性要求和条件作出响应。为了实现最大限度的公开，提高评标的准确性和效率，具体招标文件的实质性要求和条件应在招标文件第三章"评标办法"前附表中集中予以明确，否则不得作为判断投标文件是否实质性响应的依据。

A. 投标文件应按《中华人民共和国标准施工招标文件》(2007年版)第八章"投标文件格式"进行编写，如有必要，可以增加附页，作为投标文件的组成部分。其中，投标函附录在满足招标文件实质性要求的基础上，可以提出比招标文件要求更有利于招标人的承诺。

B. 投标文件应当对招标文件有关工期、投标有效期、质量要求、技术标准和要求、招标范围等实质性内容作出响应。

C. 投标文件应用不褪色的材料书写或打印。投标文件格式中明确要求投标人、法定代表人或其委托代理人签字之处，必须由相关人员亲笔签名，不得使用印章、签名章或其他电子制版签名代替，明确要求投标人加盖单位章之处，必须加盖单位章；如果投标文件由委托代理人签署，则投标人须提交授权委托书，授权委托书应按《中华人民共和国标准施工招标文件》(2007年版)第八章"投标文件格式"的要求出具，并由法定代表人和委托代理人亲笔签名；如果由投标人的法定代表人亲自签署投标文件，则投标人须提交法定代表人身份证明，身份证明应符合《中华人民共和国标准施工招标文件》(2007年版)第八章"投标文件格式"的要求。投标文件应尽量避免涂改、行间插字或删除。如果出现上述情况，改动之处应由投标人的法定代表人或其授权的代理人签字确认或加盖单位章。签字或盖章的具体要求在投标人须知前附表列明，其具体要求通常包括：单位章的具体类型、能否用签字章代替手写签字等。签字或盖章用于证明投标文件对投标人具有法律约束力，招标人对签字或盖章的要求应简洁明了。

D. 投标文件正本一份，副本份数在投标人须知前附表列明。正本和副本的封面上应清楚地标记"正本"或"副本"的字样。投标人应根据投标人须知前附表要求提供电子版文件。当副本和正本不一致或电子版文件和纸质正本文件不一致时，以纸质正本文件为准。

E. 招标人在投标人须知前附表中可进一步规定具体装订要求。投标文件的正本与副本应分别装订成册，并编制目录，具体装订要求在投标人须知前附表列明。如：投标文件的正本与副本应采用粘贴方式装订，不得采用活页夹等可随时拆换的方式装订。对施工组织设计的编写、打印、采用的字体、纸张等，招标人也可以提出限制和要求，但不宜过分强调。

(4)投标

投标包括投标文件的密封和标记、投标文件的递交、投标文件的修改与撤回等规定。

①投标文件的密封和标记。

投标文件的正本与副本应分开包装，加贴封条，并在封套的封口处加盖投标人单位章。投标文件的封套上应清楚地标记"正本"或"副本"字样，封套上应写明的其他内容见投标人须知前附表。未按要求密封和加写标记的投标文件，招标人不予受理。

②投标文件的递交。

A. 投标人应在规定的投标截止时间前递交投标文件。通常投标文件递交截止时间应详细至分钟,如××年××月××日××时××分。招标人在确定截止时间时应考虑给投标人合理编制投标文件的时间,从招标文件发售之日起至投标人递交投标文件截止日止不少于20天,重大项目、特殊项目时间还应更长一些。

B. 投标人递交投标文件的地点在投标人须知前附表列明。投标文件的递交地址应详细、准确,包括街道、门牌号、楼层、房间号等。

C. 除投标人须知前附表另有规定外,投标人所递交的投标文件不予退还。确需退还的,只退副本,并在本项对应的前附表中明确退还时间、方式和地点。投标人少于3个的,投标文件当场退还给投标人。

D. 招标人收到投标文件后,须向投标人出具签收凭证,记录投标文件的外封装密封情况和标识,以便在开标时查验,通常采用"投标文件接收登记表"并记录相关情况等。

E. 逾期送达的或者未送达指定地点的投标文件,招标人不予受理。

③投标文件的修改与撤回。

A. 在规定的投标截止时间前,投标人可以修改或撤回已递交的投标文件,但应以书面形式通知招标人。

B. 投标人修改或撤回已递交投标文件的书面通知应按照要求签字或盖章。招标人收到书面通知后,向投标人出具签收凭证。

C. 投标人撤回投标文件的,招标人自收到投标人书面撤回通知之日起5日内退还已收取的投标保证金。

D. 修改的内容为投标文件的组成部分。修改的投标文件应按规定进行编制、密封、标记和递交,并标明"修改"字样。

(5)开标

开标包括开标时间和地点、开标程序和开标异议等规定。

①开标时间和地点。

招标人在规定的投标截止时间(开标时间)和投标人须知前附表规定的地点公开开标。开标地址需要详细填写,包括街道、门牌号、楼层、房间号等,如××市××号××省人民政府政务服务中心×楼××号。

②开标程序。

主持人按下列程序进行开标:

A. 宣布开标纪律;

B. 公布在投标截止时间前递交投标文件的投标人数量;

C. 宣布开标人、唱标人、记录人等有关人员姓名;

D. 按照投标人须知前附表规定检查投标文件的密封情况,开标时,通常由投标人或者其推选的代表检查投标文件的密封情况,也可以由招标人委托的公证机构检查并公证等;

E. 按照投标人须知前附表开标顺序当众开标,公布投标人名称、标段名称、投标保证金的递交情况、投标报价、质量目标、工期及其他内容,并记录在案;

F. 计算并宣布评标基准价;

G. 投标人代表、招标人代表、记录人等有关人员在开标记录上签字确认;

H. 开标结束。

③开标异议。

投标人对开标有异议的,应在开标现场提出,招标人当场作出答复,并制作记录,有异议的投标人代表、招标人代表、记录人等有关人员在记录上签字确认。

(6)评标

评标包括评标委员会、评标原则和评标方法等规定。

①评标委员会。

应明确规定评标委员会的人数、构成及专家的确定方式。

评标由招标人依法组建的评标委员会负责。评标委员会由招标人或其委托的招标代理机构熟悉相关业务的代表,以及有关技术、经济等方面的专家组成。评标委员会成员人数以及技术、经济等方面专家的确定方式在投标人须知前附表列明。如评标委员会由7人构成,其中招标人代表2人,专家5人;评标专家确定方式为在政府组建的专家库中随机抽取。

评标委员会成员有下列情形之一的,应当回避:

A. 与投标人法定代表人或其委托代理人有近亲属关系;

B. 为负责招标项目监督管理的交通运输主管部门的工作人员;

C. 与投标人有经济利益关系,可能影响对投标公正评审的;

D. 曾因在招标、评标以及其他与招标投标有关活动中从事违法行为而受过行政处罚或刑事处罚的;

E. 为投标人单位的工作人员或退休人员。

②评标原则。

评标活动遵循公平、公正、科学和择优的原则。

③评标方法。

评标委员会按照招标文件第三章"评标办法"规定的方法、评审因素、标准和程序对投标文件进行评审。《中华人民共和国标准施工招标文件》(2007年版)第三章"评标办法"没有规定的方法、评审因素和标准,不能作为评标依据。

评标完成后,评标委员会应向招标人提交书面评标报告和中标候选人名单。评标委员会推荐中标候选人的人数见投标人须知前附表。

(7)合同授予

合同授予包括中标候选人公示、评标结果异议、中标候选人履约能力审查、定标方式、中标通知、中标结果公告、履约担保和签订合同。

①中标候选人公示。

招标人在收到评标报告之日起3日内,按照投标人须知前附表规定的公示媒介和期限公示中标候选人,公示期不得少于3日,公示内容包括:

A. 中标候选人排序、名称、投标报价,对工程质量要求、安全目标和工期的响应情况;

B. 中标候选人在投标文件中承诺的项目经理和项目总工姓名、个人业绩、相关证书名称和编号;

C. 中标候选人在投标文件中填报的项目业绩;

D. 被否决投标的投标人名称、否决依据和原因;

E. 提出异议的渠道和方式;

F. 投标人须知前附表规定公示的其他内容。

②评标结果异议。

投标人或其他利害关系人对依法必须进行招标的项目的评标结果有异议的,应在中标候选人公示期间提出。招标人将在收到异议之日起3日内作出答复;作出答复前,将暂停招标投标活动。

③中标候选人履约能力审查。

中标候选人的经营、财务状况发生较大变化或存在违法行为,招标人认为可能影响其履约能力的,将在发出中标通知书前提请原评标委员会按照招标文件规定的标准和方法进行审查确认。

④定标方式。

招标人依据项目情况,在投标人须知前附表"是否授权评标委员会确定中标人"中选择是或否。如果选择后者,则应进一步明确推荐的中标候选人人数,按照择优的原则推荐1~3名中标候选人。

⑤中标通知。

在规定的投标有效期内,招标人以书面形式向中标人发出中标通知书,同时将中标结果通知未中标的投标人。

⑥中标结果公告。

招标人在确定中标人之日起3日内,按照投标人须知前附表规定的公告媒介和期限公告中标结果,公告期不得少于3日。公告内容包括中标人名称、中标价。

⑦履约担保。

在签订合同前,中标人(包括联合体中标人)须按照投标人须知前附表中规定的金额、担保形式和招标文件第四章"合同条款及格式"规定的履约担保格式,向招标人提交履约担保。履约担保有现金、支票、履约担保书和银行保函等形式,可以选择其中的一种作为招标项目的履约担保,一般采用银行保函或履约担保书。履约担保金额一般为中标价的10%。招标人可以根据项目特点和实际需要,设计相应的履约担保格式。为了方便投标人提供履约担保,建议招标人在招标文件履约担保格式中说明,投标人可以提供招标人认可的其他履约担保。

中标人不能按要求提交履约担保的,视为放弃中标,其投标保证金不予退还,给招标人造成的损失超过投标保证金数额的,中标人还应当对超过部分予以赔偿。

⑧签订合同。

招标人和中标人应当自中标通知书发出之日起30天内,根据招标文件和中标人的投标文件订立书面合同。中标人无正当理由拒签合同,在签订合同时向招标人提出附加条件,或不按照招标文件要求提交保证金的,招标人取消其中标资格,其投标保证金不予退还;给招标人造成的损失超过投标保证金数额的,中标人还应当对超过部分予以赔偿。

发出中标通知书后,招标人无正当理由拒签合同的,或在签订合同时向中标人提出附加条件的,招标人向中标人退还投标保证金;给中标人造成损失的,还应当赔偿损失。

(8)重新招标和不再招标

①重新招标。

有下列情形之一的,招标人将重新招标:

A. 投标截止时间止,投标人少于3个的;

B. 经评标委员会评审后否决所有投标的;

C. 通过资格预审的申请人少于3个的;

D. 中标候选人均未与招标人订立书面合同的。

②不再招标。

重新招标后投标人仍少于3个或者所有投标被否决的,属于必须审批或核准的工程建设项目,经原审批或核准部门批准后不再进行招标。

(9)纪律和监督

纪律和监督包括对招标人、投标人、评标委员会成员、与评标活动有关的工作人员的纪律要求以及投诉监督。

①对招标人的纪律要求。

招标人不得泄露招标投标活动中应当保密的情况和资料,不得与投标人串通损害国家利益、社会公共利益或者他人合法权益。

②对投标人的纪律要求。

投标人不得相互串通投标或者与招标人串通投标,不得向招标人或者评标委员会成员行贿谋取中标,不得以他人名义投标或者以其他方式弄虚作假骗取中标;投标人不得以任何方式干扰、影响评标工作。

③对评标委员会成员的纪律要求。

评标委员会成员不得收受他人的财物或者其他好处,不得向他人透露对投标文件的评审和比较、中标候选人的推荐情况以及评标有关的其他情况。在评标活动中,评标委员会成员不得擅离职守,影响评标程序正常进行,不得使用《中华人民共和国标准施工招标文件》(2007年版)第三章"评标办法"没有规定的评审因素和标准进行评标。

④对与评标活动有关的工作人员的纪律要求。

与评标活动有关的工作人员不得收受他人的财物或者其他好处,不得向他人透露对投标文件的评审和比较、中标候选人的推荐情况以及评标有关的其他情况。在评标活动中,与评标活动有关的工作人员不得擅离职守,影响评标程序正常进行。

⑤投诉。

投标人和其他利害关系人认为本次招标活动违反法律、行政法规规定的,有权向有关行政监督部门投诉,可以在知道或应当知道之日起10日内向有关行政监督部门投诉。投诉应当遵守《工程建设项目招标投标活动投诉处理办法》(国家发展改革委等七部委令第11号)规定,投诉应有明确的请求和必要的证明材料。投标人或其他利害关系人对招标文件、开标和评标结果提出投诉的,应按照相关规定先向招标人提出异议。异议答复期间不计算在上述规定的10日期限内。

(10)需要补充的其他内容

对于在正文没有列明,招标人有需要补充的其他内容,需要在投标人须知前附表中予以明确和细化,但不得与投标人须知正文内容相抵触,否则抵触内容无效。

3)附表格式

附表格式包括招标活动中需要使用的表格文件格式,通常有开标记录表、问题澄清通知、问题的澄清、中标通知书、中标结果通知书、确认通知等。

【例3-6】 ××高速公路项目投标人须知前附表示例。

在采用标准施工招标文件编制招标文件时,通常招标人根据招标项目具体特点和实际需要将重要信息和正文中的未尽事宜在投标人须知前附表中给出,这样有利于提高编制招标文件的效率和使招标文件规范化。投标人须知前附表务必与招标文件中其他章节相衔接,并不得与投标人须知正文内容相抵触,否则抵触内容无效。表3-1-7为××高速公路项目招标文件的投标人须知前附表。

投标人须知前附表　　　　　表3-1-7

条款号	条款名称	编列内容
1.1.2	招标人	名　称:××高速公路有限公司 地　址:××省××市××路××号××大厦415号 联系人:张小姐 电　话:×××-×××××××
1.1.3	招标代理机构	无
1.1.4	招标项目名称	××高速公路路面工程
1.1.5	标段建设地点	××省××市
1.2.1	资金来源及比例	股东投资与国内银行贷款,资本金25%,银行贷款75%
1.2.2	资金落实情况	已落实
1.3.1	招标范围	形式为4cm上面层改性沥青混凝土、6cm中面层沥青混凝土和8cm下面层沥青混凝土路面及水泥混凝土路面,桥面铺装的沥青混凝土面层,以及交通标志、标线、护栏、隔离栅、附属区房建[一个住宿区、一个服务区、一个养护工区以及5个收费站(含收费天棚)]等
1.3.2	计划工期	计划工期:<u>××</u>日历天 1. K34+000以前 计划开工日期:2022年8月1日 计划交工日期:2023年5月31日 2. K34+000以后 计划开工日期:2022年9月1日 计划交工日期:2023年5月31日
1.3.3	质量要求	标段工程交工验收的质量评定:合格且综合评分不小于93分 竣工验收的质量评定:合格且综合评分不小于93分
1.3.4	安全目标	无职工因工死亡事故,职工因工重伤率控制在0.1%以内
1.4.1*	投标人资质条件、能力和信誉	资质要求:见附录1(本教材略) 财务要求:见附录2(本教材略) 业绩要求:见附录3(本教材略) 信誉要求:见附录4(本教材略) 项目经理和项目总工资格:见附录5(本教材略) 其他要求:<u>××</u>

条款号	条款名称	编列内容
1.4.2*	是否接受 联合体投标	□不接受 □接受，应满足下列要求： (1)联合体所有成员数量不得超过××家； (2)联合体牵头人应具有××资质； ……
1.4.3	投标人不得存在的 其他关联情形	无
1.4.4	投标人不得存在的 其他不良状况 或不良信用记录	无
1.10.2	投标人在投标预备 会前提出问题	时间：递交投标文件截止之日18天前
		形式：邮件或传真，2.2、2.3解释相同
1.11.1	分包	□不允许 □允许，允许分包的专项工程（或不允许分包的专项工程）：_____ 对分包人的资格要求：_____
2.1	构成招标文件的 其他资料	无
2.2.1	投标人要求澄清 招标文件	时间：××年××月××日××时××分
		形式：邮件或传真，2.2、2.3解释相同
2.2.2	招标文件澄清 发出的形式	邮件或传真，2.2、2.3解释相同
2.2.3	投标人确认收到 招标文件澄清	时间：收到澄清后24小时内（以发出时间为准）
		形式：邮件或传真，2.2、2.3解释相同
2.3.1	招标文件修改 发出的形式	邮件或传真，2.2、2.3解释相同
2.3.2	投标人确认收到 招标文件修改	时间：收到修改后24小时内（以发出时间为准）
		形式：邮件或传真，2.2、2.3解释相同
3.1.1	投标文件密封形式	□双信封 □单信封
3.1.1	构成投标文件的 其他资料	无
3.2.1	增值税税金的 计算方法	××

续上表

条款号	条款名称	编列内容
3.2.1	工程量清单的填写方式	投标人按照招标人提供的工程量固化清单电子文件填写工程量清单,下载网站: ×× 本工程投标人的报价有三种载体:①根据招标人提供的工程量固化清单电子文件填写完毕的投标工程量清单电子文件(U 盘);②根据已填报的投标工程量清单电子文件打印的投标工程量清单中的投标报价;③投标函报价。三种载体表示的内容及报价应一致,如果报价金额出现差异,则以投标函大写金额报价为准。但招标人或评标委员会将会对这种不一致的原因进行审查,若发现是投标人的直接原因所致,且无充足的解释理由,有可能会导致废标。 投标人按照招标人提供的书面工程量清单填写工程量清单
3.2.3	报价方式	□单价 □总价
3.2.6	是否接受调价函	否
3.2.8	最高投标限价	□无 □有,最高投标限价××元(其中含暂列金额××元)
3.2.9	投标报价的其他要求	无
3.3.1	投标有效期	自投标人提交投标文件截止之日起计算 120 日
3.4.1	投标保证金	是否要求投标人递交投标保证金: □要求,投标保证金的金额:80 万元 　　投标保证金可采用的其他形式:电汇或银行保函 　　招标人指定的开户银行及账号如下: 　　账户名称:××高速公路有限公司 　　开户银行:中国工商银行××市分行营业部 　　账　　号:×××××××××××××××××× 采用银行保函时,出具保函的银行级别:由投标人开立基本账户银行的支行及以上级别银行开具。投标书中编入加盖投标人法人公章的保函复印件,保函原件在递交投标书时单独递交。 □不要求
3.4.3	投标保证金的利息计算原则	(1)计算利息的起始日期为投标截止当日,终止日期为招标人退还投标保证金日期的前一日; (2)投标保证金的利息按照第(1)款所述计息时间段内招标人指定汇入银行公告的活期存款利率计付,并扣除招标人汇款手续费; (3)利息金额计算至分位,分以下尾数四舍五入
3.4.4	其他可以不予退还投标保证金的情形	无
3.5*	资格审查资料的特殊要求	□无 □有,具体要求:

续上表

条款号	条款名称	编列内容
3.5.2*	近年财务状况的年份要求	××年至××年
3.5.3*	近年完成的类似项目情况的时间要求	××年××月××日至××年××月××日
3.6.1	是否允许递交备选投标方案	不允许
3.7.4	投标文件副本份数及其他要求	投标文件副本份数:3份 是否要求提交电子版文件:另加1份投标文件电子文件和投标工程量固化清单电子文件(拷贝到U盘,按4.1.1款规定提交) 其他要求:××
3.7.5	装订的其他要求	书脊上应列明投标人名称
4.1.2	封套上应载明的信息	投标文件第一个信封(商务及技术文件)封套: 招标人名称:×× 招标人地址:×× ××(项目名称)××标段施工招标第一个信封(商务及技术文件)投标文件 招标项目编号:×× 在××年××月××日××时××分前不得开启 投标人名称:____ 投标文件第二个信封(报价文件)封套: 招标人名称:×× 招标人地址:×× ××(项目名称)××标段施工招标第二个信封(报价文件)投标文件 招标项目编号:×× 在投标文件第二个信封(报价文件)开标前不得开启 投标人名称:×× 投标人地址:×× 银行保函封套: 招标人名称:×× 招标人地址:×× ××(项目名称)××标段施工招标投标保证金(银行保函原件) 招标项目编号:×× 投标人名称:××
4.2.3	是否退还投标文件	否

续上表

条款号	条款名称	编列内容
5.1	开标时间和地点	投标文件第一个信封(商务及技术文件)开标时间:同投标截止时间 投标文件第一个信封(商务及技术文件)开标地点:××市××区××路××号××省建设工程交易中心 投标文件第二个信封(报价文件)开标时间:2022年7月8日15时30分 投标文件第二个信封(报价文件)开标地点:××市××区××路××号××省建设工程交易中心
5.2.1	第一个信封(商务及技术文件)开标程序	(4)密封情况检查:检查商务及技术文件是否存在提前开启情况。 (5)开标顺序:××
5.2.3	第二个信封(报价文件)开标程序	(4)密封情况检查:检查报价文件是否存在提前开启情况。 (5)开标顺序:××
6.1.1	评标委员会的组建	评标委员会构成:7人,其中招标人代表1人,专家6人。 评标专家确定方式:从××省交通系统省级公路工程评标专家库中随机抽取
6.3.2	评标委员会推荐中标候选人的人数	××
7.1	中标候选人公示媒介及期限	公示媒介:×× 公示期限:××日 公示的其他内容:××
7.4	是否授权评标委员会确定中标人	否,推荐的中标候选人为3名
7.5	中标通知书和中标结果通知发出的形式	书面形式
7.6	中标结果公告媒介及期限	公告媒介:×× 公告期限:××日
7.7.1	履约保证金	是否要求中标人提交履约保证金: □要求,履约保证金的形式:银行保函或现金、支票形式 履约保证金的金额:××%签约合同价,被招标项目所在地省级交通运输主管部门评为××信用等级的中标人,履约保证金金额为××%签约合同价。 采用银行保函时,出具保函的银行级别:国有商业银行或股份制商业银行的地市级支行或以上级别的银行 □不要求

条款号	条款名称	编列内容
8.5.1	监督部门	监督部门：××省交通运输厅监察室 地　　址：××市××路××号 电　　话：×××-×××××× 传　　真：×××-×××××× 邮政编码：××××××
9	是否采用电子招标投标	□否 □是，具体要求：××

需要补充的其他内容

3.2	3.2款增加以下内容： 　3.2.7　工程量清单第100章列有一个单独的细目"交易场地使用费"，该费用在确定中标人后，由中标人以建设单位的名义按××省建设工程交易中心有关规定及时缴纳，以确保中标通知书及时发出；该费用承包人按投标总价的万分之五报价，每个标段最高限额为15万元，在工程量清单第100章中列有一个单独的支付项，在工程开工后由建设单位按正常计量支付程序，根据承包人实际缴纳的交易场地使用费给予计量支付，但每个标段最高限额为15万元。 　3.2.8　投标报价的所有单价取小数点后2位，所有合价和总价应取整数。 　3.2.9　投标人不需报工程量清单单价分析表，但中标后建设单位要求提交，投标人不得拒绝
3.4.2	将投标人须知范本原文第3.4.2项修改如下： 　3.4.2　投标人不按本章第3.4.1项要求提交投标保证金的，其投标文件不予接收
3.4.4	在投标人须知范本原文3.4.4项下增加内容如下： 　(5)串通投标报价； 　(6)评标、中标公示等环节因作假而被取消投标资格； 　(7)因投诉属实取消投标资格的； 　(8)其他违反规定、妨碍公平竞争准则的舞弊行为
3.5.1	在3.5.1项中增加第(6)点：(6)投标人资质的变化及有关批件
3.5.4	投标人须知范本原文增加第3.5.4项： 　3.5.4　投标人在投标文件及签约合同中填报的项目经理(以及备选人)和项目总工(以及备选人)应与资格预审申请文件中所报人员一致
3.7.3	将3.7.3项第一段中"已标价工程量清单[包括工程量清单说明、投标报价说明、计日工说明、其他说明及工程量清单各项表格(工程量清单表5.1～表5.5)]"修改为"已标价工程量清单"(包括工程量清单说明、投标报价说明、其他说明及工程量清单各项表格)
4.2.4	投标人须知范本原文第4.2.4项修改如下： 　4.2.4　投标人在递交投标文件时，应在递交文件登记表上签字
5.2.5	第(2)目修改如下： (2)投标报价或调价函中的报价超出有效评标价范围(见第三章评标办法)的

续上表

条款号	条款名称	编列内容
7.2		将投标人须知范本原文第7.2款修改如下： 7.2.1 评标结果经批准后，招标人将按规定对评标委员会推荐的中标候选人进行中标公示。中标公示时，招标人将中标候选人的相关信息(包括投标价、投标业绩、拟投入的主要人员及其证书信息等)进行公示。如果投标人业绩作假等经查证属实，招标人将取消原中标决定，并没收投标人的投标保证金，招标人按推荐中标候选人排名顺序依次确定中标人，或重新组织招标。 7.2.2 排名第一的中标候选人在中标公示结束且无投诉，并按有关规定向××省建设工程交易中心缴纳投标交易费后7天内，招标人向中标人发出中标通知书，并同时将中标结果通知所有未中标的投标人。如果中标人没有按照上述规定执行，招标人有权取消原中标决定。在此情况下，招标人可将本合同工程授予按评标办法确定的排名第二的投标人，依次类推，或重新组织招标
7.4.2		删除7.4.2项中"给中标人造成损失的，还应当赔偿损失"
7.4.6		增加7.4.6项"不平衡报价的处理"： 在签订合同前，招标人组织人员对中标人的工程量清单报价进行审核，若投标人的报价存在，前期工程明显过高，后期工程明显过低，某一项目的单价明显过高或过低，则视为存在不平衡报价。 如果存在不平衡报价，招标人将在保证投标总价不变的前提下予以合理调整，调整的原则如下： a. 单价过高的项目适当调低，单价过低的项目适当调高，并相应修改合价； b. 按上述算术修正和本款调整后，对以百分比计取的项目的报价也应作相应的修正； 中标人应接受本款要求的调整，否则，将取消其中标资格，并没收投标担保
8.1		将8.1款第(1)项内容修改如下： (1)通过初步评审和详细评审，投标报价处于有效报价范围，能推荐出中标候选人顺序的投标人少于3个的

*适用于未进行资格预审的情况。

6. 评标办法的拟定

评标办法是评标专家评标的依据。《标准施工招标文件》中提供了经评审的最低投标价法、综合评估法(也称为综合评分法)两种方法的格式。一些地方的招投标管理文件也对评标办法作出具体的要求。招标人应根据相关法律法规的要求拟定评标办法。

评标办法的拟定主要包括选择评标方法、确定评审标准以及确定评标程序三个方面。

"评标方法"阐述招标项目评标采用的方法，一般包括经评审的最低投标价法、综合评估法和法律、行政法规允许的其他评标方法。"评标方法"由招标人根据招标项目具体特点和实际需要选择。招标人选择适用综合评估法的，各评审因素的评审标准、分值和权重等由招标人自主确定。国务院有关部门对各评审因素的评审标准、分值和权重等有规定的，从其规定。

"评审标准"分为初步评审标准和详细评审标准。招标文件应针对初步评审和详细评审分别制定相应的评审因素和标准。招标文件编制人员应详细、清晰描述标准，以便评标专家依据拟定的标准进行评标。

"评标程序"描述评标专家评标的程序。在初步评审程序中,说明评标专家评审投标文件为废标的依据,阐述评标专家修正投标报价的依据;在详细评审程序中,评标专家依据评标标准和方法进行计价和评标。在评审程序中需对投标文件的澄清和补正作出说明,要求评标专家提交书面评标报告。

1)评标方法的种类

《公路工程标准施工招标文件》(2018年版)中提供了经评审的最低投标价法、综合评分法、合理低价法、技术评分最低标价法四种方法的格式。

(1)经评审的最低投标价法

经评审的最低投标价法是指评标委员会对满足招标文件实质要求的投标文件,根据规定的量化因素及量化标准进行价格折算,按照经评审的投标价由低到高的顺序推荐中标候选人,或根据招标人授权直接确定中标人(但投标报价低于其成本的除外)。经评审的投标价相等时,投标报价低的优先;投标报价也相等的,由招标人自行确定。经评审的最低投标价法一般适用于具有通用技术、性能标准或者招标人对其技术、性能标准没有特殊要求的招标项目。

(2)综合评分法

综合评分法是指评标委员会对满足招标文件实质性要求的投标文件,按照规定的评分标准进行打分,并按得分由高到低顺序推荐中标候选人,或根据招标人授权直接确定中标人(但投标报价低于其成本的除外)。综合评分相等时,以投标报价低的优先;投标报价也相等的,由招标人自行确定。综合评分法一般适用于招标人对招标项目的技术、性能有特殊要求的招标项目。

(3)合理低价法

合理低价法是指评标委员会对满足招标文件实质性要求的投标文件,根据规定的评分标准进行打分,并按得分由高到低顺序推荐中标候选人,或根据招标人授权直接确定中标人,但投标报价低于其成本的除外。

综合评标价相等时,评标委员会依次按照以下优先顺序推荐中标候选人或确定中标人:

①投标报价低的投标人优先;

②被招标项目所在地省级交通运输主管部门评为较高信用等级的投标人优先;

③商务和技术得分较高的投标人优先。

其实"合理低价法"是综合评分法的评分因素中评标价得分为100分、其他评分因素分值为0分的特例。"合理低价法"即《公路工程建设项目招标投标管理办法》中规定的"合理低价法"。除技术特别复杂的特大桥和长大隧道工程外,公路工程施工招标评标一般应当使用合理低价法。

(4)技术评分最低标价法

技术评分最低标价法是指评标委员会对满足招标文件实质性要求的投标文件的施工组织设计、主要人员、技术能力等因素进行评分,按照得分由高到低排序,对排名在招标文件规定数量以内的投标人的报价文件进行评审,按照评标价由低到高的顺序推荐中标候选人,或根据招标人授权直接确定中标人,但投标报价低于其成本的除外。评标价相等时,评标委员会应按照评标办法前附表规定的优先次序推荐中标候选人或确定中标人。公路工程施工招标评标一般也可采用技术评分最低标价法。

2)评标办法的组成

评标办法由正文和评标办法前附表两部分组成。

招标人编制施工招标文件时,应不加修改地引用评标办法正文内容;评标办法前附表由招标人根据招标项目具体特点和实际需要编制,用于进一步明确正文中的未尽事宜,但务必与招标文件中其他章节相衔接,并不得与《公路工程标准施工招标文件》(2018年版)第三章"评标办法"正文内容相抵触,否则抵触内容无效。

评标办法正文包括评标方法、评审标准及评标程序三个部分。

(1)评标方法

评标方法是对各种评标方法的具体操作进行阐述,规定基本步骤,如综合评估法是首先按照规定的初步评审标准对投标文件进行初步评审,然后依据规定的评分标准对通过初步审查的投标文件进行评分,再按照投标人得分由高到低的顺序推荐1~3名中标候选人或根据招标人的授权直接确定中标人。

(2)评审标准

评审标准规定评标办法评审因素及具体标准。不同的评标办法,其评审标准有所不同。

①经评审的最低投标价法的评审标准。

经评审的最低投标价法的评审标准包括初步评审标准和详细评审标准,见表3-1-8。

经评审的最低投标价法的评审标准 表3-1-8

条款号		评审因素	评审标准
2.1.1	形式评审标准	投标人名称	与营业执照、资质证书、安全生产许可证一致
		投标函签字盖章	有法定代表人或其委托代理人签字或加盖单位章
		投标文件格式	符合第八章"投标文件格式"的要求
		联合体投标人	提交联合体协议书,并明确联合体牵头人(如有)
		报价唯一	只能有一个有效报价
		……	……
2.1.2	资格评审标准	营业执照	具备有效的营业执照
		安全生产许可证	具备有效的安全生产许可证
		资质等级	符合第二章"投标人须知"规定
		财务状况	符合第二章"投标人须知"规定
		类似项目业绩	符合第二章"投标人须知"规定
		信誉	符合第二章"投标人须知"规定
		项目经理	符合第二章"投标人须知"规定
		其他要求	符合第二章"投标人须知"规定
		联合体投标人	符合第二章"投标人须知"规定(如有)
		……	……
2.1.3	响应性评审标准	投标内容	符合第二章"投标人须知"第1.3.1项规定
		工期	符合第二章"投标人须知"第1.3.2项规定
		工程质量	符合第二章"投标人须知"第1.3.3项规定
		投标有效期	符合第二章"投标人须知"第3.3.1项规定

续上表

条款号		评审因素	评审标准
2.1.3	响应性评审标准	投标保证金	符合第二章"投标人须知"第3.4.1项规定
		权利义务	符合第四章"合同条款及格式"规定
		已标价工程量清单	符合第五章"工程量清单"给出的范围及数量
		技术标准和要求	符合第七章"技术标准和要求"规定
		……	……
2.1.4	施工组织设计和项目管理机构评审标准	施工方案与技术措施	……
		质量管理体系与措施	……
		安全管理体系与措施	……
		环境保护管理体系与措施	……
		工程进度计划与措施	……
		资源配备计划	……
		技术负责人	……
		其他主要人员	……
		施工设备	……
		试验、检测仪器设备	……
		……	……
条款号		量化因素	量化标准
2.2	详细评审标准	单价遗漏	……
		付款条件	……
		……	……

表中形式评审标准规定的评审因素和评审标准是列举性的，并没有包括所有评审因素和评审标准，招标人应根据项目具体特点和实际需要，进一步删减、补充或细化。这一原则同样适用于2.1.1项以及其他项规定。初步评审的因素一般包括投标人的名称、投标函的签字盖章、投标文件的格式、联合体投标人、投标报价的唯一性（招标人不允许提交备选投标方案时）、其他评审因素等。评审标准应当具体明了，具有可操作性。

表中资格评审标准适用于未进行资格预审的情况，且必须与第二章"投标人须知"前附表中对投标人资质、财务、业绩、信誉、项目经理的要求以及其他要求一致，招标人在第二章"投标人须知"前附表中补充和细化的要求，应在评标办法前附表中体现出来；已进行资格预审的，须与资格预审文件资格审查办法详细审查标准保持一致。在递交资格预审申请文件后、投标截止时间前发生可能影响投标人资格条件或履约能力的新情况，投标人应按照招标文件第二章"投标人须知"规定提交更新或补充资料。

表中响应性评审标准的评审因素应考虑与第二章"投标人须知"等章节的衔接。招标人依据招标项目的特点补充一些响应性评审因素和评审标准，如投标人有分包计划的，其分包工作类别及工作量须符合招标文件要求。招标人允许偏离的最大范围和最高项数，应在2.1.3项中体现出来，作为判定投标是否有效的依据。

表中施工组织设计和项目管理机构评审标准,招标人针对不同项目特点,可以对施工组织设计和项目管理机构的评审因素及评审标准进行补充、修改和细化,如施工组织设计中可以增加对施工总平面图、施工总承包的管理协调能力等评审因素,项目管理机构中可以增加对项目经理的管理能力,如创优能力、创文明工地能力以及其他一些评审因素等。

表中详细评审标准规定的量化因素和量化标准是列举性的,并没有包括所有量化因素和量化标准,招标人应根据项目具体特点和实际需要,进一步删减、补充或细化。

②综合评估法的评审标准。

综合评估法的评审标准包括初步评审标准及施工组织设计和项目管理机构评审标准,见表3-1-9。

综合评估法的评审标准 表3-1-9

条款号		评审因素	评审标准
2.1.1	形式评审标准	投标人名称	与营业执照、资质证书、安全生产许可证一致
		投标函签字盖章	有法定代表人或其委托代理人签字或加盖单位章
		投标文件格式	符合第八章"投标文件格式"的要求
		联合体投标人	提交联合体协议书,并明确联合体牵头人
		报价唯一	只能有一个有效报价
		……	……
2.1.2	资格评审标准	营业执照	具备有效的营业执照
		安全生产许可证	具备有效的安全生产许可证
		资质等级	符合第二章"投标人须知"规定
		财务状况	符合第二章"投标人须知"规定
		类似项目业绩	符合第二章"投标人须知"规定
		信誉	符合第二章"投标人须知"规定
		项目经理	符合第二章"投标人须知"规定
		其他要求	符合第二章"投标人须知"规定
		联合体投标人	符合第二章"投标人须知"规定
		……	……
2.1.3	响应性评审标准	投标内容	符合第二章"投标人须知"规定
		工期	符合第二章"投标人须知"规定
		工程质量	符合第二章"投标人须知"规定
		投标有效期	符合第二章"投标人须知"规定
		投标保证金	符合第二章"投标人须知"规定
		权利义务	符合第四章"合同条款及格式"规定
		已标价工程量清单	符合第五章"工程量清单"给出的范围及数量
		技术标准和要求	符合第七章"技术标准和要求"规定
		……	……

条款号	条款内容	编列内容
2.2.1	分值构成 (总分 100 分)	施工组织设计：_____分 项目管理机构：_____分 投标报价：_____分 其他评分因素：_____分
2.2.2	评标基准价计算方法	……
2.2.3	投标报价的偏差率 计算公式	偏差率=(投标人报价-评标基准价)/评标基准价×100%

条款号	评分因素		评分标准
2.2.4(1)	施工组织设计评分标准	内容完整性和编制水平	……
		施工方案与技术措施	……
		质量管理体系与措施	……
		安全管理体系与措施	……
		环境保护管理体系与措施	……
		工程进度计划与措施	……
		资源配备计划	……
		……	……
2.2.4(2)	项目管理机构评分标准	项目经理任职资格与业绩	……
		技术负责人任职资格与业绩	……
		其他主要人员	……
		……	……
2.2.4(3)	投标报价评分标准	偏差率	……
		……	……
2.2.4(4)	其他因素评分标准	……	……

A. 初步评审标准。

初步评审标准包括形式评审标准、资格评审标准、响应性评审标准,其拟定方法可参考经评审的最低投标价法。

B. 施工组织设计和项目管理机构评审标准。

a. 评审因素及分值构成。

评审因素通常包括施工组织设计、项目管理机构、投标报价及其他评分因素。各项评审因素,如施工组织设计、项目管理机构、投标报价及其他评分因素所占的权重或分值在评标办法前附表中列明,如:施工组织设计为25分;项目管理机构为10分;投标报价为60分;其他评分因素为5分。

b. 评标基准价计算。

评标基准价的计算方法应在评标办法前附表中明确。招标人可依据招标项目的特点、行业管理规定给出评标基准价的计算方法。需要注意的是,招标人需要在评标办法前附表中明确有效报价的含义,以及不可竞争费用的处理。

c. 投标报价的偏差率计算。

投标报价的偏差率计算公式应在评标办法前附表中列明。

d. 评分标准。

招标人应在评标办法前附表中载明施工组织设计、项目管理机构、投标报价和其他因素的评审因素、评审标准,以及各评分因素的权重。如某项目招标文件对施工方案与技术措施规定的评分标准为:施工方案及施工方法先进可行,技术措施针对工程质量、工期和施工安全生产有充分保障——11~12分;施工方案先进,施工方法可行,技术措施针对工程质量、工期和施工安全生产有保障——8~10分;施工方案及施工方法可行,技术措施针对工程质量、工期和施工安全生产基本有保障——6~7分;施工方案及施工方法基本可行,技术措施针对工程质量、工期和施工安全生产基本有保障——1~5分。

招标人还可以依据项目特点及行业、地方管理规定,增加一些除标准招标文件中已经明确的施工组织设计、项目管理机构及投标报价外的其他评审因素及评审标准,作为《公路工程标准施工招标文件》(2018年版)第三章"评标办法"的补充内容。

合理低价法的评审标准是综合评估法的评审因素中评标价得分为100分、其他评审因素分值为0分的特例。

(3)评标程序

①经评审的最低投标价法。

A. 初步评审。

对于未进行资格预审的情况,评标委员会要求投标人提交规定的有关证明和证件的原件,并依据规定的标准对投标文件进行初步评审。有一项不符合评审标准的,作废标处理。

对于已进行资格预审的情况,评标委员会依据规定的标准对投标文件进行初步评审。有一项不符合评审标准的,作废标处理。当投标人资格预审申请文件的内容发生重大变化时,评标委员会依据规定的标准对其更新资料进行评审。

投标人有以下情形之一的,其投标作废标处理:

a. 违反招标文件第二章"投标文件须知"规定的符合废标处理任何一种情形;

b. 串通投标或弄虚作假或有其他违法行为的;

c. 不按评标委员会要求澄清、说明或补正的。

投标报价有算术错误的,评标委员会按以下原则对投标报价进行修正:

a. 投标文件中的大写金额与小写金额不一致的,以大写金额为准;

b. 总价金额与依据单价计算出的结果不一致的,以单价金额为准修正总价,但单价金额小数点有明显错误的除外。

修正的价格经投标人书面确认后具有约束力。投标人不接受修正价格的,其投标作废标处理。

B. 详细评审。

评标委员会按规定的量化因素和标准进行价格折算,计算出评标价,并编制价格比较一览表。如果发现投标人的报价明显低于其他投标报价,或者在设有标底时明显低于标底,使得其投标报价可能低于其成本的,应当要求该投标人作出书面说明并提供相应的证明材料。

投标人不能合理说明或者不能提供相应证明材料的,评标委员会认定该投标人以低于成本报价竞标,其投标作废标处理。

C. 投标文件的澄清、说明和补正。

在评标过程中,评标委员会可以书面形式要求投标人对所提交的投标文件中不明确的内容进行书面澄清或说明,或者对细微偏差进行补正。评标委员会不接受投标人主动提出的澄清、说明或补正。

澄清、说明和补正不得改变投标文件的实质性内容(算术性错误修正的除外)。投标人的书面澄清、说明和补正属于投标文件的组成部分。

评标委员会对投标人提交的澄清、说明或补正有疑问的,可以要求投标人进一步澄清、说明或补正,直至满足评标委员会的要求。

D. 评标结果。

除第二章"投标人须知"前附表授权直接确定中标人外,评标委员会按照经评审的价格由低到高的顺序推荐中标候选人。评标委员会完成评标后,应当向招标人提交书面评标报告。评标报告应当如实记载以下内容:

a. 基本情况和数据表;

b. 评标委员会成员名单;

c. 开标记录;

d. 符合要求的投标一览表;

e. 废标情况说明;

f. 评标标准、评标方法或者评标因素一览表;

g. 经评审的价格一览表;

h. 经评审的投标人排序;

i. 推荐的中标候选人名单或根据招标人授权确定的中标人名单,以及签订合同前要处理的事宜;

j. 澄清、说明、补正事项纪要;

k. 监督人员名单;

l. 串通投标情形的评审情况说明;

m. 评分情况;

n. 需要说明的其他事项;

o. 评标附表。

②综合评估法评标程序。

综合评估法的评标程序中,初步评审、投标文件的澄清和补正评标结果与经评审的最低投标价法相同。只在详细评标程序方面有差异。综合评估法的详细评标程序是:评标委员会按规定的量化因素和分值进行打分,并计算出综合评分。包括:

a. 按规定的评审因素和分值对施工组织设计计算出得分 A;

b. 按规定的评审因素和分值对项目管理机构计算出得分 B;

c. 按规定的评审因素和分值对投标报价计算出得分 C;

d. 按规定的评审因素和分值对其他因素计算出得分 D。

投标人最终得分为 $A+B+C+D$。

【例3-7】 某高速公路项目施工招标评标办法前附表示例。

某高速公路项目施工招标评标办法采用综合评分法(双信封),该项目的评标办法前附表见表3-1-10。

评标办法前附表

表3-1-10

条款号	评审因素与评审标准	
2.1.1、 2.1.3	形式评审 与响应性 评审标准	第一个信封(商务及技术文件)评审标准: (1)投标文件按照招标文件规定的格式、内容填写,字迹清晰可辨: 　a. 投标函按招标文件规定填报了项目名称、标段号、补遗书编号(如有)、工期、工程质量要求及安全目标; 　b. 投标函附录的所有数据均符合招标文件规定; 　c. 投标文件组成齐全完整,内容均按规定填写。 (2)投标文件上法定代表人或其委托代理人的签字、投标人的单位盖章齐全,符合招标文件规定。 (3)与申请资格预审时比较,投标人发生合并、分立、破产等重大变化的,仍具备资格预审文件规定的相应资格条件且其投标未影响招标公正性: 　a. 投标人应提供相关部门的合法批件及企业法人营业执照和资质证书等证件的副本变更记录复印件; 　b. 投标人仍然满足资格预审文件中规定的资格预审条件最低要求(资质、业绩、人员、信誉、财务等); 　c. 与所投标段的其他投标人不存在控股、管理关系或单位负责人为同一人的情况,与招标人也不存在利害关系并可能影响招标公正性。 (4)投标人按照招标文件的规定提供了投标保证金: 　a. 投标保证金金额符合招标文件规定的金额,且投标保证金有效期不少于投标有效期; 　b. 若投标保证金采用现金或支票形式提交,投标人应在递交投标文件截止时间之前,将投标保证金由投标人的基本账户转入招标人指定账户; 　c. 若投标保证金采用银行保函形式提交,银行保函的格式、开具保函的银行均满足招标文件要求,且在递交投标文件截止时间之前向招标人提交了银行保函原件。 (5)投标人法定代表人授权委托代理人签署投标文件的,须提交授权委托书,且授权人和被授权人均在授权委托书上签名,未使用印章、签名章或其他电子制版签名代替。 (6)投标人法定代表人亲自签署投标文件的,提供了法定代表人身份证明,且法定代表人在法定代表人身份证明上签名,未使用印章、签名章或其他电子制版签名代替。 (7)投标人以联合体形式投标时,联合体满足招标文件的要求: 　a. 未进行资格预审的,投标人按照招标文件提供的格式签订了联合体协议书,明确各方承担连带责任,并明确了联合体牵头人; 　b. 已进行资格预审的,投标人提供了资格预审申请文件中所附的联合体协议书复印件,且通过资格预审后的联合体无成员增减或更换的情况。 (8)投标人如有分包计划,符合招标文件第二章"投标人须知"第1.11款规定,且按招标文件第八章"投标文件格式"的要求填写了"拟分包项目情况表"。 (9)同一投标人未提交两个以上不同的投标文件,但招标文件要求提交备选投标的除外。

条款号	评审因素与评审标准
2.1.1、 2.1.3	形式评审 与响应性 评审标准

（接右栏）

（10）投标文件中未出现有关投标报价的内容。

（11）投标文件载明的招标项目完成期限未超过招标文件规定的时限。

（12）投标文件对招标文件的实质性要求和条件作出响应。

（13）权利义务符合招标文件规定：

a. 投标人应接受招标文件规定的风险划分原则，未提出新的风险划分办法；

b. 投标人未增加发包人的责任范围，或减少投标人义务；

c. 投标人未提出不同的工程验收、计量、支付办法；

d. 投标人对合同纠纷、事故处理办法未提出异议；

e. 投标人在投标活动中无欺诈行为；

f. 投标人未对合同条款有重要保留。

（14）投标文件正、副本份数符合招标文件第二章"投标人须知"第3.7.4项规定。

（15）×××××……

第二个信封（报价文件）评审标准：

（1）投标文件按照招标文件规定的格式、内容填写，字迹清晰可辨：

a. 投标函按招标文件规定填报了项目名称、标段号、补遗书编号（如有）、投标价（包括大写金额和小写金额）；

b. 已标价工程量清单说明文字与招标文件规定一致，未进行实质性修改和删减；

c. 投标文件组成齐全完整，内容均按规定填写。

（2）投标文件上法定代表人或其委托代理人的签字、投标人的单位盖章齐全，符合招标文件规定。

（3）投标报价或调价函中的报价未超过招标文件设定的最高投标限价（如有）。

（4）投标报价或调价函中报价的大写金额能够确定具体数值。

（5）同一投标人未提交两个以上不同的投标报价，但招标文件要求提交备选投标的除外。

（6）投标人若提交调价函，调价函符合招标文件第二章"投标人须知"第3.2.6项要求。

（7）投标人若填写工程量固化清单，填写完毕的工程量固化清单未对工程量固化清单电子文件中的数据、格式和运算定义进行修改；工程量固化清单中的投标报价和投标函大写金额报价一致。

（8）投标文件正、副本份数符合招标文件第二章"投标人须知"第3.7.4项规定。

（9）×××××……

条款号		评审因素与评审标准
2.1.2	资格评审标准（未进行资格预审）	（1）投标人具备有效的营业执照、组织机构代码证、资质证书、安全生产许可证和基本账户开户许可证。 （2）投标人的资质等级符合招标文件规定。 （3）投标人的财务状况符合招标文件规定。 （4）投标人的类似项目业绩符合招标文件规定。 （5）投标人的信誉符合招标文件规定。 （6）投标人的项目经理和项目总工资格、在岗情况符合招标文件规定。 （7）投标人的其他要求符合招标文件规定。 （8）投标人不存在《公路工程标准施工招标文件》(2018年版)第二章"投标人须知"第1.4.3项或第1.4.4项规定的任何一种情形。 （9）投标人符合《公路工程标准施工招标文件》(2018年版)第二章"投标人须知"第1.4.5项规定。 （10）以联合体形式参与投标的,联合体各方均未再以自己名义单独或参加其他联合体在同一标段中投标；独立参与投标的,投标人未同时参加联合体在同一标段中投标。 （11）××××××……

条款号	条款内容	编列内容
2.2.1	分值构成（总分100分）	第一个信封(商务及技术文件)评分分值构成: 施工组织设计:××分 主要人员:××分 技术能力:××分 财务能力:××分 业绩:××分 履约信誉:××分 ××:×× 第二个信封(报价文件)评分分值构成: 评标价××分
2.2.2	评标基准价计算方法	评标基准价的计算: 在开标现场,招标人将当场计算并宣布评标基准价。 （1）评标价的确定: 方法一:评标价=投标函文字报价 方法二:评标价=投标函文字报价-暂估价-暂列金额(不含计日工总额) 方法三:…… （2）评标价平均值的计算: 除按《公路工程标准施工招标文件》(2018年版)第二章"投标人须知"第5.2.4项规定开标现场被宣布为不进入评标基准价计算的投标报价之外,所有投标人的评标价去掉一个最高值和一个最低值后的算术平均值即为评标价平均值(如果参与评标价平均值计算的有效投标人少于5家,则计算评标价平均值时不去掉最高值和最低值)。 （3）评标基准价的确定: 方法一:将评标价平均值直接作为评标基准价。 方法二:将评标价平均值下浮____%,作为评标基准价。 方法三:招标人设置评标基准价系数,由投标人代表现场抽取,评标价平均值乘现场抽取的评标基准价系数作为评标基准价。 方法四:…… 在评标过程中,评标委员会应对招标人计算的评标基准价进行复核,存在计算错误的应予以修正并在评标报告中作出说明。除此之外,评标基准价在整个评标期间保持不变,不随任何因素发生变化

续上表

条款号	条款内容	编列内容			
2.2.3	评标价的偏差率计算公式	偏差率＝(投标人评标价−评标基准价)/评标基准价×100% (偏差率精确至百分号单位小数点后两位)			

评分因素与权重分值					评分标准
条款号	评分因素	评分因素权重分值	各评分因素细分项	分值	
2.2.4 (1)	施工组织设计	——分	总体施工组织布置及规划	××分	××
			主要工程项目的施工方案、方法与技术措施	××分	××
			工期保证体系及保证措施	4分	1. 工期控制措施得当,对本项目的工期重要性理解特别透彻,对地形地貌特征、重点工序、天气、关键设备故障、与其他承包人衔接、社会环境等问题有切实可行的应对或应急方案,计划科学合理,可操作性高,得3.2～4分。 2. 工期保证体系及保证措施基本可行,内容较为充实、全面的,得2.4～3.2分。 3. 起评分2.4分
			工程质量管理体系及保证措施	××分	××
			安全生产管理体系及保证措施	4分	1. 对本项目质量及安全控制有透彻的认识,对施工过程中可能发生的各种质量和安全问题有深刻的认识和合理的预见,并有相应的应对措施,措施应科学、充分,能有效处理各种突发问题的,得3.2～4分。 2. 对本项目质量及安全控制有一定的认识,基本能合理地预见施工过程中可能发生的各种质量和安全问题,并有相应的应对措施,应对措施较为科学、充分,基本能有效处理各种质量和安全问题的,得2.4～3.2分。 3. 起评分2.4分

续上表

条款号	评分因素	评分因素权重分值	各评分因素细分项	分值	评分标准
			评分因素与权重分值		评分标准
2.2.4 (1)	施工组织设计	——分	环境保护、水土保持保证体系及保证措施	2分	1. 对本项目的环保及文明施工等工作有独到的见解,能制定科学的措施,施工做到符合环保的要求,对文明施工有相应的措施,能创造良好的施工环境的,得1.6~2分。 2. 对工程环保及文明施工等工作制定有相关的措施,基本能满足本项目环保及文明施工的要求的,得1.2~1.6分。 3. 起评分1.2分
			文明施工、文物保护保证体系及保证措施	××分	××
			项目风险预测与防范,事故应急预案	××分	××
			××	××分	××
2.2.4 (2)	主要人员	××分	项目经理任职资格与业绩	××分	1. 满足强制性标准,得0.6分。 2. 项目经理(含备选)同时有12年以上类似工程经验的,加0.2分。 3. 项目总工程师(含备选)同时有12年以上类似工程经验的,加0.2分
			项目总工任职资格与业绩	××分	××
			××	××分	××
2.2.4 (3)	评标价	××分	评标价得分计算公式示例: (1)如果投标人的评标价>评标基准价,则评标价得分=F-偏差率×100×E_1。 (2)如果投标人的评标价≤评标基准价,则评标价得分=F+偏差率×100×E_2。 其中,F是评标价所占的权重分值;E_1是评标价每高于评标基准价一个百分点的扣分值;E_2是评标价每低于评标基准价一个百分点的扣分值。 招标人可依据招标项目具体特点和实际需要设置E_1、E_2,但E_1应大于E_2		

续上表

条款号	评分因素与权重分值				评分标准
	评分因素	评分因素权重分值	各评分因素细分项	分值	
2.2.4 (4)	其他因素	技术能力	××分	××	××分	××
		财务能力	3分	营运资金	1分	提供的营运资金(流动资产-流动负债)加上为本合同专门开具的银行信贷额度,此总和不应少于5000万元人民币。其中:自有营运资金占上述金额的比例为[80%,100%],得1分;[50%,80%)的,得0.8分;[0,50%)的,得基本分0.6分
				盈利能力	1分	以会计师事务所或审计机构审计的报表为证明材料,近3年均盈利的,得1分;只有近2年盈利的,得0.8分;其他情况的,得0.6分
				营业额	1分	近3年经审计的财务报表中,年平均营业额介于50000万~80000万元(均含界值)的,得0.6分;超过80000万元的,每超过80000万元(尾数不计)加0.1分,最高加0.4分
		业绩	5分	业绩	5分	近5年内曾独立完成经项目建设单位主持交工验收的四车道(或以上)高速公路沥青路面工程施工累计至少100km,得3分;此外: ①累计工程每增加40km的高速公路路面,加0.5分,最高加1分; ②单个合同段长度超过50km的高速公路路面工程合同,每个另加0.5分,最高加1分。①②项加分业绩不重算。 1. 近5年定义:为××××年×月×日至资审文件递交截止日止,业绩计算以此期间通过交工验收(以交工验收证书上的时间为准)的四车道及以上高速公路业绩项目为准。 2. 业绩证明应附有中标通知书、合同协议书、交工验收证书三份资料的复印件。资料应能清晰表达申请人填写的业绩数据,如上述三份资料不能体现工程项目的里程长度、结构类型,还需要附有发包人书面评价或发包人证明资料,证明资料须能清楚说明表中关键数据。不能合理判定的工程项目,业绩不予计算

续上表

评分因素与权重分值					评分标准
条款号	评分因素	评分因素权重分值	各评分因素细分项	分值	
2.2.4（4）	其他因素	履约信誉	6分	无履约不良记录	6分	1. 信用等级分：5分。 在××省交通运输厅《关于公布××××年度××省公路水运工程施工监理企业信用评价结果的通知》中，信用评价为B级以上（含B级）企业（首次进入本省的外省从业单位，其信用等级按B级确定），信用评价为AA级的单位得5分，A级得3.75分，B级得3.25分。 2. 履约分：1分。 近5年内未被交通运输部、××省交通运输厅或其他政府行政主管部门通报，或被建设单位逐出合同工地的、无在××省公路交通项目的投标、无履约不良记录、无重大安全责任事故、无涉及投标人违约责任的合同诉讼或仲裁的，给满分1分。 3. 若出现上述第2项中任何一项记录但能在投标文件中如实反映的，按下述标准进行扣分，扣分超过履约分值的，可以从总分中扣： ①交通运输部通报批评或处罚一次，扣0.8分； ②××省交通运输厅或××省级政府行政主管部门通报批评或处罚一次，扣0.6分； ③根据《交通运输部办公厅关于印发全国公路建设从业单位不良行为记录的通知》（厅公路字〔2008〕114号），被××省以外省份通报批评或处罚一次，扣0.4分。 同一事项同时被多个部门通报批评或处罚只按最高的扣分计算一次。 4. 若出现上述第2项中任何一项记录但未能在投标文件中如实反映的，本项最后得分为0分
	××	××分	××	××分	××

续上表

需要补充的其他内容	
条款号	补充或修改的内容
1	将评标办法范本原文第1条"评标方法"改为"评标方法、组织及评审工作程序",并且原文内容修改如下: 1.1　评标方法 本次评标采用综合评估法。评标委员会对满足招标文件实质性要求的投标文件,按照本章第2.2款规定的评分标准进行打分,并按得分由高到低顺序推荐中标候选人,但投标报价低于其成本的除外。 1.2　评标组织 1.2.1　清标工作组 清标工作组由招标人在评标工作开始前选派熟悉招标工作、政治素质高的人员组成,协助评标委员会工作。清标工作组人员的具体数量由招标人视评标工作量确定。 清标工作组应在评标委员会开始工作之前进行评标的准备工作,主要内容包括: (1)根据招标文件,制定评标工作所需各种表格; (2)对投标文件按照形式评审与响应性评审标准、资格评审标准的内容进行初步清查; (3)对投标文件响应招标文件规定的情况进行摘录,列出相对于招标文件的所有偏差; (4)对所有投标报价进行算术性校核(如采用固化工程量清单,本步骤省略); (5)配合评标委员会核验有关数据和分值计算结果。 1.2.2　评标委员会 评标委员会由招标人依法组建,由招标人的代表和技术、经济专家组成。评标委员会人数为5人及以上单数,按××号文的规定。评标委员会的主要工作内容包括: (1)评标委员会开始评标工作之前,首先听取招标人、清标工作组关于工程情况和清标工作的说明,并认真研读招标文件,获取评标所需的重要信息和数据。 (2)对清标工作组提供的评标工作用表和评标内容进行认真核对,对与招标文件不一致的内容进行修正。对于招标文件中规定的评标标准和方法,评标委员会认为不符合国家有关法律、法规,或其含有限制、排斥投标人进行有效竞争的,评标委员会有权按规定对其进行修改,并在评标报告中说明修改的内容和原因。 (3)按照以下1.3款程序进行各项评审工作。 1.3　评审工作程序 评标委员会将按以下程序开展评标工作: (一)第一个信封(商务及技术文件)。 1. 初步评审:包括形式评审与响应性评审。 2. 详细评审(评审打分):评标委员会首先对通过初步评审的投标文件第一个信封(商务及技术文件)进行详细评审,对投标人的施工组织设计、项目管理机构、管理水平、其他部分等因素分别评审打分,再进行综合评分。 3. 澄清(如果需要)。 (二)第二个信封(投标报价和工程量清单)。 1. 初步评审:只有投标文件第一个信封(商务及技术文件)通过初步评审的投标人才能继续参加第二个信封(投标报价和工程量清单)的评审。评标委员会对投标人的施工组织设计、项目管理机构、管理水平、其他部分等因素分别评审打分后,在监督机构在场的情况下,拆启投标人的第二个信封(投标报价和工程量清单),对其进行初步评审。 2. 报价算术性修正(本次招标采用固化工程量清单,本步骤省略)。 3. 澄清(如果需要)。 4. 评审报价得分。 (三)综合评分,提出评标意见。 (四)按评标办法规定推荐中标候选人,编写评标报告

续上表

条款号	补充或修改的内容
3.1.3 ~ 3.1.6	由于本次招标采用固化工程量清单格式,故评标办法范本原文第3.1.3项~第3.1.6项不适用
3.2.3	将评标办法范本原文第3.2.3项细化如下: 投标人得分=A+B+C+D 除报价得分和履约信誉得分外,投标文件各单项得分均不应低于其权重分的60%。计算投标人技术得分时以评标委员会各成员对该投标人的技术评分去掉一个最高分和一个最低分后计算的算术平均值为投标人的最终技术得分,平均值计算保留小数点后两位
3.5	增加3.5款"定标原则": 3.5.1 按上述评审办法的综合得分从高到低进行排名,如果综合得分相同,由评标委员会依次按照以下顺序确定其名次,按排名次序推选出3名中标候选人: (1)报价低者;(2)履约信誉得分高者;(3)业绩得分高者;(4)财务能力评审得分高者。 3.5.2 如果发生无法确定推荐中标候选人的其他意外情况,由评标委员会研究处理,评标委员会有权决定本次招标无效,有权建议招标人重新招标。 3.5.3 如果推荐的第一中标候选人放弃中标、因不可抗力提出不能履行合同,或者招标文件规定应当提交履约保证金而在规定的期限内未能提交的,招标人可以确定排名第二的中标候选人为中标人,但第一中标候选人的投标保证金不予退还;或重新招标。 3.5.4 如果推荐的中标候选人因公示被投诉并查证属实存在造假行为的,按废标处理,且没收其投标保证金; 如果开标后至中标通知书发出前或在合同签署前中标候选人发生失信行为导致信用等级被××省交通运输厅直接降为B级以下,或被交通运输部、住房和城乡建设部、××省交通运输厅、××省住房和城乡建设厅取消投标资格,则招标人取消其投标资格、中标资格,并按推荐中标候选人排名顺序依次确定中标人,或重新组织招标

7. 合同条款的拟定

根据《民法典》的规定,施工合同的内容包括工程范围、建设工期、中间交工工程的开工和竣工时间、工程质量、工程造价、技术资料交付时间、材料和设备供应责任、拨款和结算、竣工验收、质量保修范围和质量保证期、相互协作等条款。

按惯例,合同条款由通用合同条款和专用合同条款组成。为了提高效率,通用合同条款直接引用范本的合同通用条款,专用合同条款则根据行业及项目的具体技术经济特点,结合工程管理和建设目标需要,在编制招标文件时拟定。下面以我国的标准施工招标文件为例,介绍招标文件中合同条款的拟定。

(1)通用合同条款

在我国进行施工招标,是以《标准施工招标文件》为指导的,即直接引用通用合同条款。《标准施工招标文件》的合同条款包括了一般约定,发包人义务,监理人,承包人,材料和工程设备,施工设备和临时设施,交通运输,测量放线,施工安全、治安保卫和环境保护,进度计划,开工和竣工,暂停施工,工程质量,试验和检验,变更,价格调整,计量与支付,竣工验收,缺陷责任与保修责任,保险,不可抗力,违约,索赔,争议的解决等共24条。

在《标准施工招标文件》中,对通用合同条款的拟定基于以下考虑:

①通用合同条款根据国家有关法律、法规和部门规章,以及按合同管理的操作要求进行约定和设置。

②通用合同条款是以发包人委托监理人管理工程合同的模式设定合同当事人的权利、义务和责任,区别于由发包人和承包人双方直接进行约定和操作的合同管理模式。监理人作为发包人授权的合同管理者对合同实施管理,发出的任何指示均被视为已取得发包人同意,但监理人无权免除或变更合同约定的发包人和承包人的权利、义务和责任。监理人的具体权限范围,由发包人根据合同管理的需要确定。

③鉴于工程建设项目施工较为复杂、合同履行周期较长等特点,为使当事人能够在合同订立时客观评估合同风险,按照国内工程建设有关法律、法规、规程确立的工程建设项目施工管理模式,参考FIDIC(国际咨询工程师联合会)有关内容,合同条款对发包人、承包人的责任进行恰当的划分,在材料和设备、工程质量、计量、变更、违约责任等方面,对双方当事人权利、义务、责任作了相对具体、集中和具有操作性的规定,为明确责任、减少合同纠纷提供了条件。

④为了保证合同的完整性和严密性,便于合同管理并兼顾各行业的不同特点,通用合同条款留有空间,供行业主管部门和招标人根据项目具体情况编制专用合同条款予以补充,使整个合同文件趋于完整和严密。对合同条款中规定的一些授权条款,由行业主管部门作出规定或由当事人另行约定,但行业主管部门的规定不得与合同条款强制性内容相抵触,另行约定的内容不得违反法律、行政法规的强制性规定。

⑤通用合同条款同时适用于单价合同和总价合同。合同条款中涉及单价合同和总价合同的,主要有第15.1款"变更的范围和内容"、第15.4款"变更的估价原则"、第16.1款"物价波动引起的价格调整"、第17.1款"计量"和第17.3款"工程进度付款"。招标人在编制招标文件时,应根据各行业和具体工程的不同特点和要求,进行修改和补充。

⑥从合同的公平原则出发,通用合同条款引入了争议评审机制,供当事人选择使用,以更好地引导双方解决争议,提高合同管理效率。

⑦为增强合同管理可操作性,通用合同条款设置了几个主要的合同管理程序,包括工程进度控制程序、暂停施工程序、隐蔽部位覆盖检查程序、变更程序、工程进度付款及修正程序、竣工结算程序、竣工验收程序、最终结清程序、争议解决程序。

(2)专用合同条款

专用合同条款是针对通用合同条款而言的,它和通用合同条款一起形成合同条款整体。专用合同条款,可根据招标项目的具体特点和实际需要,对通用合同条款进行补充、细化,除通用合同条款明确专用合同条款可作出不同约定外,补充和细化的内容不得与通用合同条款的强制性规定相抵触。同时,补充、细化和约定内容,不得违反法律、行政法规的强制性规定和平等、自愿、公平、诚实信用原则。

在合同的优先顺序上,当通用合同条款与专用合同条款矛盾时,以专用合同条款为准。

专用合同条款包括行业专用合同条款和项目专用合同条款。如某高速公路项目招标文件的合同专用条款就包括"公路工程专用合同条款"和该高速公路的项目专用合同条款。

在《公路工程标准施工招标文件》(2018年版)中,列出"公路工程专用合同条款",在公路工程项目中,直接引用。对于具体工程项目的专用合同条款,其编制应充分考虑工程项目的具体情况及招标人的管理需求。公路工程项目的专用合同条款包括项目专用合同条款数据表和项目专用合同条款。

【例3-8】 某高速公路项目招标文件专用合同条款数据表示例。

某高速公路项目招标文件中,根据项目的具体情况和建设单位项目管理的需求拟定了该项目的专用合同条款,见表3-1-11。

项目专用合同条款数据表

表3-1-11

序号	条目号	信息或数据
1	1.1.2.2	发包人:××高速公路有限公司 地址:××省××市××号467室 邮政编码:××××××
2	1.1.2.6	监理人: 地 址: 邮政编码:
3	1.1.4.5	缺陷责任期:自实际交工日期起计算2年(附属区房建除外) 附属区房建:执行《房屋建筑工程质量保修办法》(中华人民共和国建设部令第80号) 执行《住宅室内装饰装修管理办法》(2011年修订)
4	1.6.3	图纸需要修改和补充的,应由监理人取得发包人同意后,在该工程或工程相应部位施工前5天签发图纸修改图给承包人
5	3.1.1	监理人在行使下列权力前需要经发包人事先批准: (6)根据第15.3款发出的变更指示,其单项工程变更涉及的金额超过了该单项工程签约时合同价的××%或累计变更超过了签约合同价的××%
6	5.2.1	发包人是否提供材料或工程设备:否
7	6.2	发包人是否提供施工设备和临时设施:否
8	8.1.1	发包人提供测量基准点、基准线和水准点及其书面资料的期限:在签订施工承包合同后一个月内。 承包人将施工控制网资料报送监理人审批的期限:在收到发包人提供的上述资料一个月内
9	11.5(3)	逾期交工违约金:2万元/天
10	11.5(3)	逾期交工违约金限额:10%签约合同价
11	11.6	提前交工的奖金:无
12	11.6	提前交工的奖金限额:无
13	15.5.2	承包人提出的合理化建议降低了合同价格或者提高了工程经济效益的,发包人按所节约成本的××%或增加收益的××%给予奖励

续上表

序号	条目号	信息或数据
14	16.1	物价波动引起的价格调整按照16.1.2项约定的原则处理
15	17.2.1(1)	开工预付款金额:10%签约合同价
16	17.2.1(2)	材料、设备预付款比例:碎石等主要材料、设备单据所列费用的70%
17	17.3.2	承包人在每个付款周期末向监理人提交进度付款申请单的份数:4份
18	17.3.3(1)	进度付款证书最低限额:50万元
19	17.3.3(2)	逾期付款违约金的利率:0.15‰/天
20	17.4.1	质量保证金金额:3%合同价格,若交工验收时承包人具备被招标项目所在地省级交通运输主管部门评定的最高信用等级,发包人给予2%合同价格质量保证金的优惠。 质量保证金是否计付利息: □是,利息的计算方式:×× □否
21	17.5.1(1)	承包人向监理人提交交工付款申请单(包括相关证明材料)的份数:4份
22	17.6.1(1)	承包人向监理人提交最终结清申请单(包括相关证明材料)的份数:4份
23	18.2(2)	竣工资料的份数:6份
24	18.5.1	单位工程或工程设备是否需投入施工期运行:否
25	18.6.1	本工程及工程设备是否进行试运行:否 如本工程及工程设备需要进行试运行,试运行的具体规定如下:无
26	19.7(1)	保修期:自实际交工日期起计算5年(附属区房建除外) 附属区房建:执行《房屋建筑工程质量保修办法》
27	20.1	建筑工程一切险的保险费率:4.0‰
28	20.4.2	第三者责任险的最低投保金额:××万元,事故次数不限(不计免赔额) 保险费率:4.0‰
29	24.1	争议的最终解决方式:仲裁 如采用仲裁,仲裁委员会名称:××仲裁委员会

注:本数据表是项目专用合同条款中适用于本项目的信息和数据的归纳与提示,是项目专用合同条款的组成部分。《公路工程标准施工招标文件》(2018年版)第九章"投标文件格式"的投标函附录中的数据(供投标人确认)与本表所列有重复。编写招标文件的单位应仔细校核,不使数据出现差错或不一致。

专用合同条款的编写应注意:

①专用合同条款与通用合同条款相对应。

对通用合同条款的具体化、修改、补充和删除均应明确地与通用合同条款一一对应,专用合同条款的代号应与通用合同条款代号一致,便于对应阅读和理解。

②根据工程管理需要,对通用合同条款细化。通用条件不明确和不具体的条款,应在专

用合同条款中具体化,以减少施工时双方因对合同条件的理解不同而产生分歧。

③专用合同条款应充分反映建设单位对项目的建设要求和施工管理要求。如对质量的特殊要求、对计量与支付的要求、对工期的要求等。

④所用语言应精练、准确、严密。

⑤承包合同是一个体系,由多个分部组成,当各分部之间出现相互矛盾的情况时,以合同约定次序在先者为准。

【例3-9】 某高速公路项目的专用合同条款示例。

专用合同条款

说明:本部分所列的项目专用合同条款是对通用合同条款和公路工程专用合同条款的补充和细化,包含但不仅限于"公路工程专用合同条款"中规定必须在项目专用合同条款中明确的内容。

1 一般约定

1.1 词语定义

在第1.1.2款下增加1.1.2.8:

1.1.2.8 承包人项目总工:指由承包人书面委派常驻现场负责管理本合同工程的总工程师或技术总负责人。

1.4 合同文件的优先顺序

本款约定为:

组成合同的各项文件应互相解释,互为说明。除项目专用合同条款另有约定外,解释合同文件的优先顺序如下:

(1)合同协议书及各种合同附件(含评标期间和合同谈判过程中的澄清文件和补充资料);

(2)中标通知书;

(3)投标函及投标函附录;

(4)项目专用合同条款;

(5)公路工程专用合同条款;

(6)通用合同条款;

(7)工程量清单计量规则;

(8)技术规范;

(9)图纸;

(10)已标价工程量清单;

(11)承包人有关人员、设备投入的承诺及投标文件中的施工组织设计;

(12)其他合同文件。

1.6 图纸和承包人文件

1.6.1 图纸的提供

本项细化为:

监理人应在发出中标通知书之后42天内,向承包人免费提供由发包人或其委托的设计单位设计的施工图纸、技术规范和其他技术资料2份,并向承包人进行技术交底。承包人需要更多份数时,应自费复制。由于发包人未按时提供图纸造成工期延误的,按第11.3款的约定办理。

1.6.2　承包人提供的文件

本项细化为:

有下列情形之一的,承包人应免费向监理人提交相关部分工程的施工图纸3份,并附必要的计算书、技术资料,或施工工艺图、设备安装图及安装设备的使用和维护手册各2份供监理人批准。

(1)为使第1.6.1项所述的施工图纸适用于经施工测量后的纵、横断面;

(2)为使第1.6.1项所述的施工图纸适用于现场具体地形;

(3)为使第1.6.1项所述的施工图纸适用于因尺寸与位置变化而引起局部变更;

(4)由于合同要求与施工需要。此类图纸应按监理人规定的格式和图幅绘制。监理人在收到由承包人绘制的上述工程、工艺图纸、计算书和有关技术资料后14天内应予批准或提出修改要求,承包人应按监理人提出的要求作出修改,重新向监理人提交,监理人应在7天内批准或提出进一步的修改意见。

1.6.4　图纸的错误

本项细化为:

当承包人在查阅合同文件或在本合同工程实施过程中,发现有关的工程设计、技术规范、图纸或其他资料中的任何差错、遗漏或缺陷后,应及时通知监理人。监理人接到该通知后,应立即就此作出决定,并通知承包人和发包人。

2　发包人义务

2.3　提供施工场地

本款补充:

发包人负责办理永久占地的征用及与之有关的拆迁赔偿手续并承担相关费用。承包人在按第10条规定提交施工进度计划的同时,应向监理人提交一份按施工先后次序所需的永久占地计划。监理人应在收到此计划后的14天内审核并转报发包人核备。发包人应在监理人发出本工程或分部工程开工通知之前,对承包人开工所需的永久占地办妥征用手续和相关拆迁赔偿手续,通知承包人使用,以使承包人能够及时开工;此后按承包人提交并经监理人同意的合同进度计划的安排,分期(也可以一次)将施工所需的其余永久占地办妥征用以及拆迁赔偿手续,通知承包人使用,以使承包人能够连续不间断地施工。承包人施工考虑不周或措施不当等原因造成的超计划占地或拆迁等所发生的征用和赔偿费用,应由承包人承担。

由于发包人未能按照本项规定办妥永久占地征用手续,影响承包人及时使用永久占地造成的费用增加和(或)工期延误应由发包人承担。由于承包人未能按照本项规定提交占地计划,影响发包人办理永久占地征用手续造成的费用增加和(或)工期延误由承包人承担。

3 监理人

3.1 监理人的职责和权力

第3.1.1项补充：

监理人在行使下列权利前需要经发包人事先批准：

(1)根据第4.3款,同意分包本工程的某些非关键性工作或者适合专业化队伍施工的专项工程；

(2)确定第4.11款下产生的费用增加额；

(3)根据第11.1款、第12.3款、第12.4款发布开工通知、暂停施工指示或复工通知；

(4)决定第11.3款、第11.4款下的工期延长；

(5)审查批准技术方案或设计的变更；

(6)根据第15.3款发出的变更指示,其单项工程变更或累计变更涉及的金额超过了项目专用合同条款数据表中规定的金额；

(7)确定第15.4款下变更工作的单价；

(8)按照第15.6款决定有关暂列金额的使用；

(9)确定第15.8款下的暂估价金额；

(10)确定第23.1款下的索赔额。

如果发生紧急情况,监理人认为将造成人员伤亡,或危及本工程或邻近的财产需立即采取行动,监理人有权在未征得发包人的批准的情况下发布处理紧急情况所必需的指令,承包人应予执行,由此造成的费用增加由监理人按第3.5款商定或确定。

3.5 商定或确定

第3.5.1项补充：

如果这项商定或确定导致费用增加和(或)工期延长,或者涉及确定变更工程的价格,则总监理工程师在发出通知前,应征得发包人的同意。

4 承包人

4.1 承包人的一般义务

4.1.9 工程的照管和维护

本项细化为：

(1)交工验收证书颁发前,承包人应负责照管和维护工程及将用于或安装在本工程中的材料、设备。交工验收证书颁发时尚有部分未交工工程的,承包人还应负责该未交工工程、材料、设备的照管和维护工作,直至交工后移交给发包人为止。

(2)在承包人负责照管与维护期间,如果本工程或材料、设备等发生损失或损害,除不可抗力原因之外,承包人均应自费弥补,并达到合同要求。承包人还应对按第19条规定的实施作业过程中由承包人造成的对工程的任何损失或损害负责。

4.1.10 其他义务

本项细化为：

（1）临时占地由承包人向当地政府土地管理部门申请，并办理租用手续，承包人按有关规定直接支付其费用，发包人对此将予以协调。

临时占地范围包括承包人驻地的办公室、食堂、宿舍、道路和机械设备停放场、材料堆放场地、弃土场、预制场、拌和场、仓库、进场临时道路、临时便道、便桥等。承包人应在"临时占地计划表"范围内按实际需要与先后次序，提出具体计划报监理人同意，并报发包人。临时占地的面积和使用期应满足工程需要，费用包括临时占地数量、时间及因此而发生的协调、租用、复耕、地面附着物（电力、电信、房屋、坟墓除外）的拆迁补偿等相关费用。除项目专用合同条款另有约定外，临时占地的租地费用实行总额包干，列入工程量清单第100章中由承包人按总额报价。

临时占地退还前，承包人应自费恢复到临时占地使用前的状况。如因承包人撤离后未按要求对临时占地进行恢复或虽进行了恢复但未达到使用标准的，将由发包人委托第三方对其恢复，所发生的费用将从应付给承包人的任何款项内扣除。

（2）除项目专用合同条款另有约定外，承包人应承担并支付为获得本合同工程所需的石料、砂、砾石、黏土或其他当地材料等所发生的料场使用费及其他开支或补偿费。发包人应尽可能协助承包人办理料场租用手续及解决使用过程中的有关问题。

（3）承包人应严格遵守国家有关解决拖欠工程款和民工工资的法律、法规，及时支付工程中的材料、设备货款及民工工资等费用。承包人不得以任何借口拖欠材料、设备货款及民工工资等费用，如果出现此种现象，发包人有权代为支付其拖欠的材料、设备货款及民工工资，并从应付给承包人的工程款中扣除相应款项。对恶意拖欠和拒不按计划支付的，作为不良记录纳入公路建设市场信用信息管理系统。

承包人的项目经理部是民工工资支付行为的主体，承包人的项目经理是民工工资支付的责任人。项目经理部要建立全体民工花名册和工资支付表，确保将工资直接发放给民工本人，或委托银行发放民工工资，严禁发放给"包工头"或其他不具备用工主体资格的组织和个人。

工资支付表应如实记录支付单位、支付时间、支付对象、支付数额、支付对象的身份证号和签字等信息。民工花名册和工资支付表应报监理人备查。

（4）承包人应分解工程价款中的人工费用，在工程项目所在地银行开设民工工资（劳务费）专用账户，专项用于支付民工工资。发包人应按照本合同约定的比例或承包人提供的人工费用数额，将应付工程款中的人工费单独拨付到承包人开设的民工工资（劳务费）专用账户。民工工资（劳务费）专用账户应向人力资源社会保障部门和交通运输主管部门备案，并委托开户银行负责日常监管，确保专款专用。开户银行发现账户资金不足、被挪用等情况，应及时向人力资源社会保障部门和交通运输主管部门报告。

（5）承包人应严格执行招标文件技术规范对施工标准化提出的具体要求，结合本单位施工能力和技术优势，积极采取有利于标准化施工的组织方式和工艺流程，加强工地建设、工艺控制、人员管理和内业资料管理，强化对施工一线操作人员的培训，改善职工生产生活条件，与此相关的费用承包人应列入工程量清单第100章中。

(6)承包人应履行项目专用合同条款约定的其他义务。

4.3　分包

第4.3.2项～第4.3.4项细化为：

4.3.2　承包人不得将工程关键性工作分包给第三人。经发包人同意,承包人可将工程的其他部分或工作分包给第三人。分包包括专业分包和劳务分包。

4.3.3　专业分包：

在工程施工过程中,承包人进行专业分包必须遵守以下规定：

(1)允许专业分包的工程范围仅限于非关键性工程或者适合专业化队伍施工的专项工程。未列入投标文件的专项工程,承包人不得分包。但因工程变更增加了有特殊性技术要求、特殊工艺或者涉及专利保护等的专项工程,且按规定无须再进行招标的,由承包人提出书面申请,经发包人书面同意,可以分包。

(2)专业分包人的资格能力(含安全生产能力)应与其分包工程的标准和规模相适应,且应当具备如下条件：

a.具有经工商登记的法人资格;

b.具有从事类似工程经验的管理与技术人员;

c.具有(自有或租赁)分包工程所需的施工设备。

承包人应向监理人提交专业分包人的资格能力证明材料,经监理人审查并报发包人批准后,可以将相应专业工程分包给该专业分包人。

(3)专业分包工程不得再次分包。

(4)承包人和专业分包人应当按照交通运输主管部门制定的统一格式依法签订专业分包合同,并履行合同约定的义务。专业分包合同必须遵循承包合同的各项原则,满足承包合同中的质量、安全、进度、环保以及其他技术、经济等要求。专业分包合同必须明确约定工程款支付条款、结算方式以及保证按期支付的相应措施,确保工程款的支付。承包人应在工程实施前,将经监理人审查同意后的分包合同报发包人备案。

(5)专业分包人应当设立项目管理机构,对所分包工程的施工活动实施管理。项目管理机构应当具有与分包工程的规模、技术复杂程度相适应的技术、经济管理人员,其中项目负责人和技术、财务、计量、质量、安全等主要管理人员必须是专业分包人本单位人员。

(6)承包人应当建立健全相关分包管理制度和台账,对专业分包工程的质量、安全、进度和专业分包人的行为等实施全过程管理,按照合同约定对专业分包工程的实施向发包人负责,并承担赔偿责任。专业分包合同不免除承包合同中规定的承包人的责任或者义务。

(7)专业分包人应当依据专业分包合同的约定,组织分包工程的施工,并对分包工程的质量、安全和进度等实施有效控制。专业分包人对其分包的工程向承包人负责,并就所分包的工程向发包人承担连带责任。

(8)承包人对施工现场安全负总责,并对专业分包人的安全生产进行培训和管理。专业分包人应将其专业分包工程的施工组织设计和施工安全方案报承包人备案。

专业分包人对分包施工现场安全负责,发现事故隐患,应及时处理。

违反上述规定之一者属违规分包。

4.3.4 劳务分包:

在工程施工过程中,承包人进行劳务分包必须遵守以下规定:

(1)劳务分包人应具有施工劳务资质。

(2)劳务分包应当依法签订劳务分包合同,劳务分包合同必须由承包人的法定代表人或其委托代理人与劳务分包人直接签订,不得由他人代签。承包人的项目经理部、项目经理、施工班组等不具备用工主体资格,不能与劳务分包人签订劳务分包合同。承包人应向发包人和监理人提交劳务分包合同副本并报项目所在地劳动保障部门备案。

(3)承包人雇佣的劳务作业应加入承包人的施工班组统一管理。有关施工质量、施工安全、施工进度、环境保护、技术方案、试验检测、材料保管与供应、机械设备等都必须由承包人管理与调配,不得以包代管。

(4)承包人应当对劳务分包人员进行安全培训和管理,劳务分包人不得将其分包的劳务作业再次分包。

违反上述规定之一者属违规分包。

本款补充第4.3.6项、第4.3.7项:

4.3.6 发包人对承包人与分包人之间的法律与经济纠纷不承担任何责任和义务。

4.3.7 本项目的各项分包工作均应遵守《公路工程施工分包管理办法》的有关规定。

8. 工程量清单的编制

工程量清单是表现拟建工程实体性项目和非实体性项目名称和相应数量的明细清单,以满足工程项目具体量化和计量支付的需要。具体来说,工程量清单有三个主要用途:一是为投标单位按统一的规格报价,填报表中各细目单价、合价,按章节的组成汇总各章,各章汇总成整个工程的投标报价;二是方便工程进度款的支付,每月结算时可按工程量清单和细目号,已实施的项目单价或价格来计算应给承包人的款项;三是在工程变更或增加新的项目时,可选用或参照工程量清单单价来确定工程变更或新增项目的单价和合价。

工程量清单可以分为两个部分,第一部分是说明部分,均是说明性内容,是为解读和使用工程量清单的内容服务的;第二部分是工程量清单表,由一系列表格组成。

在《标准施工招标文件》中,说明部分包括第1节"工程量清单说明"、第2节"投标报价说明"、第3节"其他说明";在《公路工程标准施工招标文件》(2018年版)中还增加了"计日工说明"。在《标准施工招标文件》中第4节为"工程量清单",包括工程量清单表、计日工表、暂估价表、投标报价汇总表、工程量清单单价分析表等,这些内容是参考性的。

工程量清单由招标人根据工程量清单的国家标准、行业标准,以及行业标准施工招标文件(如有)、招标项目具体特点和实际需要编制。

1)说明部分

（1）工程量清单说明

工程量清单说明通常要说明以下内容：

a. 工程量清单是根据招标文件中包括的、有合同约束力的图纸以及有关工程量清单的国家标准、行业标准、合同条款中约定的工程量计算规则编制。约定计量规则中没有的子目，其工程量按照有合同约束力的图纸所标示尺寸的理论净量计算。计量采用中华人民共和国法定计量单位。

b. 工程量清单应与招标文件中的投标人须知、通用合同条款、专用合同条款、技术标准和要求及图纸等一起阅读和理解。

c. 工程量清单仅是投标报价的共同基础，实际工程计量和工程价款的支付应遵循合同条款的约定和第七章"技术标准和要求"的有关规定。

d. 补充子目工程量计算规则及子目工作内容说明。为了解决招标文件所约定的国家或行业标准工程量计算规则中没有的子目，或者为方便计量而对所约定的工程量清单中规定的若干子目进行适当拆分或者合并问题，在使用《标准施工招标文件》时，应当约定采用国家或行业标准的某一工程量计算规则。如果没有国家或行业标准，该款应扩展为工程量清单中常见的"×××工程量计算规则及子目工作内容说明"，且作为工程量清单的一个相对独立的组成部分。

以上内容为《标准施工招标文件》中对工程量清单说明的描述。考虑到公路工程的特点，《公路工程标准施工招标文件》（2018年版）中，对工程量清单说明的描述更加具体，更适用于公路工程项目。关于工程量清单说明的描述，《公路工程标准施工招标文件》（2018年版）不同于《标准施工招标文件》的补充内容有：

a. 工程量清单中所列工程数量是估算的或设计的预计数量，仅作为投标报价的共同基础，不能作为最终结算与支付的依据。实际支付应按实际完成的工程量，由承包人按工程量清单计量规则规定的计量方法，以监理人认可的尺寸、断面计量，按工程量清单的单价和总额价计算支付金额；或根据具体情况，按合同条款第15.4款的规定，按监理人确定的单价或总额价计算支付额。

b. 工程量清单各章是按第八章"工程量清单计量规则"、第七章"技术规范"的相应章次编号的，因此，工程量清单中各章的工程子目的范围与计量等应与"工程量清单计量规则""技术规范"相应章节的范围、计量与支付条款结合起来理解或解释。

c. 工程量清单中所列工程量的变动，丝毫不会降低或影响合同条款的效力，也不免除承包人按规定的标准进行施工和修复缺陷的责任。

d. 图纸中所列的工程数量表及数量汇总表仅是提供资料，不是工程量清单的外延。当图纸与工程量清单所列数量不一致时，以工程量清单所列数量作为报价的依据。

（2）投标报价说明

投标报价说明应说明以下内容：

a. 工程量清单中的每一子目须填入单价或价格，且只允许有一个报价。

b. 对子目单价组成进行定义。在《标准施工招标文件》，工程量清单中标价的单价或金额应包括所需人工费、施工机械使用费、材料费、其他（运杂费、质检费、安装费、缺陷修复费、保险费，以及合同明示或暗示的风险、责任和义务等），以及管理费、利润等（规费和税金等不可竞争的费用不包括在子目单价中)。我国水利水电、公路、航道港口等工程项目中实行的工程量清单单价,以及国际工程项目上通行的工程量清单综合单价,一般是指全包括的综合单价。按照"投标报价汇总表",在投标报价、进度款支付和工程款结算时,先根据工程量清单计算出清单项目的工程量合价总额(或者当期完成的工作量),再计算其相应的税金和规费。措施项目与其他项目费用,是否分摊到分部分项工程的子目单价中,涉及工程量清单的子目列项和表现形式,可以在行业标准施工招标文件或招标人编制的招标文件中明确。

c. 工程量清单中投标人没有填入单价或价格的子目,其费用视为已分摊在工程量清单中其他相关子目的单价或价格之中。

d. 暂列金额的数量及拟用子目的说明。

e. 暂估价的数量及拟用子目的说明。

以上投标报价说明的内容出自《标准施工招标文件》,同样地,为了满足公路工程项目专业性的要求,《公路工程标准施工招标文件》(2018年版)对投标报价说明做了更为具体的描述,其中不同于《标准施工招标文件》的补充内容有:

a. 承包人必须按监理人指令完成工程量清单中未填入单价或价格的子目,但不能得到结算与支付。

b. 符合合同条款规定的全部费用应认为已被计入有标价的工程量清单所列各子目之中,未列子目不予计量的工作,其费用应视为已分摊在本合同工程的有关子目的单价或总额价之中。

c. 承包人用于本合同工程的各类装备的提供、运输、维护、拆卸、拼装等支付的费用,已包括在工程量清单的单价与总额价之中。

(3)其他说明

为帮助投标人正确解读工程量清单和准备有竞争力报价,招标人可对有关内容进行说明。如对招标范围的详细界定、工程量清单组成介绍、工程概况等,以及招标文件其他部分指明应在"工程量清单"中说明的其他事项。

2)工程量清单表

关于工程量清单表,《标准施工招标文件》给出了一些通用表格,具体到招标项目时,工程量清单表的具体表现形式应当按照国家或行业标准进行细化。

工程量清单表的编制主要有工程子目划分和工程量的确定两项关键工作。

(1)工程子目划分

编制工程量清单表划分"子目"时要做到简单明了、善于概括,使表中所列的项目既具有高度的概括性,条目简明,又不漏掉项目和应该计价的内容。按上述原则编制的工程量清单既不影响报价和结算,又大大地节省了编制工程量清单、计算标底、投标报价、复核报价书,特别是工程实施过程中每月结算和最终工程结算时的工作量。

工程子目划分应该注意:

第一,工程量清单应视工程的具体情况分门别类列表。就公路工程而言,根据工程的不同部位,一般可分为总则、路基土石方、路面工程、排水与涵洞工程、防护工程、桥梁工程、隧道工程、沿线设施及其他工程等部分。在每部分内部再按不同种类的工作性质逐项编写,并给每项工作冠以统一编号的序列号。

第二,工程量清单各工程细目在序列号、名称、单位等方面都应和技术规范相一致,以便投标人清楚各工程细目的内涵和准确地填写各细目的单价。

第三,工程量清单的子目划分一般相当细致,对各种不同种类的工作分别列出项目;对于同一性质的工作,因施工部位或条件不同,一般也分别列出项目;若情况不同,可能要将不同报价的项目分开。

第四,在工程项目的划分中要注意项目大小的合理和科学。工程子目可大可小,工程子目小有利于处理工程变更,但计量工作量和难度会因此增加;工程子目大可减少计量工作量,但难以发挥单价合同的优势,不便于变更工程的处理。另外,工程子目大也会使得支付周期延长,承包人的资金周转困难,最终影响合同的正常履行和合同的严肃性。例如,桥梁工程有基础挖方项目,由于计价中包含了基础回填等工作,所以承包人必须等到基础回填工作完成以后才能办理该项目的计量支付,其支付周期为半年甚至更长的时间,以致影响承包人的资金周转,不利于合同的正常履行。如果将基础开挖和基础回填分成两个工程子目,则可以避免上述问题。综上所述,清单子目小会增加计量工作量,但对处理工程变更和管理合同是有利的。

(2)工程量的确定

工程子目工程量的确定是在工程子目的工程内容确定后,根据设计文件中的工程数量,通过汇总、分拆、摘录等过程,最后确定并填入清单子目中。

清单编制时工程量的准确性应保证。工程量出错,承包人除通过不平衡报价获取超额利润外,还有权提出索赔。工程量的错误还会增加变更工程的处理难度。由于承包人采用了不平衡报价,所以当合同发生工程变更而引起工程量清单中工程量的增减时,不平衡报价对所增减的工程量计价不适应,会使得监理工程师不得不和建设单位及承包人协商确定新单价来对变更工程进行计价,以致合同管理的难度增加。

公路项目的各组成部分在《公路工程标准施工招标文件》(2018年版)中分别列为第200章路基,第300章路面,第400章桥梁、涵洞,第500章隧道,第600章安全设施及预埋管线,第700章绿化及环境保护设施。以上这些专门类目工程量清单格式相同。

除各专门类目工程量以外,与整个工程项目有关的类目,例如提供监理工程师的工地办公室及办公设施、施工道路的修筑及维护等费用;施工所需的电力、电讯、供水等各种临时工程,以及其他工程类目的工程量清单中所未包括的费用,在公路工程中把它们放在第100章总则中。清单的总则中还列入凭单据支付的针对整个工程项目的一些税金(如关税等)和各种保险费(工程保险、第三方保险等)金额。

各专门类目的清单编写要尽量和现行概、预算定额工程项目与工程内容接近,便于比较。在每一类清单中均应分别注明单价栏目或总额栏目,在单位与工程量栏内应填写正确。

工程量清单的"总则"部分的格式如表3-1-12所示。各专门类目的清单格式如表3-1-13所示,表3-1-13是路基土石方一章的工程量清单。

工程量清单(一)　　　　　　　　　　　　　　　　表3-1-12

清单　第100章　总则

子目号	子目名称	单位	数量	单价	合价
101	通则				
101-1	保险费				

子目号	子目名称	单位	数量	单价	合价
-a	按合同条款规定,提供建筑工程一切险	总额			
-b	按合同条款规定,提供第三者责任险	总额			
102	工程管理				
102-1	竣工文件	总额			
102-2	施工环保费	总额			
102-3	安全生产费	总额			
102-4	信息化系统(暂估价)	总额			
103	临时工程与设施				
103-1	临时道路修建、养护与拆除(包括原道路的养护)	总额			
103-2	临时占地	总额			
103-3	临时供电设施架设、维护与拆除	总额			
103-4	电信设施的提供、维修与拆除	总额			
103-5	临时供水与排污设施	总额			
104	承包人驻地建设				
104-1	承包人驻地建设	总额			
105	施工标准化				
105-1	施工驻地	总额			
105-2	工地试验室	总额			
105-3	拌和站	总额			
105-4	钢筋加工场	总额			
105-5	预制场	总额			
105-6	仓储存放地	总额			
105-7	各场(厂)区、作业区连接道路及施工主便道	总额			

清单第100章合计 人民币____

工程量清单(二) 表3-1-13

清单 第200章 路基

子目号	子目名称	单位	数量	单价	合价
202	场地清理				
202-1	清理与掘除				
-a	清理现场	m²			
-b	砍伐树木	棵			
-c	挖除树根	棵			
202-2	挖除旧路面				

续上表

子目号	子目名称	单位	数量	单价	合价
-a	水泥混凝土路面	m³			
-b	沥青混凝土路面	m³			
-c	碎石路面	m³			
202-3	拆除结构物				
-a	钢筋混凝土结构	m³			
-b	混凝土结构	m³			
-c	砖、石及其他砌体结构	m³			
-d	金属结构	kg			
202-4	植物移栽				
-a	移栽乔(灌)木	棵			
-b	移栽草皮	m²			
203	挖方路基				
203-1	路基挖方				
-a	挖土方	m³			
-b	挖石方	m³			
-c	挖除非适用材料(不含淤泥、岩盐、冻土)	m³			
-d	挖淤泥	m³			
-e	挖岩盐	m³			
-f	挖冻土	m³			
203-2	改河、改渠、改路挖方				
-a	挖土方	m³			
-b	挖石方	m³			
-c	挖除非适用材料(不含淤泥、岩盐、冻土)	m³			
-d	挖淤泥	m³			
-e	挖岩盐	m³			
-f	挖冻土	m³			
204	填方路基				
204-1	路基填筑(包括填前压实)				
-a	利用土方	m³			
-b	利用石方	m³			
-c	利用土石混填	m³			
-d	借土填方	m³			
-e	粉煤灰及矿渣路堤	m³			

续上表

子目号	子目名称	单位	数量	单价	合价
-f	吹填砂路堤	m^3			
-g	EPS(路基轻质填料)路堤	m^3			
-h	结构物台背回填	m^3			
-i	锥坡及台前溜坡填土	m^3			
204-2	改河、改渠、改路填筑				
-a	利用土方	m^3			
-b	利用石方	m^3			
-c	利用土石混填	m^3			
-d	借土填方	m^3			
……					

3)计日工表

计日工是为了解决现场发生的零星工作的计价而设立的,已完成零星工作所消耗的人工工时、机械台班、材料数量进行计量,并按照计日工表中填报的适用子目的单价进行计价支付。为了获得合理的计日工单价,计日工表中一定要给出暂定数量,并且需要根据经验,尽可能估算一个比较贴近实际的数量。

在招标文件中计日工表一般列有劳务、材料、施工机械和计日工汇总表4个表。在编制计日工表时,需对每个表中的工作费用及应该包含哪些内容以及如何计算时间作出说明和规定。如劳务工时计算是由到达工作地点开始指定的工作算起到回到出发地点为止的时间,但不包括用餐和工间休息时间。

有的招标文件不将计日工价格计入总价,这样承包人会将计日工价格报得很高。一旦使用计日工时,建设单位将支付高昂的费用。因此在编制计日工明细表时,应估计使用劳务、材料和施工机械的数量。这个数量称为"名义工程量"。投标者在填入计日工单价后再乘"名义工程量",然后将汇总的计日工总价加入投标总报价中,以限制投标者随意提高计日工报价。

在各类计日工单价表中,应根据施工中可能用到的各工种、等级的劳务,各种规格、性能的材料以及各种型号的施工机械分别详细列出,履约中一旦动用计日工,则承包人填报的这些计日工单价即成为支付计日工费用的依据。

【例3-10】 某工程项目的计日工表(表3-1-14~表3-1-17)示例。

3.1 总则

(1)本说明应参照通用合同条款第15.7款一并理解。

(2)未经监理人书面指令,任何工程不得按计日工施工;接到监理人按计日工施工的书面指令,承包人也不得拒绝。

(3)投标人应在计日工单价表中填列计日工子目的基本单价或租价,该基本单价或租价适用于监理人指令的任何数量的计日工的结算与支付。计日工的劳务、材料和施工机械由招标人(或发包人)列出正常的估计数量,投标人报出单价,计算出计日工总额后列入工程量清单汇总表中并进入评标价。

(4)计日工不调价。

3.2 计日工劳务

(5)在计算应付给承包人的计日工工资时,工时应从工人到达施工现场并开始从事指定的工作算起,到返回原出发地点为止,扣去用餐和休息的时间。只有直接从事指定的工作,且能胜任该工作的工人才能计工,随同工人一起做工的班长应计算在内,但不包括领工(工长)和其他质检管理人员。

(6)承包人可以得到用于计日工劳务的全部工时的支付,此支付按承包人填报的"计日工劳务单价表"(表3-1-14)所列单价计算,该单价应包括基本单价及承包人的管理费、税费、利润等所有附加费,说明如下:

a. 劳务基本单价包括承包人劳务的全部直接费用,如:工资、加班费、津贴、福利费及劳动保护费等。

b. 承包人的利润、管理、质检、保险、税费;易耗品的使用,水电及照明费,工作台、脚手架、临时设施费,手动机具与工具的使用及维修费,以及上述各项伴随而来的费用。

计日工劳务单价表   表3-1-14

合同段:TR. CP1

细目号	名称	单位	暂定数量	单价	合价
101	班长	h	50		
102	普通工	h	150		
103	焊工	h	150		
104	电工	h	150		
105	混凝土工	h	150		
106	木工	h	150		
107	钢筋工	h	150		
	……				

劳务小计金额:_____
(计入"计日工汇总表")

注:根据具体工程情况,也可用天数作为计日工劳务单位。

3.3 计日工材料

(7)承包人可以得到计日工使用的材料费用[上述(6)b已计入劳务费内的材料费用除外]的支付,此费用按承包人"计日工材料单价表"(表3-1-15)中所填报的单价计算,该单价应包括基本单价及承包人的管理费、税费、利润等所有附加费,说明如下:

a. 材料基本单价按供货价加运杂费(到达承包人现场仓库)、保险费、仓库管理费以及运输损耗等计算。

b. 承包人的利润、管理、质检、保险、税费及其他附加费。

c. 从现场运至使用地点的人工费和施工机械使用费不包括在上述基本单价内。

计日工材料单价表 表 3-1-15

合同段:TR. CP1

细目号	名称	单位	暂定数量	单价	合价
201	水泥	t	10		
202	钢筋	t	10		
203	钢绞线	t	10		
204	沥青	t	10		
205	木材	m³	10		
206	砂	m³	50		
207	碎石	m³	50		
208	片石	m³	50		
……					

材料小计金额：_____
(计入"计日工汇总表")

3.4 计日工施工机械

(8)承包人可以得到用于计日工作业的施工机械费用的支付,该费用按承包人填报的"计日工施工机械单价表"(表 3-1-16)中的单价计算。该单价应包括施工机械的折旧、利息、维修、保养、零配件、油燃料、保险和其他消耗品的费用以及全部有关使用这些机械的管理费、税费、利润和驾驶员与助手的劳务费等。

计日工施工机械单价表 表 3-1-16

合同段:TR. CP1

细目号	名称	单位	暂定数量	单价	合价
301	装载机				
301-1	1.5m³ 以下	h	150		
301-2	1.5~2.5m³	h	100		
301-3	2.5m³ 以上	h	100		
302	推土机				
302-1	90kW 以下	h	100		
302-2	90~180kW	h	100		
302-3	180 kW 以上	h	100		
303	挖掘机				
303-1	0.6 m³ 以内	h	120		
303-2	1.0 m³ 以内	h	100		
303-3	2.0 m³ 以内	h	100		
304	自卸汽车				
304-1	6 t 以内	h	80		
304-2	10 t 以内	h	120		
……					

施工机械小计金额：_____
(计入"计日工汇总表")

(9)在计日工作业中,承包人计算所用的施工机械费用时,应按实际工作小时支付。除非经监理人的同意,计算的工作小时才能将施工机械从现场某处运到监理人指令的计日工作业的另一现场,往返运送时间包括在内。

计日工汇总表　　　　　　　　　　　　　表3-1-17

合同段:TR. CP1

名称	金额	备注
劳务		
材料		
施工机械		

计日工总计:_____
(计入"投标报价汇总表")

4)暂估价表

在工程招标阶段已经确定的材料、工程设备或工程项目,因无法在当时确定准确价格,而可能影响招标效果的,可在编制招标文件时由发包人在工程量清单中给定一个暂估价。通常在招标文件中应约定确定暂估价实际开支的以下三种情形:

①依法不需要招标的材料和工程设备,承包人报样,监理人认价。

发包人在工程量清单中给定暂估价的材料、工程设备和专业工程属于依法必须招标的范围并达到规定的规模标准的,由发包人和承包人以招标的方式选择供应商或分包人。发包人和承包人的权利义务关系在专用合同条款中约定。中标金额与工程量清单中所列的暂估价的金额差以及相应的税金等其他费用列入合同价格。

②依法不需要招标的专业工程,按照变更计价处理。

发包人在工程量清单中给定暂估价的材料和工程设备不属于依法必须招标的范围或未达到规定的规模标准的,应由承包人按通用合同条款中关于"承包人提供的材料和工程设备"条款的约定提供。经监理人确认的材料、工程设备的价格与工程量清单中所列的暂估价的金额差以及相应的税金等其他费用列入合同价格。

③依法必须招标的材料、工程设备和专业工程,合同双方当事人共同招标确定。

发包人在工程量清单中给定暂估价的专业工程不属于依法必须招标的范围或未达到规定的规模标准的,由监理人按照合同条款中关于"变更的估价原则"条款进行估价,但专用合同条款另有约定的除外。经估价的专业工程与工程量清单中所列的暂估价的金额差以及相应的税金等其他费用列入合同价格。

5)投标报价汇总表

投标报价汇总表格式见表3-1-18。投标报价汇总表与投标函中投标报价金额应当一致。需要注意的是,材料、工程设备的暂估价已包括在清单小计中,计日工已包括在暂列金额中,不应重复计入投标报价。

投标报价汇总表　　　　　　　　　　　　　　表3-1-18

_____(项目名称)____标段

汇总内容	金额	备注
……		
……		
……		
清单小计　A		
包含在清单小计中的材料、工程设备暂估价　B		
专业工程暂估价　C		
暂列金额　E		
包含在暂列金额中的计日工　D		
暂估价　F=B+C		
规费　G		
税金　H		
投标报价　P=A+C+E+G+H		

考虑到公路工程的特点,公路工程招标文件中,投标报价汇总表格式见表3-1-19。

公路工程投标报价汇总表　　　　　　　　　　表3-1-19

_____(项目名称)____标段

序号	章次	科目名称	金额(元)
1	100	总则	
2	200	路基	
3	300	路面	
4	400	桥梁、涵洞	
5	500	隧道	
6	600	安全设施及预埋管线	
7	700	绿化及环境保护设施	
8		第100~700章清单合计	
9		已包含在清单合计中的材料、工程设备、专业工程暂估价合计	
10		清单合计减去材料、工程设备、专业工程暂估价合计(即8-9=10)	
11		计日工合计	
12		暂列金额(不含计日工总额)[①]	
13		投标报价(8+11+12)=13	

注:材料、工程设备、专业工程暂估价已包括在清单合计中,不应重复计入投标报价。

①暂列金额的设置不宜超过工程量清单第100~700章合计金额的3%。

表中公式涉及的数字为序号。

6)工程量清单单价分析表

工程量清单单价分析表是评标委员会评审和判别单价组成以及价格完整性和合理性的主要基础,对于合同条款中关于类似子目的变更计价也是必不可少的基础。该分析表所载明的价格数据对投标人有约束力。工程量清单单价分析表格式见表3-1-20。

工程量清单单价分析表 表3-1-20

序号	编码	子目名称	人工费			材料费						机械使用费	其他	管理费	利润	单价
			工日	单价	金额	主材				辅材费	金额					
						主材耗量	单位	单价	主材费							

考虑到公路工程的特点，《公路工程标准施工招标文件》(2018年版)中，工程量清单单价分析表格式见表3-1-21。

公路工程工程量清单单价分析表 表3-1-21

序号	编码	子目名称	人工费			材料费						机械使用费	其他	管理费	税费	利润	综合单价
			工日	单价	金额	主材				辅材费	金额						
						主材耗量	单位	单价	主材费								

9. 设计图纸

设计图纸是合同文件的重要组成部分，是编制工程量清单以及投标报价的重要依据，也是进行施工及验收的依据。通常招标时的图纸可能并不包括工程所需的全部图纸，在投标人中标后还会补充提交新的图纸以及对招标时图纸的修改。因此，在招标文件中，除了附上招标图纸外，还应该列明图纸目录。图纸目录一般包括序号、图名、图号、版本、出图日期等。图纸目录以及对应的图纸将是施工和合同管理以及解决争议的重要依据。

10. 技术规范的编制

技术规范由招标人根据行业标准施工招标文件(如有)、招标项目具体特点和实际需要编制。

1)技术规范的编制方法

技术规范是工程投标和工程施工承包的重要技术经济文件。它是招标文件中一个非常重要的组成部分，它详细、具体地说明了承包人履行合同时的质量要求、验收标准、材料的品级和规格，为满足质量要求应遵守的施工技术规范，以及计量与支付的规定等。规范、图纸和工程量表是投标人在投标时必不可少的资料，根据这些资料，投标人才能拟定施工方案、施工工序、施工工艺等施工规划的内容，并据此进行工程估价和确定投标价。

由于不同性质工程的技术特点和质量要求及标准等均不相同，所以，技术规范应根据不同的工程性质及特点分章、分节、分部、分项编写。例如，《公路工程标准施工招标文件》(2018年版)的技术规范中，分成了总则，路基，路面，桥梁、涵洞，隧道，安全设施及预埋管线，绿化及环境保护设施等七章。桥梁、涵洞一章又分成通则，模板、拱架和支架，钢筋，基坑开挖及回填，钻孔灌注桩，沉桩，挖孔灌注桩，桩的垂直静荷载试验，沉井，结构混凝土工程，预应力混凝土工程，预制构件的安装，砌石工程，小型钢构件，桥面铺装，桥梁支座，桥梁接缝和伸缩装置，防水处理,圆管涵及倒虹吸管涵,盖板涵、箱涵,拱涵等21节,并对每一节工程的特点分质量要求、验收标准、材料规格及施工技术规范等进行规定和说明。编制技术规范时应注意以下问题:

(1)确定合适的工程技术标准

编制技术规范的重要工作是确定工程技术标准。在确定工程技术标准时,既要满足设计要求,满足国家、行业的强制性指标,以及有关专业技术规范、规程的要求,保证工程的施工质量,又不能过于苛刻。因为太苛刻的技术标准必然导致投标人提高投标价格。

(2)选用适用的技术标准

编写规范时一般可引用国家有关各部正式颁布的技术标准。国际工程也可引用某一通用的国外技术标准,但一定要结合本工程的具体环境和要求来选用;同时往往还需要由咨询工程师再编制一部分适用于本工程的技术要求和规定。正式签订合同之后,承包人必须遵循合同列入的规范要求。

技术规范中施工技术的内容以通用技术为基础并适当简化,因为施工技术是多种多样的,招标中不应排斥承包人通过先进的施工技术降低投标报价的行为。承包人完全可以在施工中采用自己所掌握的先进施工技术。

2)公路工程技术规范的内容

技术规范一般包含下列内容:工程的全面描述、工程所采用材料的要求、施工质量要求、验收标准和规定、其他不可预见因素的规定。技术规范的基本内容根据其性质可分为五部分:工程范围、材料、各施工工艺要求、质量检验与验收。

《公路工程标准施工招标文件》(2018年版)提供的技术规范是分章节编制,这些章节与工程量清单的章节编排相对应。其内容和结构如下。

(1)第100章——总则

第100章总则是对整个招标文件做的总体规定,其内容通常包括通则、工程管理、临时工程与设施、承包人驻地建设、施工标准化。

①通则。

通则对技术规范的适用范围、专用名词术语的定义、缩写词的解释、标准与规范、承包人的施工机械、图纸、工程变更、税金和保险等进行了说明。

②工程管理。

包括对开工报审表、工程报告单、制订施工进度计划和施工方案说明、工程信息化系统的一般要求,以及对专业分包、劳务分包、人员培训,施工测量、设计及放样,施工工艺图,施工方法与质量控制,材料,进度照片与录像,工程记录与竣工文件,关于工程附近建筑物和财产的保护,线外工程,环境保护,交通流计划和控制,安全保护与事故报告的说明。

③临时工程与设施。

对一般要求,临时设施,临时道路、桥涵,临时占地进行了说明。

④承包人驻地建设。

阐述了承包人驻地建设的一般要求,并对办公室、住房及生活区,工地试验室,医疗卫生与消防设施,其他建设,承包人驻地设施的拆迁进行了说明。

⑤施工标准化。

阐述了施工标准化的一般要求,并对工地标准化、施工标准化、管理标准化进行了说明。

（2）第200～700章——专业性技术规范

公路工程专业性技术规范从第200～700章是专业性技术规范。各章的主要内容见表3-1-22。

技术规范主要内容一览表　　　　　　　表3-1-22

章名	节名
第200章　路基	第201节　通则
	第202节　场地清理
	第203节　挖方路基
	第204节　填方路基
	第205节　特殊地区路基处理
	第206节　路基整修
	第207节　坡面排水
	第208节　护坡、护面墙
	第209节　挡土墙
	第210节　锚杆、锚定板挡土墙
	第211节　加筋土挡土墙
	第212节　喷射混凝土和喷浆边坡防护
	第213节　预应力锚索边坡加固
	第214节　抗滑桩
	第215节　河道防护
第300章　路面	第301节　通则
	第302节　垫层
	第303节　石灰稳定土底基层、基层
	第304节　水泥稳定土底基层、基层
	第305节　石灰粉煤灰稳定土底基层、基层
	第306节　级配碎(砾)石底基层、基层
	第307节　沥青稳定碎石基层(ATB)
	第308节　透层和黏层
	第309节　热拌沥青混合料面层
	第310节　沥青表面处置与封层
	第311节　改性沥青及改性沥青混合料
	第312节　水泥混凝土面板
	第313节　路肩培土、中央分隔带回填土、土路肩加固及路缘石
	第314节　路面及中央分隔带排水
第400章　桥梁、涵洞	第401节　通则
	第402节　模板、拱架和支架

章名	节名
第400章 桥梁、涵洞	第403节 钢筋
	第404节 基坑开挖及回填
	第405节 钻孔灌注桩
	第406节 沉桩
	第407节 挖孔灌注桩
	第408节 桩的垂直静荷载试验
	第409节 沉井
	第410节 结构混凝土工程
	第411节 预应力混凝土工程
	第412节 预制构件的安装
	第413节 砌石工程
	第414节 小型钢构件
	第415节 桥面铺装
	第416节 桥梁支座
	第417节 桥梁接缝和伸缩装置
	第418节 防水处理
	第419节 圆管涵及倒虹吸管涵
	第420节 盖板涵、箱涵
	第421节 拱涵
第500章 隧道	第501节 通则
	第502节 洞口与明洞工程
	第503节 洞身开挖
	第504节 洞身衬砌
	第505节 防水与排水
	第506节 洞内防火涂料和装饰工程
	第507节 风水电作业及通风防尘
	第508节 监控量测
	第509节 特殊地质地段的施工与地质预报
	第510节 洞内机电设施预埋件和消防设施
第600章 安全设施及预埋管线	第601节 通则
	第602节 护栏
	第603节 隔离栅和防落网
	第604节 道路交通标志
	第605节 道路交通标线

续上表

章名	节名
第600章 安全设施 及预埋管线	第606节 防眩设施
	第607节 通信和电力管道与预埋(预留)基础
	第608节 收费设施及地下通道
第700章 绿化 及环境保护设施	第701节 通则
	第702节 铺设表土
	第703节 撒播草种和铺植草皮
	第704节 种植乔木、灌木和攀缘植物
	第705节 植物养护与管理
	第706节 声屏障

第200~700章的专业性技术规范的基本内容包括:范围、材料、一般要求、施工要求、质量检验等。具体内容见例3-11。

【例3-11】 某公路工程项目技术规范示例。

第209节 挡 土 墙

209.1 范围

本节工作内容为砌体挡土墙、干砌挡土墙及混凝土挡土墙的施工及相关作业。

209.2 材料

所用材料应符合图纸和本规范第201.02小节及410节和403节有关规定的要求。

209.3 一般要求

(1)挡土墙施工前,应做好截水、排水及防渗设施。

(2)在岩体破碎、土质松软或地下水丰富地段修建挡土墙,宜避开雨季施工。

(3)施工过程中,应对地质情况进行核对,与图纸不符时,应及时处理。

(4)基坑内积水应随时排干,基坑开挖宜分段跳槽进行;采用倾斜基底时,基底高程应按图纸控制,不得超挖填补。

(5)基底检验合格后,应及时按图纸和本规范相关要求进行下道工序施工。

(6)挡土墙端部伸入路堤或嵌入地层部分应与墙体同时砌筑。挡土墙顶应找平抹面或勾缝,其与边坡间的空隙应用黏土或其他材料夯填封闭。

(7)挡土墙与桥台、隧道洞门连接应协调施工,必要时应加临时支撑,确保与墙相接的填方或山体的稳定。

(8)承包人应按《公路桥涵施工技术规范》(JTG/T 3650—2020)的要求,加强水泥混凝土、水泥砂浆的养护管理。

209.4 施工要求

1. 重力式挡土墙

(1)承包人应熟悉图纸,根据工地特点、工期要求及施工条件,结合自己的设备能力,做出施工组织设计,在开始砌筑前28d报监理人批准后,方可开始砌筑。

(2)砌筑时必须两面立杆挂线或样板挂线,外面线应顺直整齐,逐层收坡,内面线可大致适顺。在砌筑过程中应经常校正线杆,以保证砌体各部分尺寸符合图纸要求。

(3)墙基础直接置于天然地基上时,应经监理人检验同意后,方可开始砌筑。当有渗透水时,应及时排除,以免基础在砂浆初凝前遭水侵害。

(4)雨季在土质或易风化软质岩石基坑中砌筑基础时,应在基坑挖好后及时封闭坑底。当基底设有向内倾斜的稳定横坡时,应采取临时排水措施,辅以必要坐浆后安砌基础。

(5)墙基础为软弱土层,不能保证图纸要求的强度时,应经监理人批准,采用加宽基础或其他措施。浸水或近河路基挡土墙基础的设置深度,应符合图纸规定,且不小于冲刷线以下0.5m。硬质岩石基坑中的基础,宜满坑砌筑。

(6)当墙基础设置在岩石的横坡上时,应清除表面风化层,并做成台阶形。台阶的高宽比不得大于2:1,台阶宽度不应小于0.5m。

(7)沿墙长度方向地面有纵坡时,应沿纵向按图纸要求做成台阶。台阶与墙体应连在一起同时砌筑,基底及墙趾台阶转折处不得砌成垂直通缝。砌体与台阶壁间的缝隙砂浆应饱满。

(8)砌筑基础的第一层时,如基底为基岩或混凝土基础,应先将其表面加以清洗、湿润,坐浆砌筑。砌筑工作中断后再进行砌筑时,应将砌层表面加以清扫和湿润。

(9)基坑应随砌筑分层回填夯实,并在表面留3%的向外斜坡。

(10)砌体应分层坐浆砌筑,砌筑上层时,不应振动下层。砌体砌筑完成后,应进行勾缝。

(11)墙身要分层错缝砌筑,砌出地面后基坑应及时回填夯实,并完成其顶面排水、防渗设施。

(12)伸缩缝与沉降缝内两侧壁应竖直、平齐,无搭叠;缝中防水材料应按图纸要求施工。

(13)工作段的分段位置宜在伸缩缝和沉降缝之处,各段水平缝应一致。防水层、泄水孔应按图纸要求设置。

(14)当墙身的强度达到设计强度的75%时,方可进行回填等工作。在距墙背0.5～1.0m以内,不宜用重型振动压路机碾压。回填材料应符合图纸规定,图纸无规定时,填料应符合本规范第204.04-9(2)款的规定。

2. 混凝土悬臂式和扶壁式挡土墙

(1)凸榫必须按照图纸尺寸开挖,并与墙底板一同灌注混凝土。

(2)现场整体浇筑时,每段墙的底板、面板和肋的钢筋应一次绑扎,宜一次完成混凝土灌注。当采用现场分段浇筑时,应按图纸要求进行施工,并预埋好连接钢筋。连接处混凝土面应严格凿毛,并清洗干净。

（3）灌注混凝土后，应按有关规定进行养护。墙体达到图纸强度的75%后，方可进行墙背填土，并应按设计要求的填料和密实度分层填筑、压实；设计无要求时，填料应符合本规范第204.04-9（2）款的规定；墙背排水设施应随填土及时施工。

（4）装配法施工时，预制墙板的预制、安装质量应符合图纸和本规范第400章和第210节的相关规定；基础混凝土强度达到设计强度75%后，方可安装；预制墙板与基础必须按图纸要求连接牢固。

209.5 质量检验

1. 砌体、片石混凝土挡土墙

（1）基本要求。

a. 勾缝砂浆强度不得小于砌筑砂浆强度。

b. 地基承载力、基础埋置深度应满足设计要求。

c. 砌筑应分层错缝。浆砌时应坐浆挤紧，嵌填饱满密实，不得出现空洞；干砌时不得出现松动、叠砌和浮塞。

d. 混凝土应分层浇筑，施工缝及片石埋放应符合施工技术规范的规定。

e. 沉降缝、伸缩缝、泄水孔的位置、尺寸和数量应满足设计要求；沉降缝及伸缩缝应竖直、贯通，采用弹性材料填充密实，填充深度应满足设计要求。

（2）检查项目。

a. 浆砌挡土墙的检查项目见表3-1-23。

b. 干砌挡土墙的检查项目见表3-1-24。

c. 片石混凝土挡土墙检查项目见表3-1-25。

浆砌挡土墙检查项目 　　　　　　　　　　　　　　　　　　　表3-1-23

项次	检查项目		规定值或允许偏差	检查方法和频率
1	砂浆强度（MPa）		在合格标准内	按《公路工程质量检验评定标准 第一册 土建工程》（JTG F80/1—2017）附录F检查
2	平面位置（mm）		≤50	全站仪：测墙顶外边线，长度不大于30m时测5点，每增加10m增加1点
3	墙面坡度（%）		≤0.5	铅锤法：长度不大于30m时测5处，每增加10m增加1处
4	断面尺寸（mm）		不小于设计值	尺量：长度不大于50m时测10个断面，每增加10m增加1个断面
5	顶面高程（mm）		±20	水准仪：长度不大于30m时测5点，每增加10m增加1点
6	表面平整度（mm）	块石	≤20	2m直尺：每20m测3处，每处测竖直、墙长两个方向
		片石	≤30	
		混凝土预制块、料石	≤10	

干砌挡土墙检查项目 表 3-1-24

项次	检查项目	规定值或允许偏差	检查方法和频率
1	平面位置(mm)	≤50	全站仪：测墙顶外边线，长度不大于30m时测5点，每增加10m增加1点
2	墙面坡度(%)	≤0.5	铅锤法：长度不大于30m时测5处，每增加10m增加1处
3	断面尺寸(mm)	不小于设计值	尺量：长度不大于50m时测10个断面，每增加10m增加1个断面
4	顶面高程(mm)	±50	水准仪：长度不大于30m时测5点，每增加10m增加1点
5	表面平整度(mm)	≤50	2m直尺：每20m测3处，每处测竖直、墙长两个方向

片石混凝土挡土墙检查项目 表 3-1-25

项次	检查项目	规定值或允许偏差	检查方法和频率
1	混凝土强度(MPa)	在合格标准内	按《公路工程质量检验评定标准　第一册　土建工程》(JTG F80/1—2017)附录D检查
2	平面位置(mm)	≤50	全站仪：测墙顶外边线，长度不大于30m时测5点，每增加10m增加1点
3	墙面坡度(%)	≤0.3	铅锤法：长度不大于30m时测5处，每增加10m增加1处
4	断面尺寸(mm)	不小于设计值	尺量：长度不大于50m时测10个断面，每增加10m增加1个断面
5	顶面高程(mm)	±20	水准仪：长度不大于30m时测5点，每增加10m增加1点
6	表面平整度(mm)	≤8	2m直尺：每20m测3处，每处测竖直、墙长两个方向

（3）外观质量。

a. 浆砌缝开裂、勾缝不密实和脱落的累计换算面积不得超过该面面积的1.5%，且单个最大换算面积不应大于0.08m²。换算面积按缺陷缝长度乘0.1m计算。

b. 混凝土表面不应存在《公路工程质量检验评定标准　第一册　土建工程》(JTG F80/1—2017)附录P所列限制缺陷。

c. 墙体不得出现外鼓变形。

d. 泄水孔应无反坡、堵塞。

2. 悬臂式和扶壁式挡土墙

（1）基本要求。

a. 地基承载力应满足设计要求。

b. 沉降缝、伸缩缝、泄水孔的位置、尺寸和数量应满足设计要求；沉降缝及伸缩缝应竖直、贯通，采用弹性材料填充密实，填充深度满足设计要求。

（2）检查项目。

悬臂式和扶壁式挡土墙检查项目见表3-1-26。

悬臂式和扶壁式挡土墙检查项目　　　　表3-1-26

项次	检查项目	规定值或允许偏差	检查方法和频率
1	混凝土强度(MPa)	在合格标准内	按《公路工程质量检验评定标准 第一册 土建工程》(JTG F80/1—2017)附录D检查
2	平面位置(mm)	≤30	全站仪:长度不大于30m时测5点,每增加10m增加1点
3	墙面坡度(%)	≤0.3	铅锤法:长度不大于30m时测5处,每增加10m增加1处
4	断面尺寸(mm)	不小于设计值	尺量:长度不大于50m时测10个断面及10个扶臂,每增加10m增加1个断面及1个扶臂
5	顶面高程(mm)	±20	水准仪:长度不大于30m时测5点,每增加10m增加1点
6	表面平整度(mm)	≤8	2m直尺:每20m测3处,每处测竖向、纵向两个方向

（3）外观质量。

a. 混凝土表面不应存在《公路工程质量检验评定标准 第一册 土建工程》(JTG F80/1—2017)附录P所列限制缺陷。

b. 墙体不得出现外鼓变形。

c. 泄水孔应无反坡、堵塞。

11. 标底的编制

标底是建筑产品在建设市场交易中的一种预期价格。标底的编制过程是对招标项目所需工程费用的自我测算过程。编制标底可以促使建设单位事先加强工程项目的成本调查和成本预测,做到各项费用心中有数,为搞好评标工作进而搞好施工过程的投资控制工作打好基础。

在编制标底的过程中,应注意以下原则和要求:①标底的价格应反映建筑产品的价值,即在标底编制过程中,应遵循价值规律;②标底的价格应反映建筑市场的供求状况对建筑产品价格的影响,即服从供求规律;③标底的价格应反映出一种平均先进的社会生产力水平,以达到通过招标,促使社会劳动生产力水平提高的目的。

1)标底编制的依据

标底编制的依据主要有以下六个方面。

（1）招标文件

标底是衡量和评审投标价的尺度。招标文件是编制标底必须遵循的主要依据。另外,对于招标期间建设单位发出的修改书和标前会的问题解答,凡与标底编制有关的方面,也要在标底编制时考虑进去。修改书和问题解答是招标文件的一部分,同样是标底编制的依据。

（2）概、预算定额

概、预算定额是国家各专业部或各地区根据专业和地区的特点,对本专业或本地区的建筑安装工程按照合理的施工组织和一般正常的施工条件编制的专业或地区的统一定额,是一种具有法定性的指标。标底要起到控制投资额和作为招标工程的预期价格的作用,就应该按颁布的现行概、预算定额来编制。标底和投标报价编制的不同点之一,就是投标人可根据自已的技术措施、管理水平、企业定额或以往的工作经验来编制报价书,不受国家规定计价依据的约束,而标底编制则必须根据国家规定的计价依据。

（3）费用定额

费用定额也是编制标底的依据。费用定额与编制标底有关的取费标准是其他工程直接费、间接费、利润、税金、施工图预算包干费等。编制标底时,费用定额的项目和费率可视招标工程的规模、招标方式、招标文件的有关规定以及参加投标的各施工企业的情况而定,但其基本费率的取费依据是费用定额。

（4）工、料、机价格

工、料、机价格是计算直接费的主要依据。人工工资应按国家规定的计价依据和当地规定的有关工资标准(如工资性津贴)计算;材料应按编制概、预算时材料预算价格调查的原则进行实地调查和计算,特别要核实路基土石方的取土坑、废土堆场和运输条件,砂、石料的料场的位置、储量、开采量、质量、运输条件和料场价格,当地电力、汽油、柴油、煤等的价格;机械价格应按交通运输部颁布的《公路工程机械台班费用定额》确定。

（5）初步设计文件或施工图设计文件

经上级主管部门或有关方面审查批准的初步设计和概算文件或施工图设计和预算文件,也是标底编制的主要依据。标底不能超过批准的投资额。

（6）施工组织方案

有了施工组织方案或施工组织设计,才能编好标底。标底的许多方面都与施工组织方案有关,如临时工程的数量,路基、路面采用的施工机械,钻孔桩的钻机型号,架梁方案等等。

2)公路工程标底编制的步骤和方法

标底的编制方法与步骤基本上和概、预算相同,但它比概、预算的要求更为具体和确切,因此更应结合招标工程的实际情况进行编制。标底编制的具体步骤和方法如下:

（1）准备工作

①熟悉招标图纸和说明。

标底编制前,应仔细阅读招标图纸和说明,如发现图纸、说明和技术规范存在矛盾或不符、不够明确的地方,应要求招标文件编制单位给予交底或澄清。

②熟悉招标文件内容。

清楚了解投标须知、合同条款、工程量清单和辅助资料表中与报价有关的内容,并明确建设单位"三通一平"的提供程度、价格调整的有关规定、预付款额度、工程质量和工期要求等。

③考察工程现场。

对工程施工现场条件和周围环境进行实地考察,以考察结果作为考虑施工方案、工程特殊技术措施费和临时工程设置等的依据。

④进行材料价格调查。

掌握当地材料、设备的实际市场价格,砂、石等地方材料的料场价、运距、运费和料源等也要调查收集。

（2）工程量计算

①复核清单工程量。

招标文件工程量清单中的工程量是投标人投标报价的统一依据,也是标底编制的依据,因此首先要弄清楚工程量清单中工程数量的范围,应根据图纸、技术规范和工程量清单计量规则的规定计算复核工程量,如与清单工程量有出入,必须搞清楚原因。

②按定额计算工程量。

工程量清单复核无误以后,应以工程量清单的每个细目作为一个项目,根据图纸和施工组织方案,考虑其由几个定额子目组成,并计算这几个定额子目的工程量。如工程量清单的一个细目是"直径1.2 m水中钻孔灌注桩",根据技术规范和工程量清单计量规则,除钢筋在钢筋一节中另行计量外,它包括了灌注桩成桩的所有工作,一般可由以下定额子目组成:不同土质的钻孔长度,护筒埋设,水中钻孔平台,灌注混凝土,船上拌和台和泥浆船摊销,船上拌和混凝土等。有定额可套的临时工程如便道、便桥等的工程量也应按施工方案予以计算确定。

(3)确定人工、材料、机械台班单价

根据准备工作中收集的资料,计算和确定人工、材料、机械台班单价。

人工单价包括生产工人的基本工资、辅助工资、工资性津贴、职工福利费和地区生活补贴等。人工单价一般可采用当地造价部门发布的单价。

材料价格是指材料从来源地或交货地到达工地仓库或施工地点堆放材料的地方后的综合平均价格,因此由材料的供应价格、运杂费、场外运输损耗、采购及仓库保管费四部分组成。公路工程材料预算价格的计算公式如下:

材料预算价格=(材料供应价格+运杂费)×(1+场外运输损耗率)×(1+采购及仓库保管费率)–
$$\text{包装的回收价值} \tag{3-1-1}$$

施工机械台班预算价格,应按交通运输部公布的《公路工程机械台班费用定额》计算,在编制公路工程造价时,不得采用社会出租台班单价计价。其中不变费用部分,除青海、新疆、西藏可按其省、自治区交通厅批准的调整系数进行调整外,其他地区均应以定额规定的数值为准;可变费用中人工工日预算价格同生产工人的人工费单价,动力燃料的预算价格,则按材料预算价格计算方法计算。运输机械的养路费、车船使用税和保险费,应按当地政府规定的征收范围和标准计算。

(4)计算综合费率

综合费率由其他工程费、间接费、计划利润、技术装备费等组成,要根据招标文件中有关条款和概、预算编制办法的有关规定确定各项费率。

(5)计算工程项目总金额

按概、预算编制办法计算各项工程项目的总金额,也就是编制一个概、预算。

(6)编制标底单价

根据工程量清单各工程细目所包含的工作内容及相应的计量与支付办法,在概、预算工作的基础上,对概、预算03表中的分项工程进行适当合并、分解或用其他技术处理,然后按综合费率再增加税金、包干费等项目后确定各工程细目的标底单价。也可直接利用标底03表,在增加包干费等项目后算出每项的合计金额,除以该项工程量则得出单价。

(7)计算标底总金额

按工程量清单计算各章金额,其中100章总则中的保险费、工程管理费、临时工程与设施、承包人驻地建设、施工标准化等费用按实计算列入,其余各章按工程量清单中的数量乘前一步骤中得出的单价计算列入,然后计算工程量清单汇总表,得出标底总金额。

(8)编写标底编制说明

计算出标底总金额后,应编写标底编制说明。编制说明的内容与概、预算编制说明差不多,应将编制依据、费率取定、问题说明等有关问题写上。最后将编制说明、标底的工程量清单、人工和主要材料数量汇总表等合在一起,就成了一份完整的标底文件。

公路工程标底除上述编制方法外,有时还采用标价的平均值作为标底,即用各投标人的有效标价,采用统计平均法计算标底。这样建设单位不用编制标底,不存在标底保密问题,同时也可反映市场竞争的结果,但有可能被投标人操纵投标结果。

复合标底法也是确定标底的一种方法。复合标底法是根据招标人的标底和投标人评标价平均值确定标底的一种方法,其计算公式如下:

$$C = \frac{A + B}{2} \tag{3-1-2}$$

式中:A——招标人的标底扣除暂定金额后的值(标底开标时应公布);

B——投标人评标价平均值,B值为投标人的评标价在A值的85%(含85%)至A值的105%(含105%)范围内的投标人评标价的平均值,若所有投标人评标价均未进入复合标底的计算范围,则$C = A$;

C——复合标底值。

12. 招标控制价的编制

招标控制价是指招标人根据国家以及当地有关规定的计价依据和计价办法、招标文件、市场行情,并按照工程项目设计施工图纸等具体条件编制的、对招标工程项目限定的最高工程造价,也称为最高投标限价。一个工程项目只能编制一个招标控制价。

招标控制价和标底虽然都是招标人在招标过程中对工程价格的测度,但两者存在一定的区别:

①招标控制价是工程的最高限价,投标人的投标报价高于招标控制价的,其投标应予以拒绝。而标底是招标人对工程确定的一个预期价格,通常不会是最高价格。因此投标人的报价不可能突破招标控制价,否则就是废标,而投标人的报价可能突破标底,通常越接近标底就越容易中标。

②招标控制价是事先公布的,而标底是保密的。

③通常招标控制价在评标中不占权重,不参与评分,只是一个工程造价参考,即最高限价,而标底在评标中参与评标。

1)招标控制价的编制要求

(1)招标控制价编制范围要求

国有资金投资的工程建设项目应实行工程量清单招标,并应编制招标控制价,作为招标人能够接受的最高交易价格,以避免哄抬标价造成国有资产流失。

(2)招标控制价编制人资格要求

招标控制价应由具有编制能力的招标人编制。

当招标人不具有编制招标控制价的能力时,可委托具有相应资质的工程造价咨询人编制。所谓具有相应资质的工程造价咨询人,是指根据《工程造价咨询企业管理办法》的规定,依法取得工程造价咨询企业资质,并在其资质许可的范围内接受招标人的委托,编制招标控制价的工程造价咨询企业。

（3）招标控制价编制质量要求

①招标控制价应遵循价值规律,尽可能反映市场价格。

招标控制价应反映建筑产品的价值,即在招标控制价编制过程中,应遵循价值规律,使招标控制价能发挥有效控制投资的作用。因此,招标控制价不宜过低,也不能过高。

②招标控制价应在批准的概算范围内。

我国对国有资金投资项目的控制实行投资概算控制制度,项目投资原则上不能超过批准的投资概算。因此,在工程招标发包时,如果招标控制价超过批准的概算,招标人应当将其上报原概算审批部门重新审核。

③招标控制价的编制应采用可靠、合理的计价依据。

招标控制价的编制应依据招标文件和工程量清单,符合招标文件对工程价款确定和调整的基本要求。应正确、全面地使用有关国家标准、行业或地方的有关的工程计价定额等工程计价依据。工料机价格应参照工程所在地的工程造价管理机构发布的工程造价信息。规费、税金和不可竞争的措施费按照国家有关规定编制,竞争性的施工措施费应根据工程的特点,结合施工条件和合理的施工方案,本着经济适用、先进合理高效的原则确定。

（4）招标控制价的使用要求

①招标控制价无须保密,应在招标文件中公布,不应上调或下浮,招标人应将招标控制价及有关资料报送工程所在地工程造价管理机构备查。

②招标人在招标文件中公布招标控制价时,应公布招标控制价各组成部分的详细内容,不得只公布招标控制价总价。

③由于招标答疑等原因调整招标控制价的,应当对所有投标人公布调整后的招标控制价并将相关资料报送工程造价管理机构备案。

④投标人的投标报价高于招标控制价的,其投标应予以拒绝。

⑤投标人经复核认为招标人公布的招标控制价未按照《建设工程工程量清单计价规范》的规定进行编制的,应在开标前5日向招投标监督机构或（和）工程造价管理机构投诉。

2）招标控制价的编制依据

招标控制价的编制依据是指在编制招标控制价时需要进行工程量计量、价格确认、工程计价有关参数、费率的确定等工作时所需的基础性资料。

按照我国《建设工程招标控制价编审规程》（CECA/GC 6—2011）的规定,招标控制价编制依据主要包括:

①国家、行业和地方政府颁发的法律、法规及有关规定;

②现行国家标准《建设工程工程量清单计价规范》（GB 50500）;

③国家、行业和地方建设主管部门颁发的计价定额和计价办法、价格信息及相关配套计价文件;

④国家、行业和地方有关技术标准和质量验收规范等;

⑤工程项目地质勘察报告以及相关设计文件;

⑥工程项目拟定的招标文件、工程量清单和设备清单;

⑦答疑文件,澄清和补充文件以及有关会议纪要;

⑧常规或类似工程的施工组织设计;

⑨本工程涉及的人工、材料、机械台班的价格信息;

⑩施工期间的风险因素;

⑪其他相关资料。

3)招标控制价的编制流程

招标控制价编制通常经历三个阶段,即准备阶段、编制阶段和审核阶段。招标控制价的编制流程见图3-1-5。

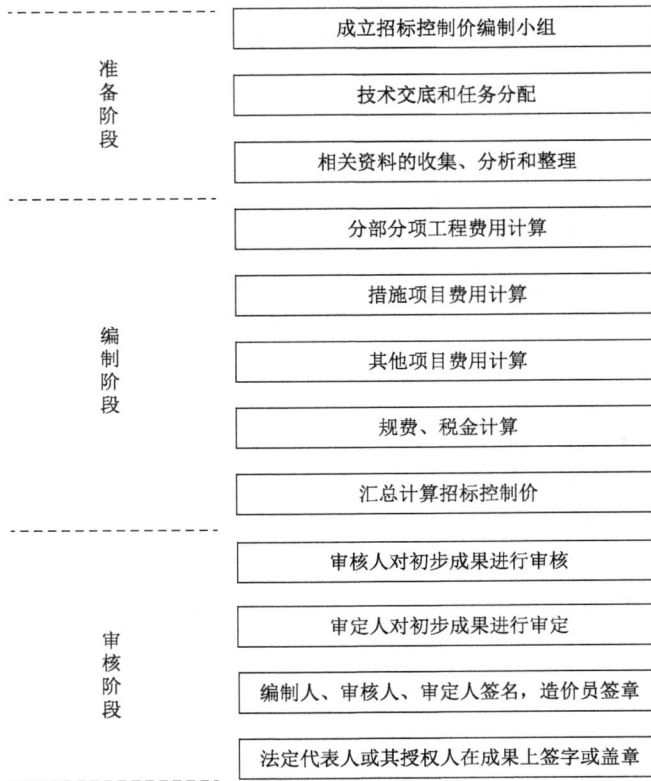

准备阶段	成立招标控制价编制小组
	技术交底和任务分配
	相关资料的收集、分析和整理
编制阶段	分部分项工程费用计算
	措施项目费用计算
	其他项目费用计算
	规费、税金计算
	汇总计算招标控制价
审核阶段	审核人对初步成果进行审核
	审定人对初步成果进行审定
	编制人、审核人、审定人签名,造价员签章
	法定代表人或其授权人在成果上签字或盖章

图3-1-5 招标控制价编制流程

4)招标控制价的文件组成

《建设工程招标控制价编审规程》(CECA/GC 6—2011)规定,招标控制价的文件应包括封面、签署页及目录、编制说明和文件表格。

(1)招标控制价封面、签署页

招标控制价封面、签署页应反映工程造价咨询企业、编制人、审核人、审定人、法定代表人或其授权人和编制时间等内容。

招标控制价的签署页应按规定格式填写,签署页应按编制人、审核人、审定人、法定代表人或其授权人顺序签署。所有文件经签署并加盖工程造价咨询单位资质专用章和造价工程师或造价员执业或从业印章后才能生效。

(2)招标控制价目录

招标控制价目录格式为:编制说明,工程项目招标控制价汇总表,单项工程招标控制价汇总表,单位工程招标控制价汇总表,分部分项工程量清单与计价表,工程量清单综合单价分析表,措施项目清单与计价表(一)(二),其他项目清单与计价汇总表,暂列金额明细表,材料暂估单价表,专业工程暂估价表,计日工表,总承包服务费计价表,规费、税金项目清单与计价表。

（3）招标控制价编制说明

招标控制价编制说明应包括工程概况,编制范围,编制依据,编制方法,有关材料、设备、参数和费用的说明,以及其他有关问题的说明。

（4）招标控制价文件表格

编制招标控制价文件表格时应按规定格式填写,招标控制价文件表格包括汇总表,分部分项工程量清单与计价表,工程量清单综合单价分析表,措施项目清单与计价表,其他项目清单与计价汇总表,规费、税金项目清单与计价表,暂列金额明细表,材料暂估单价表,专业工程暂估价表等。

5）招标控制价的费用组成

建设工程的招标控制价应由组成建设工程项目的各单项工程费用组成。各单项工程费用应由组成单项工程的各单位工程费用组成。各单位工程费用应由分部分项工程费、措施项目费、其他项目费、规费和税金组成。其中其他项目费包括暂列金额、暂估价、计日工、总承包服务费等。招标控制价的费用组成见图3-1-6。

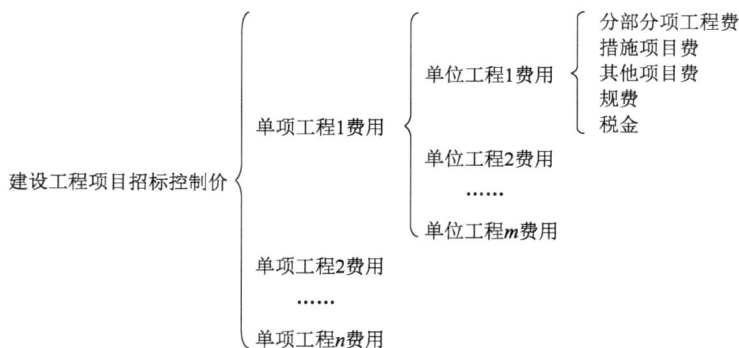

图 3-1-6 建设工程项目招标控制价费用组成

6）招标控制价的编制方法

招标控制价中各项费用可采用不同的计价方法,主要有以下方法:

（1）综合单价法计价

编制招标控制价时,分部分项工程费和可计量的措施项目费应采用综合单价法。

综合单价应包括人工费、材料费、机械费、管理费和利润,以及一定范围的风险费用。

综合单价应按照招标人发布的分部分项工程量清单的项目名称、工程量、项目特征描述,依据工程所在地颁发的计价定额和人工、材料、机械台班价格信息等进行组价确定。综合单价法的组价步骤如下:

①依据提供的工程量清单和施工图纸,按照工程所在地或行业颁发的计价定额规定,确定所组价的定额项目名称,并计算出相应的工程量。

②依据工程造价政策规定或工程造价信息确定其人工、材料、机械台班单价。

③依据计价定额,并在考虑风险因素确定管理费率和利润率的基础上,按式(3-1-3)计算组价定额项目的合价。

$$定额项目合价 = 定额项目工程量 × [\sum(定额人工消耗量 × 人工单价) +$$
$$\sum(定额材料消耗量 × 材料单价) +$$
$$\sum(定额机械台班消耗量 × 机械台班单价) +$$
$$价差(基价或人工、材料、机械费用) + 管理费和利润] \qquad (3-1-3)$$

④将若干项组价的定额项目合价相加,与未计价材料费(包括暂估单价的材料费)的和一起再除以工程量清单项目工程量,便得到工程量清单项目综合单价,见式(3-1-4)。

$$工程量清单项目综合单价 = \frac{\sum(定额项目合价) + 未计价材料费}{工程量清单项目工程量} \qquad (3-1-4)$$

在确定综合单价时,应考虑一定范围内的风险因素。在招标文件中应通过预留一定的风险费用,或明确说明风险所包括的范围及超出该范围的价格调整方法。招标文件中未做要求的可按以下原则确定:

①对于技术难度较大和管理复杂的项目,可考虑一定的风险费用,并将其纳入综合单价中。

②对于设备、材料价格的市场风险,应依据招标文件的规定、工程所在地或行业工程造价管理机构的有关规定以及市场价格趋势,考虑一定率值的风险费用,将其纳入综合单价中。

③税金、规费等法律、法规、规章和政策变化的风险以及人工单价等风险费用不应纳入综合单价中。

(2)费率法计价

招标控制价中对措施项目费用、规费、税金等费用采用费率法计价。当措施项目可计量时,措施项目费用的计算采用综合单价法计价;对于不能精确计量的措施项目,应采用费率法计价。

采用费率法时应先确定某项费用的计费基数,再测定其费率,然后将计费基数与费率相乘得到费用。费率法计价的基本公式见式(3-1-5)。

$$某项费用 = 该项费用计费基数 × 费率 \qquad (3-1-5)$$

采用费率法计价的措施项目应依据招标人提供的工程量清单项目,按照国家或省级、行业建设主管部门的规定,充分考虑施工管理水平和拟采用的施工方案,合理确定计费基数和费率。其中安全文明施工费应按国家或省级、行业建设主管部门的规定计价,不得作为竞争性费用。措施项目费用采用费率法计价时其计算公式见式(3-1-6)。

$$某项措施项目清单费 = 措施项目计费基数 × 费率 \qquad (3-1-6)$$

规费应按照国家或省级、行业建设主管部门的规定确定计费基数和费率计算,不得作为竞争性费用。

税金应按照国家或省级、行业建设主管部门的规定,结合工程所在地情况确定综合税率并参照式(3-1-7)计算,不得作为竞争性费用。

$$税金 = (分部分项工程量清单费 + 措施项目清单费 + 其他项目清单费 + 规费) × 综合税率 \qquad (3-1-7)$$

(3)其他方法计价

①暂列金额。

为保证工程施工建设的顺利实施,在编制招标控制价时应对施工过程中可能出现的各种不确定因素对工程造价的影响进行估算,列出一笔暂列金额。暂列金额可根据工程的复杂程度、设计深度、工程环境条件(包括地质、水文、气候条件等)进行估算。

②暂估价。

暂估价包括材料暂估价和专业工程暂估价。暂估价中的材料暂估价应按照工程造价管理机构发布的工程造价信息中的材料单价计算,工程造价信息未发布的材料单价,其单价参考市场价格估算;暂估价中的专业工程暂估价应分不同专业,按有关计价规定估算。

③计日工。

计日工包括计日人工单价、材料单价和施工机械台班单价。在编制招标控制价时,对计日工中的人工单价和施工机械台班单价应按地方行业建设主管部门或其授权的工程造价管理机构公布的单价计算;材料单价应按工程造价管理机构发布的工程造价信息计算,工程造价管理机构未发布单价信息的材料,其价格应按市场调查确定的单价计算。

④总承包服务费。

编制招标控制价时,总承包服务费应按照省级或行业建设主管部门的规定,并根据招标文件中列出的内容和向总承包人提出的要求计算。

第二节 施 工 投 标

一 投标程序

当招标项目采用公开招标方式时,招标人应当发布招标公告,邀请不特定的法人或者其他组织参加投标。招标公告应当在国家指定的报刊和信息网络上发布。从招标公告中获知招标信息后,潜在投标人或者投标人根据招标条件和本单位的施工能力进行研究,决定是否参加投标。如果决定参加投标,便可向招标人购买资格预审文件。招标人会在资格预审结束后及时向资格预审申请人发出资格预审结果通知书。未通过资格预审的申请人不具有投标资格。如果资格预审合格,投标人根据招标人的要求购买招标文件,在深入细致调研的基础上编制投标文件,并按招标文件规定的时间、地点递交投标文件。一般来说,采用资格预审时施工投标的基本程序是:

①搜集招标信息;

②投标决策,选定投标项目;

③参加资格预审;

④资格预审合格后购买招标文件;

⑤现场踏勘及市场调研;

⑥编制并递交投标书;

⑦参加开标;

⑧若中标则签订合同。

当招标项目采用邀请招标方式时,招标人应当向三家以上具有承担施工招标项目能力、资信良好的特定法人或者其他组织发出投标邀请书。潜在投标人如果愿意参加投标便可购买招标文件进行投标。

二 工程投标决策

建筑市场上有许多施工招标信息,施工企业不可能每个项目都投标,而应有选择地进行,考虑是否投标、以什么身份投标、投哪一标段,即施工投标前应进行投标决策。

1. 工程投标决策应考虑的因素

(1)招标人的情况

充分考虑招标人是否具有合法的招标主体资格,招标项目建设单位的资金支付能力和履约信誉如何等。

(2)投标人自身的实力

经济方面:有无支付招标项目所需的机具设备及其投入所需资金的能力;有无招标项目所需的周转资金用来支付施工用款或筹集承包工程所需外汇的能力;有无支付投标保函、履约保函等各种担保的能力;有无支付关税、进口调节税、增值税、印花税、所得税、建筑税、排污税等各种税费的能力;有无支付临时租赁机械押金的能力;有无承担各种风险,特别是不可抗力风险的能力;等等。

技术方面:专业技术人员是否具有解决本招标项目技术问题及技术难题的能力;是否具有同类工程的施工承包经验;如果采用联合体的形式进行投标,合作伙伴的技术实力是否满足招标项目要求;等等。

管理方面:自身的项目管理水平高低;项目管理体系的健全程度;项目目标的难易程度及有无实现项目目标的管理能力;有无同类项目的管理经验;等等。

信誉方面:遵纪守法和履约的情况;社会形象;施工安全、工期和质量方面的信誉;自身的信用等级是否满足招标项目的要求。

(3)投标的竞争对手

竞争对手的实力、优势;竞争对手的履约信誉、业绩、财务能力;竞争对手的信用等级;竞争对手的规模和属地,是大型工程承包公司还是中小型工程承包公司,是当地企业还是外地企业;竞争对手在建工程规模大小、时间长短等。

(4)投标的法治环境

招标项目适用的法律、法规和工程所在地的地方性法律、法规等。

(5)投标的风险

投标的市场风险、自然条件风险、政治经济风险,自身应对这些风险的能力等。

2. 不宜参加的投标项目

根据以上应考虑的因素,有下列情形之一的招标项目,潜在投标人不宜参加投标:

①工程资质要求超过本企业资质等级的项目;

②本企业业务范围和经营能力之外的项目;

③本企业现期承包任务比较饱满,而招标工程的风险较大或盈利水平较低的项目;

④投标资源投入量过大,影响本企业运作的项目;

⑤有在技术等级、信誉、水平和实力等方面具有明显优势的潜在竞争对手参加的项目。

3. 投标身份决策

投标身份包括独立投标、联合投标及分包。投标身份选择主要依据项目规模、技术特点、施工单位技术与管理实力、合作伙伴的实力和优势等。

三 投标组织的成立

1. 投标文件编制人员的选择

投标是一项竞争激烈的活动，如果投标人想要在投标中获胜，挑选合格的投标文件编制人才是必要条件。施工投标文件编制的技术性强，要求编制人员具有经济、法律等方面的知识以及丰富的工程实践经验和施工投标经验。随着市场竞争的不断加剧，在投标竞争的过程中，有些企业为了集中投标精力，积累投标经验，同时也为了有效提高投标中标率，纷纷成立专业的投标组织机构，这样不仅有利于满足投标活动的需求，也在很大程度上储备了一批优秀的人才，为后续投标文件编制奠定了基础。

2. 投标组织的组建与分工

投标是企业业务开发的一项重要的、经常性的工作，因而必须有一个部门专门负责。这个部门一般是经营部或业务开发部。由于投标涉及企业经营决策、施工组织、人员派遣、物资和设备供应、成本计划以及资金投入，所以需要各有关部门合作完成。同时投标又需要领导层及时作出决策，因此，要形成一个相对固定的投标组织。参加投标的人员应当对投标业务比较熟悉，掌握市场和本单位有关投标的资料和情况，可以根据拟投标项目具体情况，迅速提供有关资料或编制投标文件的相应部分。每次投标可根据需要确定有关部门参加投标的人员，组成投标组。

投标组可参考以下示例进行分工：

(1)投标工作小组组建

组长由主管业务开发的企业领导人担任，负责领导投标工作，与单位最高领导密切联系，承上启下，贯彻企业经营方针，组织研究确定投标策略并在投标工作过程中督促落实。

副组长由经营部(或业务开发部)主任或副主任担任，具体负责投标组的日常工作安排，制订投标组的工作计划，明确分工和质量要求，确定各项工作完成时限，协调各方工作并督促各方按照计划完成各自的工作；统一负责对招标人的联络，对合作单位、银行、公证部门、保险公司的工作洽谈和办理有关业务。中标后与建设单位签订承包合同事宜，并与工程管理部门共同安排实施。

(2)施工组织和技术工作

施工组织和技术工作由2位或3位工程和技术管理部门代表承担，负责研究"技术规范"和编制施工组织设计，并按照"工程量清单"的分项和要求确定施工成本和编制投标报价；与人事部门合作编制施工管理人员配备资料；编制工程所需材料、机械设备和施工用工计划表。

投标文件编制人员应重视积累工程经验，平时要注意收集有关信息、综合调研分析和对实际情况进行预测，要收集资料对招标项目进行专项分析，及时发现问题、纠正错误和解决问题，编制投标文件时考虑将技术风险控制在最小范围内。

(3)商务工作

商务工作由1位或2位经营部(或业务开发部)代表承担，主要负责以下工作：研究投标人须知、合同通用条款、合同专用条款;编制投标书、授权书、资格预审及其更新资料,开具保函、信誉证明、公证书等商务文件;负责工程承包市场竞争情况的调研工作,并提出(或与投标组其他成员研究)有关报价的建议,供投标组和领导决策时参考;负责投标文件的汇编、签署、装订和递交。

(4)公司经营状况和资金状况方面的工作

公司经营状况和资金状况方面的工作由财务部负责或由财务部与经营部门共同承担,工作内容是主要负责提供反映公司经营状况和资金状况的资料(含数据、图表),参与测算投标项目的资金投入和盈亏预估。

(5)项目管理人员配备工作

项目管理人员配备工作由人事部门代表承担,主要负责配合工程和技术管理部门编制项目主要管理人员表、人员资质证件等资料。

投标小组可以在参加资格预审时成立,并按分工分别完成资格预审文件的编制工作,如果资格审核通过,投标时继续完成投标文件的编制工作。

如果投标任务多,可以设置跨部门的常设投标机构。设置常设投标机构,有利于投标工作的连续性和投标专业化,进而有利于提高投标工作水平。

如果没有经常性任务,可以在通过资格预审后参加投标之前成立投标小组,在投标任务完成之后解散,有新的投标任务时再重新组织,并根据项目特点适当调整参加人员;在此种情况下,资格预审就由经营部临时组织有关人员完成。

四 参加资格预审

如果招标人采用公开招标方式进行资格预审,当潜在投标人研究招标信息,并决定对某施工项目进行投标后,接下来的第一项工作就是参加资格预审。

1. 资格预审工作程序

(1)购买资格预审文件

根据资格预审公告规定的时间和地点,按照资格预审公告的要求,如持单位介绍信和本人身份证购买资格预审文件。

(2)选择拟投标标段和投标形式

根据招标人的规定和企业实力,选择拟申请投标的标段。选择标段主要考虑有利于本单位更好地参与竞争。

如果招标人在资格预审公告中载明可以接受联合体投标,投标人应根据拟投标标段工程规模、难度以及本单位能力和需要,确定独家投标或与其他单位组成联合体投标。在资格预审阶段,投标人必须对投标形式作出决策:是独立投标还是采用联合体形式投标。独立投标和联合体形式投标在资格预审材料方面要求不同。采用联合体形式投标,需填写联合体各方的有关资格预审材料。

(3)填写资格预审申请文件

资格预审申请文件包括资格预审申请函、法定代表人身份证明或附有法定代表人身份证明的授权委托书、联合体协议书(如有)、申请人基本情况表、近年财务状况表、近年完成的类似项目情况表、正在施工和新承接的项目情况表、近年发生的诉讼及仲裁情况、申请人的信誉情况表、拟委任的项目经理和项目总工资历表等。潜在投标人应根据资格预审申请人须知要求逐项填写。相关内容见本章第一节。

（4）递交资格预审申请文件

按照资格预审申请人须知中对资格预审申请文件的密封和标识、资格预审申请文件递交的截止时间和递交地点等的规定递交资格预审申请文件。

2. 资格预审的基础工作

资格预审时间通常很短，而所要填报的资料信息量大，只有平时充分做好资格预审基础材料的收集整理工作，建立企业资格预审资料信息库，并注意随时更新，才能快速、有效地做好投标资格预审工作。例3-12为某高速公路项目施工招标资格预审时的要求及要求提交的资料，不同项目招标人要求提供的资格预审资料会有差异，但通常都应提供这些资料。例3-12中要求的资料，平时应注意收集整理才能在短时间内快速完成资格预审资料有效提交。

【例3-12】 某高速公路项目施工招标资格预审申请人资质条件、能力和信誉要求示例。

某高速公路项目施工招标的招标人在资格预审申请人须知前附表中载明投标人资质条件、能力和信誉方面应该满足的条件：

一、资质条件

资质条件见表3-2-1。

资格预审条件（资质最低要求）　　　　　　　　表3-2-1

施工企业资质等级要求
申请人应具有住房和城乡建设部颁发的公路工程施工总承包特级资质

注：本项目要求申请人具有独立法人资格并通过工商行政管理部门年审，具备上述资质的同时须具有合法有效的安全生产许可证，ISO9001认证有效。

二、财务要求

财务要求见表3-2-2。

资格预审条件（财务最低要求）　　　　　　　　表3-2-2

财务要求
1. 投标申请人在近三年内经审计的公路工程年平均营业额不应小于5亿元人民币。
2. 投标申请人用于申请合同的营运资金（含流动资金及银行针对本项目出具的贷款信用额度）不应小于5000万元人民币。
3. 投标申请人在近三年内，每年流动资产与流动负债的比率均不应小于1。
4. 投标申请人在近三年至少有一年是盈利的。
5. 企业注册资金不少于10000万元人民币

注：1. 为本项目所提供的营运资本满足营运资本加信贷额度总和要求的，可以不用开信贷证明。

2. 近三年定义：招投标时的前三年。

3. 所提供的营运资本要求是近三年经审计的营运资本数。

4. 本表出现的不小于某某数、至少某某数，全部视为包含该数据。

三、业绩要求

业绩要求见表3-2-3。

资格预审条件(业绩最低要求)　　　　　　　　表3-2-3

业绩要求
投标申请人近五年内曾独立完成经项目建设单位主持交工验收、工程质量综合评分不小于90分的四车道(或以上)高速公路沥青路面工程施工累计至少100km

注:1. 近五年定义:为当年1月1日至资审文件递交截止日止,业绩计算以此期间通过交工验收(以交工验收证书上的时间为准)的四车道及以上高速公路业绩项目为准。以下涉及的近五年与此相同。

2. 交工验收的工程业绩必须是合格工程且综合评分不小于90分的工程业绩。

3. 业绩证明应附有中标通知书、合同协议书、交工验收证书等三份资料的复印件。有关资料应能清晰表达申请人填写的有关业绩数据及程度,如上述三份资料不能体现工程项目的里程长度、结构类型,还需要附有发包人书面评价或发包人证明资料(加盖发包人公章),证明资料须能清楚说明表中关键数据。不能合理判定的工程项目,业绩不予计算。

4. 如发现业绩有不实或作假,资审将不通过。

5. 本表出现的不小于某某数、至少某某数,全部视为包含该数据。

四、信誉要求

信誉要求见表3-2-4。

资格预审条件(信誉最低要求)　　　　　　　　表3-2-4

信誉要求
1. 没有被取消资信登记或经营权,正受到责令停产停业的行政处罚或财务处于被接管、冻结、破产状态。

2. 没有涉及正在诉讼的案件,或涉及正在诉讼的案件但经评审委员会认定不会对承担本项目造成实质性影响。

3. 在最近五年内没有骗取中标记录和严重违约及重大工程质量问题。没有因违法、违规,或正受到交通运输部、住房和城乡建设部、××省交通运输厅、××省住房和城乡建设厅或其他政府行政主管部门通报批评或处罚而被取消投标资格。

4. 在××省交通运输厅现行《关于公布××年度××省公路水运工程施工监理企业信用评价结果(第一批)的通知》中,信用评价为B级以上(含B级)企业。信用评价为C、D级或不参与信用评价的企业均不通过本次资格预审。首次进入本省的外省从业单位,其信用等级按B级确定

五、项目经理和项目总工资格

项目经理和项目总工资格要求见表3-2-5。

资格预审条件(项目经理和项目总工最低要求)　　　表3-2-5

人员	数量	资格要求	在岗要求
项目经理	1	具备路桥、交通土建专业工程师及以上职称,并持有住房和城乡建设部颁发的一级项目经理任职资格证书或者注册一级建造师资格证书,具有有效的安全生产"三类人员"B类证书,至少10年工作经验,其中至少8年从事类似工程的经验和担任项目经理3年以上的经验	无在岗项目(指目前未在其他项目上任职,或虽在其他项目上任职但本项目中标后能够从该项目撤离)
项目经理备选人	1		
项目总工	1	具备路桥、交通土建专业高级工程师及以上职称,具有有效的安全生产"三类人员"B类证书,至少10年工作经验,其中至少8年从事类似工程的经验,以及主管技术工作5年以上的经验	
项目总工备选人	1		

五 研究招标文件

招标文件是编制投标文件的重要依据。投标人购买招标文件后,应该在熟悉招标文件的基础上,组织投标文件编制人员对招标文件进行认真细致的分析研究,不放过每个环节上的任何细节,力争吃透其内容。严格按照招标文件要求填写投标文件,不得对招标文件进行修改,不得遗漏或者回避招标文件中的问题,更不得提出任何附加条件。

投标文件应当对招标文件提出的实质性要求和条件作出全面响应,实质性要求和条件主要指招标文件中有关招标项目的价格、质量、工期、技术规范及要求、合同的主要条款等,投标文件必须对这些要求及款项作出响应,结合企业的实际现状,在"量"和"度"上明确应答。总之,对招标文件要认真细致地分析研究,全面消化其内容,才能保证投标文件的编制质量。

投标报价是投标的关键。研究招标文件中与报价相关的条款,对合理报价至关重要。

1. 研究投标人须知

投标人须知与投标报价相关的内容一般体现在以下方面:

（1）工期

投标人须知中规定了施工的工期,有时还会约定提前完工的效益。要提前完工,承包人一般要多投入,可能会增加费用,但早完工可给建设单位带来超前收益。如果在投标人须知中招标人规定了提前完工的效益,如规定每月或每天效益占投标价的百分比,评标时将每个投标人不同的提前完工的效益贴现为现值,计算到评标价中去,投标人就必须考虑是增加造价好还是缩短工期好,应权衡利弊,两者取最佳的数字,使评标价最低。

（2）投标费用

投标费用包括招标文件购买费、投标人员差旅费、投标文件编制费等。投标费用在招标文件中通常规定由投标人自理,但投标人最终会将投标费用考虑到报价中去。

（3）踏勘现场

投标人须知前附表规定要组织踏勘现场的,招标人按投标人须知前附表规定的时间、地点组织投标人踏勘项目现场。投标人踏勘现场发生的费用自理,最终仍然考虑到报价中。

（4）投标保证金

投标人须知中规定了投标保证金金额。投标保证金可以用现款、保兑支票、银行汇票、政府发行的国库券、银行保函等。投标人一般都不愿意把现款做抵押,宁愿委托银行开保函。银行开保函是有条件的:一是投标人在该银行有一定存款和信誉,二是要交一定的手续费。投标人也会将银行手续费等考虑到报价中。

（5）技术性选择方案

在投标人须知中应告知投标人,招标人是否接受备选投标方案。如招标人对技术性选择方案是考虑的,则投标人需考虑有没有选择方案,其报价和招标文件中的技术方案相比是高还是低。

（6）其他附加的评标准则

投标人须知中应将有关投标文件的编制与递交、开标、评标直至签订合同的信息全部给出,因此,除将常规的需要考虑的内容在投标人须知中分条款列出外,如有附加的评标准则,如施工借地的数量和其他优惠条件等,也应在投标人须知中列出。投标人应据此考虑对报价的影响。

2. 研究评标方法

《标准施工招标文件》中列有两种评标办法,即经评审的最低投标价法和综合评估法。经评审的最低投标价法,就是低价中标法,这种评标办法就是根据最低价格选择中标人,是在保证质量、工期的前提下,以最合理低价中标,这里的"合理"低价是指投标人报价不能低于自身的成本价。综合评估法,就是对投标人的投标报价、工期、质量、施工方案、企业信誉、荣誉及投标人已完成或在建工程项目的质量、项目经理及班子的配备等多项因素进行综合评议打分,得分最高的为中标人。投标人在投标前如果把招标文件的评标办法分析透彻,就能在编制投标文件时有的放矢,使投标文件所列内容更具针对性。

3. 研究合同条款

尽管合同的种类很多,合同的条款也有多有少,但基本条款均有相似之处,涉及投标报价的有以下几个方面:

(1)履行保证金和有效期

承包人为履行合同须向建设单位提供履约保证金,一般均用银行保函,银行开保函涉及保函的有效期和银行收取的手续费。手续费必然要反映到报价中。

(2)保险

保险条款是施工合同条款中必不可少的内容。需要明确是否要承包人以承包人和招标人的共同名义对工程一切险和第三者责任险进行保险。除以上两项外,承包人自己的设备、人员等是否要保险,也是承包人要考虑的内容。

(3)税收

合同价中是否包括税金,各地的做法不尽相同。有的条款规定承包人为建设承包工程需要运往施工现场的设备和材料的关税、增值税,以及承包人的增值税等,均由招标人负担或予以免收。有的条款规定一切税收均由承包人照章缴纳。也有的条款规定哪些是招标人负担或免收,哪些是承包人负担。

(4)招标人为承包人提供的设施和场地

施工现场的征地、拆迁和水、电、通信等设施招标人提供到什么程度? 施工现场征地、拆迁工作什么时间完成? 场地平整由谁负责? 电力、电讯、给排水等线路由谁负责,负责到什么程度? 施工用道路由谁负责? 这些与报价均有密切关系。

(5)招标人可能提供的材料和设备

为完成合同工程所需的器具和材料,若采用"包工包料方式",一般应该由承包人负责采购、运输、验收、保管,但基于目前的物资管理体制,工程建设所需材料、设备的采购供应可以有几种办法,因而必须在合同条款中予以明确。如果一部分材料和设备由招标人采购供应,则应明确所供应材料、设备的具体规格和品种,是供应到工地现场还是由承包人去提货,若由承包人去提货,则明确提货地点在哪里,交接和验收办法如何;价款的结算办法等均应在合同条款中写明。投标人应根据具体的规定确定相应的费用进行报价。

(6)预付款

预付款有利于提高承包人的营运资金,降低投标报价。在招标文件中应载明招标人将向承包人提供的预付款方式,如有的招标人要求投标人在规定范围内选择比例进行报价,在评标时按招标文件中规定的年贴现率贴现为现值,加到各个投标人的标价上去,用作评标价的比较;也有的招标人在招标文件中规定了一个固定的百分比,在评标时对此不予以考虑。无论采用哪一种方法,作为投标人来讲,要考虑到自己营运资金的投入和利息,对报价都是有影响的。

（7）支付条款

支付条款对报价影响较大。支付条款主要包括预付款、保留金、暂定金、中期支付等。对招标人来讲,合同条款中规定的支付条款应该合情合理,且应符合有关的商业惯例,一旦承包人履行了合同规定的义务,即应该支付其全部款项,这样的支付条款将会促使潜在投标人提出较低的报价。

（8）价格调整

价格调整与否是合同条款中最为重要的条款。对于工期在12个月内的短期合同,招标人通常不进行价格调整,采用固定价格,让投标人预测市场价格趋势,将合理的风险费用计入报价中;对于工期在12~18个月的工程,则有的进行价格调整,有的不调;而对于工期在18个月以上的工程,为了不使投标人承担太大的风险和防止投标报价太高,则大多采用价格调整的方法。采用不同的做法,投标人的报价也不一样。

（9）货币和兑换率

在国际竞争性招标中,要求投标人用一种货币来计算全部报价,同时容许投标人说明支付时各种货币在报价中所占的比例以及在换算时的兑换率,这些兑换率在合同执行期间将被冻结,之后建设单位就按冻结的兑换率进行支付,这个规定保证了投标人在投标报价与合同支付所用的货币方面不承担任何汇率风险。若币种选择不当,对投标人同样有风险,所以投标人在选择货币币种时也需要推敲。

（10）索赔条款

索赔条款即合同条款中允许承包人提出索赔的一些规定。从形式上看,设立索赔条款会使建设单位支付索赔费用,但实际上索赔条款设立后,承包人的风险责任大大减少,有利于降低投标报价。

除了以上十个方面,诸如检验费用由谁负担、工期和缺陷责任期的长短等也会影响报价。作为一个精明的投标人,应在弄清楚合同条款的有关内容后,才决定报价的数额。

4. 研究技术规范

施工招标文件的许多技术规范都与报价有关。

（1）工程量的计量

技术规范中计量与支付应和合同条款相呼应。在计量与支付条款中应写明计量的原则和方法,便于投标人报价,也便于今后的结算。如规定路基挖方和填方计量,应以图纸所示界线为限,并应在批准的横断面图上注明;用于填方的土石方,路面底基层和基层材料,应按图纸要求的纵断面高程,以压实后为准计量;如果本规范规定的任何分项工程或其细目未在工程量清单中出现,则应被认为是其他相关工程的附属义务,不再单独计量;等等。

（2）税金和保险

按招标文件技术规范的要求,凡需单独计量支付的项目,必须在技术规范中有计量支付项目,有些税金和保险一时难以确定而需要单独计量时,应在总则中有所体现。从税金来讲,大的方面有增值税和城市建设维护税及教育费附加,有进口材料的关税和增值税,还有印花税等。增值税等三项税金和关税需与合同条款对应,如招标人一时间定不下来是否能减免,则在总则中列一个项目,由承包人报价,以后凭单据按实结算;印花税等是固定的,应该分摊在管理费中,不必单独列项。对于保险也一样,如建筑工程一切险和第三者险,由招标人在技术规范中写明是否要单独列项,如要列项,凭单据按实结算。至于承包人的财产和人身安全等,由承包人自己决定是否保险,发生时同样应摊入管理费中。

(3)工程管理

恢复定线测量和测量标记的保护,在大型工程项目中需要专门组织人员和配备仪器,竣工文件包括的图表应做到什么程度,需要交给建设单位一式几份,都应有所规定,并专门列项,投标人应据此报价。

(4)临时工程和设施

临时工程和设施是指为保证永久性工程的顺利施工所必需的各项工程和设施,诸如便道、便桥、码头、堆场、供电、供水、电信、环境保护工程等。投标人应根据规范总则中的基本要求和施工组织方案安排,列出工程细目,进行分项计算,以总额报价。

(5)承包人驻地建设

承包人驻地建设如属于承包人为进行建筑安装工程施工所必需的生活和生产用的临时建筑物、构筑物和其他临时设施及其标准化的费用等临时设施费,属于其他工程费的内容,应包括在工程单价内;如需修建某些永久性房屋,则可在总则中单列项目计列。这些情况在招标文件技术规范总则中都有说明,投标人应据此报价,避免在报价编制中重复计算。

(6)为监理工程师提供的设施

在合同条款中应明确监理工程师的办公、生活、交通等服务设施是由承包人提供,还是由建设单位负责办理或监理工程师自理。如由承包人提供,则在技术规范的总则中详细列明提供到什么程度,有多少监理人员,办公和生活用房面积和标准,配备的仪器、家具、车辆等的数量和规格,服务的时间长短等等,承包人应据此进行合理报价。

(7)专业工程的各项质量和验收要求

对于各专业工程来说,质量要求越高,其成品(公路工程指建成后的工程如路基、路面等)质量越好,但相应的造价也就越高。

六 踏勘现场及投标预备会

1. 踏勘现场

如果招标文件规定要组织踏勘现场,招标人按投标人须知前附表规定的时间、地点组织投标人踏勘现场。踏勘现场是投标人在投标时全面了解现场施工环境及施工风险的重要途径,是投标人做好投标报价的先决条件。对于招标人组织的踏勘现场,投标人觉得考察时间不够时,可再抽时间到现场收集编标用的资料,或进行重点补充考察。投标人提出的报价应当是在现场考察的基础上编制出来的,而且应包括施工中可能遇见的各种风险和费用。在投标有效期内及工程施工过程中,投标人无权以现场考察不周、不了解情况为由提出修改标书或调整标价给予补偿的要求。踏勘现场的主要考察内容如下:

①政治方面(指国外承包工程)。

a. 项目所在国政局是否稳定,有无发生政变的可能;

b. 项目所在国与邻国的关系如何,有无发生边境冲突的可能;

c. 项目所在国与我国的双边关系如何。

②地理、地貌、气象方面。

a. 项目所在地及附近地形地貌与设计图纸是否相符;

b. 项目所在地的河流水深、地下水情况、水质等;

c. 项目所在地近20年的气象资料,如最高最低气温、雨量、雨季期、冰冻深度、降雪量、冬季时间、风向、风速、台风等情况;

d. 当地特大风、雨、雪、灾害情况;

e. 地震灾害情况;

f. 自然地理,如修筑便道位置、高度、宽度标准,运输条件及水、陆运输情况。

③法律、法规方面。

a. 民法典、招投标法、税收法、劳动法、环境保护法、外汇管理法、建筑市场管理法等法律及相应的法规;

b. 国外承包工程除上述有关法律法规外,还应了解项目所在地的民法,以及与本项目施工有关的具体规定,如劳动力的雇佣、设备材料的进出口及施工机械使用等规定。

④工程施工条件。

a. 工程所需当地建筑材料的料源及分布地;

b. 场内外交通运输条件,现场周围道路桥梁通行能力,便道和便桥修建位置、长度数量;

c. 施工供电、供水条件,外电架设的可能性(包括数量、架支线长度、费用等);

d. 新盖生产生活房屋的场地及可能租赁民房情况、单价;

e. 当地劳动力来源、技术水平及工资标准情况;

f. 当地施工机械租赁、修理能力。

⑤经济方面。

a. 工程所需各种材料,当地市场供应数量、质量、规格、性能能否满足工程要求及其价格情况;

b. 当地采购地点、数量、单价、运距;

c. 国外承包工程还要了解当地工人工作时间,年法定假日天数,工人假日,冬季、雨季、夜间施工及病假的补贴,工人所交所得税及社会保险金多少;

d. 监理工程师工资标准;

e. 当地各种运输、装卸及汽油与柴油价格;

f. 当地主副食供应情况和近3~5年物价上涨率;

g. 保险费情况;

h. 当地工程机械出租的可能性、型号、数量、单价;

i. 当地近几年同类性质已完工工程的造价分析资料。

⑥当地的建设市场情况。

a. 该项目中标后,有没有后续工程的可能性;

b. 有哪些竞争对手参加本次投标,各自实力如何,竞争对手信誉如何。

⑦工程所在地有关健康、安全、环保和治安情况,如医疗设施、救护工作、环保要求、废料处理、保安措施等。

⑧其他方面。

公路工程中,踏勘现场可带上 1/2000 的平面图,详细标绘施工便道与便桥的布置、数量和其他临时生产生活设施的布置。调查路基范围内拆迁情况,需填筑水塘面积大小、抽水数量、淤泥深度和数量,以及了解开山的岩石等级、打洞放炮设计施工方法、桥梁位置、水深水位、便桥架设、钻孔(打桩)工作平台架设、深水基础、承台、下部结构如何施工、上部结构如何预制、预制场设在哪里及怎样布置与安装等有关具体问题,以便为施工组织设计做好准备。

投标人完成踏勘现场工作后,可根据现场踏勘结果,确定材料和机械台班单价,同时为施工组织设计提供大量的第一手资料,为制定出合理的报价打下基础。

2. 投标预备会

投标预备会是为招标人澄清投标人提出的问题而召开的。不是每个招标项目招标人都要组织投标预备会。招标人会在招标文件中载明是否组织投标预备会。如果要组织投标预备会,投标人应在投标人须知前附表规定的时间前,以书面形式将提出的问题送达招标人,以便招标人在会议期间澄清。投标预备会后,招标人在投标人须知前附表规定的时间内,对投标人所提问题予以澄清,并以书面形式通知所有购买招标文件的投标人。该澄清内容为招标文件的组成部分。

七 编制投标文件

1. 投标函部分的编制

投标函部分中投标函及其附录、法定代表人身份证明、授权委托书、投标保证金等,只要严格按招标文件的格式要求编写就行,同时还要严格执行签署盖章要求,任何一项不符均会造成废标。

2. 施工组织设计的编制

施工组织设计的编制,要从施工方案与技术措施,质量管理体系与措施,安全管理体系与措施,环境保护管理体系与措施,工程进度计划与措施,资源配备计划,施工设备,试验、检验仪器设备等方面编写,既要满足招标文件的技术条款和现行规范的要求,又要符合实际情况,同时还要尽可能采用新技术、新工艺等体现技术先进性,特别在施工方法、施工进度计划及施工现场平面图布置等方面的编写,更应突出高新科技含量,这是该部分不容忽视的编标技巧。

编制施工组织设计应该主要注意:计划的开、竣工日期与总工期是否符合招标文件中关于工期的安排与规定;工程进度计划是否按招标文件要求的形式(横道图或网络图)绘制;施工方案、方法是否考虑与相邻标段、前后工序的配合与衔接;临时占地布置是否合理且能满足施工需要和招标文件要求;质量目标是否与招标文件要求一致;质量保证体系、安全保证体系是否健全;质量保证措施、技术保证措施、安全保证措施、环境保护措施、文明施工保证措施是否明确、完善;是否有冬、雨季施工保证措施;是否有控制(降低)造价措施(如果招标文件有此要求);施工总平面布置图是否对生产生活设施进行了合理的布置。总之,施工组织设计编制既要满足招投标文件的要求,有利于参加竞争,又要能全面指导项目实际施工的组织与管理。有的投标人提交的施工组织设计缺乏完整性和针对性,重点不突出,没有深度、广度,工程项目的重点部位、重点环节的工序可操作性不强,这些不足将影响招标人对投标人在技术标方面的评价。要想确保施工组织设计编制质量,应转变重报价、轻施工组织设计的思想,选择施工经验丰富、内业工作水平高的技术人员进行施工组织设计编制,努力使施工组织与报价一体化,同时建立投标施工方案资源库,并针对具体工程特点进行规划设计。

施工组织设计是对工程施工准备以及工程施工的时间和空间所做的统筹安排,向招标人阐述自己的施工规划和安排,是投标文件的重要组成部分,同时,施工组织设计决定着投标报价。

施工组织设计通常包括施工现场平面布置、施工进度、施工方案、运输组织计划等,这些方面对投标报价有着重要影响,下面就主要因素进行分析:

1)施工现场平面布置

施工现场平面布置是施工组织设计在空间上的综合描述,是施工组织设计的重要组成部分之一。它是在调查的基础上,结合建设工程的实际情况,按照一定的布置原则和方法,对建设工程在施工过程中的材料供应和运输路线、供电、供水、临时工程、工地仓库、生活设施、管理机械设施、服务区、加油站、道班房、预制场、拌和场以及大型机械设备工作面的布置和安排。施工现场平面布置影响工程的直接成本,如场内运输的费用、临时设施的费用以及租用土地费、平整场地费用等。在施工组织设计中应考虑技术上的可行性和经济上的合理性,规划施工现场平面布置一般应遵循以下原则:

①凡是永久性占用土地或临时性租用土地的工程,应结合地形、地貌,在满足施工的前提下,尽可能选择利用荒山、荒地及场地平整工程量小的地点,并尽量少占农田。

②合理确定工地仓库和材料堆放点。预制场、拌和场的选择,应避免材料的二次倒运和缩短材料的场内运距。

③施工现场平面布置应与施工进度、施工方法等相适应,同时应重视保护生态环境和安全生产。

④材料在公路工程建设中的占比很大,因此,合理选择材料、确定其经济运距和运输方案是降低施工成本的重要手段。

2)施工进度

施工进度计划是投标人向招标人阐述工程内容时间安排的文件,应按招标文件规定的表现形式来描述,目前招标人多要求投标人以网络图的形式来描述施工进度。施工进度计划应以招标文件规定的总工期为依据来编制,且应明确表示各项主要工程如公路工程中的路基土石方工程、防护工程、排水工程、路面工程、桥梁工程、隧道工程、互通立交工程、交通工程等的开始和结束时间。如果合同要求分期、分批竣工交付使用,应标明分期、分批交付使用的时间和数量。在编制施工进度计划时,应体现主要工序相互衔接的合理安排,有利于均衡地安排劳动力,充分有效地利用施工机械设备,减少机械设备占用周期,同时应便于编制资金流动计划,降低流动资金占用量,节省资金利息。

进行施工组织设计时,还应尽可能采用科学合理的施工组织方式,按流水作业的原理安排施工进度,如某建设项目中有三座同跨径的石拱桥,砌筑拱圈的工作,应在总控制工期内实行流水作业,确定各桥的拱圈施工的顺序。这样,既可充分利用三座石拱桥搭接施工的时间和空间,又可增加拱盔支架等临时设施的周转次数,达到降低成本的目的。另外,在混凝土构件的预制与安装工作中,也存在类似情况。所以,在编制施工进度时,要充分重视这些因素,有效控制施工成本。

3)施工方案

制订施工方案要从技术可行性、经济合理性及工期要求、质量要求等方面综合考虑,其中施工方法的确定和施工机械的选择尤为重要。

(1)施工方法的确定

在施工方案设计中,施工方法的选择至关重要,必须依据工程条件和经济合理的原则进行多方面的比较。随着施工工艺、施工技术的不断发展和更新,完成一个项目,其施工方法是多种多样的,而每种施工方法又有其自身的优势和不足,这就要求设计人员根据工程的条件,选择既经济又适用的施工方法。对于一般的路基土石方工程、砌筑工程、混凝土工程等比较简单的工程,可根据企业现有的施工机械及工人技术水平选定施工方法,努力做到节省开支,降低标价;对于复杂项目,在选择及确定施工方法时要多考虑几种方案,进行综合分析比较后,择优而定。

①路基施工方法的选择。

路基工程中,土石方施工的工程量是控制成本的主要因素。施工方法的选择,对土石方施工中的工日消耗、机械台班消耗有很大的影响。目前公路路基工程施工中,为了满足施工质量,高等级公路一般都采用机械化施工,低等级公路一般采用人工、机械组合进行施工。如采用机械化施工,其施工方法的选择其实就是施工机械的选择,应根据施工的作业种类及运输距离合理选择机械。如土石方的运距小于100m时,选择推土机完成其运输作业就比较经济;土石方的运距大于500m时,选择推土机完成其运输作业就很不经济,这时选择自卸汽车才经济。编制施工组织设计和报价时应考虑这些内容。

②路面施工方法的选择。

路面基层施工方法主要分路拌和厂拌,面层施工主要有热拌、冷拌、贯入、厂拌等方法。各种施工方法的工程成本消耗各不相同,从表3-2-6中可以看出,当路面基层结构一定时,选择不同的施工方法,每1000m²造价是不一样的。编制投标文件时应结合公路等级要求、路面工程规模和工期要求等进行综合分析确定施工方法。

路面基层(20cm厚)定额基价表(单位:1000m²)　　　　　表3-2-6

基层结构类型	路拌(元)					厂拌(元)	
	筛拌	翻拌	拖拉机带铧犁拌和	稳定土拌和机拌和	拖拉机带铧犁原槽拌和	水泥稳定类	石灰稳定类
水泥土			16042	16370	13125		
水泥砂砾			22031	22331	9348	20644	
水泥碎石			32062	32373		30769	
石灰土	26353	26780	16717	16978	13891		
石灰砂砾			21485	21802	9588		19210
石灰碎石			30905	31167			28721

③构造物施工方法的选择。

在公路建设工程中,通常将除路基土石方和路面工程以外的桥梁、涵洞、防护等各项工程,统称为构造物。由于其种类多,结构各异,又各有不同的技术经济特征和施工工艺要求,所以其施工方法也各不相同。从某种意义上来讲,构造物施工方法的选择,既简单又复杂。说它简单,主要是施工方法的选择余地小,如石砌圬工是以人工施工为主,混凝土工程不是采用木模就是钢模,没有更多的施工方法可供优选;而所谓复杂,是因为有些构造物有特殊的专业施工方法,这在工程设计时就已确定了,如T形梁的安装,一般都采用导梁作为安装工具,箱形拱桥则要采用缆索来进行吊装,悬臂拼装就要配用悬臂起重机等,这是从长期实践中积累完善起来的施工方法,有定型配套的安装工具。建设项目中的桥涵工程数量比较多,在进行桥型结构设计时,要尽可能采用标准设计,避免结构形式上的多样化,这不仅有利于施工,还可减少辅助工程费用。

(2)施工机械的选择

对于使用机械施工的工程,其施工方法的确定其实就是施工机械的选择。施工机械的选择也应遵循技术可行和经济合理的原则。在考虑施工机械设备时,应注意比较是利用现有机械设备,还是购置新机械设备,或是依托市场租赁机械设备。在编制施工组织设计及施工方案时,要根据工程项目特征及工程项目施工的内在变化规律,优化配置、动态调配各项施工生产要素,切实制定出具有竞争力的施工组织设计,以利中标。

4)运输组织计划

运输组织计划是施工组织设计中的一个重要内容,它不仅直接影响施工进度,而且在很大程度上也会影响工程造价。为了确保施工进度的执行,并力求最大限度地降低工程造价,一般要求运输组织计划应达到下列要求:

①运距最短,运输量最小;

②减少运转次数,力求直达工地;

③装卸迅速和运转方便;

④尽量利用原有交通条件,减少临时运输设施的投资;

⑤充分发挥运输工具的运载条件。

3. 项目管理机构的设置

项目管理机构是项目实施的组织保证。因此设置的项目管理机构应满足施工项目管理的需求。在具体编制投标文件时,对影响评分的项目经理和技术负责人的任职资格、荣誉奖项和类似工程业绩以及项目班子其他人员的岗位资质、证件等,要根据评分标准认真填列,精心配备。填写完成后应认真检查项目经理及技术负责人的资格、职称、学历、经历、年限等是否符合招标文件的标准;拟任职务与前述是否一致,主要管理人员及项目班子人员的各类证件是否齐全等。

4. 投标报价的编制

1)投标报价编制的依据

①法律法规及相关标准规范等。

招投标所涉及的法律法规及各种国家标准、部颁标准、技术规范等。

②招标文件。

招标文件是编制投标报价的重要资料,应认真仔细地研究,以全面了解合同条款规定的权利和义务,同时应深入分析施工承包中所面临的和需要承担的风险,详细研究招标文件中的漏洞和疏忽,为制定投标策略寻找依据、创造条件。实践证明,吃透招标文件,可为投标成功打下良好的基础,否则,易导致投标失误甚至造成无法弥补的损失。

③现场踏勘收集的资料。

投标人在报价以前必须认真地进行现场考察,全面、细致地了解工地及其周围的政治、经济、地理、法律等情况,收集与报价有关的各种风险与数据资料。

④施工组织设计。

施工组织设计的优劣不仅影响施工能否顺利进行,而且影响工程费用的高低。不同的施工方案、不同的施工顺序、不同的平面布置所需的工程费用是有差异的,有时会相差很大,因此,在进行投标时,应编制出技术上可行、经济上合理的施工组织设计,并以此作为编制投标报价的依据。

⑤本企业的资料。

a. 本企业历年来(至少5年)已完工程的成本分析资料;

b. 本企业为本项目提供新添施工设备经费的可能性;

c. 本企业的企业定额。

⑥其他资料。

2)投标报价的组成部分及内容

一个施工项目的投标报价由以下三部分组成:

(1)施工成本

施工成本包括直接成本、间接成本等各项费用。确定施工成本,应进行施工成本分析和成本预测。成本分析应建立在以往施工项目成本分析和成本核算工作的基础上,所以施工企业加强成本核算和统计管理工作是搞好投标报价工作的基础。成本预测应使用企业定额,因此,施工企业建立自己的企业定额也是编制施工预算进而搞好投标报价工作的前提。

(2)利润和税金

利润是根据本项目的具体情况和公司的利润目标制定的,税金是由国家统一征收的。

(3)风险费用

在投标报价编制中应对风险有足够的认识。投标报价中风险的种类和风险费用的多少,应依据合同条款的规定和当时当地的情况来确定。例如,报价中是否要考虑物价上涨费,如果合同条款中规定物价上涨后即调整价差和有关费用,则报价中无须考虑物价上涨费;如果合同条款中规定此项风险由承包人承担,则应在报价中考虑物价上涨费。物价上涨费应根据当时的物价上涨情况,在预测物价上涨率的基础上确定。当然这种预测结果会与实际情况有偏差,但这是难免的。又如报价中是否要考虑法律法规变化后增加的费用,是否应考虑地质情况复杂而需增加的风险费用等等,这些都要依据合同条款的规定来决定,如果合同条款规定由承包人承担,则应在报价中作出充分考虑,而这些费用的多少并无规律可循,主要依据投标人的经验及对风险的辨别能力和洞察能力来确定。

3)投标报价编制的步骤

投标报价编制的步骤如图3-2-1所示。

研读招标文件

熟悉设计图纸
复核清单工程量

现场踏勘
环境调查

施工组织设计

计算施工工程量

企业工料机
消耗标准

工料机单价

直接费

报价策略

● 风险费
● 管理费
● 利润
● 税金

投标报价

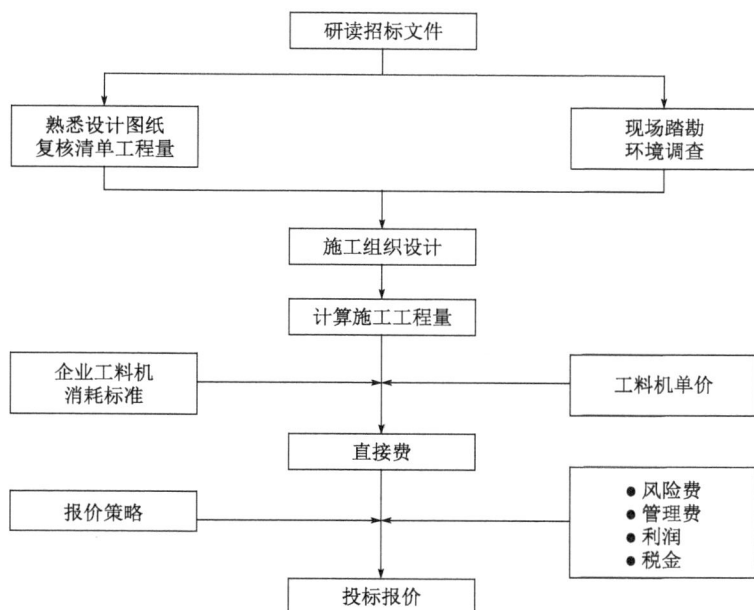

图 3-2-1 投标报价编制的步骤

在完成以上这些工作时,应注意以下问题:

(1)仔细核实工程量

工程量是整个报价工作的基础,人工、材料、机械消耗量,脚手架、模板等临时设施,都是根据工程内容和工程量确定的。招标项目的工程量在招标文件的工程量清单中有详细说明,但由于种种原因,工程量清单中的工程数量有时可能和图纸中的数量不一致,因此有必要进行复核。核实工程量的主要作用如下:

①全面掌握本项目实际发生的各分项工程的数量,便于投标时进行准确的报价;

②及时发现工程量清单中关于工程量的错误和漏洞,为制定投标策略提供依据;

③有利于促使投标人对技术规范中的计量支付规定做进一步的研究,便于精确地编写各工程细目的单价。

核实工程量可从两方面入手:一是认真研究招标文件,吃透技术规范;二是通过切实的考察取得第一手资料。具体做好如下几项工作:

①全面核实设计图纸中各分项工程的工程量;

②计算受施工方案影响而需额外发生和消耗的工程量;

③根据技术规范中计量与支付的规定,对以上数量进行折算,在折算过程中有时需要对设计图纸中的工程量进行分解或合并。

(2)重视施工组织设计的编制

高效率和低消耗是编制施工组织设计的总原则。编制施工组织设计时应遵循连续、均衡、协调和经济的原则,其中,经济性原则是施工组织设计的核心和落脚点,因此,在编制施工组织设计时,应注意如下事项:

①充分满足技术上的先进性和可靠性,最大限度地提高劳动生产率,降低施工成本;

②充分利用现有的施工机械设备,提高施工机械的使用率以降低机械施工成本;

③采用先进的管理手段,优化施工进度计划,选择最优施工顺序,均衡安排施工,尽量避免施工高峰的赶工现象和施工低谷中的窝工现象,机动安排非关键线路上的剩余资源,从非关键线路上要效益;

④适当聘用当地员工或临时工,降低施工队伍调遣费,减少窝工现象。

投标竞争是比技术、比管理的竞争,技术和管理的先进性应充分体现在编制的施工组织设计中,以达到降低成本、缩短工期的目的。

(3)明确报价的组成及内容

一个项目的投标报价由施工成本、利润和税金、风险费用三部分组成。在投标报价中,应科学地编制以上三项费用,使总报价既有竞争力,又有利可图。

(4)掌握市场情报和信息,确定投标策略

报价策略是投标人在激烈竞争的环境下为了企业的生存与发展而可能使用的对策,报价策略运用是否得当,对投标人能否中标并获得利润影响很大。常用的投标策略大致有如下几种:

①盈利较大的策略。即在报价中以较大的利润为投标目标的策略。这种投标策略通常在建筑市场任务多,投标人对该项目拥有技术上的垄断优势,竞争对手少或近期施工任务比较饱和时才予采用。

②微利保本策略。即在施工成本、利润和税金及风险费用三项费用中,降低利润目标,甚至不考虑利润。这种投标策略通常在企业工程任务不饱和、建筑市场供不应求、竞争对手强以及招标人按最低标定标时采用。

要确定一个低而适度的报价,首先要编制出先进、合理的施工方案,在此基础上计算出能够确保合同工期要求和质量标准的最低预算成本。降低公路工程预算成本要从发挥企业优势,降低直接费和间接费等方面着手。

③低价亏损策略。即在报价中不考虑企业利润,反而考虑一定的亏损后提出的投标策略。这种投标策略通常主要在以下几种情况采用:市场竞争激烈,竞争对手很强;承包人急于打入该建筑市场或保住地盘;施工企业面临生存危机,急于解决企业职工的窝工问题。使用该种投标策略时应注意:第一,招标人肯定是按最低价确定中标单位;第二,这种报价方法属于正当的商业竞争行为,不至于导致废标。

④冒险投标策略。即在报价中不考虑风险费用。这是一种冒险行为,如果风险不发生,即意味着投标人的报价成功;如果风险发生,则意味着投标人要承担极大的风险损失。这种报价策略同样只在市场竞争激烈,投标人急于寻找施工任务或着眼于打入该建筑市场甚至独占该建筑市场时才予采用。

⑤其他策略。

以上是投标报价的四种常见策略,投标报价过程中,可以在以上四种策略的基础上采用以下几种附带策略:

a.优化设计策略。即发现并修改原有设计中存在的不合理情况或采用新技术优化设计方案。如果这种设计能大幅度降低工程造价或缩短工期,且这种设计方案可靠、招标人感兴趣,那么对投标人中标是有利的,当然这种策略只有在招标人在招标文件中载明考虑备选方案时才采用。

b.缩短工期策略。即通过先进的施工方案、先进的施工方法、科学的施工组织或者优化设计来缩短合同工期。当投标工期是关键工期时,建设单位在评标过程中会将缩短工期后带来的预期收益定量考虑进去,此时对承包人获取中标资格是有利的。

c.附带优惠策略。在符合法律法规的情况下,如果能向招标人提出相应的优惠条件替建设单位分忧解难,也可为夺标创造条件。

4)报价决策

在报价分析工作的基础上,根据自己所确定的投标策略,即可进行投标决策,确定投标报价,在总报价确定后,可根据单价分析表中的数据综合考虑其他因素后确定工程量清单中各工程细目的单价。在确定工程细目的单价时,有平衡报价法和不平衡报价法两种方法。平衡报价法将间接费和利润等费用平摊到各工程细目的单价中,即按某固定的比例分摊。不平衡报价法与此相反。就时间而言,有早期摊入法、递减摊入法、递增摊入法和平均摊入法四种方法。

①早期摊入法。即将投标期间和开工初期需发生的费用全部摊入早期完工的分项工程中。这些费用有投标期间的各种开支、投标保函手续费、工程保险费、部分临时设施费,以及由承包人承担的监理设施费、施工队伍调遣费、临时工程及其他开支费用。采用不平衡报价法时,可以将工程量清单中上述子目的报价适当提高,由于这些费用支付时间较早,通常在开工初期支付,这样报价便于承包人尽早收回成本或减少周转资金。

②递减摊入法。即将施工前期较多而后逐步减少的一些费用,按随时间发生逐步减少分摊比例的方法摊到各分项工程中。这些费用有履约保函手续费、贷款利息、部分临时设施费、业务费、管理费。

③递增摊入法。与递减摊入法相反。这些费用有物价上涨费等。当承包人预测物价上涨率在施工后期较高甚至超过银行利率时,可以采用递增摊入法来报价。

④平均摊入法。即将费用平摊到各分项工程的单价中。这些费用有意外费用、利润、税金等。

投标决策中常见的报价手法见表3-2-7。

投标决策中常见的报价手法　　　　　　　　　　　表3-2-7

报价手法	方法
不平衡报价法	具体表现形式如下: ①先期开工的项目(如开工费、土方、基础等)的单价报价高,后期开工的项目如高速公路的路面、交通设施、绿化等附属设施的单价报价低。 ②估计到以后将可能增加工程量的项目的单价报价高,将可能减少工程量的项目的单价报价低。 对单价合同来说,在进行结算支付时,其结算价等于实际完成工程量乘合同的单价,即合同单价不能变更,因此用这种技巧使承包人获得更多的收益。 ③图纸不明确或有错误的,估计今后会修改的项目的单价报价高,估计今后会取消的项目的单价报价低。 ④没有工程量,只填单价的项目如土方起运其单价报价高,这样既不影响投标总价,又有利于多获利润。 ⑤对于暂定金额项目,分析让承包人做的可能性大时,其单价报价高,反之,报价低。 ⑥对于允许价格调整的工程,当利率低于物价上涨率时,则后期施工的工程细目的单价报价高,反之,报价低
扩大标价法	除了按正常的已知条件编制价格外,对工程中变化较大或没有把握的工作,采用扩大单价、增加"不可预见费"的方法来减少风险

续上表

报价手法	方法
多方案报价法	这是利用工程说明书或合同条款不够明确之处,以争取达到修改工程说明书和合同为目的的一种报价方法。其方法是,按原工程说明书和合同条款报一个价格,并加以注释:"如工程说明书和合同条款可作某些改变,可降低多少费用。"使报价成为最低的,以吸引建设单位修改说明书和合同条款,但使用该方法时注意不要违反招标文件中规定的投标一致性,否则会作废标处理
开口升级报价法	这种方法将报价看成协商的开始,报价时利用招标文件中规定的不明确的有利条件,将造价很高的一些单项工程的报价抛开作为活口,将标价降低至无法与之竞争的数额。利用这种"最低标价"来吸引建设单位,从而取得与建设单位商谈的机会,利用活口进行升级加价,以达到最后盈利的目的
突然降价法	这是一种采用标底进行评标时迷惑对手或保密的竞争手段。在整个报价过程中,仍按一般情况报价,甚至有意无意地将报价泄露,或者表示对工程兴趣不大,当临近投标截止期时突然降价,使竞争对手措手不及,从而解决标价保密问题,提高竞争能力和增加中标机会

报价决策中应注意如下事项:

第一,投标人应从自身条件、兴趣、能力和近远期经营战略目标出发进行报价决策。一个企业,首先要具有战略眼光,投标时既要看到近期利益,更要看到长远目标,承揽当前工程要为今后的工程创造机会和条件。在投标中,企业要注意扬长避短,注重信誉,报价时要量力而行,对不顾实际情况、盲目压低标价的行为应予抵制。

第二,报价决策中应重视对招标人的条件和心理方面的分析。施工条件是否具备是投标中应予重视的问题,它与承包人的利益密切相关,条件不成熟的项目对投标人是一种风险,应在报价决策中作出相应的考虑。应对招标人的心理进行分析,若建设单位急需工程开工和完工则通常要求工期尽量提前,加强对建设单位的心理分析和情报收集对做好报价决策是很重要的。

第三,做好报价的宏观审核。投标报价编好后,是否合理、有无中标可能,可以采用工程报价宏观审核指标的方法进行分析判断。例如,可采用单位工程造价、全员劳动生产率、个体分析整体综合控制、各分项工程价值比例、各类费用的正常比例、单位工程用工用料等正常指标进行审核。

5)报价编制示例

【例3-13】 某二级公路,有一座1-4×3钢筋混凝土盖板涵,涵长16.5m,涵高3m,跨径4m,洞口为八字墙。其施工图设计主要工程量见表3-2-8。

工程量表 表3-2-8

序号	项目	单位	工程量
1	C20混凝土涵身涵台身	m^3	107.58
2	C20混凝土涵身帽石	m^3	1.24
3	C20混凝土翼墙基础	m^3	7.83
4	C20混凝土翼墙墙身	m^3	15.94
5	C30混凝土涵身盖板	m^3	30.05

续上表

序号	项目	单位	工程量
6	M7.5浆砌片石涵身基础	m³	65.34
7	M7.5浆砌片石八字墙墙身	m³	13.65
8	M7.5浆砌片石八字墙铺砌	m³	9.33
9	M7.5浆砌片石八字墙基础	m³	5.08
10	M7.5浆砌片石八字墙截水墙	m³	2.25
11	M7.5浆砌片石出口急流槽槽身	m³	2.31
12	M7.5浆砌片石出口急流槽铺砌	m³	44.74
13	M7.5浆砌片石出口急流槽截水墙	m³	5.55
14	M7.5浆砌片石跌水井排水沟壁	m³	0.47
15	M7.5浆砌片石跌水井排水沟铺砌	m³	7.69
16	M7.5浆砌片石跌水井井身	m³	12.09
17	M7.5浆砌片石跌水井铺砌	m³	5.56
18	M7.5浆砌片石出口急流槽耳墙	m³	4.25
19	砂砾涵身台背回填	m³	363.66
20	沥青麻絮涵身沉降缝	m²	37.03
21	沥青麻絮八字墙沉降缝	m²	8.83
22	沥青麻絮出口急流槽沉降缝	m²	7.97
23	沥青麻絮跌水井沉降缝	m²	5.6
24	油毛毡涵身台板填充	m²	21.12
25	防腐沥青八字墙防腐层	m²	37.49
26	HPB300涵身盖板钢筋	kg	3128.96
27	HRB400涵身盖板钢筋	kg	2982.98
28	挖方	m³	713.74

试编制该钢筋混凝土盖板涵的投标报价。

答：(一)钢筋混凝土盖板涵工程量的确定

根据招标文件规定,钢筋混凝土盖板涵应依据图纸所示按不同跨径及孔数的盖板涵长度以米为单位计量,基底软基处理参照第205节的相关规定计量并列入第205节相应子目,或经监理人同意的现场沿涵洞中心线测量的进出口之间的洞身长度,经验收合格后按不同管径及孔数以米为单位计量。钢筋混凝土盖板涵所用钢筋不另计量;所有垫层和基座,沉降缝的填缝与防水材料,洞口建筑,包括八字墙、一字墙、帽石、锥坡(含土方)、跌水井、洞口及洞身铺砌以及基础挖方等均作为附属工作,不单独计量。因此,该钢筋混凝土盖板涵的清单工程量如表3-2-9所示。

清单工程量表 表3-2-9

子目号	子目名称	单位	数量
420	盖板涵、箱涵		
420-1	钢筋混凝土盖板涵	m	
-a	1-4×3钢筋混凝土盖板涵	m	16.500

(二)钢筋混凝土盖板涵报价的确定

(1)清单项目工作内容的确定

根据《公路工程标准施工招标文件》(2018年版)第八章工程量清单计量规则420-1中工程内容可知,钢筋混凝土盖板涵的一般工作内容为:①场地清理;②围堰、排水,基坑开挖,基坑支护;③基础及涵台施工;④施工缝设置、处理;⑤盖板预制、运输、安装;⑥砂浆制作、填缝;⑦防水、防冻、防腐措施;⑧回填。

(2)完成该清单项目工作内容的定额的确定

投标报价应采用施工企业的施工定额。本例作为示例,以《公路工程预算定额》(上、下册)(JTG/T 3832—2018)为例,如果采用施工定额其方法相同。根据完成清单项目"钢筋混凝土盖板涵(4m×3m)"的所有工作内容,确定完成"钢筋混凝土盖板涵(4m×3m)"清单项目的定额,以计算该清单子目工作内容的工料机消耗,见表3-2-10。

完成清单项目"钢筋混凝土盖板涵"的定额列表 表3-2-10

序号	工程子目	单位	定额代号	工程量	定额调整或系数
1	轻型墩台混凝土(跨径4m以内)	10m³实体	4-6-2-2	12.352	
2	浆砌混凝土预制块帽石、缘石	10m³	4-5-5-5	0.124	
3	轻型墩台混凝土基础(跨径4m以内)	10m³实体	4-6-1-1	0.783	普C15-32.5-8 换普C20-32.5-8
4	预制矩形板混凝土(跨径4m以内)	10m³实体	4-7-9-1	3.005	
5	起重机安装矩形板	10m³构件	4-7-10-1	3.005	
6	浆砌片石基础、护底、截水墙	10m³	4-5-2-1	9.565	
7	浆砌片石锥坡、沟、槽、池	10m³	4-5-2-7	8.266	
8	沥青麻絮伸缩缝(沉降缝)	10m²	4-11-1-1	5.943	
9	沥青油毡防水层	10m²	4-11-4-4	2.112	
10	涂沥青防水层	10m²	4-11-4-5	3.749	
11	现场加工预制矩形板钢筋	1t	4-7-9-3	6.112	
12	1500L以内混凝土搅拌机	10m³	4-11-11-6	16.264	
13	6m³搅拌运输车运混凝土1km	100 m³	4-11-11-24	1.626	
14	0.6m³以内挖掘机挖基坑≤1500m³土方	1000m³	4-1-3-2	0.714	

(3)确定工、料、机的单价

经过市场调查和分析计算,确定该工程的工、料、机单价表,见表3-2-11。

工、料、机单价表

表 3-2-11

序号	名称	单位	代号	预算单价（元）	序号	名称	单位	代号	预算单价（元）
1	人工	工日	1001001	101.00	21	原木	m³	4003001	1002.08
2	机械工	工日	1051001	101.00	22	锯材	m³	4003002	1385.64
3	混凝土预制块	m³	1517002	0.00	23	油毛毡	m²	5009012	2.50
4	HPB300钢筋	t	2001001	4263.24	24	中(粗)砂	m³	5503005	125.28
5	HRB400钢筋	t	2001002	4458.69	25	片石	m³	5505005	70.53
6	钢丝绳	t	2001019	7657.05	26	碎石(4cm)	m³	5505013	83.00
7	8~12号铁丝	kg	2001021	5.64	27	碎石(8cm)	m³	5505015	83.00
8	20~22号铁丝	kg	2001022	5.64	28	32.5级水泥	t	5509001	381.70
9	型钢	t	2003004	4254.17	29	其他材料费	元	7801001	1.00
10	钢管	t	2003008	5194.17	30	0.6m³以内履带式液压单斗挖掘机	台班	8001025	799.42
11	钢模板	t	2003025	5712.39	31	1.0m³以内轮胎式装载机	台班	8001045	552.18
12	组合钢模板	t	2003026	5712.39	32	3.0m³以内轮胎式装载机	台班	8001049	1179.55
13	电焊条	kg	2009011	5.92	33	1500L以内强制式混凝土搅拌机	台班	8005007	576.65
14	螺栓	kg	2009013	7.48	34	400L以内灰浆搅拌机	台班	8005010	130.36
15	铁件	kg	2009028	3.77	35	6m³以内混凝土搅拌运输车	台班	8005031	1278.23
16	铁钉	kg	2009030	5.00	36	20t以内自卸汽车	台班	8007019	1073.37
17	石油沥青	t	3001001	3721.62	37	8t以内汽车式起重机	台班	8009026	688.46
18	柴油	kg	3003003	6.84	38	25t以内汽车式起重机	台班	8009030	1329.03
19	电	kW·h	3005002	0.75	39	32kV·A以内交流电弧焊机	台班	8015028	170.39
20	水	m³	3005004	1.46	40	小型机具使用费	元	8099001	1.00

（4）费率取定

投标报价中费率和利润率应根据企业的实际情况和投标策略而定。

本例措施费、企业管理费、规费等综合费率参照部颁《公路工程建设项目概算预算编制办法》(JTG 3830—2018)、工程所在地的补充工程所在地的《概算预算编制补充规定》，并考虑招标项目的情况和报价策略取定，见表3-2-12，利润率取7.42%。

（5）钢筋混凝土盖板涵各分项工程单价计算见二维码内容，请扫码获取。

【例3-13】1-4×3钢筋混凝土盖板涵已标价工程量清单报表

【例3-14】 某高速公路LJ2合同段总报价计算示例(表3-2-12)

某高速公路LJ2合同段总报价   表3-2-12

工程量清单汇总表

合同段:LJ2

序号	章次	科目名称	金额(元)
1	100	总则	16305123
2	200	路基	75507688
3	300	路面	2821634
4	400	桥梁、涵洞	171550307
5		第100章至400章清单合计	266184752
6		已包含在清单合计中的材料、工程设备、专业工程暂估价	
7		清单合计减去材料、工程设备、专业工程暂估价合计(即5-6=7)	266184752
8		计日工合计	
9		暂列金额(不含计日工总额)	
10		投标报价(5+8+9=10)	266184752

注:表中公式涉及的数字为序号。

八 投标文件的签署、密封和标记、递交

1. 投标文件的签署

投标文件必须按照招标文件的要求签署。所有"签字盖章处",特别是"投标函"和"投标函附录"都应按要求签字盖章;另外应注意招标文件中是否允许用"投标专用章"等其他公章代替"投标人公章",是否允许用盖章代替签字,是否要求"页签"等等。

2. 投标文件的密封和标记

通常招标文件要求的投标文件份数为正本一份、副本若干份。投标文件的正本与副本通常应分开包装,加贴封条,并在封套的封口处加盖投标人单位章。投标文件的封套上应清楚地标记"正本"或"副本"字样,封套上应写明的其他内容应在投标人须知前附表中明确规定。不同项目招标人对投标文件的密封和标记要求可能有所不同,有的招标文件要求投标文件正本和副本分别密封后再密封为一包,有的则要求正本、副本一起密封,还有的要求投标函单独密封等;有的招标文件要求外包密封处加盖"密封"章,有的则要求加盖"投标人公章"等等。未按招标文件要求密封和加写标记的投标文件,招标人不予受理。

3. 投标文件的递交

投标人应按照招标文件规定的投标截止时间和递交地点递交投标文件。除投标人须知前附表另有规定外,投标人所递交的投标文件不予退还。招标人收到投标文件后,向投标人出具签收凭证。逾期送达或者未送达指定地点的投标文件,招标人不予受理。

上述要求虽然烦琐但十分重要,其是否被严格执行将直接影响投标文件是否有效,应当引起投标人的高度重视。不同的招标文件对上述格式的要求不尽相同,因此,投标人在每一次投标时都不能麻痹大意,以免造成"一着不慎,全盘皆输"的后果。

第三节　施　工　合　同

一　施工合同的概念

施工合同是发包人与承包人之间为完成建设工程项目施工任务,确定双方权利和义务的协议。依照施工合同,承包人应完成一定的建筑、安装工程任务,发包人应提供必要的施工条件并支付工程价款。

施工合同是建设工程合同的一种,它与其他建设工程合同一样是一种双务合同。在订立时也应遵循自愿、公平、诚实信用等原则。

施工合同是建设工程的主要合同,是工程建设质量控制、进度控制、投资控制的主要依据。在市场经济条件下,建设市场主体之间的权利义务关系主要通过合同确立,因此,在建设领域加强对施工合同的管理具有十分重要的意义。国家立法机关、国务院、国家建设行政管理部门历来都十分重视施工合同的规范工作,在《中华人民共和国建筑法》《招标投标法》中有多处涉及建设工程施工合同的规定,这些法律是我国建设工程施工合同管理的依据。为了指导建设工程施工合同当事人的签约行为,维护合同当事人的合法权益,依据《民法典》《中华人民共和国建筑法》《招标投标法》以及相关法律法规,住房城乡建设部、国家工商行政管理总局制定了《建设工程施工合同(示范文本)》(GF—2017—0201)。

二　施工合同的特点

1. 施工合同标的的特殊性

施工合同的标的是各类建筑产品。建筑产品是不动产,其基础部分与大地相连,不可移动。这就决定了每个施工合同的标的特殊,相互间具有不可替代性;同时建筑产品的固定性还决定了施工生产的流动性,建筑物所在地就是施工生产场地,施工人员和施工机械必须围绕建筑产品不断移动而进行生产作业。另外,建筑产品外观、结构、使用目的、使用对象等各不相同,这就要求每个建筑产品都需单独设计和施工,即建筑产品是单体性生产,这也决定了施工合同标的的特殊性。

2. 施工合同涉及面广

施工合同不仅涉及发包人、承包人双方当事人的权利义务及责任关系,还涉及地方政府行政主管部门、发包人主管部门以及利益相关主体等。

3. 施工合同履行期限长

建筑物的施工由于具有建筑物结构复杂、体积大,消耗建筑材料类型多且数量大、工作量大的特点,其工期与一般工业产品的生产期相比都较长。而合同履行期限还要长于施工工期,因为工程建设的施工应当在合同签订后才开始,且需加上合同签订后到正式开工前的施工准备时间和工程全部竣工验收后办理竣工结算的时间及缺陷责任期、保修期的时间,在工程的施工过程中,还可能由不可抗力、工程变更、材料供应不及时等导致工期延误。所有这些使得施工合同的履行期限具有长期性。

4. 施工合同内容的多样性和复杂性

虽然施工合同的当事人只有两方,但其涉及众多的利益相关主体。与大多数合同相比,施工合同的履行期限长、标的大,涉及的法律关系包括劳动关系、保险关系、运输关系等,具有多样性和复杂性。这就要求施工合同的内容尽量详尽。施工合同除了应当具备合同的一般内容外,还应对安全施工,专利技术使用,发现地下障碍和文物,工程分包,不可抗力,工程设计变更,材料设备的供应、运输、验收等内容做出规定。在施工合同的履行过程中,除施工企业与发包人的合同关系外,还涉及与劳务人员的劳动关系、与保险公司的保险关系、与材料设备供应商的买卖关系、与运输企业的运输关系等。所有这些,都决定了施工合同的内容具有多样性和复杂性。

5. 施工合同监督的严格性

由于施工合同的履行对国家的经济发展、人民的工作和生活可能产生重大的影响,因此,国家对施工合同的监督是十分严格的。具体体现在以下几个方面:

(1)对合同主体监督的严格性

建设工程施工合同主体一般只能是法人。发包人一般只能是经过批准进行工程项目建设的法人,必须有国家批准的建设项目、投资计划等,并且应当具备相应的协调能力;承包人则必须具备法人资格,而且应当具备相应的从事施工的资质。无营业执照或无承包资质的单位不能作为建设工程施工合同的主体,资质等级低的单位也不能越级承包工程。

(2)对合同订立监督的严格性

建设工程施工合同的订立必须符合国家、地方、行业的相关法律、法规、规范、标准等,且合同有严格的订立程序。建设工程施工合同应当采用书面形式。

(3)对合同履行监督的严格性

在施工合同的履行过程中,除了合同当事人应当对合同进行严格的管理外,合同的主管机关(工商行政管理机构)、金融机构、建设行政主管机关等,都要对施工合同的履行进行严格的监督。

三 施工合同的签订

1. 签订施工合同应当遵循的原则

(1)遵守国家法律、法规和计划的原则

订立施工合同,必须遵守国家、地方和行业的法律、法规、规章、标准等,也应遵守国家、地方或行业部门的建设计划和其他计划(如贷款计划等)。建设工程施工对经济发展、社会生活有多方面的影响,国家有许多强制性的管理规定,施工合同当事人都必须遵守。

(2)平等、自愿、公平的原则

签订施工合同当事人双方,都具有平等的法律地位,任何一方都不得强迫对方接受不平等的合同条件。当事人有权决定是否订立施工合同及施工合同的内容。合同内容应当是双方当事人真实意愿的体现。合同的内容应当是公平的,不能损害一方的利益,对于显失公平的施工合同,当事人一方有权申请人民法院或者仲裁机构予以变更或者撤销。

(3)诚实信用原则

诚实信用原则要求在签订施工合同时要诚实,不得有欺诈行为,合同当事人应当如实将自身和工程的情况介绍给对方。在履行合同时,施工合同当事人要守信用,严格履行合同。

2. 施工合同签订的依据

建设工程施工合同的签订依据主要包括以下两个方面:

(1)法律法规

涉及工程建设领域的法律、行政法规、规章和规范性文件,都是建设工程施工合同签订的依据,如《民法典》《中华人民共和国建筑法》《招标投标法》《中华人民共和国政府采购法》《中华人民共和国公路法》《中华人民共和国安全生产法》等法律,《建设工程质量管理条例》《建设工程安全生产管理条例》和《中华人民共和国招标投标法实施条例》等行政法规,以及大量的规章和规范性文件等。

(2)项目的招投标文件

通过招投标方式确定承包人的,其施工合同的签订在招标文件中应有约定,对招标人的要求投标人也在投标文件中予以全面的响应。因此,施工合同的签订必须以招标人的招标文件和中标人的投标文件为依据。

3. 订立施工合同的方法

施工合同作为合同的一种,其订立也应经过要约和承诺两个阶段。其订立方式有两种:直接发包和招标发包。

对于必须进行招标的工程,施工应通过招投标确定施工企业。中标通知书发出后,中标的施工企业应当与建设单位及时签订合同。依据《招标投标法》的规定,中标通知书发出30天内,中标单位应与招标人依据招标文件、投标书等签订施工合同。签订合同的承包人必须是中标的施工企业,投标书中已确定的合同条款在签订时不得更改,合同价应与中标价相一致。如果中标人拒绝与招标人签订合同,招标人将不再返还其投标保证金(如果是由银行等金融机构出具投标保函的,则投标保函出具者应当承担相应的保证责任),建设行政主管部门或其授权机构还可给予一定的行政处罚。

【例3-15】 某高速公路招标项目施工合同签订示例。

某高速公路项目采用招标方式发包,关于合同签订招标人在招标文件中做出如下约定:

1. 招标人和中标人应当自中标通知书发出之日起30天内,根据招标文件和中标人的投标文件订立书面合同。中标人无正当理由拒签合同的,招标人取消其中标资格,其投标保证金不予退还;给招标人造成的损失超过投标保证金数额的,中标人还应当对超过部分予以赔偿。

2. 发出中标通知书后,招标人无正当理由拒签合同的,招标人向中标人退还投标保证金;给中标人造成损失的,还应当赔偿损失。

3. 签约合同价的确定原则如下:

(1)按照评标办法规定对投标报价进行修正后,若修正后的最终投标报价小于开标时的投标函文字报价,则签订合同时以修正后的最终投标报价为准;

(2)按照评标办法规定对投标报价进行修正后,若修正后的最终投标报价大于开标时的投标函文字报价,则签订合同时以开标时的投标函文字报价为准,同时按比例修正相应子目的单价或合价。

4. 合同协议书经双方法定代表人或其授权的代理人签署并加盖单位章后生效。若为联合体投标,则联合体各成员的法定代表人或其授权的代理人都应在合同协议书上签署并加盖单位章。发包人和中标人在签订合同协议书的同时需按照本招标文件规定的格式和要求签订廉政合同及安全生产合同,明确双方在廉政建设和安全生产方面的权利和义务以及应承担的违约责任。

5. 如果根据招标文件相关规定,招标人取消了中标人的中标资格,在此情况下,招标人可将合同授予下一个中标候选人,或者按规定重新组织招标。

四　施工合同的内容

施工合同一般应包括以下内容:

①工程名称、地点、范围、内容,工程价款及开竣工日期;

②双方的权利、义务和一般责任;

③施工组织设计的编制要求和工期调整的处置办法;

④工程质量要求、检验与验收方法;

⑤合同价款调整与支付方式;

⑥材料、设备的供应方式与质量标准;

⑦设计变更;

⑧竣工条件与结算方式;

⑨违约责任与处置办法;

⑩争议解决方式;

⑪安全生产防护措施。

此外,索赔、专利技术使用、发现地下障碍和文物、工程分包、不可抗力、工程保险、工程停建或缓建、合同生效与终止等也是施工合同的重要内容。

【例3-16】 某高速公路项目A合同段施工合同协议书示例。

××高速公路工程项目A合同段
施工合同协议书

　　<u>××高速公路集团</u>(发包人名称,以下简称"发包人")为实施<u>××高速公路项目</u>(项目名称),已接受<u>××公路工程有限公司</u>(承包人名称,以下简称"承包人")对该项目<u>A合同段</u>标段施工的投标。发包人和承包人共同达成如下协议。

　　1. 第<u>A合同段</u>标段由K26+867.301至K37+100,长约10.233km,公路等级为<u>××</u>,设计速度为<u>××</u>,<u>××</u>路面,有<u>××</u>立交<u>××</u>处;特大桥<u>××</u>座,计长<u>××</u>m;大中桥<u>××</u>座,计长<u>××</u>m;隧道<u>××</u>座,计长<u>××</u>m,以及其他构造物工程等。

　　2. 下列文件应视为合同文件的组成部分:

　　(1)本协议书及各种合同附件(含评标期间和合同谈判过程中的澄清文件和补充资料);

　　(2)中标通知书;

　　(3)投标函及投标函附录;

　　(4)项目专用合同条款;

　　(5)公路工程专用合同条款;

　　(6)通用合同条款;

　　(7)工程量清单计量规则;

　　(8)技术规范;

　　(9)图纸;

　　(10)已标价工程量清单;

　　(11)承包人有关人员、设备投入的承诺及投标文件中的施工组织设计;

　　(12)其他合同文件。

　　上述合同文件互相补充和解释。如果合同文件之间存在矛盾或不一致之处,以上述文件的排列顺序在先者为准。

　　3. 根据工程量清单所列的预计数量和单价或总额价计算的签约合同价:人民币(大写)叁亿伍仟伍佰贰拾万贰仟伍佰零玖元(¥355202509.00)。

　　4. 承包人项目经理:<u>××</u>。承包人项目总工:<u>××</u>。

　　5. 工程质量符合<u>××</u>标准。工程安全目标:<u>××</u>。

　　6. 承包人承诺按合同约定承担工程的实施、完成及缺陷修复。

　　7. 发包人承诺按合同约定的条件、时间和方式向承包人支付合同价款。

　　8. 承包人应按照监理人指示开工,工期为<u>××</u>日历天。

　　9. 本协议书在承包人提供履约保证金后,由双方法定代表人或其委托代理人签署并加盖单位章后生效。全部工程完工后经交工验收合格、缺陷责任期满签发缺陷责任终止证书后失效。

　　10. 本协议书正本两份、副本六份,合同双方各执正本一份、副本三份,当正本与副本的内容不一致时,以正本为准。

11. 合同未尽事宜,双方另行签订补充协议。补充协议是合同的组成部分。

发包人: （盖单位章）　　　　　　承包人: （盖单位章）

法定代表人或其委托代理人：（签字）　法定代表人或其委托代理人：（签字）

　　　　　　年＿＿月＿＿日　　　　　　　　　年＿＿月＿＿日

● 本章任务训练

1. 简答题

(1)请简述施工招标文件的组成。

(2)请简述施工投标文件的组成。

(3)请简述资格预审和资格后审的含义。

(4)请总结投标人不得存在的情形。

(5)请从招标人角度简述采用资格预审方式公开招标的程序。

(6)请简述施工招投标活动的开标程序。

(7)请简述招投标活动对招标人、投标人、评标委员会、与评标活动相关的工作人员的纪律要求。

(8)请简述评标报告应当如实记载的内容。

(9)请简述招标控制价的定义。

2. 多选题

(1)依法必须招标的工程建设项目,应当具备下列哪些条件才能进行施工招标?(　　　)

A. 招标人已经依法成立

B. 初步设计及概算应当履行审批手续的,已经批准

C. 有相应资金或资金来源已经落实

D. 有招标所需的设计图纸及技术资料

(2)建设单位应综合考虑以下哪些因素来确定合同类型?(　　　)

A. 工程项目的复杂程度　　　　B. 目的设计深度

C. 施工技术的先进程度　　　　D. 施工工期的紧迫程度

(3)下列关于响应和偏差的阐述,哪些是正确的?(　　　)

A. 投标文件偏离招标文件某些要求,视为投标文件存在偏差

B. 偏差包括重大偏差和细微偏差

C. 投标文件应对招标文件的实质性要求和条件作出满足性或更有利于招标人的响应

D. 投标人应根据招标文件的要求提供施工组织设计等内容以对招标文件作出响应

(4)下列关于分包的阐述,哪些是正确的?(　　　)

A. 总承包人经发包人同意,可以将自己承包的部分工作交由第三人完成

B. 第三人就其完成的工作成果与总承包人向发包人承担连带责任

C. 承包人不得将其承包的全部建设工程转包给第三人

D. 禁止承包人将工程分包给不具备相应资质条件的单位

E. 禁止分包单位将其承包的工程再分包

（5）下列哪些情形,投标保证金将不予退还?(　　)

A. 投标人在投标有效期内撤销投标文件

B. 中标人在收到中标通知书后,无正当理由不与招标人订立合同

C. 中标人在签订合同时向招标人提出附加条件

D. 中标人不按照招标文件要求提交履约保证金

（6）下列关于资格审查文件的内容及编制阐述,哪些是正确的?(　　)

A. 投标人在国家企业信用信息公示系统中未被列入严重违法失信企业名单的网页截图复印件

B. 在"信用中国"网站中未被列入失信被执行人名单的网页截图复印件

C. 由项目所在地或投标人住所地检察机关职务犯罪预防部门出具的近三年内投标人及其法定代表人、拟委任的项目经理均无行贿犯罪行为的查询记录证明原件

D. 投标人所属社保机构出具的拟委任的项目经理和项目总工的社保缴费证明或其他能够证明拟委任的项目经理和项目总工参加社保的有效证明材料复印件

（7）下列哪些选项属于发布依法必须招标项目招标公告的媒介?(　　)

A.《中国日报》　　　　　　　　　　B.《中国经济导报》

C.《中国建设报》　　　　　　　　　D. 中国采购与招标网

（8）下列关于招标文件的澄清阐述,哪些是正确的?(　　)

A. 投标人在仔细阅读和检查招标文件的全部内容的基础上,如有疑问,应在规定的时间前以书面形式要求招标人对招标文件予以澄清

B. 招标文件的澄清将在规定的投标截止时间15天前以书面形式发给所有购买招标文件的投标人,但不指明澄清问题的来源

C. 如果招标文件的澄清发出的时间距投标截止时间不足15天,相应延长投标截止时间

D. 投标人在收到澄清后,应在规定的时间内以书面形式通知招标人,确认已收到该澄清

E. 除非招标人认为确有必要答复,否则,招标人有权拒绝回复投标人在规定的时间后提出的任何澄清要求

（9）下列关于备选投标方案的阐述,哪些是正确的?(　　)

A. 除投标人须知前附表另有规定外,投标人不得递交备选投标方案

B. 允许投标人递交备选投标方案的,只有中标人所递交的备选投标方案方可予以考虑

C. 评标委员会认为中标人的备选投标方案优于其按照招标文件要求编制的投标方案的,招标人可以接受该备选投标方案

D. 投标人提供两个或两个以上投标报价,或在投标文件中提供一个报价,但同时提供两个或两个以上施工组织设计的,视为提供备选方案

（10）下列哪些选项属于招标文件的实质性内容?(　　)

A. 工期　　　　B. 投标有效期　　　C. 质量要求　　　　D. 招标范围

E. 技术标准

（11）《公路工程标准施工招标文件》(2018年版)中规定的评标办法有哪些?(　　)

      A. 经评审的最低投标价法　　　　　B. 综合评分法

      C. 合理低价法　　　　　　　　　　D. 技术评分最低标价法

(12)下列关于投标文件的澄清和补正的阐述,正确的是哪些?(　　　)

      A. 在评标过程中,评标委员会可以书面形式要求投标人对所提交的投标文件中不明确的内容进行书面澄清或说明,或者对细微偏差进行补正

      B. 评标委员会不接受投标人主动提出的澄清、说明或补正

      C. 澄清、说明和补正不得改变投标文件的实质性内容(算术性错误修正的除外)

      D. 投标人的书面澄清、说明和补正属于投标文件的组成部分

      E. 评标委员会对投标人提交的澄清、说明或补正有疑问的,可以要求投标人进一步澄清、说明或补正,直至满足评标委员会的要求

(13)下列投标文件的阐述,正确的是哪些?(　　　)

      A. 投标文件必须按照招标文件的要求签署

      B. 投标文件的正本与副本通常应分开包装,加贴封条,并在封套的封口处加盖投标人单位章

      C. 未按招标文件要求密封和加写标记的投标文件,招标人不予受理

      D. 逾期送达的或者未送达指定地点的投标文件,招标人不予受理

(14)下列哪些选项属于施工合同的特点?(　　　)

      A. 合同标的的特殊性　　　　　　　B. 施工合同涉及面广

      C. 合同履行期限长　　　　　　　　D. 合同内容的多样性和复杂性

      E. 合同监督的严格性

3. 案例分析题

案例一

    某市政府项目有 A、B、C、D、E 共五家施工单位参加投标,资格预审结果均合格。招标文件要求投标单位采用双信封,第一个信封为商务及技术文件,第二个信封为报价文件。评标原则及方法如下:

    (1)采用综合评分法,按照得分高低排序,推荐三名合格的中标候选人。

    (2)第一个信封(商务及技术文件)共40分。其中施工方案10分,工程质量及保证措施15分,工期、业绩和信誉、安全文明施工措施分别为5分。

    (3)第二个信封(报价文件)共60分。①若最低报价低于次低报价的15%以上(含15%),最低报价的第二个信封得分为30分,且不再参加基准价计算;②若最高报价高于次高报价的15%以上(含15%),最高报价的投标按废标处理;③人工、钢材、商品混凝土价格参照当地有关部门发布的工程造价信息,若低于该价格10%以上时,评标委员会应要求该投标单位作必要的澄清;④以符合要求的报价的算术平均数作为基准价(60分),报价比基准价每下降1%扣1分,最多扣10分,报价比基准价每增加1%扣2分,扣分不保底。

    各投标单位的商务及技术文件得分见表1,各投标单位的报价见表2。

    评标过程中又发生E投标单位不按评标委员会要求进行澄清、说明补正。

    问题:

    (1)按照评标办法,计算各投标单位报价文件得分。

    (2)按照评标办法,计算各投标单位综合得分。

（3）推荐合格的中标候选人，并排序。

各投标单位商务及技术文件得分汇总表 表1

投标单位	施工方案得分（分）	工期得分（分）	质保措施得分（分）	安全文明施工得分（分）	业绩信誉得分（分）
A	8.5	4	14.5	4.5	5
B	9.5	4.5	14	4	4
C	9.0	5	14.5	4.5	4
D	8.5	3.5	14	4	3.5
E	9.0	4	13.5	4	3.5

各投标单位报价汇总表 表2

投标单位	A	B	C	D	E
报价(万元)	3900	3886	3600	3050	3784

案例二

某路基挖石方子目的清单数量为300万 m³天然密实方，完成该子目的定额直接费为5000万元，直接费为5500万元，其中人工费占直接费的12%，设备购置费为500万元，措施费为800万元，企业管理费综合费率为6%，规费综合费率为39%，利润率为7.42%，税率为9%，施工场地建设费的费率见表3，安全生产费的费率为1.5%。试计算该子目的清单综合单价。

施工场地建设费的费率表 表3

施工场地计费基数（万元）	费率（%）	算例（万元）	
		施工场地计费基数	施工场地建设费
500及以下	5.338	500	500×5.338%=26.69
500～1000	4.228	1000	26.69+(1000−500)×4.228%=47.83
1000～5000	2.665	5000	47.83+(5000−1000)×2.665%=154.43
5000～10000	2.222	10000	154.43+(10000−5000)×2.222%=265.53

4. 实训

（1）请以公路工程项目为例，编制施工招投标活动的资格预审公告。

（2）请以公路工程项目为例，编制施工招投标活动的申请人须知前附表。

（3）请以公路工程项目为例，编制施工招投标活动的招标公告。

（4）请以公路工程项目为例，编制施工招投标活动的投标人须知前附表。

（5）请以公路工程项目为例，编制施工招投标活动的项目专用合同条款数据表。

（6）请以公路工程项目为例，编制施工招投标活动的工程量清单。

（7）请以公路工程项目为例，编制施工招投标活动的已标价工程量清单。

第三章参考答案

第 四 章

工程项目其他各阶段的招标

● **知识目标**

(1)掌握勘察、设计招标方式和评标办法,熟悉勘察、设计的招标程序。

(2)掌握采购招标方式和评标办法,熟悉采购招标程序。

(3)掌握监理招标方式和评标办法,熟悉监理招标程序。

(4)掌握工程项目建设中勘察、设计、采购、监理阶段的合同类型。

● **能力目标**

(1)明晰勘察、设计招标,采购招标,监理招标活动的程序。

(2)能够协助编制勘察、设计招标,采购招标,监理招标活动的招标文件、投标文件和合同文件。

(3)能够应用勘察、设计招标,采购招标,监理招标标准规范和法律法规处理相应的突发事件。

● **素质目标**

(1)培养工程项目勘察、设计招标,采购招标,监理招标投标的职业能力。

(2)增强工程项目勘察、设计招标,采购招标,监理招标投标的合法合规意识。

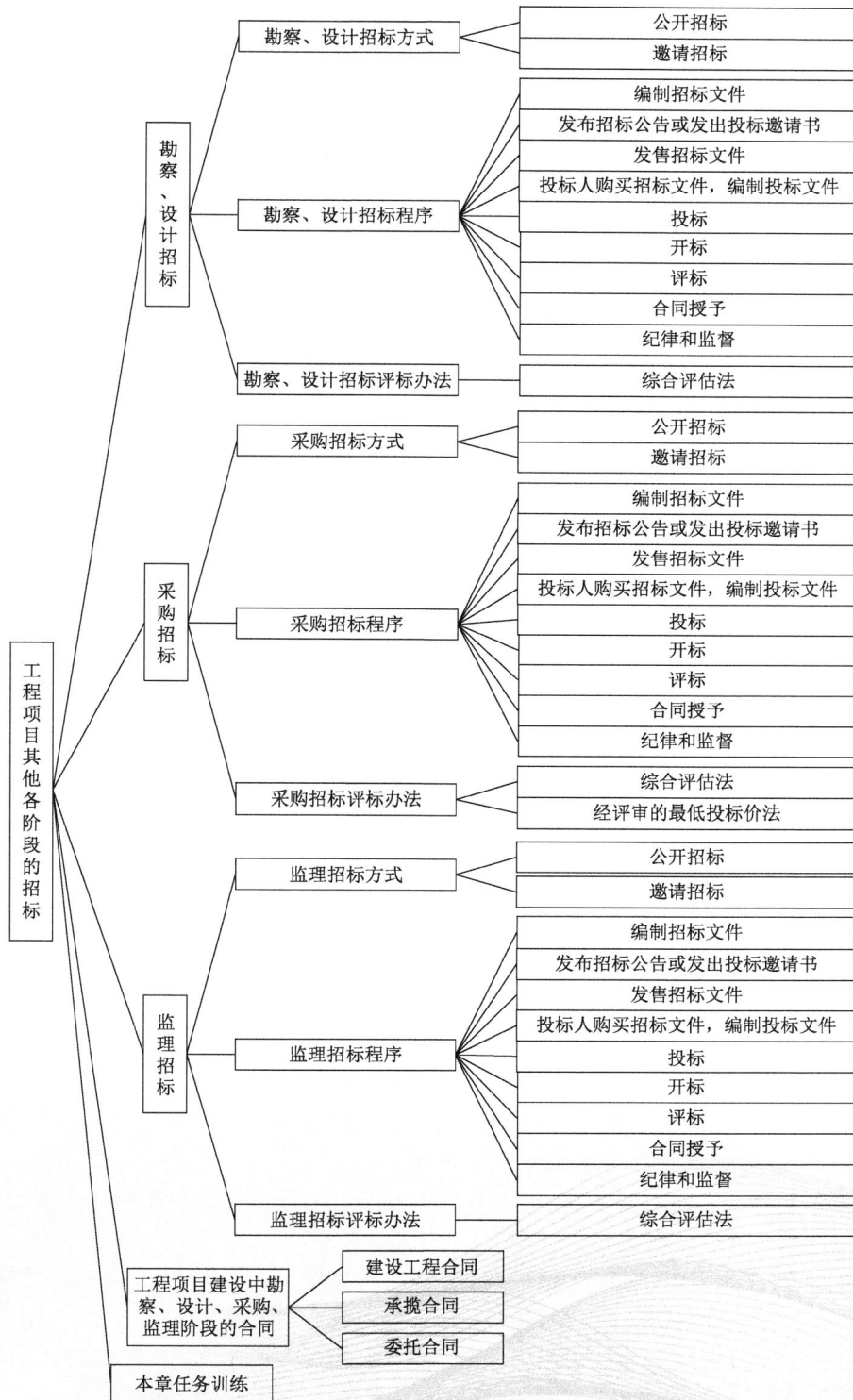

● 知识架构

```
工程项目其他各阶段的招标
├─ 勘察、设计招标
│   ├─ 勘察、设计招标方式 ── 公开招标
│   │                      └─ 邀请招标
│   ├─ 勘察、设计招标程序 ── 编制招标文件
│   │                      ├─ 发布招标公告或发出投标邀请书
│   │                      ├─ 发售招标文件
│   │                      ├─ 投标人购买招标文件，编制投标文件
│   │                      ├─ 投标
│   │                      ├─ 开标
│   │                      ├─ 评标
│   │                      ├─ 合同授予
│   │                      └─ 纪律和监督
│   └─ 勘察、设计招标评标办法 ── 综合评估法
├─ 采购招标
│   ├─ 采购招标方式 ── 公开招标
│   │                └─ 邀请招标
│   ├─ 采购招标程序 ── 编制招标文件
│   │                ├─ 发布招标公告或发出投标邀请书
│   │                ├─ 发售招标文件
│   │                ├─ 投标人购买招标文件，编制投标文件
│   │                ├─ 投标
│   │                ├─ 开标
│   │                ├─ 评标
│   │                ├─ 合同授予
│   │                └─ 纪律和监督
│   └─ 采购招标评标办法 ── 综合评估法
│                        └─ 经评审的最低投标价法
├─ 监理招标
│   ├─ 监理招标方式 ── 公开招标
│   │                └─ 邀请招标
│   ├─ 监理招标程序 ── 编制招标文件
│   │                ├─ 发布招标公告或发出投标邀请书
│   │                ├─ 发售招标文件
│   │                ├─ 投标人购买招标文件，编制投标文件
│   │                ├─ 投标
│   │                ├─ 开标
│   │                ├─ 评标
│   │                ├─ 合同授予
│   │                └─ 纪律和监督
│   └─ 监理招标评标办法 ── 综合评估法
├─ 工程项目建设中勘察、设计、采购、监理阶段的合同 ── 建设工程合同
│                                              ├─ 承揽合同
│                                              └─ 委托合同
└─ 本章任务训练
```

第一节　勘察、设计招标

在勘察、设计阶段的招标投标活动中,存在以下情形:①招标人在勘察阶段采用招标方式选择勘察单位;②招标人在设计阶段采用招标方式选择设计单位;③招标人在勘察、设计阶段采用招标方式选择可以在核定的资质范围内同时承揽勘察和设计业务的单位。

鉴于《中华人民共和国标准勘察招标文件》(2017年版)和《中华人民共和国标准设计招标文件》(2017年版)在招标方式、招标程序、评标方法等方面的规定,存在较多相同的条文说明,为避免重复,在此将上述两个文件综合进行解读。主要以线下招投标为例进行说明。

一　勘察、设计招标方式

招标方式分为公开招标和邀请招标。

根据《中华人民共和国标准勘察招标文件》(2017年版)和《中华人民共和国标准设计招标文件》(2017年版)规定,勘察、设计阶段的招标方式及其定义和相关规定,与施工阶段的招标方式及其定义和相关规定相同,此处不再赘述。

二　勘察、设计招标程序

勘察、设计招标分为资格预审方式的公开招标、资格后审方式的公开招标和邀请招标,由于篇幅有限,此处以资格后审方式的公开招标为例,说明勘察、设计各阶段招标的程序。

1. 编制招标文件

招标人应当根据招标项目的特点和需要编制招标文件。招标文件应当包括招标项目的技术要求、对投标人资格审查的标准、投标报价要求和评标标准等所有实质性要求和条件,以及拟签订合同的主要条款。

招标人对已发出的招标文件须进行必要的澄清或者修改的,应当在招标文件要求提交投标文件截止时间至少15日前,以书面形式通知所有招标文件收受人。该澄清或者修改的内容为招标文件的组成部分。

2. 发布招标公告或发出投标邀请书

1)招标公告

招标人采用公开招标方式的,应当发布招标公告。依法必须进行招标的项目的招标公告,应当通过国家指定的报刊、信息网络或者其他媒介发布。

招标公告应当载明招标人的名称和地址,招标项目的性质、数量、实施地点和时间,以及获取招标文件的办法等事项。

勘察招标公告的内容包括:①招标条件;②项目概况与招标范围;③投标人资格要求;④招标文件的获取;⑤投标文件的递交;⑥发布公告的媒介;⑦联系方式。

设计招标公告的内容包括:①招标条件;②项目概况与招标范围;③投标人资格要求;④技术成果经济补偿;⑤招标文件的获取;⑥投标文件的递交;⑦发布公告的媒介;⑧联系方式。

2)投标邀请书

招标人采用邀请招标方式的,应当向三个以上具备承担招标项目的能力、资信良好的特定的法人或者其他组织发出投标邀请书。

投标邀请书应当载明招标人的名称和地址,招标项目的性质、数量、实施地点和时间,以及获取招标文件的办法等事项。

勘察招标的投标邀请书内容包括:①招标条件;②项目概况与招标范围;③投标人资格要求;④招标文件的获取;⑤投标文件的递交;⑥确认;⑦联系方式。

设计招标的投标邀请书内容包括:①招标条件;②项目概况与招标范围;③投标人资格要求;④技术成果经济补偿;⑤招标文件的获取;⑥投标文件的递交;⑦确认;⑧联系方式。

3. 发售招标文件

1)招标文件组成

勘察、设计招标文件的组成:①招标公告(或投标邀请书);②投标人须知;③评标办法;④合同条款及格式;⑤发包人要求;⑥投标文件格式;⑦投标人须知前附表规定的其他资料;⑧根据《中华人民共和国标准勘察招标文件》(2017年版)和《中华人民共和国标准设计招标文件》(2017年版)两者的第二章第1.10款、第2.2款和第2.3款对招标文件所作的澄清、修改,构成招标文件的组成部分。

2)招标文件获取

线下招投标时,凡有意参加投标者,应于招标公告或投标邀请书规定的时间和地址,持单位介绍信购买招标文件;线上招投标时,凡有意参加投标者,应于招标公告或投标邀请书规定的时间,登录规定的电子招标投标交易平台下载电子招标文件。

4. 投标人购买招标文件,编制投标文件

投标人按照招标公告(或投标邀请书)的要求购买招标文件,并按照招标文件的要求编制投标文件。投标文件应当对招标文件提出的实质性要求和条件作出响应。

勘察招标文件规定的投标文件的组成:①投标函及投标函附录;②法定代表人身份证明或授权委托书;③联合体协议书(如有);④投标保证金(如有);⑤勘察费用清单;⑥资格审查资料;⑦勘察纲要;⑧投标人须知前附表规定的其他资料。

设计招标文件规定的投标文件的组成:①投标函及投标函附录;②法定代表人身份证明或授权委托书;③联合体协议书(如有);④投标保证金(如有);⑤设计费用清单;⑥资格审查资料;⑦设计方案;⑧投标人须知前附表规定的其他资料。

在勘察、设计招标中,投标人在评标过程中作出的符合法律法规和招标文件规定的澄清确认,也构成投标文件的组成部分。

5. 投标

投标人应按规定进行投标文件的密封和标记,在投标人须知前附表规定的投标截止时间前递交投标文件。投标人在投标截止时间前,可以修改或撤回已递交的投标文件,但应以书面形式通知招标人。

招标人收到投标文件后,应当签收保存,不得开启。投标人少于三个的,招标人应当重新招标。在招标文件要求提交投标文件的截止时间后送达的投标文件,招标人应当

拒收。

6. 开标

开标由招标人主持,招标人在规定的投标截止时间(开标时间)和投标人须知前附表规定的地点公开开标,并邀请所有投标人的法定代表人或其委托代理人准时参加。

勘察招标开标程序:①宣布开标纪律;②公布在投标截止时间前递交投标文件的投标人名称;③宣布开标人、唱标人、记录人、监标人等有关人员姓名;④检查投标文件的密封情况,按照投标人须知前附表规定的开标顺序当众开标,公布招标项目名称、投标人名称、投标保证金的递交情况、投标报价、勘察服务期限及其他内容,并记录在案;⑤投标人代表、招标人代表、监标人、记录人等有关人员在开标记录上签字确认;⑥开标结束。

设计招标开标程序:①宣布开标纪律;②公布在投标截止时间前递交投标文件的投标人名称;③宣布开标人、唱标人、记录人、监标人等有关人员姓名;④检查投标文件的密封情况,按照投标人须知前附表规定的开标顺序当众开标,公布招标项目名称、投标人名称、投标保证金的递交情况、投标报价、设计服务期限及其他内容,并记录在案;⑤投标人代表、招标人代表、监标人、记录人等有关人员在开标记录上签字确认;⑥开标结束。

投标人对开标有异议的,应当在开标现场提出,招标人当场作出答复,并制作记录。

7. 评标

1)资格审查

投标人应按规定提交资格审查材料。

已进行资格预审的投标人在递交投标文件前,发生可能影响其投标资格的新情况的,应更新或补充其在申请资格预审时提供的资料,以证实其各项资格条件仍能继续满足资格预审文件的要求,且没有实质性降低。

未进行资格预审的投标人,除投标人须知前附表另有规定外,投标人应按规定提供资格审查资料,以证明其满足资质、财务、业绩、信誉等要求。

2)评标委员会

评标由招标人依法组建的评标委员会负责。评标委员会由招标人或其委托的招标代理机构熟悉相关业务的代表,以及有关技术、经济等方面的专家组成,成员人数为五人以上单数,其中技术、经济等方面的专家不得少于成员总数的三分之二,评标委员会成员具体人数以及技术、经济等方面专家的确定方式按照投标人须知前附表规定。

评标委员会成员有下列情形之一的,应当回避:

①投标人或投标人主要负责人的近亲属;

②项目主管部门或者行政监督部门的人员;

③与投标人有经济利益关系,可能影响对投标公正评审的;

④曾因在招标、评标以及其他与招标投标有关活动中从事违法行为而受过行政处罚或刑事处罚的;

⑤与投标人有其他利害关系。

评标过程中,评标委员会成员有回避事由、擅离职守或者因健康等原因不能继续评标的,招标人有权更换。被更换的评标委员会成员作出的评审结论无效,由更换后的评标委员会成员重新进行评审。

3）评标原则

评标活动遵循公平、公正、科学和择优的原则。

4）评标过程

评标委员会按照"评标办法"规定的方法、评审因素、标准和程序对投标文件进行评审。"评标办法"没有规定的方法、评审因素和标准，不作为评标依据。

评标完成后，评标委员会应当向招标人提交书面评标报告和中标候选人名单。评标委员会推荐中标候选人的人数按投标人须知前附表规定。

若评标委员会经评审，认为所有投标都不符合招标文件要求，可以否决所有投标。依法必须进行招标的项目的所有投标被否决的，招标人应当重新招标。

8. 合同授予

1）确定中标人

招标人在收到评标报告之日起3日内，按照投标人须知前附表规定的公示媒介和期限公示中标候选人，公示期不得少于3天。投标人或者其他利害关系人对评标结果有异议的，应当在中标候选人公示期间提出。招标人将在收到异议之日起3日内作出答复；作出答复前，将暂停招标投标活动。

中标候选人的经营、财务状况发生较大变化或存在违法行为，招标人认为可能影响其履约能力的，将在发出中标通知书前提请原评标委员会按照招标文件规定的标准和方法进行审查确认。

按照投标人须知前附表的规定，招标人或招标人授权的评标委员会依法确定中标人。在规定的投标有效期内，招标人以书面形式向中标人发出中标通知书，同时将中标结果通知未中标的投标人。

在签订合同前，中标人应按投标人须知前附表规定的形式、金额和招标文件规定的或者事先经过招标人书面认可的履约保证金格式向招标人提交履约保证金。除投标人须知前附表另有规定外，履约保证金为中标合同金额的10%。联合体中标的，其履约保证金以联合体各方或者联合体中牵头人的名义提交。

中标人不能按要求提交履约保证金的，视为放弃中标，其投标保证金不予退还，给招标人造成的损失超过投标保证金数额的，中标人还应当对超过部分予以赔偿。

在设计招标中，招标人对符合招标文件规定的未中标人的技术成果进行补偿的，招标人将按投标人须知前附表规定的标准给予经济补偿，未中标人在投标文件中声明放弃技术成果经济补偿费的除外。招标人将于中标通知书发出后30日内向未中标人支付技术成果经济补偿费。

2）签订合同

招标人和中标人应当在中标通知书发出之日起30日内，根据招标文件和中标人的投标文件订立书面合同。中标人无正当理由拒签合同，在签订合同时向招标人提出附加条件，或者不按照招标文件要求提交履约保证金的，招标人有权取消其中标资格，其投标保证金不予退还；给招标人造成的损失超过投标保证金数额的，中标人还应当对超过部分予以赔偿。

发出中标通知书后，招标人无正当理由拒签合同，或者在签订合同时向中标人提出附加条件的,招标人向中标人退还投标保证金;给中标人造成损失的,还应当赔偿损失。联合体中标的,联合体各方应当共同与招标人签订合同,就中标项目向招标人承担连带责任。

9. 纪律和监督

招标投标活动及其当事人应当接受依法实施的监督。有关行政监督部门依法对招标投标活动实施监督,依法查处招标投标活动中的违法行为。对招标投标活动的行政监督及有关部门的具体职权划分,由国务院规定。

1)对招标人的纪律要求

招标人不得泄露招标投标活动中应当保密的情况和资料,不得与投标人串通损害国家利益、社会公共利益或者他人合法权益。

2)对投标人的纪律要求

投标人不得相互串通投标或者与招标人串通投标,不得向招标人或者评标委员会成员行贿谋取中标,不得以他人名义投标或者以其他方式弄虚作假骗取中标;投标人不得以任何方式干扰、影响评标工作。

3)对评标委员会成员的纪律要求

评标委员会成员不得收受他人的财物或者其他好处,不得向他人透露对投标文件的评审和比较、中标候选人的推荐情况以及评标有关的其他情况。在评标活动中,评标委员会成员应当客观、公正地履行职责,遵守职业道德,不得擅离职守,影响评标程序正常进行,不得使用评标办法没有规定的评审因素和标准进行评标。

4)对与评标活动有关的工作人员的纪律要求

与评标活动有关的工作人员不得收受他人的财物或者其他好处,不得向他人透露对投标文件的评审和比较、中标候选人的推荐情况以及评标有关的其他情况。在评标活动中,与评标活动有关的工作人员不得擅离职守,影响评标程序正常进行。

5)投诉

投标人或者其他利害关系人认为招标投标活动不符合法律、行政法规规定的,可以自知道或者应当知道之日起10日内向有关行政监督部门投诉。投诉应当有明确的请求和必要的证明材料。

投标人或者其他利害关系人对招标文件、开标和评标结果提出投诉的,应当按照投标人须知的规定先向招标人提出异议。异议答复期间不计算在投诉期限内。

三 勘察、设计招标评标办法

评标采用综合评估法。评标委员会对满足招标文件实质性要求的投标文件,按照规定的评分标准进行打分,并按得分由高到低的顺序推荐中标候选人,或根据招标人授权直接确定中标人,但投标报价低于其成本的除外。

在勘察招标中,综合评分相等时,以投标报价低的优先;投标报价也相等的,以勘察纲要得分高的优先;如果勘察纲要得分也相等,按照评标办法前附表的规定确定中标候选人顺序。

在设计招标中,综合评分相等时,以投标报价低的优先;投标报价也相等的,以设计方案得分高的优先;如果设计方案得分也相等,按照评标办法前附表的规定确定中标候选人顺序。

1）评审标准

（1）初步评审标准

初步评审标准包括形式评审标准、资格评审标准、响应性评审标准。

①形式评审标准的评审因素主要包括：a. 投标人名称；b. 投标函及投标函附录签字盖章；c. 投标文件格式；d. 联合体投标人；e. 备选投标方案。

②勘察招标资格评审标准的评审因素主要包括：a. 营业执照和组织机构代码证；b. 资质要求；c. 财务要求；d. 业绩要求；e. 信誉要求；f. 项目负责人；g. 其他主要人员；h. 勘察设备；i. 其他要求；j. 联合体投标人；k. 不存在禁止投标的情形。

设计招标资格评审标准的评审因素不包含上述"勘察设备"，其他因素与上述相同。

③勘察招标响应性评审标准的评审因素主要包括：a. 投标报价；b. 投标内容；c. 勘察服务期限；d. 质量标准；e. 投标有效期；f. 投标保证金；g. 权利义务；h. 勘察纲要。

设计招标响应性评审标准的评审因素主要包括：a. 投标报价；b. 投标内容；c. 设计服务期限；d. 质量标准；e. 投标有效期；f. 投标保证金；g. 权利义务；h. 设计方案。

（2）分值构成与评分标准

①勘察招标的分值由资信业绩部分、勘察纲要部分、投标报价和其他评分因素（如有）构成。

设计招标的分值由资信业绩部分、设计方案部分、投标报价和其他评分因素（如有）构成。

②勘察招标的评分标准。

资信业绩评分标准的评分因素主要包括信誉、类似项目业绩、项目负责人资历和业绩、其他主要人员资历和业绩、拟投入的勘察设备。

勘察纲要评分标准的评分因素主要包括勘察范围、勘察内容；勘察依据、勘察工作目标；勘察机构设置和岗位职责；勘察说明和勘察方案；勘察质量、进度、保密等保证措施；勘察安全保证措施；勘察工作重点、难点分析；合理化建议。

投标报价评分标准的评分因素主要包括偏差率。

③设计招标的评分标准。

资信业绩评分标准的评分因素主要包括信誉、类似项目业绩、项目负责人资历和业绩、其他主要人员资历和业绩。

设计方案评分标准的评分因素主要包括设计范围、设计内容；设计依据、设计工作目标；设计机构设置和岗位职责；设计说明和设计方案；设计质量、进度、保密等保证措施；设计安全保证措施；设计工作重点、难点分析；合理化建议。

投标报价评分标准的评分因素主要包括偏差率。

2）评标程序

（1）初步评审

评标委员会可以要求投标人提交规定的有关证明和证件的原件，以便核验。评标委员会依据规定的标准对投标文件进行初步评审。有一项不符合评审标准的，评标委员会应当否决其投标。

投标人有以下情形之一的，评标委员会应当否决其投标：

①投标文件没有对招标文件的实质性要求和条件作出响应，或者对招标文件的偏差超出招标文件规定的偏差范围或最高项数；

②有串通投标、弄虚作假、行贿等违法行为。

投标报价有算术错误及其他错误的,评标委员会按以下原则要求投标人对投标报价进行修正,并要求投标人书面澄清确认。投标人拒不澄清确认的,评标委员会应当否决其投标:

①投标文件中的大写金额与小写金额不一致的,以大写金额为准;

②总价金额与单价金额不一致的,以单价金额为准,但单价金额小数点有明显错误的除外。

（2）详细评审

评标委员会按规定的量化因素和分值进行打分,并计算出综合评估得分。

①按规定的评审因素和分值对资信业绩部分计算出得分A。

②在勘察招标中,按规定的评审因素和分值对勘察纲要部分计算出得分B;

在设计招标中,按规定的评审因素和分值对设计方案部分计算出得分B。

③按规定的评审因素和分值对投标报价计算出得分C。

④按规定的评审因素和分值对其他部分计算出得分D。

评分分值计算保留小数点后两位,小数点后第三位"四舍五入"。投标人得分=A+B+C+D。

评标委员会发现投标人的报价明显低于其他投标报价,使得其投标报价可能低于其个别成本的,应当要求该投标人作出书面说明并提供相应的证明材料。投标人不能合理说明或者不能提供相应证明材料的,评标委员会应当认定该投标人以低于成本报价竞标,并否决其投标。

（3）投标文件的澄清

在评标过程中,评标委员会可以书面形式要求投标人对投标文件中含义不明确、对同类问题表述不一致或者有明显文字和计算错误的内容作必要的澄清、说明或补正。澄清、说明或补正应以书面方式进行。评标委员会不接受投标人主动提出的澄清、说明或补正。

澄清、说明或补正不得超出投标文件的范围且不得改变投标文件的实质性内容,并构成投标文件的组成部分。

评标委员会对投标人提交的澄清、说明或补正有疑问的,可以要求投标人进一步澄清、说明或补正,直至满足评标委员会的要求。

（4）评标结果

除"投标人须知"前附表授权直接确定中标人外,评标委员会按照得分由高到低的顺序推荐中标候选人,并标明排序。评标委员会完成评标后,应当向招标人提交书面评标报告和中标候选人名单。

第二节　采 购 招 标

采购招标分为材料采购招标和设备采购招标。

在材料、设备采购阶段的招标投标活动中,存在以下情形:①招标人在材料采购阶段采用招标方式选择材料供应商;②招标人在设备采购阶段采用招标方式选择设备供应商;③招标人在材料、设备采购阶段采用招标方式选择可以在核定的资质范围内同时提供材料和设备的供应商。

鉴于《中华人民共和国标准材料采购招标文件》(2017年版)和《中华人民共和国标准设备采购招标文件》(2017年版)在招标方式、招标程序、评标方法等方面的规定,存在较多相同的条文说明,为避免重复,在此将上述两个文件综合进行解读。主要以线下招投标为例进行说明。

一 采购招标方式

招标方式分为公开招标和邀请招标。

根据《中华人民共和国标准材料采购招标文件》(2017年版)和《中华人民共和国标准设备采购招标文件》(2017年版)规定,采购阶段的材料和设备招标方式及其定义和相关规定,与勘察、设计、施工阶段的招标方式及其定义和相关规定相同,此处不再赘述。

二 采购招标程序

1. 编制招标文件

招标人应当根据招标项目的特点和需要编制招标文件。招标文件应当包括招标项目的技术要求、对投标人资格审查的标准、投标报价要求和评标标准等所有实质性要求和条件,以及拟签订合同的主要条款。

招标人对已发出的招标文件进行必要的澄清或者修改的,应当在招标文件要求提交投标文件截止时间至少15日前,以书面形式通知所有招标文件收受人。该澄清或者修改的内容为招标文件的组成部分。

2. 发布招标公告或发出投标邀请书

1)招标公告

招标人采用公开招标方式的,应当发布招标公告。依法必须进行招标的项目的招标公告,应当通过国家指定的报刊、信息网络或者其他媒介发布。

招标公告应当载明招标人的名称和地址,招标项目的性质、数量、实施地点和时间,以及获取招标文件的办法等事项。

招标公告的内容包括:①招标条件;②项目概况与招标范围;③投标人资格要求;④招标文件的获取;⑤投标文件的递交;⑥发布公告的媒介;⑦联系方式。

2)投标邀请书

招标人采用邀请招标方式的,应当向三个以上具备承担招标项目的能力、资信良好的特定的法人或者其他组织发出投标邀请书。

投标邀请书应当载明招标人的名称和地址,招标项目的性质、数量、实施地点和时间,以及获取招标文件的办法等事项。

投标邀请书的内容包括:①招标条件;②项目概况与招标范围;③投标人资格要求;④招标文件的获取;⑤投标文件的递交;⑥确认;⑦联系方式。

3. 发售招标文件

1)招标文件组成

材料、设备采购招标文件的组成:①招标公告(或投标邀请书);②投标人须知;③评标办法;④合同条款及格式;⑤供货要求;⑥投标文件格式;⑦投标人须知前附表规定的其他资料;⑧根据《中华人民共和国标准材料采购招标文件》(2017年版)和《中华人民共和国标准设备采购招标文件》(2017年版)两者的第二章第1.9款、第2.2款和第2.3款对招标文件所作的澄清、修改,构成招标文件的组成部分。

2)招标文件获取

材料、设备采购招标文件的获取规定,与勘察、设计招标文件的获取规定相同,此处不再赘述。

4. 投标人购买招标文件,编制投标文件

投标人按照招标公告(或投标邀请书)的要求购买招标文件,并按照招标文件的要求编制投标文件。投标文件应当对招标文件提出的实质性要求和条件作出响应。

材料采购招标中投标文件的组成:①投标函;②法定代表人(单位负责人)身份证明或授权委托书;③联合体协议书(如有);④投标保证金(如有);⑤商务和技术偏差表;⑥分项报价表;⑦资格审查资料;⑧投标材料质量标准的详细描述;⑨技术支持资料;⑩相关服务计划;⑪投标人须知前附表规定的其他资料。

设备采购招标中投标文件的组成:①投标函;②法定代表人(单位负责人)身份证明或授权委托书;③联合体协议书(如有);④投标保证金(如有);⑤商务和技术偏差表;⑥分项报价表;⑦资格审查资料;⑧投标设备技术性能指标的详细描述;⑨技术支持资料;⑩技术服务和质保期服务计划;⑪投标人须知前附表规定的其他资料。

在材料、设备采购招标中,投标人在评标过程中作出的符合法律法规和招标文件规定的澄清确认,也构成投标文件的组成部分。

5. 投标

《中华人民共和国标准材料采购招标文件》(2017年版)和《中华人民共和国标准设备采购招标文件》(2017年版)与本章第一节《中华人民共和国标准勘察招标文件》(2017年版)和《中华人民共和国标准设计招标文件》(2017年版)中关于"投标"的条文说明相同,为避免重复,此处不再赘述。

6. 开标

开标由招标人主持,招标人在规定的投标截止时间(开标时间)和投标人须知前附表规定的地点公开开标,并邀请所有投标人的法定代表人(单位负责人)或其委托代理人准时参加。

开标程序:①宣布开标纪律;②公布在投标截止时间前递交投标文件的投标人名称;③宣布开标人、唱标人、记录人、监标人等有关人员姓名;④检查投标文件的密封情况,按照投标人须知前附表规定的开标顺序当众开标,公布招标项目名称、投标人名称、投标保证金的递交情况、投标报价、交货期、交货地点及其他内容,并记录在案;⑤投标人代表、招标人代表、监标人、记录人等有关人员在开标记录上签字确认;⑥开标结束。

投标人对开标有异议的,应当在开标现场提出,招标人当场作出答复,并制作记录。

7. 评标

《中华人民共和国标准材料采购招标文件》(2017年版)和《中华人民共和国标准设备采购招标文件》(2017年版)与本章第一节《中华人民共和国标准勘察招标文件》(2017年版)和《中华人民共和国标准设计招标文件》(2017年版)中关于"评标"的条文说明相同,为避免重复,此处不再赘述。

8. 合同授予

材料、设备采购招标的合同授予条款包括中标候选人公示、评标结果异议、中标候选人履约能力审查、定标、中标通知、履约保证金、签订合同。这些条款的具体内容与勘察、设计招标的合同授予条款相同,此处不再赘述。

9. 纪律和监督

《中华人民共和国标准材料采购招标文件》(2017年版)和《中华人民共和国标准设备采购招标文件》(2017年版)与本章第一节《中华人民共和国标准勘察招标文件》(2017年版)和《中华人民共和国标准设计招标文件》(2017年版)中关于"纪律和监督"的条文说明相同,为避免重复,此处不再赘述。

三 采购招标评标办法

1. 综合评估法

评标采用综合评估法。评标委员会对满足招标文件实质性要求的投标文件,按照规定的评分标准进行打分,并按得分由高到低的顺序推荐中标候选人,或根据招标人授权直接确定中标人,但投标报价低于其成本的除外。综合评分相等时,以投标报价低的优先;投标报价也相等的,以技术得分高的优先;如果技术得分也相等,按照评标办法前附表的规定确定中标候选人顺序。

1)评审标准

(1)初步评审标准

初步评审标准包括形式评审标准、资格评审标准、响应性评审标准。

①形式评审标准的评审因素主要包括:a. 投标人名称;b. 投标函签字盖章;c. 投标文件格式;d. 联合体投标人;e. 备选投标方案。

②材料采购招标中资格评审标准的评审因素主要包括:a. 营业执照和组织机构代码证;b. 资质要求;c. 财务要求;d. 业绩要求;e. 信誉要求;f. 其他要求;g. 联合体投标人;h. 不存在禁止投标的情形;i. 投标材料制造商的资质要求(如有);j. 投标材料的业绩要求(如有)。

设备采购招标中资格评审标准的评审因素主要包括:a. 营业执照和组织机构代码证;b. 资质要求;c. 财务要求;d. 业绩要求;e. 信誉要求;f. 其他要求;g. 联合体投标人;h. 不存在禁止投标的情形;i. 投标设备制造商的资质要求(如有);j. 投标设备的业绩要求(如有)。

③材料采购招标中响应性评审标准的评审因素主要包括:a. 投标报价;b. 投标内容;c. 交货期;d. 交货地点;e. 质量要求;f. 投标有效期;g. 投标保证金;h. 权利义务;i. 投标材料及相关服务;j. 技术支持资料。

设备采购招标中响应性评审标准的评审因素主要包括:a. 投标报价;b. 投标内容;c. 交货期;d. 交货地点;e. 技术性能指标;f. 投标有效期;g. 投标保证金;h. 权利义务;i. 投标设备及技术服务和质保期服务;j. 技术支持资料。

(2)分值构成与评分标准

①分值由商务部分、技术部分、投标报价和其他评分因素(如有)构成。

②材料采购招标的评分标准。

商务评分标准的评分因素主要包括对投标人履约能力的评价、对招标文件商务条款的响应程度、投标材料的业绩。

技术评分标准的评分因素主要包括对投标材料整体评价、对投标材料质量标准的响应程度、对投标人相关服务能力的评价。

投标报价评分标准的评分因素主要包括偏差率。

③设备采购招标的评分标准。

商务评分标准的评分因素主要包括对投标人履约能力的评价、对招标文件商务条款的响应程度、投标设备的业绩。

技术评分标准的评分因素主要包括对投标设备整体评价、对投标设备技术性能指标的响应程度、对投标人技术服务和质保期服务能力的评价。

投标报价评分标准的评分因素主要包括偏差率。

2)评标程序

(1)初步评审

评标委员会可以要求投标人提交规定的有关证明和证件的原件,以便核验。评标委员会依据规定的标准对投标文件进行初步评审。有一项不符合评审标准的,评标委员会应当否决其投标。

投标人有以下情形之一的,评标委员会应当否决其投标:

①投标文件没有对招标文件的实质性要求和条件作出响应,或者对招标文件的偏差超出招标文件规定的偏差范围或最高项数;

②有串通投标、弄虚作假、行贿等违法行为。

投标报价有算术错误及其他错误的,评标委员会按以下原则要求投标人对投标报价进行修正,并要求投标人书面澄清确认。投标人拒不澄清确认的,评标委员会应当否决其投标:

①投标文件中的大写金额与小写金额不一致的,以大写金额为准;

②总价金额与单价金额不一致的,以单价金额为准,但单价金额小数点有明显错误的除外;

③投标报价为各分项报价金额之和,投标报价与分项报价的合价不一致的,应以各分项合价累计数为准,修正投标报价;

④如果分项报价中存在缺漏项,则视为缺漏项价格已包含在其他分项报价之中。

(2)详细评审

评标委员会按规定的量化因素和分值进行打分,并计算出综合评估得分。

①按规定的评审因素和分值对商务部分计算出得分 A;

②按规定的评审因素和分值对技术部分计算出得分 B;

③按规定的评审因素和分值对投标报价计算出得分 C;

④按规定的评审因素和分值对其他部分计算出得分 D。

评分分值计算保留小数点后两位,小数点后第三位"四舍五入"。投标人得分=A+B+C+D。

评标委员会发现投标人的报价明显低于其他投标报价,使得其投标报价可能低于其个别成本的,应当要求该投标人作出书面说明并提供相应的证明材料。投标人不能合理说明或者不能提供相应证明材料的,评标委员会应当认定该投标人以低于成本报价竞标,并否决其投标。

(3)投标文件的澄清

材料、设备采购招标的投标文件澄清条款,与勘察、设计招标的投标文件澄清条款相同,此处不再赘述。

(4)评标结果

除"投标人须知"前附表授权直接确定中标人外,评标委员会按照得分由高到低的顺序推荐中标候选人,并标明排序。评标委员会完成评标后,应当向招标人提交书面评标报告和中标候选人名单。

2. 经评审的最低投标价法

评标采用经评审的最低投标价法。评标委员会对满足招标文件实质性要求的投标文件,按照规定的评标价格调整方法进行必要的价格调整,并按照经评审的投标价由低到高的顺序推荐中标候选人,或根据招标人授权直接确定中标人,但投标报价低于其成本的除外。经评审的投标价相等时,投标报价低的优先;投标报价也相等的,按照评标办法前附表中的规定确定中标候选人顺序。

1)评审标准

(1)初步评审标准

初步评审标准包括形式评审标准、资格评审标准、响应性评审标准。

①形式评审标准的评审因素主要包括:a. 投标人名称;b. 投标函签字盖章;c. 投标文件格式;d. 联合体投标人;e. 备选投标方案。

②材料采购招标中资格评审标准的评审因素主要包括:a. 营业执照和组织机构代码证;b. 资质要求;c. 财务要求;d. 业绩要求;e. 信誉要求;f. 其他要求;g. 联合体投标人;h. 不存在禁止投标的情形;i. 投标材料制造商的资质要求(如有);j. 投标材料的业绩要求(如有)。

设备采购招标中资格评审标准的评审因素主要包括:a. 营业执照和组织机构代码证;b. 资质要求;c. 财务要求;d. 业绩要求;e. 信誉要求;f. 其他要求;g. 联合体投标人;h. 不存在禁止投标的情形;i. 投标设备制造商的资质要求(如有);j. 投标设备的业绩要求(如有)。

③材料采购招标中响应性评审标准的评审因素主要包括:a. 投标报价;b. 投标内容;c. 交货期;d. 交货地点;e. 质量要求;f. 投标有效期;g. 投标保证金;h. 权利义务;i. 投标材料及相关服务;j. 技术支持资料。

设备采购招标中响应性评审标准的评审因素主要包括:a. 投标报价;b. 投标内容;c. 交货期;d. 交货地点;e. 技术性能指标;f. 投标有效期;g. 投标保证金;h. 权利义务;i. 投标设备及技术服务和质保期服务;j. 技术支持资料。

(2)详细评审标准

详细评审标准的价格调整因素主要有付款条件、交货期。

2)评标程序

(1)初步评审

《中华人民共和国标准材料采购招标文件》(2017年版)、《中华人民共和国标准设备采购招标文件》(2017年版)关于材料、设备采购招标的初步评审3.1.1和3.1.2款规定,与《中华人民共和国标准勘察招标文件》(2017年版)、《中华人民共和国标准设计招标文件》(2017年版)关于勘察、设计招标的初步评审3.1.1和3.1.2款规定相同,此处不再赘述。

投标报价有算术错误及其他错误的,评标委员会按以下原则要求投标人对投标报价进行修正,并要求投标人书面澄清确认。投标人拒不澄清确认的,评标委员会应当否决其投标:

①投标文件中的大写金额与小写金额不一致的,以大写金额为准;

②总价金额与单价金额不一致的,以单价金额为准,但单价金额小数点有明显错误的除外;

③投标报价为各分项报价金额之和,投标报价与分项报价的合价不一致的,应以各分项合价累计数为准,修正投标报价;

④如果分项报价中存在缺漏项,则视为缺漏项价格已包含在其他分项报价之中。

(2)详细评审

评标委员会按规定的评标价格调整方法进行必要的价格调整,并编制"标价比较表"。

评标委员会发现投标人的报价明显低于其他投标报价,使得其投标报价可能低于其成本的,应当要求该投标人作出书面说明并提供相应的证明材料。投标人不能合理说明或者不能提供相应证明材料的,由评标委员会认定该投标人以低于成本报价竞标,并否决其投标。

(3)投标文件的澄清

材料、设备采购招标的投标文件澄清规定,与勘察、设计招标的投标文件澄清规定相同,此处不再赘述。

(4)评标结果

除"投标人须知"前附表授权直接确定中标人外,评标委员会按照经评审的价格由低到高的顺序推荐中标候选人,并标明排序。评标委员会完成评标后,应当向招标人提交书面评标报告和中标候选人名单。

第三节　监理招标

一　监理招标方式

招标方式分为公开招标和邀请招标。

根据《中华人民共和国标准监理招标文件》(2017年版)规定,监理招标方式及其定义和相关规定,与勘察、设计、采购、施工阶段的招标方式及其定义和相关规定相同,此处不再赘述。

二　监理招标程序

1. 编制招标文件

招标人应当根据招标项目的特点和需要编制招标文件。招标文件应当包括招标项目的技术要求、对投标人资格审查的标准、投标报价要求和评标标准等所有实质性要求和条件以及拟签订合同的主要条款。

招标文件的组成：①招标公告（或投标邀请书）；②投标人须知；③评标办法；④合同条款及格式；⑤委托人要求；⑥投标文件格式；⑦投标人须知前附表规定的其他资料。

招标人对已发出的招标文件进行必要的澄清或者修改的，应当在招标文件要求提交投标文件截止时间至少15日前，以书面形式通知所有招标文件收受人。该澄清或者修改的内容构成招标文件的组成部分。

2. 发布招标公告或发出投标邀请书

监理招标的招标公告和投标邀请书的相关规定，与采购招标的招标公告和投标邀请书相关规定相同，此处不再赘述。

3. 发售招标文件

监理招标的招标文件组成和获取的相关规定，与勘察、设计招标的招标文件组成和获取的相关规定相同，此处不再赘述。

4. 投标人购买招标文件，编制投标文件

投标人按照招标公告（或投标邀请书）的要求购买招标文件，并按照招标文件的要求编制投标文件。投标文件应当对招标文件提出的实质性要求和条件作出响应。

投标文件的组成：①投标函及投标函附录；②法定代表人身份证明或授权委托书；③联合体协议书（如有）；④投标保证金（如有）；⑤监理报酬清单；⑥资格审查资料；⑦监理大纲；⑧投标人须知前附表规定的其他资料。

投标人在评标过程中作出的符合法律法规和招标文件规定的澄清确认，构成投标文件的组成部分。

5. 投标

《中华人民共和国标准监理招标文件》（2017年版）与本章第一节《中华人民共和国标准勘察招标文件》（2017年版）和《中华人民共和国标准设计招标文件》（2017年版）中关于"投标"的条文说明相同，为避免重复，此处不再赘述。

6. 开标

开标由招标人主持，招标人在规定的投标截止时间（开标时间）和投标人须知前附表规定的地点公开开标，并邀请所有投标人的法定代表人或其委托代理人准时参加。

开标程序与本章第二节《中华人民共和国标准材料采购招标文件》（2017年版）和《中华人民共和国标准设备采购招标文件》（2017年版）中关于"开标程序"的条文说明相同，此处不再赘述。

投标人对开标有异议的，应当在开标现场提出，招标人当场作出答复，并制作记录。

7. 评标

《中华人民共和国标准监理招标文件》（2017年版）与本章第一节《中华人民共和国标准勘察招标文件》（2017年版）和《中华人民共和国标准设计招标文件》（2017年版）中关于"评标"的条文说明相同，为避免重复，此处不再赘述。

8. 合同授予

《中华人民共和国标准监理招标文件》(2017年版)与本章第二节《中华人民共和国标准材料采购招标文件》(2017年版)和《中华人民共和国标准设备采购招标文件》(2017年版)中关于"合同授予"的条文说明相同,为避免重复,此处不再赘述。

9. 纪律和监督

《中华人民共和国标准监理招标文件》(2017年版)与本章第一节《中华人民共和国标准勘察招标文件》(2017年版)和《中华人民共和国标准设计招标文件》(2017年版)中关于"纪律和监督"的条文说明相同,为避免重复,此处不再赘述。

三 监理招标评标办法

评标采用综合评估法。评标委员会对满足招标文件实质性要求的投标文件,按照规定的评分标准进行打分,并按得分由高到低的顺序推荐中标候选人,或根据招标人授权直接确定中标人,但投标报价低于其成本的除外。综合评分相等时,以投标报价低的优先;投标报价也相等的,以监理大纲得分高的优先;如果监理大纲得分也相等,按照评标办法前附表的规定确定中标候选人顺序。

1)评审标准

(1)初步评审标准

初步评审标准包括形式评审标准、资格评审标准、响应性评审标准。

①形式评审标准的评审因素主要包括:a. 投标人名称;b. 投标函及投标函附录签字盖章;c. 投标文件格式;d. 联合体投标人;e. 备选投标方案。

②资格评审标准的评审因素主要包括:a. 营业执照和组织机构代码证;b. 资质要求;c. 财务要求;d. 业绩要求;e. 信誉要求;f. 总监理工程师;g. 其他主要人员;h. 试验检测仪器设备;i. 其他要求;j. 联合体投标人;k. 不存在禁止投标的情形。

③响应性评审标准的评审因素主要包括:a. 投标报价;b. 投标内容;c. 监理服务期限;d. 质量标准;e. 投标有效期;f. 投标保证金;g. 权利义务;h. 监理大纲。

(2)分值构成与评分标准

①分值由资信业绩部分、监理大纲部分、投标报价和其他评分因素(如有)构成。

②评分标准。

资信业绩评分标准的评分因素主要包括信誉、类似项目业绩、总监理工程师资历和业绩、其他主要人员资历和业绩、拟投入的试验检测仪器设备。

监理大纲评分标准的评分因素主要包括监理范围、监理内容;监理依据、监理工作目标;监理机构设置和岗位职责;监理工作程序、方法和制度;质量、进度、造价、安全、环保监理措施;合同、信息管理方案;监理组织协调内容及措施;监理工作重点、难点分析;合理化建议。

投标报价评分标准的评分因素主要包括偏差率。

2)评标程序

(1)初步评审

监理招标的初步评审的相关规定,与勘察、设计招标的初步评审的相关规定相同,此处不再赘述。

（2）详细评审

评标委员会按规定的量化因素和分值进行打分，并计算出综合评估得分。

①按规定的评审因素和分值对资信业绩部分计算出得分A；

②按规定的评审因素和分值对监理大纲部分计算出得分B；

③按规定的评审因素和分值对投标报价计算出得分C；

④按规定的评审因素和分值对其他部分计算出得分D。

评分分值计算保留小数点后两位，小数点后第三位"四舍五入"。投标人得分=A+B+C+D。

评标委员会发现投标人的报价明显低于其他投标报价，使得其投标报价可能低于其个别成本的，应当要求该投标人作出书面说明并提供相应的证明材料。投标人不能合理说明或者不能提供相应证明材料的，评标委员会应当认定该投标人以低于成本报价竞标，并否决其投标。

（3）投标文件的澄清与评标结果

监理招标的投标文件澄清和评标结果的相关规定，与勘察、设计招标的投标文件澄清和评标结果的相关规定相同，此处不再赘述。

第四节 工程项目建设中勘察、设计、采购、监理阶段的合同

一 建设工程合同

建设工程合同适用于勘察、设计、施工阶段招标投标活动。本小节介绍与勘察、设计阶段相关的建设工程合同规定。

1. 建设工程合同的定义

建设工程合同是指承包人进行工程建设，发包人支付价款的合同。建设工程合同包括工程勘察、设计、施工合同。

2. 建设工程合同的主要规定

（1）建设工程合同的形式

建设工程合同应当采用书面形式。

（2）建设工程招标投标活动的原则

建设工程的招标投标活动，应当依照有关法律的规定公开、公平、公正进行。

（3）建设工程的发包、承包、分包

发包人可以与总承包人订立建设工程合同，也可以分别与勘察人、设计人、施工人订立勘察、设计、施工承包合同。发包人不得将应当由一个承包人完成的建设工程肢解成若干部分发包给数个承包人。

总承包人或者勘察、设计、施工承包人经发包人同意，可以将自己承包的部分工作交由第三人完成。第三人就其完成的工作成果与总承包人或者勘察、设计、施工承包人向发包人承

担连带责任。承包人不得将其承包的全部建设工程转包给第三人或者将其承包的全部建设工程肢解以后以分包的名义分别转包给第三人。

禁止承包人将工程分包给不具备相应资质条件的单位。禁止分包单位将其承包的工程再分包。建设工程主体结构的施工必须由承包人自行完成。

(4)订立国家重大建设工程合同

国家重大建设工程合同,应当按照国家规定的程序和国家批准的投资计划、可行性研究报告等文件订立。

(5)勘察、设计合同的内容

勘察、设计合同的内容一般包括提交有关基础资料和概预算等文件的期限、质量要求、费用以及其他协作条件等条款。

(6)发包人的检查权

发包人在不妨碍承包人正常作业的情况下,可以随时对作业进度、质量进行检查。

(7)勘察人、设计人对勘察、设计的责任

勘察、设计的质量不符合要求或者未按照期限提交勘察、设计文件拖延工期,造成发包人损失的,勘察人、设计人应当继续完善勘察、设计,减收或者免收勘察、设计费并赔偿损失。

(8)发包人原因造成勘察、设计的返工、停工或者修改设计所应承担责任

因发包人变更计划,提供的资料不准确,或者未按照期限提供必需的勘察、设计工作条件而造成勘察、设计的返工、停工或者修改设计,发包人应当按照勘察人、设计人实际消耗的工作量增付费用。

二 承揽合同

承揽合同适用于材料、设备采购阶段的招标投标活动。

1. 承揽合同的定义

承揽合同是指承揽人按照定作人的要求完成工作,交付工作成果,定作人支付报酬的合同。承揽包括加工、定作、修理、复制、测试、检验等工作。

2. 承揽合同的主要规定

(1)承揽合同的内容

承揽合同的内容一般包括承揽的标的、数量、质量、报酬,承揽方式,材料的提供,履行期限,验收标准和方法等条款。

(2)承揽工作主要完成人

承揽人应当以自己的设备、技术和劳力,完成主要工作,但是当事人另有约定的除外。

承揽人将其承揽的主要工作交由第三人完成的,应当就该第三人完成的工作成果向定作人负责;未经定作人同意的,定作人也可以解除合同。

(3)承揽辅助工作转交

承揽人可以将其承揽的辅助工作交由第三人完成。承揽人将其承揽的辅助工作交由第三人完成的,应当就该第三人完成的工作成果向定作人负责。

(4)承揽人提供材料时的义务

承揽人提供材料的,应当按照约定选用材料,并接受定作人检验。

(5)定作人提供材料时双方当事人的义务

定作人应当按照约定提供材料。承揽人对定作人提供的材料应当及时检验,发现不符合约定时,应当及时通知定作人更换、补齐或者采取其他补救措施。

承揽人不得擅自更换定作人提供的材料,不得更换不需要修理的零部件。

(6)定作人要求不合理时双方当事人的义务

承揽人发现定作人提供的图纸或者技术要求不合理的,应当及时通知定作人。因定作人怠于答复等原因造成承揽人损失的,应当赔偿损失。

(7)定作人变更工作要求的法律后果

定作人中途变更承揽工作的要求,造成承揽人损失的,应当赔偿损失。

(8)定作人协助义务

承揽工作需要定作人协助的,定作人有协助的义务。定作人不履行协助义务致使承揽工作不能完成的,承揽人可以催告定作人在合理期限内履行义务,并可以顺延履行期限;定作人逾期不履行的,承揽人可以解除合同。

(9)定作人监督检验

承揽人在工作期间,应当接受定作人必要的监督检验。定作人不得因监督检验妨碍承揽人的正常工作。

(10)承揽人工作成果交付

承揽人完成工作的,应当向定作人交付工作成果,并提交必要的技术资料和有关质量证明。定作人应当验收该工作成果。

(11)工作成果不符合质量要求时的违约责任

承揽人交付的工作成果不符合质量要求的,定作人可以合理选择请求承揽人承担修理、重作、减少报酬、赔偿损失等违约责任。

(12)定作人支付报酬的期限

定作人应当按照约定的期限支付报酬。对支付报酬的期限没有约定或者约定不明确,依据《民法典》第五百一十条的规定仍不能确定的,定作人应当在承揽人交付工作成果时支付;工作成果部分交付的,定作人应当相应支付。

(13)定作人未履行付款义务时承揽人的权利

定作人未向承揽人支付报酬或者材料费等价款的,承揽人对完成的工作成果享有留置权或者有权拒绝交付,但是当事人另有约定的除外。

(14)承揽人保管义务

承揽人应当妥善保管定作人提供的材料以及完成的工作成果,因保管不善造成毁损、灭失的,应当承担赔偿责任。

(15)承揽人保密义务

承揽人应当按照定作人的要求保守秘密,未经定作人许可,不得留存复制品或者技术资料。

(16)共同承揽人连带责任

共同承揽人对定作人承担连带责任,但是当事人另有约定的除外。

(17)定作人任意解除权

定作人在承揽人完成工作前可以随时解除合同,造成承揽人损失的,应当赔偿损失。

三 委托合同

建设工程实行监理的,发包人应当与监理人采用书面形式订立委托监理合同。发包人与监理人的权利和义务以及法律责任,应当依照《民法典》委托合同以及其他有关法律、行政法规的规定。

1. 委托合同的定义

委托合同是指委托人和受托人约定,由受托人处理委托人事务的合同。

2. 委托合同的主要规定

(1)委托权限

委托人可以特别委托受托人处理一项或者数项事务,也可以概括委托受托人处理一切事务。

(2)委托费用的预付和垫付

委托人应当预付处理委托事务的费用。受托人为处理委托事务垫付的必要费用,委托人应当偿还该费用并支付利息。

(3)受托人应当按照委托人的指示处理委托事务

受托人应当按照委托人的指示处理委托事务。需要变更委托人指示的,应当经委托人同意;因情况紧急,难以和委托人取得联系的,受托人应当妥善处理委托事务,但是事后应当将该情况及时报告委托人。

(4)受托人亲自处理委托事务

受托人应当亲自处理委托事务。经委托人同意,受托人可以转委托。转委托经同意或者追认的,委托人可以就委托事务直接指示转委托的第三人,受托人仅就第三人的选任及其对第三人的指示承担责任。转委托未经同意或者追认的,受托人应当对转委托的第三人的行为承担责任;但是,在紧急情况下受托人为了维护委托人的利益需要转委托第三人的除外。

(5)受托人的报告义务

受托人应当按照委托人的要求,报告委托事务的处理情况。委托合同终止时,受托人应当报告委托事务的结果。

(6)委托人介入权

受托人以自己的名义,在委托人的授权范围内与第三人订立的合同,第三人在订立合同时知道受托人与委托人之间的代理关系的,该合同直接约束委托人和第三人;但是,有确切证据证明该合同只约束受托人和第三人的除外。

(7)委托人对第三人的权利和第三人选择权

受托人以自己的名义与第三人订立合同时,第三人不知道受托人与委托人之间的代理关系的,受托人因第三人的原因对委托人不履行义务,受托人应当向委托人披露第三人,委托人因此可以行使受托人对第三人的权利。但是,第三人与受托人订立合同时如果知道该委托人就不会订立合同的除外。

受托人因委托人的原因对第三人不履行义务,受托人应当向第三人披露委托人,第三人因此可以选择受托人或者委托人作为相对人主张其权利,但是第三人不得变更选定的相对人。

委托人行使受托人对第三人的权利的,第三人可以向委托人主张其对受托人的抗辩。第三人选定委托人作为其相对人的,委托人可以向第三人主张其对受托人的抗辩以及受托人对第三人的抗辩。

(8)受托人转移利益

受托人处理委托事务取得的财产,应当转交给委托人。

(9)委托人支付报酬

受托人完成委托事务的,委托人应当按照约定向其支付报酬。

因不可归责于受托人的事由,委托合同解除或者委托事务不能完成的,委托人应当向受托人支付相应的报酬。当事人另有约定的,按照其约定。

(10)受托人的赔偿责任

有偿的委托合同,因受托人的过错造成委托人损失的,委托人可以请求赔偿损失。无偿的委托合同,因受托人的故意或者重大过失造成委托人损失的,委托人可以请求赔偿损失。

受托人超越权限造成委托人损失的,应当赔偿损失。

(11)委托人的赔偿责任

受托人处理委托事务时,因不可归责于自己的事由受到损失的,可以向委托人请求赔偿损失。

(12)委托人另行委托他人处理事务

委托人经受托人同意,可以在受托人之外委托第三人处理委托事务。因此造成受托人损失的,受托人可以向委托人请求赔偿损失。

(13)共同委托

两个以上的受托人共同处理委托事务的,对委托人承担连带责任。

(14)委托合同解除

委托人或者受托人可以随时解除委托合同。因解除合同造成对方损失的,除不可归责于该当事人的事由外,无偿委托合同的解除方应当赔偿因解除时间不当造成的直接损失,有偿委托合同的解除方应当赔偿对方的直接损失和合同履行后可以获得的利益。

(15)委托合同终止

委托人死亡、终止或者受托人死亡、丧失民事行为能力、终止的,委托合同终止;但是,当事人另有约定或者根据委托事务的性质不宜终止的除外。

(16)受托人继续处理委托事务

因委托人死亡或者被宣告破产、解散,致使委托合同终止将损害委托人利益的,在委托人的继承人、遗产管理人或者清算人承受委托事务之前,受托人应当继续处理委托事务。

(17)受托人的继承人等的义务

因受托人死亡、丧失民事行为能力或者被宣告破产、解散,致使委托合同终止的,受托人的继承人、遗产管理人、法定代理人或者清算人应当及时通知委托人。因委托合同终止将损害委托人利益的,在委托人作出善后处理之前,受托人的继承人、遗产管理人、法定代理人或者清算人应当采取必要措施。

● 本章任务训练

1. 简答题

(1)请简述设计招标公告的内容。

(2)请简述勘察招标文件规定的投标文件的组成。

(3)请简述评标委员会成员应当回避的情形。

(4)请简述勘察招标资格评审标准的评审因素主要内容。

(5)请简述设计招标响应性评审标准的评审因素主要内容。

(6)请简述采用综合评估法时,材料采购招标的评分标准。

(7)请简述建设工程合同的定义和分类。

(8)请简述承揽合同的定义和主要内容。

(9)请简述委托合同的定义和赔偿责任。

2. 多选题

(1)下列关于开标的阐述,正确的是( )。

　　A. 开标由招标人主持

　　B. 招标人在规定的开标时间和地点公开开标

　　C. 邀请所有投标人的法定代表人或其委托代理人准时参加

　　D. 投标人对开标有异议的,应当在开标现场提出,招标人当场作出答复,并制作记录

(2)下列关于评标委员会的阐述,正确的是( )。

　　A. 评标由招标人依法组建的评标委员会负责

　　B. 评标委员会由招标人或其委托的招标代理机构熟悉相关业务的代表,以及有关技术、经济等方面的专家组成

　　C. 成员人数为五人以上单数,其中技术、经济等方面的专家不得少于成员总数的三分之二

　　D. 评标委员会成员具体人数以及技术、经济等方面专家的确定方式按照投标人须知前附表规定

(3)下列关于评标的阐述,正确的是( )。

　　A. 评标活动遵循公平、公正、科学和择优的原则

　　B. 评标委员会按照规定的方法、评审因素、标准和程序对投标文件进行评审

　　C. "评标办法"没有规定的方法、评审因素和标准,不作为评标依据

　　D. 评标完成后,评标委员会应当向招标人提交书面评标报告和中标候选人名单

　　E. 若评标委员会经评审,认为所有投标都不符合招标文件要求的,可以否决所有投标

(4)下列关于确定中标人的阐述,正确的是( )。

　　A. 中标候选人的经营、财务状况发生较大变化或存在违法行为,招标人认为可能影响其履约能力的,将在发出中标通知书前提请原评标委员会按照招标文件规定的标准和方法进行审查确认

　　B. 招标人或招标人授权的评标委员会依法确定中标人

　　C. 在规定的投标有效期内,招标人以书面形式向中标人发出中标通知书,同时将中标结果通知未中标的投标人

D. 中标人不能按要求提交履约保证金的,视为放弃中标,其投标保证金不予退还

E. 在设计招标中,招标人对符合招标文件规定的未中标人的技术成果,按规定的标准给予经济补偿,但在投标文件中声明放弃技术成果经济补偿费的除外

(5)下列关于签订合同的阐述,正确的是( )。

A. 招标人和中标人应当在中标通知书发出之日起30日内,根据招标文件和中标人的投标文件订立书面合同

B. 中标人无正当理由拒签合同,在签订合同时向招标人提出附加条件,或者不按照招标文件要求提交履约保证金的,招标人有权取消其中标资格,其投标保证金不予退还

C. 发出中标通知书后,招标人无正当理由拒签合同,或者在签订合同时向中标人提出附加条件的,招标人向中标人退还投标保证金

D. 联合体中标的,联合体各方应当共同与招标人签订合同,就中标项目向招标人承担连带责任

(6)下列关于设计招标评标方法阐述,正确的是( )。

A. 评标方法采用综合评估法

B. 初步评审标准包括形式评审标准、资格评审标准、响应性评审标准

C. 评标委员会按照得分由高到低的顺序推荐中标候选人,并标明排序

D. 设计招标的分值由资信业绩部分、设计方案部分、投标报价和其他评分因素(如有)构成

(7)下列选项属于勘察招标资信业绩评分标准的评分因素的是( )。

A. 信誉　　　　　　　　　　B. 类似项目业绩
C. 项目负责人资历和业绩　　　D. 其他主要人员资历和业绩
E. 拟投入的勘察设备

(8)下列选项属于评标委员会应当否决投标人投标的情形的是( )。

A. 评标委员会依据规定的标准对投标文件进行初步评审,有一项不符合评审标准的,评标委员会应当否决其投标

B. 投标文件没有对招标文件的实质性要求和条件作出响应

C. 投标文件对招标文件的偏差超出招标文件规定的偏差范围或最高项数

D. 有串通投标、弄虚作假、行贿等违法行为

E. 投标报价有算术错误及其他错误的,投标人拒不澄清确认的,评标委员会应当否决其投标

(9)采购招标的评标方法有( )。

A. 综合评估法　　　　　　　B. 经评审的最低投标价法
C. 合格制　　　　　　　　　D. 有限数量制

(10)下列关于建设工程合同的阐述,正确的是( )。

A. 建设工程合同应当采用书面形式

B. 发包人不得将应当由一个承包人完成的建设工程肢解成若干部分发包给数个承包人

C. 建设工程主体结构的施工必须由承包人自行完成

D. 因勘察人、设计人原因造成发包人损失的,勘察人、设计人应当继续完善勘察、设

计,减收或者免收勘察、设计费并赔偿损失

　　E. 因发包人原因造成勘察、设计的返工、停工或者修改设计,发包人应当按照勘察人、设计人实际消耗的工作量增付费用

3. 实训

请以经评审的最低投标价法为例,编制混凝土预制构件采购招标的评标办法。

第四章参考答案

第 五 章

合 同 范 本

● **知识目标**

(1)掌握《公路工程标准施工招标文件》(2018年版)的编订历程、说明、合同条款类型和合同条款主要内容。

(2)掌握《建设工程施工合同(示范文本)》(2017年版)的编订历程、说明、合同条款主要内容。

(3)熟悉《建设工程监理合同(示范文本)》(2012年版)的协议书、通用条件的主要内容和专用条件的主要内容。

● **能力目标**

(1)能够应用合同范本编制相应的合同文件。

(2)能够应用合同范本和合同文件处理相应突发事件。

● **素质目标**

(1)培养工程合同管理的职业能力。

(2)增强工程合同管理的合法合规意识。

● 知识架构

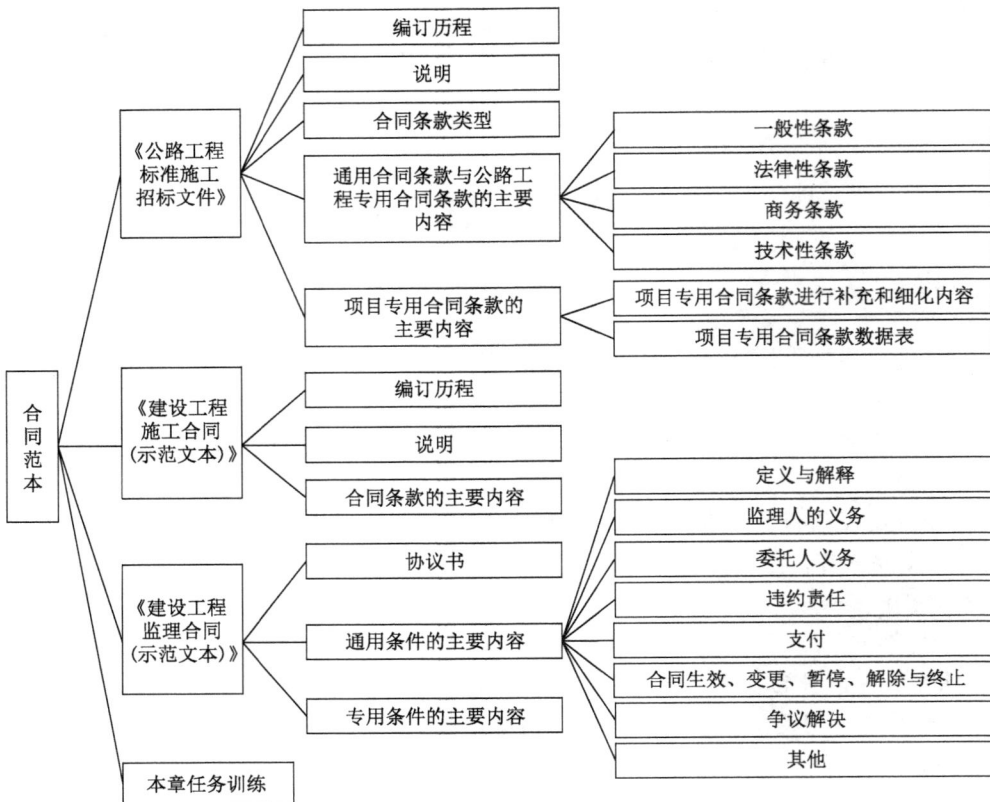

第一节 《公路工程标准施工招标文件》

一 编订历程

《公路工程标准施工招标文件》(2018年版)中的通用合同条款,是在国际上通用的FIDIC土木工程施工合同条件基础上,结合我国社会、经济、法律环境及多年公路工程建设管理实践编制而成的,既体现了国际惯例,又结合了我国的工程建设实际;严谨的合同条款和多样、复杂的公路工程建设有机交融,实现了规范性和实用性的统一,具有很好的适用性和很强的可操作性。

1994年,《公路工程国内招标文件范本》(以下简称《范本》)出版了第一版;经过数年实践,1999年进行了修订,出版了第二版,并以交公路发〔1999〕12号文规定在全国公路交通建设范围内使用。2003年,为了进一步加强公路工程施工招标投标管理,规范招标文件编制和评标工作,再次对《范本》进行修订,出版了《范本》(2003年版),并以交公路发〔2003〕94号文规定:从2003年6月1日起,公开招标和邀请招标的二级以上公路和大型桥梁、隧道,必须使用《范本》(2003年版)。随着一系列新的招投标文件和技术法规规范陆续出台,《范本》(2003年版)部分内容已不能满足公路施工招标投标和建设管理的要求,同时国家九部委要求各部委根据自身的行业特点出台本行业的标准招标文件,交通运输部结合公路工程施工招标特点和管理需要,组织对《范本》(2003年版)进行修订并经审定形成了《公路工程标准施工招标资格预审文件》(2009年版)和《公路工程标准施工招标文件》(2009年版),并以交公路发〔2009〕221号文规定:自2009年8月1日起,必须进行招标的二级及以上公路工程应当使用《公路工程标准施工招标文件》(2009年版),二级以下公路项目可参照执行。随后,为加强公路工程施工招标管理,规范招标文件编制工作,交通运输部公路局会同国家发展改革委法规司,组织有关公司和国内专家对《公路工程标准施工招标文件》(2009年版)进行修订并经审定形成了《公路工程标准施工招标文件》(2018年版)(以下简称《公路工程标准施工招标文件》)。交公路发〔2017〕51号文规定:《公路工程标准施工招标文件》自2018年3月1日起施行,原《公路工程标准施工招标文件》(交公路发〔2009〕221号)同时废止,之前根据《公路工程标准施工招标文件》(2009年版)完成招标工作的项目仍按原合同执行。自施行之日起,依法必须进行招标的公路工程应当使用《公路工程标准施工招标文件》,其他公路项目可参照执行。在具体项目招标过程中,招标人可根据项目实际情况,编制项目专用文件,与《公路工程标准施工招标文件》共同使用,但不得违反国家有关规定。

二 说明

《公路工程标准施工招标文件》是交通运输部在充分发现问题和广泛调研的基础上,以国家九部委《标准施工招标文件》为基础,以《中华人民共和国招标投标法》《中华人民共和国招标投标法实施条例》《公路工程建设项目招标投标管理办法》等法律法规和部门规章为依据,结合公路工程施工招标特点和管理需要编制而成。《标准施工招标文件》

规定通用部分,《公路工程标准施工招标文件》规定公路工程内容,两者应结合使用。《公路工程标准施工招标文件》对招标投标文件格式、评标办法、合同条款、工程量清单格式、技术规范等方面进行了全面的补充修订,对于加强公路工程施工招标管理,指导、规范招标文件编制和评标工作,提高工程质量和控制工程造价具有十分重要的意义。该文件适用于依法必须进行招标的各等级公路和桥梁、隧道建设项目,其他公路项目可参照执行。

《公路工程标准施工招标文件》有四卷共九章,第一卷包括招标公告/投标邀请书、投标人须知、评标办法、合同条款及格式、工程量清单;第二卷是图纸;第三卷是技术规范和工程量清单计量规则;第四卷是投标文件格式。

三 合同条款类型

合同条款分为"通用合同条款"和"专用合同条款",专用合同条款又可分为"公路工程专用合同条款"和"项目专用合同条款"。

"通用合同条款"采用《标准施工招标文件》的"通用合同条款",主要阐述了合同双方的权利、义务、责任和风险,以及监理人遇到合同问题时,处理合同问题的原则。

"公路工程专用合同条款"是根据公路特点对"通用合同条款"进行补充修改而形成的。

"项目专用合同条款"是针对具体施工项目的不同,根据招标项目的具体特点和实际需要,对"通用合同条款"和"公路工程专用合同条款"进行的补充与细化。

招标人在根据《公路工程标准施工招标文件》编制项目招标文件中的"项目专用合同条款"时,可根据招标项目的具体特点和实际需要,对"通用合同条款"及"公路工程专用合同条款"进行补充、细化,除"通用合同条款"明确"专用合同条款"可作出不同约定以及"公路工程专用合同条款"明确"项目专用合同条款"可作出不同约定外,补充和细化的内容不得与"通用合同条款"及"公路工程专用合同条款"强制性规定相抵触。同时,补充、细化或约定的内容,不得违反法律、行政法规的强制性规定以及平等、自愿、公平和诚实信用原则。

四 通用合同条款与公路工程专用合同条款的主要内容

1. 一般性条款

1)一般约定

(1)词语定义

①合同文件(或称合同)。它是指合同协议书、中标通知书、投标函及投标函附录、专用合同条款、通用合同条款、技术标准和要求、图纸、已标价工程量清单,以及其他合同文件。

合同协议书:承包人按中标通知书规定的时间与发包人签订合同协议书。除法律另有规定或合同另有约定外,发包人和承包人的法定代表人或其委托代理人在合同协议书上签字并盖单位章后,合同生效。

中标通知书:指发包人通知承包人中标的函件。

投标函:指构成合同文件组成部分的由承包人填写并签署的投标函。

投标函附录:指附在投标函后构成合同文件的投标函附录。

技术标准和要求:指构成合同文件组成部分的名为技术标准和要求的文件,包括合同双方当事人约定对其所作的修改或补充。《公路工程标准施工招标文件》公路工程专用合同条款中对技术规范进行了细化,规定"指本合同所约定的技术标准和要求,是合同文件的组成部分。通用合同条款中'技术标准和要求'一词具有相同含义。"

图纸:指包含在合同中的工程图纸,以及由发包人按合同约定提供的任何补充和修改的图纸,包括配套的说明。

已标价工程量清单:指构成合同文件组成部分的由承包人按照规定的格式和要求填写并标明价格的工程量清单。《公路工程标准施工招标文件》公路工程专用合同条款中对本款进行了细化,规定"指构成合同文件组成部分的已标明价格、经算术性错误修正及其他错误修正(如有)且承包人已确认的最终的工程量清单,包括工程量清单说明、投标报价说明、计日工说明、其他说明及工程量清单各项表格(可参见招标文件中表5.1~表5.5)。"

其他合同文件:指经合同双方当事人确认构成合同文件的其他文件。

除上述内容外,《公路工程标准施工招标文件》专用合同条款中还对补遗书进行了补充,规定"指发出招标文件之后由招标人向已取得招标文件的投标人发出的、编号的对招标文件所作的澄清、修改书。"

②合同当事人和人员。包含合同当事人以及其他有权、责的行为主体,如承包人项目经理、分包人、监理人和总监理工程师(简称总监)。

合同当事人:指发包人和(或)承包人。

发包人:指专用合同条款中指明并与承包人在合同协议书中签字的当事人。

承包人:指与发包人签订合同协议书的当事人。

承包人项目经理:指承包人派驻施工场地的全权负责人。

分包人:指从承包人处分包合同中某一部分工程,并与其签订分包合同的分包人。

监理人:指在专用合同条款中指明的,受发包人委托对合同履行实施管理的法人或其他组织。

总监理工程师:指由监理人委派常驻施工场地对合同履行实施管理的全权负责人。

除上述内容外,《公路工程标准施工招标文件》公路工程专用合同条款中还作了如下补充:

承包人项目总工:指由承包人书面委派常驻现场负责管理本合同工程的总工程师或技术总负责人。

③工程和设备。对工程和设备的定义、分类及其常用有关名词进行了定义和描述,如永久工程、临时工程、单位工程、工程设备、施工设备、临时设施、承包人设备、施工场地(或称工地、现场)、永久占地和临时占地。

工程:指永久工程和(或)临时工程。

永久工程:指按合同约定建造并移交给发包人的工程,包括工程设备。

临时工程:指为完成合同约定的永久工程所修建的各类临时性工程,不包括施工设备。

单位工程:指专用合同条款中指明特定范围的永久工程。《公路工程标准施工招标文件》公路工程专用合同条款中对本项进行了细化,规定"指在建设项目中,根据签订的合同,具有独立施工条件的工程。"

工程设备:指构成或计划构成永久工程一部分的机电设备、金属结构设备、仪器装置及其他类似的设备和装置。

施工设备:指为完成合同约定的各项工作所需的设备、器具和其他物品,不包括临时工程和材料。

临时设施:指为完成合同约定的各项工作所服务的临时性生产和生活设施。

承包人设备:指承包人自带的施工设备。

施工场地(或称工地、现场):指用于合同工程施工的场所,以及在合同中指定作为施工场地组成部分的其他场所,包括永久占地和临时占地。

永久占地:指专用合同条款中指明为实施合同工程需永久占用的土地。《公路工程标准施工招标文件》公路工程专用合同条款中对本项进行了细化,规定"指为实施本合同工程而需要的一切永久占用的土地,包括公路两侧路权范围内的用地。"

临时占地:指专用合同条款中指明为实施合同工程需临时占用的土地。《公路工程标准施工招标文件》公路工程专用合同条款中对本项进行了细化,规定"指为实施本合同工程而需要的一切临时占用的土地,包括施工所用的临时支线、便道、便桥和现场的临时出入通道,以及生产(办公)、生活等临时设施用地等。"

除上述内容外,《公路工程标准施工招标文件》公路工程专用合同条款中还作了如下补充:

分部工程:指在单位工程中,按结构部位、路段长度及施工特点或施工任务划分的若干个工程。

分项工程:指在分部工程中,按不同的施工方法、材料、工序及路段长度等划分的若干个工程。

④日期。日期主要界定了开工通知、开工日期、工期、竣工日期、缺陷责任期、基准日期以及关于时间单位"天"的概念。

开工通知:指监理人按相关规定通知承包人开工的函件。

开工日期:指监理人按相关规定发出的开工通知中写明的开工日期。

工期:指承包人在投标函中承诺的完成合同工程所需的期限。包括按相关规定所作的变更。

竣工日期:指相关规定约定工期届满时的日期。实际竣工日期以工程接收证书中写明的日期为准。

缺陷责任期:指履行相关规定所约定的缺陷责任的期限,具体期限由专用合同条款约定,包括根据相关规定所作的缺陷责任期的延长。

基准日期:指投标截止时间前28天的日期。

天:除特别指明外,指日历天。合同中按天计算时间的,开始当天不计入,从次日开始计算。期限最后一天的截止时间为当天24:00。

⑤合同价格和费用。对签约合同价、合同价格、费用、暂列金额、暂估价、计日工和质量保证金(或称保留金)分别进行了释义。

签约合同价:指签定合同时合同协议书中写明的,包括了暂列金额、暂估价的合同总金额。

合同价格:指承包人按合同约定完成了包括缺陷责任期内的全部承包工作后,发包人应付给承包人的金额,包括在履行合同过程中按合同约定进行的变更和调整。

费用:指为履行合同所发生的或将要发生的所有合理开支,包括管理费和应分摊的其他费用,但不包括利润。

暂列金额:指已标价工程量清单中所列的暂列金额,用于在签订协议书时尚未确定或不可预见变更的施工及其所需材料、工程设备、服务等的金额,包括以计日工方式支付的金额。

暂估价:指发包人在工程量清单中给定的用于支付必然发生但暂时不能确定价格的材料、设备以及专业工程的金额。

计日工:指对零星工作采取的一种计价方式,按合同中的计日工子目及其单价计价付款。

质量保证金:指按相关规定用于保证在缺陷责任期内履行缺陷修复义务的金额。

⑥其他:解释了书面形式的定义。书面形式是指合同文件、信函、电报、传真等可以有形地表现所载内容的形式。另《公路工程标准施工招标文件》公路工程专用合同条款新增1.1.6.2~1.1.6.9对此款进行了相应补充。

(2)语言文字

除专用术语外,合同使用的语言文字为中文。必要时专用术语应附有中文注释。

(3)合同文件的优先顺序

组成合同的各项文件应互相解释,互为说明。除专用合同条款另有约定外,解释合同文件的优先顺序如下:

①合同协议书;

②中标通知书;

③投标函及投标函附录;

④专用合同条款;

⑤通用合同条款;

⑥技术标准和要求;

⑦图纸;

⑧已标价工程量清单;

⑨其他合同文件。

《公路工程标准施工招标文件》公路工程专用合同条款将本款约定为组成合同的各项文件应互相解释,互为说明。除项目专用合同条款另有约定外,解释合同文件的优先顺序如下:

①合同协议书及各种合同附件(含评标期间和合同谈判过程中的澄清文件和补充资料);

②中标通知书;

③投标函及投标函附录;

④项目专用合同条款;

⑤公路工程专用合同条款;

⑥通用合同条款;

⑦工程量清单计量规则;

⑧技术规范;

⑨图纸;

⑩已标价工程量清单;

⑪承包人有关人员、设备投入的承诺及投标文件中的施工组织设计;

⑫其他合同文件。

(4)合同协议书

承包人按中标通知书规定的时间与发包人签订合同协议书。除法律另有规定或合同另有约定外,发包人和承包人的法定代表人或其委托代理人在合同协议书上签字并盖单位章后,合同生效。《公路工程标准施工招标文件》公路工程专用合同条款中对本项进行了补充,规定"制备本合同文件的费用由发包人承担。在合同协议书签订并生效之前,投标函和中标通知书将对双方具有约束力。"

(5)图纸和承包人文件

对图纸的提供、承包人提供的文件图纸、图纸的修改、图纸的错误以及图纸和承包人文件的保管分别进行了定义和描述。

①图纸的提供除专用合同条款另有约定外,图纸应在合理的期限内按照合同约定的数量提供给承包人。发包人未按时提供图纸造成工期延误的,按《标准施工招标文件》相关规定办理。《公路工程标准施工招标文件》公路工程专用合同条款中对本项进行了细化,规定"监理人应在发出中标通知书之后42天内,向承包人免费提供由发包人或其委托的设计单位设计的施工图纸、技术规范和其他技术资料2份,并向承包人进行技术交底。承包人需要更多份数时,应自费复制。由于发包人未按时提供图纸造成工期延误的,按合同约定办理。"

②按专用合同条款约定由承包人提供的文件,包括部分工程的大样图、加工图等,承包人应按约定的数量和期限报送监理人。监理人应在专用合同条款约定的期限内批复。另《公路工程标准施工招标文件》公路工程专用合同条款第1.6.2项对此项进行了相应细化。

③图纸需要修改和补充的,应由监理人取得发包人同意后,在该工程或工程相应部位施工前的合理期限内签发图纸修改图给承包人,具体签发期限在专用合同条款中约定。承包人应按修改后的图纸施工。

④承包人发现发包人提供的图纸存在明显错误或疏忽,应及时通知监理人。《公路工程标准施工招标文件》公路工程专用合同条款中对本项进行了细化,规定"当承包人在查阅合同文件或在本合同工程实施过程中,发现有关的工程设计、技术规范、图纸或其他资料中的任何差错、遗漏或缺陷后,应及时通知监理人。监理人接到该通知后,应立即就此作出决定,并通知承包人和发包人。"

⑤监理人和承包人均应在施工场地各保存一套完整的包含相关约定内容的图纸和承包人文件。

(6)联络

规定与合同有关的通知、批准、证明、证书、指示、要求、请求、同意、意见、确定和决定等,均应采用书面形式,并且应在合同约定的期限内送达指定地点和接收人,并办理签收手续。

(7)转让

除合同另有约定外,未经对方当事人同意,一方当事人不得将合同权利全部或部分转让给第三人,也不得全部或部分转移合同义务。

(8)严禁贿赂

合同双方当事人不得以贿赂或变相贿赂的方式,谋取不当利益或损害对方权益。因贿赂造成对方损失的,行为人应赔偿损失,并承担相应的法律责任。除上述内容外,《公路工程标准施工招标文件》公路工程专用合同条款中还作了如下补充:

在合同执行过程中,发包人和承包人应严格履行《廉政合同》约定的双方在廉政建设方面的权利和义务以及应承担的违约责任。承包人如果用行贿、送礼或其他不正当手段企图影响或已经影响了发包人或监理人的行为和(或)欲获得或已获得超出合同规定以外的额外费用,则发包人应按有关法纪严肃处理当事人,且承包人应对其上述行为造成的工程损害、发包人的经济损失等承担一切责任,并予赔偿。情节严重者,发包人有权终止承包人在本合同项下的承包。

(9)化石、文物

在施工场地发掘的所有文物、古迹以及具有地质研究或考古价值的其他遗迹、化石、钱币或物品属于国家所有。一旦发现上述文物,承包人应采取有效、合理的保护措施,防止任何人员移动或损坏上述物品,并立即报告当地文物行政部门,同时通知监理人。发包人、监理人和承包人应按文物行政部门要求采取妥善保护措施,由此导致费用增加和(或)工期延误由发包人承担。承包人发现文物后不及时报告或隐瞒不报,致使文物丢失或损坏的,应赔偿损失,并承担相应的法律责任。

(10)专利技术

承包人在使用任何材料、承包人设备、工程设备或采用施工工艺时,由侵犯专利权或其他知识产权所引起的责任,由承包人承担,但遵照发包人提供的设计或技术标准和要求引起的除外。承包人在投标文件中采用专利技术的,专利技术的使用费包含在投标报价内。承包人的技术秘密和声明需要保密的资料和信息,发包人和监理人不得为合同以外的目的泄露给他人。

(11)图纸和文件的保密

发包人提供的图纸和文件,未经发包人同意,承包人不得为合同以外的目的泄露给他人或公开发表与引用。承包人提供的文件,未经承包人同意,发包人和监理人不得为合同以外的目的泄露给他人或公开发表与引用。

2)监理人

监理人是指在专用合同条款中指明的,受发包人委托对合同履行实施管理的法人或其他组织。监理工程师是指由监理人委派常驻施工场地对合同履行实施管理的全权负责人。

(1)监理人职责和权力

监理人受发包人委托,享有合同约定的权力。监理人在行使某项权力前需要经发包人事先批准而通用合同条款没有指明的,应在专用合同条款中指明。监理人发出的任何指示应视为已得到发包人的批准,但监理人无权免除或变更合同约定的发包人和承包人的权利、义务和责任。合同约定应由承包人承担的义务和责任,不因监理人对承包人提交文件的审查或批准,对工程、材料和设备的检查和检验,以及为实施监理作出的指示等职务行为而减轻或解除。除上述内容外,《公路工程标准施工招标文件》公路工程专用合同条款第3.1条对监理人行使权力前,要经发包人事先批准的情况进行了相应补充。

(2)总监理工程师

发包人应在发出开工通知前将总监理工程师的任命通知承包人。总监理工程师更换时,应在调离14天前通知承包人。总监理工程师短期离开施工场地的,应委派代表代行其职责,并通知承包人。

(3)监理人员

总监理工程师可以按照规定的程序授权其他监理人员负责执行其指派的一项或多项监

理工作。被授权的监理人员在授权范围内发出的指示与总监理工程师发出的指示具有同等效力。监理人员对承包人的任何工作、工程或其采用的材料和工程设备未在约定的或合理的期限内提出否定意见的,视为已获批准,但不影响监理人在以后拒绝该项工作、工程、材料或工程设备的权利。但承包人对监理人员发出的指示有疑问的,可向总监理工程师提出书面异议。总监理工程师应在48小时内对该指示予以确认、更改或撤销。除专用合同条款另有约定外,总监理工程师不应将应由总监理工程师作出确定的权力授权或委托给其他监理人员。

(4)监理人的指示

监理人的指示是指监理人在权责范围向承包人发出盖有监理人授权的施工场地机构章,并由总监理工程师或总监理工程师约定授权的监理人员签字的指示。承包人收到监理人以上指示后应遵照执行,指示构成变更的另按规定处理。在紧急情况下,总监理工程师或被授权的监理人员可以当场签发临时书面指示,承包人应遵照执行,但应在24小时内向监理人发出书面确认函。监理人在收到书面确认函后24小时内未予答复的,该书面确认函应被视为监理人的正式指示。除合同另有约定外,承包人只从总监理工程师或按规定被授权的监理人员处取得指示。监理人未能按合同约定发出指示、指示延误或指示错误,导致承包人费用增加和(或)工期延误的,由发包人承担赔偿责任。

(5)商定或确定

合同约定总监理工程师应按照本款对任何事项进行商定或确定时,总监理工程师应与合同当事人协商,尽量达成一致。不能达成一致的,总监理工程师应认真研究后审慎确定。

总监理工程师应将商定或确定的事项通知合同当事人,并附详细依据。对总监理工程师的确定有异议的,构成争议,按相关规定处理。在争议解决前,双方应暂按总监理工程师的确定执行,按照有关规定对总监理工程师的确定作出修改的,按修改后的结果执行。《公路工程标准施工招标文件》公路工程专用合同条款中对本项进行了补充,规定"如果这项商定或确定导致费用增加和(或)工期延长,或者涉及确定变更工程的价格,则总监理工程师在发出通知前,应征得发包人的同意。"

2. 法律性条款

1)合同条款与国家现行法律、法规的一致性

适用于合同的法律包括中华人民共和国法律、行政法规、部门规章,以及工程所在地的地方性法规、自治条例、单行条例和地方政府规章。合同条款必须服从现行的法律、法规的规定。

2)争议的解决

发包人和承包人在履行合同中发生争议的,可以友好协商解决或者提请争议评审组评审。合同当事人友好协商解决不成、不愿提请争议评审或者不接受争议评审组意见的,可向约定的仲裁委员会申请仲裁或向有管辖权的人民法院提起诉讼。

(1)友好协商解决

在提请争议评审、仲裁或者诉讼前,以及在争议评审、仲裁或诉讼过程中,发包人和承包人均可共同努力,友好协商解决争议。

(2)争议评审

采用争议评审的,发包人和承包人应在开工日后的28天内或在争议发生后,协商成立争

议评审组。争议评审组由有合同管理和工程实践经验的专家组成。合同双方的争议,应首先由申请人向争议评审组提交一份详细的评审申请报告,并附必要的文件、图纸和证明材料,申请人还应将上述报告的副本同时提交给被申请人和监理人。被申请人在收到申请人评审申请报告副本后的28天内,向争议评审组提交一份答辩报告,并附证明材料。被申请人应将答辩报告的副本同时提交给申请人和监理人。《公路工程标准施工招标文件》公路工程专用合同条款中对争议评审组的组成进行了补充,规定"争议评审组由3人或5人组成,专家的聘请方法可由发包人和承包人共同协商确定,亦可请政府主管部门推荐或通过合同争议调解机构聘请,并经双方认同。争议评审组成员应与合同双方均无利害关系。争议评审组的各项费用由发包人和承包人平均分担。"

除专用合同条款另有约定外,争议评审组在收到合同双方报告后的14天内,邀请双方代表和有关人员举行调查会,向双方调查争议细节;必要时争议评审组可要求双方进一步提供补充材料。在调查会结束后的14天内,争议评审组应在不受任何干扰的情况下进行独立、公正的评审,作出书面评审意见,并说明理由。在争议评审期间,争议双方暂按总监理工程师的确定执行。

发包人和承包人接受评审意见的,由监理人根据评审意见拟定执行协议,经争议双方签字后作为合同的补充文件,并遵照执行。发包人或承包人不接受评审意见,并要求提交仲裁或提起诉讼的,应在收到评审意见后的14天内将仲裁或起诉意向书面通知另一方,并抄送监理人,但在仲裁或诉讼结束前应暂按总监理工程师的确定执行。

除上述内容外,《公路工程标准施工招标文件》公路工程专用合同条款的第24.4款、第24.5款对仲裁及仲裁的执行进行了相应补充。

3)承包人

承包人是指与发包人签订合同协议书的当事人。

(1)一般义务

承包人的义务主要有遵守法律、依法纳税、完成各项承包工作、对施工作业和施工方法的完备性负责、保证工程施工和人员的安全、负责施工场地及其周边环境与生态的保护工作、避免施工对公众与他人的利益造成损害、为他人提供方便、工程的照管和维护以及承包人应履行合同约定的其他义务等。

①遵守法律。承包人在履行合同过程中应遵守法律,并保证发包人免于承担承包人违反法律而引起的任何责任。

②依法纳税。承包人应按有关法律规定纳税,应缴纳的税金包括在合同价格内。

③完成各项承包工作。承包人应按合同约定以及监理人根据合同约定作出的指示,实施、完成全部工程,并修补工程中的所有缺陷。除专用合同条款另有约定外,承包人应提供为完成合同工作所需的劳务、材料、施工设备、工程设备和其他物品,并按合同约定负责临时设施的设计、建造、运行、维护、管理和拆除。

④对施工作业和施工方法的完备性负责。承包人应按合同约定的工作内容和施工进度要求,编制施工组织设计和施工措施计划,并对所有施工作业和施工方法的完备性和安全可靠性负责。

⑤保证工程施工和人员的安全。承包人应按合同约定采取施工安全措施,确保工程及其人员、材料、设备和设施的安全,防止由工程施工造成的人身伤害和财产损失。

⑥负责施工场地及其周边环境与生态的保护工作。承包人应按照合同约定负责施工场地及其周边环境与生态的保护工作。

⑦避免施工对公众与他人的利益造成损害。承包人在进行合同约定的各项工作时,不得侵害发包人与他人使用公用道路、水源、市政管网等公共设施的权利,避免对邻近的公共设施产生干扰。承包人占用或使用他人的施工场地,影响他人作业或生活的,应承担相应责任。

⑧为他人提供方便。承包人应按监理人的指示为他人在施工场地或附近实施与工程有关的其他各项工作提供可能的条件。除合同另有约定外,提供有关条件的内容和可能发生的费用,由监理人按合同约定商定或确定。

⑨工程的照管和维护。工程接收证书颁发前,承包人应负责照管和维护工程。工程接收证书颁发时尚有部分未竣工工程的,承包人还应负责该未竣工工程的照管和维护工作,直至竣工后移交给发包人为止。除上述内容外,《公路工程标准施工招标文件》公路工程专用合同条款中对本项进行了如下细化:

a. 交工验收证书颁发前,承包人应负责照管和维护工程及将用于或安装在本工程中的材料、设备。交工验收证书颁发时尚有部分未交工工程的,承包人还应负责该未交工工程、材料、设备的照管和维护工作,直至交工后移交给发包人为止。

b. 在承包人负责照管与维护期间,如果本工程或材料、设备等发生损失或损害,除不可抗力原因之外,承包人均应自费弥补,并达到合同要求。承包人还应对按《标准施工招标文件》第19条规定而实施作业过程中由承包人造成的对工程的任何损失或损害负责。

⑩其他义务。承包人应履行合同约定的其他义务。《公路工程标准施工招标文件》公路工程专用合同条款第4.1.10项对本项进行了相关细化。

(2)履约担保

承包人应保证其履约担保在发包人颁发工程接收证书前一直有效。发包人应在工程接收证书颁发后28天内把履约担保退还给承包人。《公路工程标准施工招标文件》公路工程专用合同条款对履约保证金进行了细化,规定:承包人应保证其履约保证金在发包人签发交工验收证书且承包人按照合同约定缴纳质量保证金前一直有效。发包人应在收到承包人缴纳的质量保证金后28天内将履约保证金退还给承包人。承包人拒绝按照本合同约定缴纳质量保证金的,发包人有权从交工付款证书中扣留相应金额作为质量保证金,或者直接将履约保证金金额用于保证承包人在缺陷责任期内履行缺陷修复义务。

(3)分包

承包人不得以任何形式将工程转包给第三人,或将其承包的全部工程肢解后以分包的名义转包给第三人。承包人不得将工程主体、关键性工作分包给第三人。除专用合同条款另有约定外,未经发包人同意,承包人不得将工程的其他部分或工作分包给第三人。分包人的资格能力应与其分包工程的标准和规模相适应。按投标函附录约定分包工程的,承包人应向发包人和监理人提交分包合同副本。承包人应与分包人就分包工程向发包人承担连带责任。除上述内容外,《公路工程标准施工招标文件》公路工程专用合同条款对《标准施工招标文件》第4.3.2、4.3.3和4.3.4项进行了细化,新增4.3.6和4.3.7项对《标准施工招标文件》此款进行了补充。

(4)联合体

联合体各方应共同与发包人签订合同协议书。联合体各方应为履行合同承担连带责任。

联合体协议经发包人确认后作为合同附件。在履行合同过程中,未经发包人同意,不得修改联合体协议。联合体牵头人负责与发包人和监理人联系,并接受指示,负责组织联合体各成员全面履行合同。《公路工程标准施工招标文件》公路工程专用合同条款中对本项进行了补充,规定"未经发包人事先同意,联合体的组成与结构不得变动。"

(5)承包人项目经理

承包人应按合同约定指派项目经理,并在约定的期限内到职。承包人更换项目经理应事先征得发包人同意,并应在更换14天前通知发包人和监理人。承包人项目经理短期离开施工场地,应事先征得监理人同意,并委派代表代行其职责。

承包人项目经理应按合同约定以及监理人按规定作出的指示,负责组织合同工程的实施。在情况紧急且无法与监理人取得联系时,可采取保证工程和人员生命与财产安全的紧急措施,并在采取措施后24小时内向监理人提交书面报告。

承包人为履行合同发出的一切函件均应盖有承包人授权的施工场地管理机构章,并由承包人项目经理或其授权代表签字。承包人项目经理可以授权其下属人员履行其某项职责,但事先应将这些人员的姓名和授权范围通知监理人。

(6)承包人人员的管理

承包人应在接到开工通知后28天内,向监理人提交承包人在施工场地的管理机构以及人员安排的报告。其内容应包括管理机构的设置、各主要岗位的技术和管理人员名单及其资格,以及各工种技术工人的安排状况。承包人应向监理人提交施工场地人员变动情况的报告。为完成合同约定的各项工作,承包人应向施工场地派遣或雇用足够数量的下列人员:

①具有相应资格的专业技工和合格的普工;

②具有相应施工经验的技术人员;

③具有相应岗位资格的各级管理人员。

承包人安排在施工场地的主要管理人员和技术骨干应相对稳定。承包人更换主要管理人员和技术骨干时,应取得监理人的同意。《公路工程标准施工招标文件》公路工程专用合同条款中对本项进行了细化,规定"承包人安排在施工场地的主要管理人员和技术骨干应与承包人承诺的名单一致,并保持相对稳定。未经监理人批准,上述人员不应无故不到位或被替换;若确实无法到位或需替换,需经监理人审核并报发包人批准后,用同等资质和经历的人员替换。"

特殊岗位的工作人员均应持有相应的资格证明,监理人有权随时检查。监理人认为有必要时,可进行现场考核。除上述内容外,《公路工程标准施工招标文件》公路工程专用合同条款中还作了如下补充:

尽管承包人已按承诺派遣了上述各类人员,但若这些人员仍不能满足合同进度计划和(或)质量要求,监理人有权要求承包人继续增派或雇用这类人员,并书面通知承包人和抄送发包人。承包人在接到上述通知后应立即执行监理人的上述指示,不得无故拖延,由此增加的费用和(或)工期延误由承包人承担。

(7)撤换承包人项目经理和其他人员

承包人应对其项目经理和其他人员进行有效管理。监理人要求撤换不能胜任本职工作、行为不端或玩忽职守的承包人项目经理和其他人员的,承包人应予以撤换。《公路工程标准施工招标文件》公路工程专用合同条款中对本项进行了细化,规定"承包人应对其项目经理和其他人员进行有效管理。监理人要求撤换不能胜任本职工作、行为不端或玩忽职守的承包人项目经理和其他人员的,承包人应予以撤换,同时委派经发包人与监理人同意的新的项目经理和其他人员。"

(8)保障承包人人员的合法权益

承包人应与其雇用的人员签订劳动合同,按时发放工资,并提供必要的食宿条件以及符合环境保护和卫生要求的生活环境。在远离城镇的施工场地,还应配备必要的伤病防治和急救的医务人员与医疗设施。

承包人应按劳动法的规定安排工作时间,因工程施工的特殊需要占用休假日或延长工作时间的,应不超过法律规定的限度,并按法律规定给予补休或付酬。承包人应按国家有关劳动保护的规定,采取有效的防止粉尘、降低噪声、控制有害气体和保障高温、高寒、高空作业安全等劳动保护措施。其雇用人员在施工中受到伤害的,承包人应立即采取有效措施进行抢救和治疗。

承包人应按有关法律规定和合同约定,为其雇用人员办理保险,并应负责处理其雇用人员因工伤亡事故的善后事宜。

(9)工程价款应专款专用

发包人按合同约定支付给承包人的各项价款应专用于合同工程。《公路工程标准施工招标文件》公路工程专用合同条款中对本项进行了细化,规定:"发包人按合同约定支付给承包人的各项价款应专用于合同工程。承包人必须在发包人指定的银行开户,并与发包人、银行共同签订《工程资金监管协议》,接受发包人和银行对资金的监管。承包人应向发包人授权进行本合同工程开户银行工程资金的查询。发包人支付的工程进度款应为本工程的专款专用资金,不得转移或用于其他工程。发包人的期中支付款将转入该银行所设的专门账户,发包人及其派出机构有权不定期对承包人工程资金使用情况进行检查,发现问题及时责令承包人限期改正,否则,将终止月支付,直至承包人改正为止。"

(10)承包人现场查勘

发包人应将其持有的现场地质勘探资料、水文气象资料提供给承包人,并对其准确性负责。但承包人应对其阅读上述有关资料后所作出的解释和推断负责。承包人应对施工场地和周围环境进行查勘,并收集有关地质、水文、气象条件、交通条件、风俗习惯以及其他为完成合同工作有关的当地资料。在全部合同工作中,应视为承包人已充分估计了应承担的责任和风险。《公路工程标准施工招标文件》公路工程专用合同条款中对本项进行了细化,规定:"发包人提供的本合同工程的水文、地质、气象和料场分布、取土场、弃土场位置等资料均属于参考资料,并不构成合同文件的组成部分,承包人应对自己就上述资料的解释、推论和应用负责,发包人不对承包人据此作出的判断和决策承担任何责任。"

4)开工与竣工

(1)开工

监理人应在开工日期7天前向承包人发出开工通知。监理人在发出开工通知前应获得发包人同意。工期自监理人发出的开工通知中载明的开工日期起计算。承包人应在开工日期后尽快施工。承包人应按约定的合同进度计划,向监理人提交工程开工报审表,经监理人审批后执行。开工报审表应详细说明按合同进度计划正常施工所需的施工道路、临时设施、材料设备、施工人员等施工组织措施的落实情况以及工程的进度安排。

除上述内容外,《公路工程标准施工招标文件》公路工程专用合同条款中还作了如下补充:

承包人应在分部工程开工前14天向监理人提交分部工程开工报审表,若承包人的开工准备、工作计划和质量控制方法是可接受的且已获得批准,则经监理人书面同意,分部工程才能开工。

(2)竣工

承包人应在双方约定的期限内完成合同工程。实际竣工日期在接收证书中写明。

(3)发包人的工期延误

在履行合同过程中,由发包人引起的增加合同工作内容,改变合同中任何一项工作的质量要求或其他特性,延迟提供材料、工程设备或变更交货地点的,暂停施工,提供图纸延误,未按合同约定及时支付预付款和进度款或其他原因而造成工期延误的,承包人有权要求发包人延长工期和(或)增加费用,并支付合理利润。需要修订合同进度计划的,按照进度计划相关的约定办理。除上述内容外,《公路工程标准施工招标文件》公路工程专用合同条款中还对本项进行了补充,规定:"即使由于上述原因造成工期延误,如果受影响的工程并非处在工程施工进度网络计划的关键线路上,则承包人无权要求延长总工期。"

(4)异常恶劣的气候条件

出现专用合同条款规定的异常恶劣气候条件,即项目所在地30年以上一遇的罕见气候现象(包括温度、降水、降雪、风等),导致工期延误的,承包人有权要求发包人延长工期。

(5)承包人的工期延误

承包人未能按合同进度计划完成工作,或监理人认为承包人施工进度不能满足合同工期要求的,承包人应采取措施加快进度,并承担加快进度所增加的费用。由承包人造成工期延误,承包人应支付逾期竣工违约金。逾期竣工违约金的计算方法在专用合同条款中约定。承包人支付逾期竣工违约金,不免除承包人完成工程及修补缺陷的义务。《公路工程标准施工招标文件》公路工程专用合同条款第11.5项对此款进行了细化,其中提到的"交工"与通用合同条款的"竣工"具有相同的意思。

(6)工期提前

发包人要求承包人提前竣工,或承包人提出提前竣工的建议能够给发包人带来效益的,应由监理人与承包人共同协商采取加快工程进度的措施和修订合同进度计划。发包人应承担承包人由此增加的费用,并向承包人支付专用合同条款约定的相应奖金。《公路工程标准施工招标文件》公路工程专用合同条款第11.6项对此款进行了细化,规定"发包人不得随意要求承包人提前交工,承包人也不得随意提出提前交工的建议。如遇特殊情况,确需将工期提前的,发包人和承包人必须采取有效措施,确保工程质量。如果承包人提前交工,发包人支付奖金的计算方法在项目专用合同条款数据表中约定,时间自交工验收证书中写明的实际交工日期起至预定的交工日期止,按天计算。但奖金最高限额不超过项目专用合同条款数据表中写明的限额。"其中提到的"交工"与通用合同条款的"竣工"具有相同的意思。

(7)工作时间的限制。

《公路工程标准施工招标文件》公路工程专用合同条款新增11.7项对通用合同条款第11

项进行了补充。规定"承包人在夜间或国家规定的节假日进行永久工程的施工,应向监理人报告,以便监理人履行监理职责和义务。但是,为了抢救生命或保护财产,或为了工程的安全、质量而不可避免地短暂作业,则不必事先向监理人报告。但承包人应在事后立即向监理人报告。本款规定不适用于习惯上或施工本身要求实行连续生产的作业。"

5)暂停施工

(1)承包人暂停施工的责任

因承包人违约、承包人为工程合理施工和安全保障所必需的暂停施工、承包人擅自暂停施工、承包人其他原因引起的暂停施工以及专用合同条款约定由承包人承担暂停施工的责任所增加的费用和(或)工期延误由承包人承担。

(2)发包人暂停施工的责任

由发包人引起的暂停施工造成工期延误的,承包人有权要求发包人延长工期和(或)增加费用,并支付合理利润。

(3)监理人暂停施工指示

监理人认为有必要时,可向承包人做出暂停施工的指示,承包人应按监理人指示暂停施工。不论何种原因引起的暂停施工,暂停施工期间承包人应负责妥善保护工程并提供安全保障。

由发包人引起的暂停施工的紧急情况,且监理人未及时下达暂停施工指示的,承包人可先暂停施工,并及时向监理人提出暂停施工的书面请求。监理人应在接到书面请求后的24小时内予以答复,逾期未答复的,视为同意承包人的暂停施工请求。

(4)暂停施工后的复工

暂停施工后,监理人应与发包人和承包人协商,采取有效措施积极消除暂停施工的影响。当工程具备复工条件时,监理人应立即向承包人发出复工通知。承包人收到复工通知后,应在监理人指定的期限内复工。承包人无故拖延和拒绝复工的,由此增加的费用和工期延误由承包人承担;由于发包人原因无法按时复工的,承包人有权要求发包人延长工期和(或)增加费用,并支付合理利润。

(5)暂停施工持续56天以上

监理人发出暂停施工指示后56天内未向承包人发出复工通知,除了该项停工属于承包人责任的情况外,承包人可向监理人提交书面通知,要求监理人在收到书面通知后28天内准许已暂停施工的工程或其中一部分工程继续施工。如监理人逾期不予批准,则承包人可以通知监理人,将工程受影响的部分视为按规定的可取消工作。如暂停施工影响整个工程,可视为发包人违约,应按相关规定办理。

由承包人责任引起的暂停施工,如承包人在收到监理人暂停施工指示后56天内不认真采取有效的复工措施,造成工期延误,可视为承包人违约,应按合同有关规定办理。

6)保险

(1)工程保险

除专用合同条款另有约定外,承包人应以发包人和承包人的共同名义向双方同意的保险人投保建筑工程一切险、安装工程一切险。其具体的投保内容、保险金额、保险费率、保险期限等有关内容在专用合同条款中约定。

《公路工程标准施工招标文件》公路工程专用合同条款将工程保险约定为:

建筑工程一切险的投保内容：为本合同工程的永久工程、临时工程和设备及已运至施工工地用于永久工程的材料和设备所投的保险。

保险金额：工程量清单第100章（不含建筑工程一切险及第三者责任险的保险费）至第700章的合计金额。

保险费率：在项目专用合同条款数据表中约定。

保险期限：开工日起直至本合同工程签发缺陷责任期终止证书止（即合同工期＋缺陷责任期）。

承包人应以发包人和承包人的共同名义投保建筑工程一切险。建筑工程一切险的保险费由承包人报价时列入工程量清单第100章内。发包人在接到保险单后，将按照保险单的费用直接向承包人支付。

（2）人员工伤事故的保险

承包人应依照有关法律规定参加工伤保险，为其履行合同所雇用的全部人员，缴纳工伤保险费，并要求其分包人也进行此项保险。

发包人应依照有关法律规定参加工伤保险，为其现场机构雇用的全部人员，缴纳工伤保险费，并要求其监理人也进行此项保险。

（3）人身意外伤害险

发包人应在整个施工期间为其现场机构雇用的全部人员，投保人身意外伤害险，缴纳保险费，并要求其监理人也进行此项保险。承包人应在整个施工期间为其现场机构雇用的全部人员，投保人身意外伤害险，缴纳保险费，并要求其分包人也进行此项保险。

（4）第三者责任险

第三者责任系指在保险期内，对由工程意外事故造成的、依法应由被保险人负责的工地上及毗邻地区的第三者人身伤亡、疾病或财产损失（本工程除外），以及被保险人因此而支付的诉讼费用和事先经保险人书面同意支付的其他费用等赔偿责任。在缺陷责任期终止证书颁发前，承包人应以承包人和发包人的共同名义，投保相关规定约定的第三者责任险，其保险费率、保险金额等有关内容在专用合同条款中约定。除上述内容外，《公路工程标准施工招标文件》公路工程专用合同条款中还对本项进行了补充，规定："第三者责任险的保险费由承包人报价时列入工程量清单第100章内。发包人在接到保险单后，将按照保险单的费用直接向承包人支付。"

（5）其他保险

除专用合同条款另有约定外，承包人应为其施工设备、进场的材料和工程设备等办理保险。《公路工程标准施工招标文件》公路工程专用合同条款中将本款约定为"承包人应为其施工设备等办理保险，其投保金额应足以现场重置。办理本款保险的一切费用均由承包人承担，并包括在工程量清单的单价及总额价中，发包人不单独支付。"

（6）对各项保险的一般要求

承包人应在专用合同条款约定的期限内向发包人提交各项保险生效的证据和保险单副本，保险单必须与专用合同条款约定的条件保持一致。承包人需要变动保险合同条款时，应事先征得发包人同意，并通知监理人。保险人作出变动的，承包人应在收到保险人通知后立即通知发包人和监理人。承包人应与保险人保持联系，使保险人能够随时了解工程实施中的变动，并确保按保险合同条款要求持续保险。保险金不足以补偿损失的，应由承包人和（或）

发包人按合同约定负责补偿。

若未按约定投保,则有以下两种方式补救:

①由于负有投保义务的一方当事人未按合同约定办理保险,或未能使保险持续有效的,另一方当事人可代为办理,所需费用由对方当事人承担。

②负有投保义务的一方当事人未按合同约定办理某项保险,导致受益人未能得到保险人的赔偿,原应从该项保险得到的保险金应由负有投保义务的一方当事人支付。

当保险事故发生时,投保人应按照保险单规定的条件和期限及时向保险人报告。除上述内容外,《公路工程标准施工招标文件》公路工程专用合同条款对通用条款的第20.6.1项,第20.6.3项~第20.6.5项进行了相关细化、补充。

3. 商务条款

1)支付

(1)预付款

预付款用于承包人为合同工程施工购置材料、工程设备、施工设备,修建临时设施以及组织施工队伍进场等。预付款的额度和预付办法在专用合同条款中约定。预付款必须专用于合同工程。除上述内容外,《公路工程标准施工招标文件》公路工程专用合同条款第17.2.1条对预付款的具体额度和预付办法进行了约定。

除专用合同条款另有约定外,承包人应在收到预付款的同时向发包人提交预付款保函,预付款保函的担保金额应与预付款金额相同。保函的担保金额可根据预付款扣回的金额相应递减。《公路工程标准施工招标文件》公路工程专用合同条款将本项细化为:承包人无须向发包人提交预付款保函。发包人向承包人支付的预付款,应按相关规定使用,承包人提交的履约保证金对预付款的正常使用承担保证责任。

预付款在进度付款中扣回,扣回办法在专用合同条款中约定。在颁发工程接收证书前,由于不可抗力或其他原因解除合同时,预付款尚未扣清的,尚未扣清的预付款余额应作为承包人的到期应付款。《公路工程标准施工招标文件》公路工程专用合同条款对预付款的扣回与还清作出如下规定:

①开工预付款在进度付款证书的累计金额未达到签约合同价的30%之前不予扣回,在达到签约合同价30%之后,开始按工程进度以固定比例(即每完成签约合同价的1%,扣回开工预付款的2%)分期从各月的进度付款证书中扣回,全部金额在进度付款证书的累计金额达到签约合同价的80%时扣完。

②当材料、设备已用于或安装在永久工程之中时,材料、设备预付款应从进度付款证书中扣回,扣回期不超过3个月。已经支付材料、设备预付款的材料、设备的所有权应属于发包人。

(2)工程进度付款

付款周期同计量周期。承包人应在每个付款周期末,按监理人批准的格式和专用合同条款约定的份数,向监理人提交进度付款申请单,并附相应的支持性证明文件。除专用合同条款另有约定外,进度付款申请单应包括下列内容:

①截至本次付款周期末已实施工程的价款;

②根据相关规定应增加和扣减的变更金额;

③根据相关规定应增加和扣减的索赔金额;

④根据相关规定应支付的预付款和扣减的返还预付款；

⑤根据相关规定应扣减的质量保证金；

⑥根据合同应增加和扣减的其他金额。

监理人在收到承包人进度付款申请单以及相应的支持性证明文件后的14天内完成核查，提出发包人到期应支付给承包人的金额以及相应的支持性材料，经发包人审查同意后，由监理人向承包人出具经发包人签认的进度付款证书。监理人有权扣发承包人未能按照合同要求履行任何工作或义务的相应金额。

发包人应在监理人收到进度付款申请单后的28天内，将进度应付款支付给承包人。发包人不按期支付的，按专用合同条款的约定支付逾期付款违约金。《公路工程标准施工招标文件》公路工程专用合同条款将本项细化为：发包人应在监理人收到进度付款申请单且承包人提交了合格的增值税专用发票后的28天内，将进度应付款支付给承包人。发包人不按期支付的，按项目专用合同条款数据表中约定的利率向承包人支付逾期付款违约金。违约金计算基数为发包人的全部未付款额，时间从应付而未付该款额之日算起（不计复利）。

监理人出具进度付款证书，不应视为监理人已同意、批准或接受了承包人完成的该部分工作。进度付款涉及政府投资资金的，按照国库集中支付等国家相关规定和专用合同条款的约定办理。在对以往历次已签发的进度付款证书进行汇总和复核中发现错、漏或重复的，监理人有权予以修正，承包人也有权提出修正申请。经双方复核同意的修正，应在本次进度付款中支付或扣除。

（3）质量保证金

监理人应从第一个付款周期开始，在发包人的进度付款中，按专用合同条款的约定扣留质量保证金，直至扣留的质量保证金总额达到专用合同条款约定的金额或比例为止。质量保证金的计算额度不包括预付款的支付、扣回以及价格调整的金额。《公路工程标准施工招标文件》公路工程专用合同条款将本项细化为：交工验收证书签发后14天内，承包人应向发包人缴纳质量保证金。质量保证金可采用银行保函或现金、支票形式，金额应符合项目专用合同条款数据表的规定。采用银行保函时，出具保函的银行须具有相应担保能力，且按照发包人批准的格式出具，所需费用由承包人承担。质量保证金采用现金、支票形式提交的，发包人应在项目专用合同条款数据表中明确是否计付利息以及利息的计算方式。

在约定的缺陷责任期满时，承包人向发包人申请到期应返还承包人剩余的质量保证金金额，发包人应在14天内会同承包人按照合同约定的内容核实承包人是否完成缺陷责任。如无异议，发包人应当在核实后将剩余保证金返还承包人。《公路工程标准施工招标文件》公路工程专用合同条款将本项细化为"约定的缺陷责任期满，且质量监督机构已按规定对工程质量检测鉴定合格，承包人向发包人申请到期应返还承包人剩余的质量保证金金额，发包人应在14天内会同承包人按照合同约定的内容核实承包人是否完成缺陷责任。如无异议，发包人应当在核实后将剩余保证金返还承包人"。

在缺陷责任期满时，承包人没有完成缺陷责任的，发包人有权扣留与未履行责任剩余工作所需金额相应的质量保证金余额，并有权根据合同约定要求延长缺陷责任期，直至完成剩余工作为止。

（4）竣工结算

工程接收证书颁发后，承包人应按专用合同条款约定的份数和期限（交工验收证书签发后42天内）向监理人提交竣工付款申请单，并提供相关证明材料。除专用合同条款另有约定外，竣工付款申请单应包括下列内容：竣工结算合同总价、发包人已支付承包人的工程价款、应扣留的质量保证金、应支付的竣工付款金额。监理人对竣工付款申请单有异议的，有权要求承包人进行修正和提供补充资料。经监理人和承包人协商后，由承包人向监理人提交修正后的竣工付款申请单。

监理人在收到承包人提交的竣工付款申请单后的14天内完成核查，提出发包人到期应支付给承包人的价款送发包人审核并抄送承包人。发包人应在收到后14天内审核完毕，由监理人向承包人出具经发包人签认的竣工付款证书。监理人未在约定时间内核查，又未提出具体意见的，视为承包人提交的竣工付款申请单已经监理人核查同意；发包人未在约定时间内审核又未提出具体意见的，监理人提出的发包人到期应支付给承包人的价款视为已经发包人同意。

发包人应在监理人出具竣工付款证书后的14天内，将应支付款支付给承包人。发包人不按期支付的，按合同约定将逾期付款违约金支付给承包人。《公路工程标准施工招标文件》公路工程专用合同条款将本项细化为：发包人应在监理人出具交工付款证书且承包人提交了合格的增值税专用发票后的14天内，将应支付款支付给承包人。发包人不按期支付的，按相关规定，将逾期付款违约金支付给承包人。

承包人对发包人签认的竣工付款证书有异议的，发包人可出具竣工付款申请单中承包人已同意部分的临时付款证书。存在争议的部分及竣工付款涉及政府投资资金的，按相关规定办理。

（5）最终结清

缺陷责任期终止证书签发后，承包人可按专用合同条款约定的份数和期限（缺陷责任期终止证书签发后28天内）向监理人提交最终结清申请单，并提供相关证明材料。发包人对最终结清申请单内容有异议的，有权要求承包人进行修正和提供补充资料，由承包人向监理人提交修正后的最终结清申请单。

监理人收到承包人提交的最终结清申请单后的14天内，提出发包人应支付给承包人的价款送发包人审核并抄送承包人。发包人应在收到后14天内审核完毕，由监理人向承包人出具经发包人签认的最终结清证书。监理人未在约定时间内核查，又未提出具体意见的，视为承包人提交的最终结清申请已经监理人核查同意；发包人未在约定时间内审核又未提出具体意见的，监理人提出的应支付给承包人的价款视为已经发包人同意。发包人应在监理人出具最终结清证书后的14天内，将应支付款支付给承包人。发包人不按期支付的，按合同约定将逾期付款违约金支付给承包人。承包人对发包人签认的最终结清证书有异议及最终结清付款涉及政府投资资金的，按相关规定办理。

2）暂列金额

已标价工程量清单中所列的暂列金额，用于在签订协议书时尚未确定或不可预见变更的施工及其所需材料、工程设备、服务等的金额，包括以计日工方式支付的金额。暂列金额只能按照监理人的指示使用，并对合同价格进行相应调整。采用计日工计价的任何一项变更工作，应从暂列金额中支付。此外，《公路工程标准施工招标文件》公路工程专用合同条款将暂列金额作了如下细化：

暂列金额应由监理人报发包人批准后指令全部或部分地使用，或者根本不予动用。对于经发包人批准的每一笔暂列金额,监理人有权向承包人发出实施工程或提供材料、工程设备或服务的指令。这些指令应由承包人完成,监理人应根据合同约定的变更估价原则和计日工的相关规定,对合同价格进行相应调整。当监理人提出要求时,承包人应提供有关暂列金额支出的所有报价单、发票、凭证和账单或收据,除非该工作是根据已标价工程量清单列明的单价或总额价进行的估价。

3)暂估价

暂估价是指发包人在工程量清单或预算书中提供的用于支付必然发生但暂时不能确定价格的材料、工程设备的单价,专业工程以及服务工作的金额。发包人在工程量清单中给定暂估价的材料、工程设备和专业工程属于依法必须招标的范围并达到规定的规模标准的,由发包人和承包人以招标的方式选择供应商或分包人。发包人和承包人的权利义务关系在专用合同条款中约定。中标金额与工程量清单中所列的暂估价的金额差以及相应的税金等其他费用列入合同价格。

若给定暂估价的材料和工程设备不属于依法必须招标的范围或未达到规定的规模标准,应由承包人按合同约定提供。经监理人确认的材料、工程设备的价格与工程量清单中所列的暂估价的金额差以及相应的税金等其他费用列入合同价格。

若给定暂估价的专业工程不属于依法必须招标的范围或未达到规定的规模标准,由监理人按合同规定进行估价,但专用合同条款另有约定的除外。经估价的专业工程与工程量清单中所列的暂估价的金额差以及相应的税金等其他费用列入合同价格。

发包人在工程量清单中给定暂估价的专业工程不属于依法必须招标的范围或未达到规定的规模标准的,由监理人按照有关规定进行估价,但专用合同条款另有约定的除外。经估价的专业工程与工程量清单中所列的暂估价的金额差以及相应的税金等其他费用列入合同价格。

4)承包人违约

(1)承包人违约的情形

承包人违反约定,私自将合同的全部或部分权利转让给其他人,或私自将合同的全部或部分义务转移给其他人;或未经监理人批准,私自将已按合同约定进入施工场地的施工设备、临时设施或材料撤离施工场地;或违反合同约定使用了不合格材料或工程设备,工程质量达不到标准要求,又拒绝清除不合格工程;或未能按合同进度计划及时完成合同约定的工作,已造成或预期造成工期延误;或在缺陷责任期内,未能对工程接收证书所列的缺陷清单的内容或缺陷责任期内发生的缺陷进行修复,而又拒绝按监理人指示再进行修补;再或者是无法继续履行或明确表示不履行或实质上已停止履行合同及承包人不按合同约定履行义务的其他情况。

(2)对承包人违约的处理

若承包人无法继续履行或明确表示不履行或实质上已停止履行合同,合同发包人可通知承包人立即解除合同,并按有关法律处理。除此以外的其他违约情况,监理人可向承包人发出整改通知,要求其在指定的期限内改正。承包人应承担其违约所引起的费用增加和(或)工期延误。经检查证明承包人已采取了有效措施纠正违约行为,具备复工条件的,可由监理人签发复工通知复工。除上述内容外,《公路工程标准施工招标文件》公路工程专用合同条款中还对本项进行了补充,规定:承包人发生合同约定的违约情况时,无论发包人是否解除合同,发包人均有权向承包人课以项目专用合同条款中规定的违约金,并由发包人将其违约行为上报省级交通运输主管部门,作为不良记录纳入公路建设市场信用信息管理系统。

（3）承包人违约解除合同

监理人发出整改通知28天后,承包人仍不纠正违约行为的,发包人可向承包人发出解除合同通知。合同解除后,发包人可派员进驻施工场地,另行组织人员或委托其他承包人施工。发包人因继续完成该工程的需要,有权扣留使用承包人在现场的材料、设备和临时设施。但发包人的这一行动不免除承包人应承担的违约责任,也不影响发包人根据合同约定享有的索赔权利。

（4）合同解除后的估价、付款和结清

合同解除后,监理人按合同规定商定或确定承包人实际完成工作的价值,以及承包人已提供的材料、施工设备、工程设备和临时工程等的价值。发包人应暂停对承包人的一切付款,查清各项付款和已扣款金额,包括承包人应支付的违约金。同时发包人应按合同约定向承包人索赔由解除合同给发包人造成的损失。合同双方确认上述往来款项后,出具最终结清付款证书,结清全部合同款项。发包人和承包人未能就解除合同后的结清达成一致而形成争议的,按相关规定办理。

（5）协议利益的转让

因承包人违约解除合同的,发包人有权要求承包人将其为实施合同而签订的材料和设备的订货协议或任何服务协议利益转让给发包人,并在解除合同后的14天内,依法办理转让手续。

（6）紧急情况下无能力或不愿进行抢救

在工程实施期间或缺陷责任期内发生危及工程安全的事件,监理人通知承包人进行抢救,承包人声明无能力或不愿立即执行的,发包人有权雇用其他人员进行抢救。此类抢救按合同约定属于承包人义务的,由此发生的金额和(或)工期延误由承包人承担。

5）发包人违约

（1）发包人违约的情形

发包人未能按合同约定支付预付款或合同价款,或拖延、拒绝批准付款申请和支付凭证,导致付款延误的;发包人原因造成停工的;监理人无正当理由没有在约定期限内发出复工指示,导致承包人无法复工的;发包人无法继续履行或明确表示不履行或实质上已停止履行合同的,《公路工程标准施工招标文件》专用合同条款将本项细化为"发包人无正当理由不按时返还履约保证金、质量保证金或农民工工资保证金的";发包人不履行合同约定其他义务的。

（2）承包人有权暂停施工

除了发包人无法继续履行或明确表示不履行或实质上已停止履行合同的情形以外,承包人可向发包人发出通知,要求发包人采取有效措施纠正违约行为。发包人收到承包人通知后的28天内仍不履行合同义务,承包人有权暂停施工,并通知监理人,发包人应承担由此增加的费用和(或)工期延误,并支付承包人合理利润。《公路工程标准施工招标文件》公路工程专用合同条款将本项细化为:发包人不履行合同约定其他义务的,承包人可向发包人发出通知,要求发包人采取有效措施纠正违约行为。发包人收到承包人通知后的28天内仍不返还履约保证金、质量保证金或农民工工资保证金的,发包人应按项目专用合同条款的约定向承包人支付逾期返还保证金的违约金。

（3）发包人违约解除合同

发包人无法继续履行或明确表示不履行或实质上已停止履行合同时,承包人可书面通知发包人解除合同。承包人按规定暂停施工28天后,发包人仍不纠正违约行为的,承包人可向发包人发出解除合同通知。但承包人的这一行动不免除发包人承担的违约责任,也不影响承包人根据合同约定享有的索赔权利。

（4）解除合同后的付款

因发包人违约解除合同的,发包人应在解除合同后28天内向承包人支付下列金额,承包人应在此期限内及时向发包人提交要求支付相关金额的有关资料和凭证:

①合同解除日以前所完成工作的价款;

②承包人为该工程施工订购并已付款的材料、工程设备和其他物品的金额（发包人付款后,该材料、工程设备和其他物品归发包人所有）;

③承包人为完成工程所发生的,而发包人未支付的金额;

④承包人撤离施工场地以及遣散承包人人员的金额;

⑤由于解除合同应赔偿的承包人损失;

⑥按合同约定在合同解除日前应支付给承包人的其他金额。

发包人应按约定支付相关金额并退还质量保证金和履约担保,但有权要求承包人支付应偿还给发包人的各项金额。《公路工程标准施工招标文件》公路工程专用合同条款中对本项进行了细化,规定:"承包人为该工程施工订购并已付款的材料、工程设备和其他物品的金额。发包人付款后,该材料、工程设备和其他物品归发包人所有。"

（5）解除合同后的承包人撤离

因发包人违约而解除合同后,承包人应妥善做好已竣工工程和已购材料、设备的保护和移交工作,按发包人要求将承包人设备和人员撤出施工场地。承包人撤出施工场地应遵守相关约定,发包人应为承包人撤出提供必要条件。

6）价格调整

（1）物价波动引起的价格调整

除专用合同条款另有约定外,由价格波动引起的价格调整,可采用价格指数或造价信息调整价格差额。

①采用价格指数调整价格差额。因人工、材料和设备等价格波动影响合同价格时,根据投标函附录中的价格指数和权重表约定的数据,按以下公式计算差额并调整合同价格。

$$\Delta P = P_0 \left[A + \left(B_1 \times \frac{F_{t1}}{F_{01}} + B_2 \times \frac{F_{t2}}{F_{02}} + B_3 \times \frac{F_{t3}}{F_{03}} + \cdots + B_n \times \frac{F_{tn}}{F_{0n}} \right) - 1 \right] \tag{5-1-1}$$

式中: ΔP——需调整的价格差额;

P_0——竣工付款证书及支付时间、进度付款证书和支付时间以及最终结清证书和支付时间中约定的付款证书中承包人应得到的已完成工程量的金额。此项金额应不包括价格调整、不计质量保证金的扣留和支付、预付款的支付和扣回。合同约定的变更及其他金额已按现行价格计价的，不计在内；

A——定值权重（即不调部分的权重），$A=1-(B_1+B_2+B_3+\cdots+B_n)$；

$B_1,B_2,B_3,\cdots,B_n$——各可调因子的变值权重（即可调部分的权重），为各可调因子在投标函投标总报价中所占的比例；

$F_{t1},F_{t2},F_{t3},\cdots,F_{tn}$——各可调因子的现行价格指数，指竣工付款证书及支付时间、进度付款证书和支付时间以及最终结清证书和支付时间中约定的付款证书相关周期最后一天的前42天的各可调因子的价格指数；

$F_{01},F_{02},F_{03},\cdots,F_{0n}$——各可调因子的基本价格指数，指基准日期的各可调因子的价格指数。

在采用价格调整公式进行调价时，还应遵守以下规定：

a. 价格调整公式中的各可调因子、定值权重，以及基本价格指数及其来源由发包人在投标函附录价格指数和权重表中约定。价格指数应首先采用国家或省、自治区、直辖市价格部门或统计部门提供的价格指数，缺乏上述价格指数时，可采用上述部门提供的价格代替。

b. 价格调整公式中的变值权重，由发包人根据项目实际情况测算确定范围，并在投标函附录价格指数和权重表中约定范围；承包人在投标时在此范围内填写各可调因子的权重，合同实施期间将按此权重进行调价。

在计算调整差额时得不到现行价格指数的，可暂用上一次价格指数计算，并在以后的付款中再按实际价格指数进行调整。当发生变更导致原定合同中的权重不合理时，由监理人与承包人和发包人协商后进行调整。由于承包人原因未在约定的工期内竣工的，则对原约定竣工日期后继续施工的工程，在使用价格调整公式时，应采用原约定竣工日期与实际竣工日期的两个价格指数中较低的一个作为现行价格指数。

②采用造价信息调整价格差额。施工期内，因人工、材料、设备和机械台班价格波动影响合同价格时，人工、机械使用费按照国家或省、自治区、直辖市建设行政管理部门、行业建设管理部门或其授权的工程造价管理机构发布的人工成本信息、机械台班单价或机械使用费系数进行调整；需要进行价格调整的材料，其单价和采购数应由监理人复核，监理人确认需调整的材料单价及数量，作为调整工程合同价格差额的依据。

(2)法律变化引起的价格调整

根据《标准施工招标文件》通用合同条款规定，在基准日后，由法律变化导致承包人在合同履行中所需要的工程费用发生除物价波动引起的价格调整以外的增减时，监理人应根据法律、国家或省、自治区、直辖市有关部门的规定，按约定商定或确定需调整的合同价款。

7)索赔

(1)承包人的索赔

①索赔的提出。根据合同约定，承包人认为有权得到追加付款和(或)延长工期的，应按以下程序向发包人提出索赔：

a. 承包人应在知道或应当知道索赔事件发生后28天内，向监理人递交索赔意向通知书，并说明发生索赔事件的事由。承包人未在前述28天内发出索赔意向通知书的，丧失要求追加付款和(或)延长工期的权利。

b. 承包人应在发出索赔意向通知书后28天内，向监理人正式递交索赔通知书。索赔通知书应详细说明索赔理由以及要求追加的付款金额和(或)延长的工期，并附必要的记录和证明材料。

c.索赔事件具有连续影响的,承包人应按合理时间间隔继续递交延续索赔通知,说明连续影响的实际情况和记录,列出累计的追加付款金额和(或)工期延长天数。

d.在索赔事件影响结束后的28天内,承包人应向监理人递交最终索赔通知书,说明最终要求索赔的追加付款金额和(或)延长的工期,并附必要的记录和证明材料。

②承包人索赔处理程序。

a.监理人收到承包人提交的索赔通知书后,应及时审查索赔通知书的内容、查验承包人的记录和证明材料,必要时监理人可要求承包人提交全部原始记录副本。

b.监理人应按合同约定商定或确定追加的付款和(或)延长的工期,并在收到上述索赔通知书或有关索赔的进一步证明材料后的42天内,将索赔处理结果答复承包人。《公路工程标准施工招标文件》公路工程专用合同条款将本项细化为:监理人应按相关规定商定或确定追加的付款和(或)延长的工期,并在收到上述索赔通知书或有关索赔的进一步证明材料后的42天内,将索赔处理结果报发包人批准后答复承包人。如果承包人提出的索赔要求未能遵守相关规定,则承包人只限于索赔由监理人按当时记录予以核实的那部分款额和(或)工期延长天数。

c.承包人接受索赔处理结果的,发包人应在作出索赔处理结果答复后28天内完成赔付。承包人不接受索赔处理结果的,另行办理。

③承包人提出索赔的期限。承包人按合同约定接受了竣工付款证书后,应被认为已无权再提出在合同工程接收证书颁发前所发生的任何索赔。承包人按合同约定提交的最终结清申请单中,只限于提出工程接收证书颁发后发生的索赔。提出索赔的期限自接受最终结清证书时终止。

(2)发包人的索赔

发生索赔事件后,监理人应及时书面通知承包人,详细说明发包人有权得到的索赔金额和(或)延长缺陷责任期的细节和依据。发包人提出索赔的期限和要求与合同约定相同,延长缺陷责任期的通知应在缺陷责任期届满前发出。监理人按约定商定或确定发包人从承包人处得到赔付的金额和(或)缺陷责任期的延长期。承包人应付给发包人的金额可从拟支付给承包人的合同价款中扣除,或由承包人以其他方式支付给发包人。

4.技术性条款

1)测量放线

(1)施工控制网

发包人应在专用合同条款约定的期限内,通过监理人向承包人提供测量基准点、基准线和水准点及其书面资料。除专用合同条款另有约定外,承包人应根据国家测绘基准、测绘系统和工程测量技术规范,按上述基准点(线)以及合同工程精度要求,测设施工控制网,并在专用合同条款约定的期限内,将施工控制网资料报送监理人审批。承包人应负责管理施工控制网点。施工控制网点丢失或损坏的,承包人应及时修复。承包人应承担施工控制网点的管理与修复费用,并在工程竣工后将施工控制网点移交发包人。

(2)施工测量

承包人应负责施工过程中的全部施工测量放线工作,并配置合格的人员、仪器、设备和其他物品。监理人可以指示承包人进行抽样复测,当复测中发现错误或出现超过合同约定的误差时,承包人应按监理人指示进行修正或补测,并承担相应的复测费用。

(3)基准资料错误的责任

发包人应对其提供的测量基准点、基准线和水准点及其书面资料的真实性、准确性和完整性负责。发包人提供的上述基准资料错误导致承包人测量放线工作的返工或造成工程损失的,发包人应当承担由此增加的费用和(或)工期延误,并向承包人支付合理利润。承包人发现发包人提供的上述基准资料存在明显错误或疏忽的,应及时通知监理人。

(4)监理人使用施工控制网

监理人需要使用施工控制网的,承包人应提供必要的协助,发包人不再为此支付费用。另外,《公路工程标准施工招标文件》公路工程专用合同条款对本款提出补充:经监理人批准,其他相关承包人也可免费使用施工控制网。

2)试验和检验

(1)材料、工程设备和工程的试验和检验

承包人应按合同约定进行材料、工程设备和工程的试验和检验,并为监理人提供必要的试验资料和原始记录。按合同约定应由监理人与承包人共同进行试验和检验的,由承包人负责提供必要的试验资料和原始记录。

监理人未按合同约定派员参加试验和检验的,除监理人另有指示外,承包人可自行试验和检验,并应立即将试验和检验结果报送监理人,监理人应签字确认。

监理人对承包人的试验和检验结果有疑问的,或为查清承包人试验和检验成果的可靠性要求承包人重新试验和检验的,可按合同约定由监理人与承包人共同进行。重新试验和检验的结果证明该项材料、工程设备或工程的质量不符合合同要求的,由此增加的费用和(或)工期延误由承包人承担;重新试验和检验结果证明该项材料、工程设备和工程符合合同要求,由发包人承担由此增加的费用和(或)工期延误,并支付承包人合理利润。

(2)现场材料试验

承包人根据合同约定或监理人指示进行的现场材料试验,应由承包人提供试验场所、试验人员、试验设备器材以及其他必要的试验条件。监理人在必要时可以使用承包人的试验条件进行以工程质量检查为目的的复核性材料试验,承包人应予以协助。

(3)现场工艺试验

承包人应按合同约定或监理人指示进行现场工艺试验。对于大型的现场工艺试验,监理人认为必要时,应由承包人根据监理人提出的工艺试验要求,编制工艺试验措施计划,报送监理人审批。

除上述内容外,《公路工程标准施工招标文件》公路工程专用合同条款又额外补充了关于试验与检验费用的规定:①承包人应负责提供合同和技术规范规定的试验和检验所需的全部样品,并承担其费用。②在合同中明确规定的试验和检验,包括无须在工程量清单中单独列项和已在工程量清单中单独列项的试验和检验,其试验和检验的费用由承包人承担。③如果监理人所要求做的试验和检验为合同未规定的或是在该材料或工程设备的制造、加工、制配场地以外的场所进行的,则检验结束后,如表明操作工艺或材料、工程设备未能符合合同规定,其费用应由承包人承担,否则,其费用应由发包人承担。

3)进度计划

(1)合同进度计划

承包人应按专用合同条款约定的内容和期限(签订合同协议书后28天之内),编制详细的施工进度计划和施工方案说明报送监理人。监理人应在专用合同条款约定的期限(14天内)批复或提出修改意见,否则该进度计划视为已得到批准。

经监理人批准的施工进度计划称合同进度计划,是控制合同工程进度的依据。承包人还应根据合同进度计划,编制更为详细的分阶段或分项进度计划,报监理人审批。《公路工程标准施工招标文件》公路工程专用合同条款对本款进行了补充:合同进度计划应按照关键线路网络图和主要工作横道图两种形式分别编绘,并应包括每月预计完成的工作量和形象进度。

(2)合同进度计划的修订

不论何种原因造成工程的实际进度与合同进度计划不符时,承包人可以在专用合同条款约定的期限内(实际进度发生滞后的当月25日前)向监理人提交修订合同进度计划的申请报告,并附有关措施和相关资料,报监理人审批;监理人也可以直接向承包人作出修订合同进度计划的指示,承包人应按该指示修订合同进度计划,报监理人审批。监理人应在专用合同条款约定的期限内(收到修订合同进度计划后14天内)批复。监理人在批复前应获得发包人同意。

4)工程质量

(1)工程质量要求

工程质量验收按合同约定验收标准执行。承包人原因造成工程质量达不到合同约定验收标准的,监理人有权要求承包人返工直至符合合同要求为止,由此造成的费用增加和(或)工期延误由承包人承担。发包人原因造成工程质量达不到合同约定验收标准的,发包人应承担由承包人返工造成的费用增加和(或)工期延误,并支付承包人合理利润。另《公路工程标准施工招标文件》公路工程专用合同条款对此项做出了相应补充:

①发包人和承包人应严格遵守《关于严格落实公路工程质量责任制的若干意见》的相关规定,认真执行工程质量责任登记制度并按要求填写工程质量责任登记表。

②本项目严格执行质量责任追究制度。质量事故处理实行"四不放过"原则:事故原因调查不清不放过;事故责任者没有受到教育不放过;没有防范措施不放过;相关责任人没受到处理不放过。

(2)承包人的质量管理

承包人应在施工场地设置专门的质量检查机构,配备专职质量检查人员,建立完善的质量检查制度。承包人应在合同约定的期限内(签订合同协议书后28天之内),提交工程质量保证措施文件,包括质量检查机构的组织和岗位责任、质检人员的组成、质量检查程序和实施细则等,报送监理人审批。承包人应加强对施工人员的质量教育和技术培训,定期考核施工人员的劳动技能,严格执行规范和操作规程。另《公路工程标准施工招标文件》公路工程专用合同条款对通用合同条款13.2.1项进行了补充,新增13.2.3项~13.2.10项对通用合同条款13.2项进行了补充。

(3)承包人的质量检查

承包人应按合同约定对材料、工程设备以及工程的所有部位及其施工工艺进行全过程的质量检查和检验,并作详细记录,编制工程质量报表,报送监理人审查。

(4)监理人的质量检查

监理人有权对工程的所有部位及其施工工艺、材料和工程设备进行检查和检验。承包人应为监理人的检查和检验提供方便,包括监理人到施工场地,或制造、加工地点,或合同约定的其他地方进行察看和查阅施工原始记录。承包人还应按监理人指示,进行施工场地取样试验、工程复核测量和设备性能检测,提供试验样品、提交试验报告和测量成果以及监理人要求进行的其他工作。监理人的检查和检验,不免除承包人按合同约定应负的责任。

另《公路工程标准施工招标文件》公路工程专用合同条款对此款做出的补充如下:

监理人及其委派的检验人员,应能进入工程现场,以及材料或工程设备的制造、加工或制配的车间和场所,包括不属于承包人的车间或场所进行检查,承包人应为此提供便利和协助。监理人可以将材料或工程设备的检查和检验委托给一家独立的有质量检验认证资格的检验单位。该独立检验单位的检验结果应视为监理人完成的。监理人应将这种委托的通知书不少于7天前交给承包人。

(5)工程隐蔽部位覆盖前的检查

经承包人自检确认的工程隐蔽部位具备覆盖条件后,承包人应通知监理人在约定的期限内检查。承包人的通知应附有自检记录和必要的检查资料。监理人应按时到场检查。经监理人检查确认质量符合隐蔽要求,并在检查记录上签字后,承包人才能进行覆盖。监理人检查确认质量不合格的,承包人应在监理人指示的时间内修整返工后,由监理人重新检查。另《公路工程标准施工招标文件》公路工程专用合同条款对此项做出了相应补充:当监理人有指令时,承包人应对重要隐蔽工程进行拍摄或照相并应保证监理人有充分的机会对将要覆盖或掩蔽的工程进行检查和量测,特别是在基础以上的任一部分工程修筑之前,对该基础进行检查。

监理人未到场检查,除监理人另有指示外,承包人可自行完成覆盖工作,并作相应记录报送监理人,监理人应签字确认。监理人事后对检查记录有疑问的,可按合同约定重新检查。

承包人按合同规定覆盖工程隐蔽部位后,监理人对质量有疑问的,可要求承包人对已覆盖的部位进行钻孔探测或揭开重新检验,承包人应遵照执行,并在检验后重新覆盖恢复原状。经检验证明工程质量符合合同要求的,由发包人承担由此增加的费用和(或)工期延误,并支付承包人合理利润;经检验证明工程质量不符合合同要求的,由此增加的费用和(或)工期延误由承包人承担。

承包人未通知监理人到场检查,私自将工程隐蔽部位覆盖的,监理人有权指示承包人钻孔探测或揭开检查,由此增加的费用和(或)工期延误由承包人承担。

(6)清除不合格工程

承包人使用不合格材料、工程设备,或采用不适当的施工工艺,或施工不当,造成工程不合格的,监理人可以随时发出指示,要求承包人立即采取措施进行补救,直至达到合同要求的质量标准,由此增加的费用和(或)工期延误由承包人承担。《公路工程标准施工招标文件》公路工程专用合同条款将本项细化为:承包人使用不合格材料、工程设备,或采用不适当的施工工艺,或施工不当,造成工程不合格的,监理人可以随时发出指示,要求承包人立即采取措施进行替换、补救或拆除重建,直至达到合同要求的质量标准,由此增加的费用和(或)工期延误由承包人承担。如果承包人未在规定时间内执行监理人的指示,发包人有权雇用他人执行,由此增加的费用和(或)工期延误由承包人承担。

发包人提供的材料或工程设备不合格造成工程不合格,需要承包人采取措施补救的,发包人应承担由此增加的费用和(或)工期延误,并支付承包人合理利润。

5)变更

(1)变更的范围和内容

除专用合同条款另有约定外,在履行合同中发生以下情形之一,应进行变更。

①取消合同中任何一项工作,但被取消的工作不能转由发包人或其他人实施。《公路工程标准施工招标文件》公路工程专用合同条款将本项细化为:取消合同中任何一项工作,但被取消的工作不能转由发包人或其他人实施,承包人违约造成的情况除外。

②改变合同中任何一项工作的质量或其他特性。

③改变合同工程的基线、标高、位置或尺寸。

④改变合同中任何一项工作的施工时间或改变已批准的施工工艺或顺序。

⑤为完成工程需要追加的额外工作。

(2)变更权

在履行合同过程中,经发包人同意,监理人可按合同约定的变更程序向承包人作出变更指示,承包人应遵照执行。没有监理人的变更指示,承包人不得擅自变更。

(3)变更程序

①变更提出。在合同履行过程中,可能发生变更情形时,监理人可向承包人发出变更意向书。变更意向书应说明变更的具体内容和发包人对变更的时间要求,并附必要的图纸和相关资料。变更意向书应要求承包人提交包括拟实施变更工作的计划、措施和竣工时间等内容的实施方案。发包人同意承包人根据变更意向书要求提交的变更实施方案的,由监理人按合同约定发出变更指示。在合同履行过程中,发生可变更的情形的,监理人应按照合同约定向承包人发出变更指示。

承包人收到监理人按合同约定发出的图纸和文件,经检查认为其中存在可变更的情形时,可向监理人提出书面变更建议。变更建议应阐明要求变更的依据,并附必要的图纸和说明。监理人收到承包人书面建议后,应与发包人共同研究,确认存在变更的,应在收到承包人书面建议后的14天内作出变更指示。经研究后不同意变更的,应由监理人书面答复承包人。若承包人收到监理人的变更意向书后认为难以实施此项变更,应立即通知监理人,说明原因并附详细依据。监理人与承包人和发包人协商后确定撤销、改变或不改变原变更意向书。

②变更估价。除专用合同条款对期限另有约定外,承包人应在收到变更指示或变更意向书后的14天内,向监理人提交变更报价书。报价内容应根据合同约定的估价原则,详细开列变更工作的价格组成及其依据,并附必要的施工方法说明和有关图纸。变更工作影响工期的,承包人应提出调整工期的具体细节。监理人认为有必要时,可要求承包人提交要求提前或延长工期的施工进度计划及相应施工措施等详细资料。除专用合同条款对期限另有约定外,监理人收到承包人变更报价书后的14天内,按合同规定商定或确定变更价格。

③变更指示。变更指示只能由监理人发出。变更指示应说明变更的目的、范围、变更内容以及变更的工程量及其进度和技术要求,并附有关图纸和文件。承包人收到变更指示后,应按变更指示进行变更工作。《公路工程标准施工招标文件》公路工程专用合同条款规定设计变更程序应执行《公路工程设计变更管理办法》的相关规定。

(4)变更的估价原则

除专用合同条款另有约定外,由变更引起的价格调整按照如下原则处理:已标价工程量清单中有适用于变更工作的子目的,采用该子目的单价;已标价工程量清单中无适用于变更工作的子目,但有类似子目的,可在合理范围内参照类似子目的单价,由监理人商定或确定变更工作的单价;已标价工程量清单中无适用或类似子目的单价,可按照成本加利润的原则,由监理人商定或确定变更工作的单价。另《公路工程标准施工招标文件》公路工程专用合同条款第15.4.1项~15.4.5项对通用合同条款进行了细化。

6)计量

计量采用国家法定的计量单位。工程量清单中的工程量计算规则应按有关国家标准、行业标准的规定,并在合同中约定执行。《公路工程标准施工招标文件》公路工程专用合同条款将本项约定为:工程的计量应以净值为准,除非项目专用合同条款另有约定。工程量清单中各个子目的具体计量方法按本合同文件工程量清单计量规则中的规定执行。

除专用合同条款另有约定外,单价子目已完成工程量按月计量,总价子目的计量周期按批准的支付分解报告确定。

计量单价子目时,已标价工程量清单中的单价子目工程量为估算工程量。结算工程量是承包人实际完成的,并按合同约定的方法进行计量的工程量。承包人对已完成的工程进行计量,向监理人提交进度付款申请单、已完成工程量报表和有关计量资料。监理人对承包人提交的工程量报表进行复核,以确定实际完成的工程量。对数量有异议的,可要求承包人按合同约定进行共同复核和抽样复测。承包人应协助监理人进行复核并按监理人要求提供补充计量资料。承包人未按监理人要求参加复核,监理人复核或修正的工程量视为承包人实际完成的工程量。监理人认为有必要时,可通知承包人进行联合测量、计量,承包人应遵照执行。承包人完成工程量清单中每个子目的工程量后,监理人应要求承包人派员共同对每个子目的历次计量报表进行汇总,以核实最终结算工程量。监理人可要求承包人提供补充计量资料,以确定最后一次进度付款的准确工程量。承包人未按监理人要求派员参加的,监理人最终核实的工程量视为承包人完成该子目的准确工程量。监理人应在收到承包人提交的工程量报表后的7天内进行复核,监理人未在约定时间内复核的,承包人提交的工程量报表中的工程量视为承包人实际完成的工程量,据此计算工程价款。另《公路工程标准施工招标文件》公路工程专用合同条款对此项做出了补充,即承包人未在已标价工程量清单中填入单价或总额价的工程子目,将被认为其已包含在本合同的其他子目的单价和总额价中,发包人将不另行支付。

计量总价子目时,除专用合同另行规定外,总价子目的计量和支付应以总价为基础,不因价格调整中的因素而进行调整。承包人实际完成的工程量,是进行工程目标管理和控制进度支付的依据。承包人在合同约定的每个计量周期内,对已完成的工程进行计量,并向监理人提交进度付款申请单、专用合同条款约定的合同总价支付分解表所表示的阶段性或分项计量的支持性资料,以及所达到工程形象目标或分阶段需完成的工程量和有关计量资料。监理人对承包人提交的上述资料进行复核,以确定分阶段实际完成的工程量和工程形象目标。对其有异议的,可要求承包人按合同约定进行共同复核和抽样复测。除合同规定的变更外,总价子目的工程量是承包人用于结算的最终工程量。此外,《公路工程标准施工招标文件》公路工程专用合同条款对此款做了补充:本项目工程量清单中要求承包人以"总额"方式报价的子目,各子目的支付原则和支付进度按项目专用合同条款的规定执行。

7)竣工验收

(1)竣工验收的含义

竣工验收是指承包人完成了全部合同工作后,发包人按合同要求进行的验收。国家验收是政府有关部门根据法律、规范、规程和政策要求,针对发包人全面组织实施的整个工程正式交付投运前的验收。需要进行国家验收的,竣工验收是国家验收的一部分。竣工验收所采用的各项验收和评定标准应符合国家验收标准。发包人和承包人为竣工验收提供的各项竣工验收资料应符合国家验收的要求。

(2)竣工验收申请报告

当工程具备以下条件时,承包人即可向监理人报送竣工验收申请报告:

①除监理人同意列入缺陷责任期内完成的尾工(甩项)工程和缺陷修补工作外,合同范围内的全部单位工程,包括合同要求的试验、试运行以及检验和验收以及有关工作均已完成,并符合合同要求。

②已按合同约定的内容和份数备齐了符合要求的竣工资料。《公路工程标准施工招标文件》公路工程专用合同条款约定竣工资料的内容为:承包人应按照《公路工程竣(交)工验收办法》和相关规定编制竣工资料。竣工资料的份数在项目专用合同条款数据表中约定。

③已按监理人的要求编制了在缺陷责任期内完成的尾工(甩项)工程和缺陷修补工作清单以及相应施工计划。

④监理人要求在竣工验收前应完成的其他工作。

⑤监理人要求提交的竣工验收资料清单。

(3)验收

监理人收到承包人按约定提交的竣工验收申请报告后,应审查申请报告的各项内容,并按以下不同情况进行处理。

监理人审查后认为尚不具备竣工验收条件的,应在收到竣工验收申请报告后的28天内通知承包人,指出在颁发接收证书前承包人还需进行的工作内容。承包人完成监理人通知的全部工作内容后,应再次提交竣工验收申请报告,直至监理人同意为止。

监理人审查后认为已具备竣工验收条件的,应在收到竣工验收申请报告后的28天内提请发包人进行工程验收。此外,《公路工程标准施工招标文件》公路工程专用合同条款对本款进行了补充,规定:交工验收由发包人主持,由发包人、监理人,质监、设计、施工、运营、管理养护等有关部门代表组成交工验收小组,对本项目的工程质量进行评定,并写出交工验收报告报交通运输主管部门备案。承包人应按发包人的要求提交竣工资料,完成交工验收准备工作。

发包人经过验收后同意接受工程的,应在监理人收到竣工验收申请报告后的56天内,由监理人向承包人出具经发包人签认的工程接收证书。发包人验收后同意接收工程但提出整修和完善要求的,限期修好,并缓发工程接收证书。整修和完善工作完成后,监理人复查达到要求的,经发包人同意后,再向承包人出具工程接收证书。

发包人验收后不同意接收工程的,监理人应按照发包人的验收意见发出指示,要求承包人对不合格工程认真返工重作或进行补救处理,并承担由此产生的费用。承包人在完成不合格工程的返工重作或补救工作后,应重新提交竣工验收申请报告,按相关约定进行。

除专用合同条款另有约定外,经验收合格工程的实际竣工日期,以提交竣工验收申请报告的日期为准,并在工程接收证书中写明。同时,《公路工程标准施工招标文件》公路工程专用合同条款约定:经验收合格工程的实际交工日期,以最终提交交工验收申请报告的日期为准,并在交工验收证书中写明。

发包人在收到承包人竣工验收申请报告56天后未进行验收的,视为验收合格,实际竣工日期以提交竣工验收申请报告的日期为准,但发包人由于不可抗力不能进行验收的除外。此外,《公路工程标准施工招标文件》公路工程专用合同条款做出了补充规定:组织办理交工验收和签发交工验收证书的费用由发包人承担。但按照相关规定达不到合格标准的交工验收费用由承包人承担。

(4)单位工程验收

发包人根据合同进度计划安排,在全部工程竣工前需要使用已经竣工的单位工程时,或承包人提出经发包人同意时,可进行单位工程验收。验收合格后,由监理人向承包人出具经发包人签认的单位工程验收证书。已签发单位工程接收证书的单位工程由发包人负责照管。单位工程的验收成果和结论作为全部工程竣工验收申请报告的附件。发包人在全部工程竣工前,使用已接收的单位工程导致承包人费用增加的,发包人应承担由此增加的费用和(或)工期延误,并支付承包人合理利润。

(5)施工期运行

施工期运行是指合同工程尚未全部竣工,其中某项或某几项单位工程或工程设备安装已竣工,根据专用合同条款约定,需要投入施工期运行的,经发包人验收合格,证明能确保安全后,才能在施工期投入运行。在施工期运行中发现工程或工程设备损坏或存在缺陷的,由承包人按合同规定进行修复。

(6)试运行

除专用合同条款另有约定外,承包人应按专用合同条款约定进行工程及工程设备试运行,负责提供试运行所需的人员、器材和必要的条件,并承担全部试运行费用。承包人的原因导致试运行失败的,承包人应采取措施保证试运行合格,并承担相应费用。发包人的原因导致试运行失败的,承包人应当采取措施保证试运行合格,发包人应承担由此产生的费用,并支付承包人合理利润。

(7)竣工清场

除合同另有约定外,工程接收证书颁发后,承包人应按以下要求对施工场地进行清理,直至监理人检验合格为止。竣工清场费用由承包人承担。

①施工场地内残留的垃圾已全部清除出场;

②临时工程已拆除,场地已按合同要求进行清理、平整或复原;

③按合同约定应撤离的承包人设备和剩余的材料,包括废弃的施工设备和材料,已按计划撤离施工场地;

④工程建筑物周边及其附近道路、河道的施工堆积物,已按监理人指示全部清理;

⑤监理人指示的其他场地清理工作已全部完成。

承包人未按监理人的要求恢复临时占地,或者场地清理未达到合同约定的,发包人有权委托其他人恢复或清理,所发生的金额从拟支付给承包人的款项中扣除。

(8)施工队伍的撤离

工程接收证书颁发后的56天内,除了经监理人同意需在缺陷责任期内继续工作和使用的人员、施工设备和临时工程外,其余的人员、施工设备和临时工程均应撤离施工场地或拆除。除合同另有约定外,缺陷责任期满时,承包人的人员和施工设备应全部撤离施工场地。

除上述内容外,《公路工程标准施工招标文件》公路工程专用合同条款还补充了关于竣工文件的规定,即承包人应按照《公路工程竣(交)工验收办法》的相关规定,在缺陷责任期内为竣工验收补充竣工资料,并在签发缺陷责任期终止证书之前提交。

8)缺陷责任与保修责任

(1)缺陷责任期的起算时间

缺陷责任期自实际竣工日期起计算。在全部工程竣工验收前,已经发包人提前验收的单位工程,其缺陷责任期的起算日期相应提前。

(2)缺陷责任

承包人应在缺陷责任期内对已交付使用的工程承担缺陷责任。缺陷责任期内,发包人对已接收使用的工程负责日常维护工作。发包人在使用过程中,发现已接收的工程存在新的缺陷或已修复的缺陷部位或部件又遭损坏的,承包人应负责修复,直至检验合格为止。《公路工程标准施工招标文件》公路工程专用合同条款做出补充规定:在缺陷责任期内,承包人应尽快完成在交工验收证书中写明的未完成工作,并完成对本工程缺陷的修复或监理人指令的修补工作。

监理人和承包人应共同查清缺陷和(或)损坏的原因。经查明属承包人原因造成的,应由承包人承担修复和查验的费用。经查验属发包人原因造成的,发包人应承担修复和查验的费用,并支付承包人合理利润。

承包人不能在合理时间内修复缺陷的,发包人可自行修复或委托其他人修复,所需费用和利润的承担,按合同约定办理。

(3)缺陷责任期的延长

承包人原因造成某项缺陷或损坏,使某项工程或工程设备不能按原定目标使用而需要再次检查、检验和修复的,发包人有权要求承包人相应延长缺陷责任期,但缺陷责任期最长不超过2年。

(4)进一步试验和试运行

任何一项缺陷或损坏修复后,经检查证明其影响了工程或工程设备的使用性能,承包人应重新进行合同约定的试验和试运行,试验和试运行的全部费用应由责任方承担。

(5)承包人的进入权

缺陷责任期内承包人为缺陷修复工作需要,有权进入工程现场,但应遵守发包人的保安和保密规定。《公路工程标准施工招标文件》公路工程专用合同条款做出补充规定:承包人在缺陷修复施工过程中,应服从管养单位的有关安全管理规定,承包人自身原因造成的人员伤亡、设备和材料的损毁及罚款等责任由承包人自负。

(6)缺陷责任期终止证书

在缺陷责任期内,包括延长的期限终止后14天内,由监理人向承包人出具经发包人签认的缺陷责任期终止证书,并退还剩余的质量保证金。

(7)保修责任

合同当事人根据有关法律规定,在专用合同条款中约定工程质量保修范围、期限和责任。保修期自实际竣工日期起计算,一般应为5年。在全部工程竣工验收前,已经发包人提前验收

的单位工程,其保修期的起算日期相应提前。《公路工程标准施工招标文件》公路工程专用合同条款对本款进行了细化:

①保修期自实际交工日期起计算,具体期限在项目专用合同条款数据表中约定。保修期与缺陷责任期重叠的期间内,承包人的保修责任同缺陷责任。在缺陷责任期满后的保修期内,承包人可不在工地留有办事人员和机械设备,但必须随时与发包人保持联系,在保修期内承包人应对由施工质量造成的损坏自费进行修复。

②在全部工程交工验收前,已经发包人提前验收的单位工程,其保修期的起算日期相应提前。

③工程保修期终止后28天内,监理人签发保修期终止证书。

④若承包人不履行保修义务和责任,则承包人应承担由违约造成的法律后果,并由发包人将其违约行为上报省级交通运输主管部门,作为不良记录纳入公路建设市场信用信息管理系统。

五 项目专用合同条款的主要内容

1. 项目专用合同条款进行补充和细化的内容

①“通用合同条款”中明确指出“专用合同条款”可对“通用合同条款”进行修改的内容(在“通用合同条款”中用“应按合同约定”“应按专用合同条款约定”“除合同另有约定外”“除专用合同条款另有约定外”“在专用合同条款中约定”等多种文字形式表达);

②“公路工程专用合同条款”中明确指出“项目专用合同条款”可对“公路工程专用合同条款”进行修改的内容(在“公路工程专用合同条款”中用“除项目专用合同条款另有约定外”“项目专用合同条款可能约定的”“项目专用合同条款约定的其他情形”等多种文字形式表达);

③其他需要补充、细化的内容。

2. 项目专用合同条款数据表

为了使合同条款中确定的或有待项目专用合同条款来约定的信息和数据简明突出,在项目专用合同条款中专门编制了项目专用合同条款数据表。它是项目专用合同条款中适用于本项目的信息和数据的归纳与提示,是项目专用合同条款的组成部分。

项目专用合同条款数据表主要反映的信息和数据有:

①发包人和监理人。旨在明确发包人、监理人及其联系地址。

②缺陷责任期。主要明确缺陷责任期的计算年限。

③图纸修改和补充时间。明确图纸需要修改和补充时,签发给承包人的最迟期限。

④监理人权利。明确需要经发包人事先批准的监理人权利。

⑤材料、工程设备、施工设备和临时设施的供应。确定发包人是否提供材料、工程设备、施工设备和临时设施,以及明确发包人负责提供部分材料、设备和设施的相关规定。

⑥施工控制网相关资料的期限。规定发包人提供测量基准点、基准线和水准点及其书面资料的期限,承包人将施工控制网资料报送监理人审批的期限。

⑦逾期违约金及提前交工奖金。规定承包人逾期交工需要支付的违约金及限额,承包人

提前交工的奖金及限额。

⑧承包人的合理化建议奖励。约定承包人提出的合理化建议降低了合同价格或者提高了工程经济效益的,发包人按所节约成本或增加收益的具体比例给予奖励。

⑨物价波动引起的价格调整方法。明确物价波动引起的价格变化是否进行调价;若需调价,调价方法是价格指数调整价格差额还是造价信息调整价格差额,以及采用价格调整公式进行调价的调整频率是一年还是半年。

⑩计量与支付。

a. 规定开工预付款、材料预付款的付款比例。

b. 承包人在每个付款周期末向监理人提交进度付款申请单的份数。

c. 进度付款证书最低数额或签约合同价比例,以及逾期付款违约金的利率,利率以日计。

d. 质量保证金比例及限额。规定质量保证金占月支付额的比例,以及质量保证金限额为合同价格的比例。

e. 承包人向监理人提交交工付款申请单和最终结清申请单的份数。

⑪竣工验收申请报告。明确竣工资料的份数。

⑫施工期运行。明确单位工程或工程设备是否需要投入施工期运行,以及需要投入施工期运行的具体规定。

⑬试运行。明确单位工程及工程设备是否需要进行试运行,以及需要试运行时的具体规定。

⑭保修期。确定保修期的计算方法。

⑮保险。

a. 建筑工程一切险的保险费率。

b. 第三方责任险的最低投保额以及保险费率。

⑯争议的解决。明确争议的最终解决方法是仲裁还是诉讼,以及采用仲裁方法时的仲裁委员会名称。

第二节 《建设工程施工合同(示范文本)》

一 编订历程

为了规范和指导合同当事人的行为,完善合同管理制度,解决建设工程施工合同中存在的合同文本不规范、条款不完备、合同纠纷多等问题,建设部和国家工商行政管理总局于1991年颁布了《建设工程施工合同(示范文本)》(GF—1991—0201);经过几年的实践,根据最新颁布和实施的工程建设有关法律、法规,总结了近几年施工合同示范文本推行的经验,结合建设工程施工的实际情况,借鉴国际通用土木工程施工合同条件的成熟经验和有效做法,于1999年12月24日推出了修改后的《建设工程施工合同(示范文本)》(GF—1999—0201)。为规范建筑市场秩序,维护建设工程施工合同当事人的合法权益,住房和城乡建设部、国家工商行政管理总局于2013年对《建设工程施工合同(示范文本)》(GF—1999—0201)进行了修订,制定了

《建设工程施工合同（示范文本）》（GF—2013—0201）。随后经过实践，住房和城乡建设部、国家工商行政管理总局依据《中华人民共和国合同法》《中华人民共和国建筑法》《招标投标法》以及其他相关法律法规，对《建设工程施工合同（示范文本）》（GF—2013—0201)进行了再次修订，于2017年制定了《建设工程施工合同（示范文本）》（GF—2017—0201）（以下简称《示范文本》）。新版《示范文本》自2017年10月1日起执行，原《示范文本》（GF—2013—0201)同时废止。2017年版《示范文本》主要是根据《住房城乡建设部 财政部关于印发建设工程质量保证金管理办法的通知》（建质〔2017〕138号）中对缺陷责任期及工程质量保证金的修改内容，对2013年版《示范文本》的通用合同条款、专用合同条款及附件中与缺陷责任期和工程质量保证金有关条款进行修改和完善，加强了与现行法律和其他文本的衔接，保证了合同的适用性。

二 说明

《示范文本》由合同协议书、通用合同条款和专用合同条款三部分组成，并附有11个附件：附件1是"承包人承揽工程项目一览表"，附件2是"发包人供应材料设备一览表"，附件3是"工程质量保修书"，附件4是"主要建设工程文件目录"，附件5是"承包人用于本工程施工的机械设备表"，附件6是"承包人主要施工管理人员表"，附件7是"分包人主要施工管理人员表"，附件8是"履约担保格式"，附件9是"预付款担保格式"，附件10是"支付担保格式"，附件11是"暂估价一览表"。

《示范文本》合同协议书共计13条，主要包括工程概况、合同工期、质量标准、签约合同价与合同价格形式、项目经理、合同文件构成、承诺等重要内容，集中约定了合同当事人基本的合同权利义务。虽然合同协议书文字量并不大，但它规定了合同当事人最主要的义务，合同当事人在这份文件上签字盖章，就对双方当事人产生法律约束力，而且在所有施工合同文件组成中它具有最优的解释效力。

《示范文本》通用合同条款就工程建设的实施及相关事项，对合同当事人的权利义务作出原则性约定。通用合同条款共计20条，具体条款分别为一般约定，发包人，承包人，监理人，工程质量，安全文明施工与环境保护，工期和进度，材料与设备，试验与检验，变更，价格调整，合同价格、计量与支付，验收和工程试车，竣工结算，缺陷责任与保修，违约，不可抗力，保险，索赔，争议解决。前述条款安排既考虑了现行法律法规对工程建设的有关要求，也考虑了建设工程施工管理的特殊需要。

《示范文本》专用合同条款也有20条，与通用合同条款编号一致，是对通用合同条款原则性约定的细化、完善、补充、修改或另行约定的条款。合同当事人可以根据建设工程的特点及具体情况，通过双方的谈判、协商对相应的专用合同条款进行修改、补充，使通用合同条款和专用合同条款成为双方当事人统一意愿的体现。合同当事人可以通过对专用合同条款的修改，满足具体建设工程的特殊要求，避免直接修改通用合同条款。

《示范文本》的性质和适用范围：《示范文本》为非强制性使用文本。《示范文本》适用于房屋建筑工程、土木工程、线路管道和设备安装工程、装修工程等建设工程的施工承包发包活动，合同当事人可结合建设工程具体情况，根据《示范文本》订立合同，并按照法律法规规定和合同约定承担相应的法律责任及合同权利义务。

三 合同条款的主要内容

《示范文本》采用了很多《公路工程标准施工招标文件》的条款,为避免重复在此就不作解释及条文说明,仅将合同通用条款的主要条目列为表5-2-1,以供参考及查阅。

《示范文本》通用条款条目表

表5-2-1

条号	条目名称	款数	内容
1	一般约定	13	词语定义与解释;语言文字;法律;标准和规范;合同文件的优先顺序;图纸和承包人文件;联络;严禁贿赂;化石、文物;交通运输;知识产权;保密;工程量清单错误的修正
2	发包人	8	许可或批准;发包人代表;发包人人员;施工现场、施工条件和基础资料的提供;资金来源证明及支付担保;支付合同价款;组织竣工验收;现场统一管理协议
3	承包人	8	承包人的一般义务;项目经理;承包人人员;承包人现场查勘;分包;工程照管与成品、半成品保护;履约担保;联合体
4	监理人	4	监理人的一般规定;监理人员;监理人的指示;商定或确定
5	工程质量	5	质量要求;质量保证措施;隐蔽工程检查;不合格工程的处理;质量争议检测
6	安全文明施工与环境保护	3	安全文明施工;职业健康;环境保护
7	工期和进度	9	施工组织设计;施工进度计划;开工;测量放线;工期延误;不利物质条件;异常恶劣的气候条件;暂停施工;提前竣工
8	材料与设备	9	发包人供应材料与工程设备;承包人采购材料与工程设备;材料与工程设备的接收与拒收;材料与工程设备的保管与使用;禁止使用不合格的材料和工程设备;样品;材料与工程设备的替代;施工设备和临时设施;材料与设备专用要求
9	试验与检验	4	试验设备与试验人员;取样;材料、工程设备和工程的试验和检验;现场工艺试验
10	变更	9	变更的范围;变更权;变更程序;变更估价;承包人的合理化建议;变更引起的工期调整;暂估价;暂列金额;计日工
11	价格调整	2	市场价格波动引起的调整;法律变化引起的调整
12	合同价格、计量与支付	5	合同价格形式;预付款;计量;工程进度款支付;支付账户
13	验收和工程试车	6	分部分项工程验收;竣工验收;工程试车;提前交付单位工程的验收;施工期运行;竣工退场
14	竣工结算	4	竣工结算申请;竣工结算审核;甩项竣工协议;最终结清
15	缺陷责任与保修	4	工程保修的原则;缺陷责任期;质量保证金;保修
16	违约	3	发包人违约;承包人违约;第三人造成的违约
17	不可抗力	4	不可抗力的确认;不可抗力的通知;不可抗力后果的承担;因不可抗力解除合同
18	保险	7	工程保险;工伤保险;其他保险;持续保险;保险凭证;未按约定投保的补救;通知义务

条号	条目名称	款数	内容
19	索赔	5	承包人的索赔;对承包人索赔的处理;发包人的索赔;对发包人索赔的处理;提出索赔的期限
20	争议解决	5	和解;调解;争议评审;仲裁或诉讼;争议解决条款效力

第三节 《建设工程监理合同(示范文本)》

为了规范建筑市场的管理,建设部、国家工商行政管理总局于2000年2月17日联合颁布了《建设工程委托监理合同(示范文本)》(GF—2000—0202)。近年来,工程建设有关法律、法规等不断更新,工程建设市场不断发展壮大,为了满足市场实际需求,维护建设工程监理合同当事人的合法权益,住房和城乡建设部、国家工商行政管理总局对《建设工程委托监理合同(示范文本)》(GF—2000—0202)进行了修订,制定了《建设工程监理合同(示范文本)》(GF—2012—0202)。该合同由协议书、通用条件和专用条件三部分组成。

一 协议书

建设工程监理合同协议书是一个标准化的合同文件,委托人和监理人就合同约定的各条款经过协商达成一致后,只需填写该文件中委托监理工程的概况、总监理工程师详情、签约酬金、监理及相关服务期限的起止时间、合同订立相关内容和正副本份数等空白栏目,并经合同双方签字盖章后,监理合同即产生法律效力。

协议书中工程概况栏目下需填写的内容包括工程名称、工程地点、工程规模以及工程概算投资额或建筑安装工程费。总监理工程师栏目下需填写的内容包括总监理工程师姓名、身份证号码以及注册号。签约酬金栏目下需填写的内容包括签约总酬金(大写),监理和相关服务酬金,以及相关服务酬金所对应的具体类别的酬金(包括勘察阶段服务酬金、设计阶段服务酬金、保修阶段服务酬金和其他相关服务酬金)。

协议书中明确规定,对双方有法律约束力的合同文件,除了协议书本身之外,还包括以下几部分:

①协议书;
②中标通知书(适用于招标工程)或委托书(适用于非招标工程);
③投标文件(适用于招标工程)或监理与相关服务建议书(适用于非招标工程);
④专用条件;
⑤通用条件;
⑥附录,即附录A(相关服务的范围和内容)、附录B(委托人派遣的人员和提供的房屋、资料、设备)。

本合同签订后,双方依法签订的补充协议也是本合同文件的组成部分。

二 通用条件的主要内容

只要属于建设工程监理范畴之内的委托合同,不论建设项目的行业性质如何,建设项目的实施地点在哪一地域,通用条件均可适用。通用文件中明确规定了合同正常履行过程中委托人和监理人的义务,合同履行过程中规范双方的管理程序,以及合同履行过程中遇到非正常情况时的责任界限和应遵循的处理程序。通用条件共计8条,具体条款分别是定义与解释,监理人的义务,委托人的义务,违约责任,支付,合同生效、变更、暂停、解除与终止,争议解决,其他。

通用条件作为通用性范本,各条款内容规定得明确、具体,双方在签订合同时不需要做任何改动或补充。

1. 定义与解释

1)定义

①"工程"是指按照本合同约定实施监理与相关服务的建设工程。

②"委托人"是指本合同中委托监理与相关服务的一方及其合法的继承人或受让人。

③"监理"是指监理人受委托人的委托,依照法律法规、工程建设标准、勘察设计文件及合同,在施工阶段对建设工程质量、进度、造价进行控制,对合同、信息进行管理,对工程建设相关方的关系进行协调,并履行建设工程安全生产管理法定职责的服务活动。

④"相关服务"是指监理人受委托人的委托,按照本合同约定,在勘察、设计、保修等阶段提供的服务活动。

⑤"正常工作"是指本合同订立时通用条件和专用条件中约定的监理人的工作。

⑥"附加工作"是指本合同约定的正常工作以外监理人的工作。

⑦"项目监理机构"是指监理人派驻工程负责履行本合同的组织机构。

⑧"酬金"是指监理人履行本合同义务,委托人按照本合同约定给付监理人的金额。

⑨"正常工作酬金"是指监理人完成正常工作,委托人应给付监理人并在协议书中载明的签约酬金额。

⑩"附加工作酬金"是指监理人完成附加工作,委托人应给付监理人的金额。

⑪"一方"是指委托人或监理人;"双方"是指委托人和监理人;"第三方"是指除委托人和监理人以外的有关方。

⑫"月"是指按公历从一个月中任何一天开始的一个公历月时间。

2)解释

本合同使用中文书写、解释和说明。如专用条件约定使用两种及以上语言文字时,应以中文为准。组成本合同的下列文件彼此应能相互解释、互为说明。除专用条件另有约定外,本合同文件的解释顺序如下:

①协议书;

②中标通知书(适用于招标工程)或委托书(适用于非招标工程);

③专用条件及附录A、附录B;

④通用条件;

⑤投标文件(适用于招标工程)或监理与相关服务建议书(适用于非招标工程)。

双方签订的补充协议与其他文件发生矛盾或歧义时,属于同一类内容的文件,应以最新签署的为准。

2. 监理人的义务

(1)监理人的工作内容

除另有约定外,监理工作内容包括:

①收到工程设计文件后编制监理规划,并在第一次工地会议7天前报委托人。根据有关规定和监理工作需要,编制监理实施细则;

②熟悉工程设计文件,并参加由委托人主持的图纸会审和设计交底会议;

③参加由委托人主持的第一次工地会议,主持监理例会并根据工程需要主持或参加专题会议;

④审查施工承包人提交的施工组织设计,重点审查其中的质量安全技术措施、专项施工方案与工程建设强制性标准的符合性;

⑤检查施工承包人工程质量、安全生产管理制度及组织机构和人员资格;

⑥检查施工承包人专职安全生产管理人员的配备情况;

⑦审查施工承包人提交的施工进度计划,核查承包人对施工进度计划的调整;

⑧检查施工承包人的试验室;

⑨审核施工分包人资质条件;

⑩查验施工承包人的施工测量放线成果;

⑪审查工程开工条件,对条件具备的签发开工令;

⑫审查施工承包人报送的工程材料、构配件、设备质量证明文件的有效性和符合性,并按规定对用于工程的材料采取平行检验或见证取样方式进行抽检;

⑬审核施工承包人提交的工程款支付申请,签发或出具工程款支付证书,并报委托人审核、批准;

⑭在巡视、旁站和检验过程中,发现工程质量、施工安全存在事故隐患的,要求施工承包人整改并报委托人;

⑮经委托人同意,签发工程暂停令和复工令;

⑯审查施工承包人提交的采用新材料、新工艺、新技术、新设备的论证材料及相关验收标准;

⑰验收隐蔽工程、分部分项工程;

⑱审查施工承包人提交的工程变更申请,协调处理施工进度调整、费用索赔、合同争议等事项;

⑲审查施工承包人提交的竣工验收申请,编写工程质量评估报告;

⑳参加工程竣工验收,签署竣工验收意见;

㉑审查施工承包人提交的竣工结算申请并报委托人;

㉒编制、整理工程监理归档文件并报委托人。

(2)监理依据

监理依据包括:①适用的法律、行政法规及部门规章;②与工程有关的标准;③工程设计及有关文件;④本合同及委托人与第三方签订的与实施工程有关的其他合同。

(3)项目监理机构和人员

监理人应组建满足工作需要的项目监理机构,配备必要的检测设备。在合同履行过程中,总监理工程师及重要岗位监理人员应保持相对稳定,以保证监理工作正常进行。项目监理机构的主要人员应具有相应的资格条件。委托人可要求监理人更换不能胜任本职工作的项目监理机构人员。

监理人应及时更换有下列情形之一的监理人员:

①严重过失行为的;

②有违法行为不能履行职责的;

③涉嫌犯罪的;

④不能胜任岗位职责的;

⑤严重违反职业道德的;

⑥约定的其他情形。

(4)履行职责

监理人应遵循职业道德准则和行为规范,严格按照法律法规、工程建设有关标准及本合同履行职责。

①在监理与相关服务范围内,委托人和承包人提出的意见和要求,监理人应及时提出处置意见。当委托人与承包人之间发生合同争议时,监理人应协助委托人、承包人协商解决。

②当委托人与承包人之间的合同争议提交仲裁机构仲裁或人民法院审理时,监理人应提供必要的证明资料。

③监理人应在约定的授权范围内,处理委托人与承包人所签订合同的变更事宜。如果变更超过授权范围,应以书面形式报委托人批准。在紧急情况下,为了保护财产和人身安全,监理人所发出的指令未能事先报委托人批准时,应在发出指令后的24小时内以书面形式报委托人。

(5)提交报告

监理人应按专用条件约定的种类、时间和份数向委托人提交监理与相关服务的报告。

(6)文件资料

在本合同履行期内,监理人应在现场保留工作所用的图纸、报告及记录监理工作的相关文件。工程竣工后,应当按照档案管理规定将监理有关文件归档。

(7)使用委托人的财产

监理人无偿使用由委托人派遣的人员和提供的房屋、资料、设备。除合同另有约定外,委托人提供的房屋、设备属于委托人的财产,监理人应妥善使用和保管,在本合同终止时将这些房屋、设备的清单提交委托人,并按专用条件约定的时间和方式移交。

3. 委托人的义务

(1)告知

委托人应在委托人与承包人签订的合同中明确监理人、总监理工程师和授予项目监理机构的权限。如有变更,应及时通知承包人。

(2)提供资料

委托人应按照合同约定,无偿向监理人提供工程有关的资料。在本合同履行过程中,委托人应及时向监理人提供最新的与工程有关的资料。

(3)提供工作条件

委托人应为监理人完成监理与相关服务提供必要的条件,应按照合同约定,派遣相应的人员,提供房屋、设备,供监理人无偿使用。委托人还应负责协调工程建设中所有外部关系,为监理人履行本合同提供必要的外部条件。

(4)委托人代表

委托人应授权一名熟悉工程情况的代表,负责与监理人联系。委托人应在双方签订本合同后7天内,将委托人代表的姓名和职责书面告知监理人。当委托人更换委托人代表时,应提前7天通知监理人。

(5)委托人意见或要求

在本合同约定的监理与相关服务工作范围内,委托人对承包人的任何意见或要求应通知监理人,由监理人向承包人发出相应指令。

(6)答复

委托人应在约定的时间内,对监理人以书面形式提交并要求作出决定的事宜,给予书面答复。逾期未答复的,视为委托人认可。

4. 违约责任

(1)监理人的违约责任

监理人未履行本合同义务的,应承担相应的责任。

①因监理人违反本合同约定给委托人造成损失的,监理人应当赔偿委托人损失。赔偿金额的确定方法在合同中约定。监理人承担部分赔偿责任的,其承担赔偿金额由双方协商确定。

②监理人向委托人的索赔不成立时,监理人应赔偿委托人由此发生的费用。

(2)委托人的违约责任

委托人未履行本合同义务的,应承担相应的责任。

①委托人违反本合同约定造成监理人损失的,委托人应予以赔偿。

②委托人向监理人的索赔不成立时,应赔偿监理人由此引起的费用。

③委托人未能按期支付酬金超过28天,应按专用条件约定支付逾期付款利息。

(3)除外责任

由非监理人的原因,且监理人无过错,发生工程质量事故、安全事故、工期延误等造成的损失,监理人不承担赔偿责任。

由不可抗力导致本合同全部或部分不能履行时,双方各自承担其因此而造成的损失、损害。

5. 支付

(1)支付货币

除合同另有约定外,酬金均以人民币支付。涉及外币支付的,所采用的货币种类、比例和汇率在合同中约定。

(2)支付申请

监理人应在本合同约定的每次应付款时间的7天前,向委托人提交支付申请书。支付申请书应当说明当期应付款总额,并列出当期应支付的款项及其金额。

(3)支付酬金

支付的酬金包括正常工作酬金、附加工作酬金、合理化建议奖励金额及费用。

(4)有争议部分的付款

委托人对监理人提交的支付申请书有异议时,应当在收到监理人提交的支付申请书后7天内,以书面形式向监理人发出异议通知。无异议部分的款项应按期支付,有异议部分的款项按合同约定办理。

6. 合同生效、变更、暂停、解除与终止

(1)生效

除法律另有规定或者专用条件另有约定外,委托人和监理人的法定代表人或其授权代理人在协议书上签字并盖单位章后合同生效。

(2)变更

任何一方提出变更请求时,双方经协商一致后可进行变更。

合同生效后,如果实际情况发生变化使得监理人不能完成全部或部分工作时,监理人应立即通知委托人。除不可抗力外,其善后工作以及恢复服务的准备工作应为附加工作,附加工作酬金的确定方法在专用条件中约定。监理人用于恢复服务的准备时间不应超过28天。

合同签订后,遇有与工程相关的法律法规、标准颁布或修订的,双方应遵照执行。由此引起监理与相关服务的范围、时间、酬金变化的,双方应通过协商进行相应调整。

非监理人原因造成工程概算投资额或建筑安装工程费增加时,正常工作酬金应作相应调整。调整方法在合同中约定。

(3)暂停与解除

除双方协商一致可以解除本合同外,当一方无正当理由未履行本合同约定的义务时,另一方可以根据本合同约定暂停履行本合同直至解除本合同。解除本合同的协议必须采取书面形式,协议未达成之前,本合同仍然有效。

在本合同有效期内,由非监理人的原因导致工程施工全部或部分暂停,委托人可通知监理人要求暂停全部或部分工作。监理人应立即安排停止工作,并将开支减至最小。除不可抗力外,由此导致监理人遭受的损失应由委托人予以补偿。

暂停部分监理与相关服务时间超过182天,监理人可发出解除本合同约定的该部分义务的通知;暂停全部工作时间超过182天,监理人可发出解除本合同的通知,本合同自通知到达委托人时解除。委托人应将监理与相关服务的酬金支付至本合同解除日,且应承担合同约定的责任。

(4)终止

以下条件全部满足时,本合同即告终止:

①监理人完成本合同约定的全部工作;

②委托人与监理人结清并支付全部酬金。

7. 争议解决

(1)协商

双方应本着诚信原则协商解决彼此间的争议。

(2)调解

如果双方不能在14天内或双方商定的其他时间内解决本合同争议,可以将其提交给专用条件约定的或事后达成协议的调解人进行调解。

（3）仲裁或诉讼

双方均有权不经调解直接向专用条件约定的仲裁机构申请仲裁或向有管辖权的人民法院提起诉讼。

8. 其他

（1）外出考察费用

经委托人同意，监理人员外出考察发生的费用由委托人审核后支付。

（2）检测费用

委托人要求监理人进行的材料和设备检测所发生的费用，由委托人支付，支付时间在专用条件中约定。

（3）咨询费用

经委托人同意，根据工程需要由监理人组织的相关咨询论证会以及聘请相关专家等发生的费用由委托人支付，支付时间在专用条件中约定。

（4）奖励

监理人在服务过程中提出的合理化建议，使委托人获得经济效益的，双方在专用条件中约定奖励金额的确定方法。奖励金额在合理化建议被采纳后，与最近一期的正常工作酬金同期支付。

（5）守法诚信

监理人及其工作人员不得从与实施工程有关的第三方处获得任何经济利益。

（6）保密

双方不得泄露对方申明的保密资料，亦不得泄露与实施工程有关的第三方所提供的保密资料，保密事项在专用条件中约定。

（7）通知

本合同涉及的通知均应采用书面形式，并在送达对方时生效，收件人应书面签收。

（8）著作权

监理人对其编制的文件拥有著作权。监理人可单独或与他人联合出版有关监理与相关服务的资料。除专用条件另有约定外，如果监理人在本合同履行期间及本合同终止后两年内出版涉及本工程的有关监理与相关服务的资料，应当征得委托人的同意。

三　专用条件的主要内容

由于通用条件适用于所有类型工程项目的建设监理，其规定的责任条件和管理程序属于共性因素，而某一具体委托的监理任务又会因项目的专业特点、工程所在地域的条件及所委托的监理工作范围不同而具有独特性。因此，示范文本中要求合同当事人双方经过协商一致后，针对建设项目的个性、所处的自然和社会环境编写专用条件。

专用条件共分为九部分，主要针对通用条件进行说明、修正及补充。

①解释：约定合同使用除中文以外的语言及合同文件的解释顺序。

②监理人义务：约定监理人的监理范围和内容，监理与相关服务依据，更换监理人员的其他情形，对监理人的授权范围及限制条件，监理人应提交报告的种类、时间和份数，使用委托

人的财产等。

③委托人义务:确定委托人代表,委托人给监理人答复的时间。

④违约责任:明确监理人和委托人的违约责任。

⑤支付:约定支付货币币种、比例及汇率,酬金支付的次数、时间、比例及金额。

⑥合同生效、变更、暂停、解除与终止:明确合同生效条件,附加工作酬金计算方法,正常工作酬金增加额计算方法。

⑦争议解决:明确争议解决方法,约定调解方式,仲裁或诉讼方式。

⑧其他:约定检测费用和咨询费用支付期限,奖励金额的比率,委托人、监理人和第三方申明的保密事项及期限,著作权限制条件。

⑨补充条款。

● **本章任务训练**

1. 简答题

(1)请简述《公路工程标准施工招标文件》(2018年版)合同条款类型和作用。

(2)请简述合同文件的含义。

(3)请简述技术标准和要求和已标价工程量清单的含义。

(4)请简述永久工程和临时工程的含义。

(5)请简述工程设备、施工设备、临时设施的含义。

(6)请简述施工场地的含义。

(7)请简述签约合同价、合同价格、费用的含义。

(8)请简述暂列金额、暂估价、计日工的含义。

(9)请简述发包人、承包人、分包人、监理人的含义。

(10)简述承包人项目经理、承包人项目总工、总监理工程师的含义。

(11)请简述通用合同条款中解释合同文件的优先顺序。

2. 讨论题

(1)在施工场地发掘文物、古迹以及具有地质研究或考古价值的其他遗迹、化石、钱币或物品,应该怎么处理?

(2)如何进行工程隐蔽部位覆盖前的检查?

3. 案例题

某工程在按合同施工过程中,发生以下事件:

(1)承包人采用的施工工艺侵犯了专利权,损失20万元。

(2)发包人提供的工程设备,承包人要求更改交货日期,导致承包人费用增加2万元。

(3)发包人改变合同中路面工作的质量要求,导致承包人费用增加20万元,工期延误5天。

(4)承包人采用发包人提供的不合格的材料造成工程不合格,导致承包人费用增加3万元,工期延误3天。

(5)监理人对承包人的某项工程设备检验结果有疑问,要求承包人重新检验,重新检验的结果证明该项工程设备的质量符合合同要求,导致承包人费用增加5万元,工期延误5天。

问题:请判断以上事件的责任方,并说明理由。

4. 计算题

某工程项目采用价格调整公式结算,其合同价款为3000万元,该工程的人工费和材料费占工程80%,不调价费用占20%,基期价格指数日期为2022年3月1日,当期价格指数日期为2024年3月1日。该地区工程造价管理部门发布的价格指数和该工程的各项费用构成比例如表1所示。问题:用价格调整公式法计算实际应支付工程价款。

工程造价管理部门发布的价格指数和该工程的各项费用构成比例   表1

项目	人工费	材料费	不调价费用
占合同比例	15%	65%	20%
2022年3月1日价格指数	102	99	—
2024年3月1日价格指数	118	116	—

第五章参考答案

第 六 章

合 同 管 理

● 知识目标

(1)熟悉合同总体策划的概念、依据、过程、内容和应注意的问题。

(2)熟悉合同分析的概念、阶段划分、主要内容和主要成果,熟悉合同交底。

(3)掌握合同控制、质量控制、进度控制、成本控制的基本理论和方法。

● 能力目标

(1)能够应用合同总体策划的基本理论和方法,协助进行相应主体的合同策划。

(2)能够应用合同控制、质量控制、进度控制、成本控制的基本理论和方法,协助进行相应的合同控制、质量控制、进度控制、成本控制。

● 素质目标

(1)培养工程合同管理的职业能力。

(2)增强工程合同管理的合法合规意识。

● 知识架构

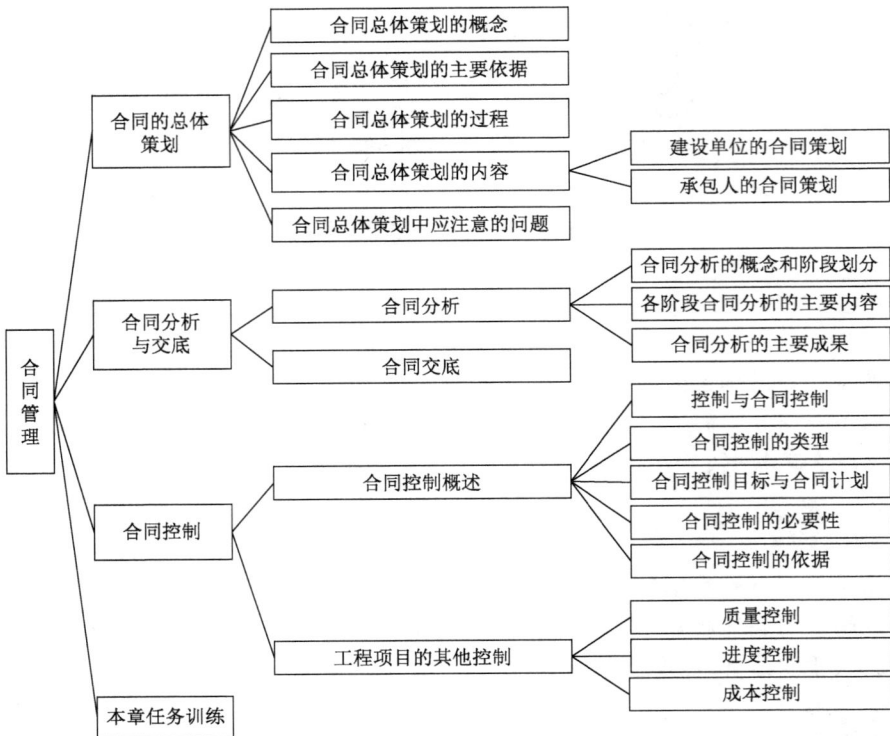

第一节　合同的总体策划

一　合同总体策划的概念

合同总体策划是在项目实施战略确定后对与工程相关的合同进行合理规划,以保证项目目标的实现。合同总体策划要确定根本性和方向性的,对整个工程项目、整个合同实施有重大影响的问题,其目标是通过合同保证工程项目目标和项目实施战略的实现。它主要解决以下一些重大问题:

①如何将整个项目划分成一些相对独立的合同,并确定各个合同的工程承包范围。

②确定合同采用的委托方式和承包方式。

③选定合同的种类、形式和条件。

④重要的合同条款的确定,如付款方式、风险分担方式;对承包人的激励措施;国际招标投标工程中合同所适用的法律的选择;如何通过合同实现对项目的严格全面的控制。

⑤实现与项目相关的各个合同在内容上、时间上、组织上、技术上、价格上的协调等。

⑥合同的签订与实施属于重大问题的决策。

正确的合同策划不仅能够签订完备有利的合同,而且可以保证圆满地履行各个合同,并使它们之间能相互协调,以顺利地实现工程项目的根本目标。

二　合同总体策划的主要依据

合同总体策划的主要依据有:

①建设单位方面:建设单位的资信、资金供应能力、管理水平和管理力量;建设单位的项目目标以及目标的确定性,期望对工程管理的介入深度、资信状况;建设单位对监理工程师和承包人的信任程度、管理风格;建设单位对工程质量和工期的要求等。

②承包人方面:承包人的能力、资信、企业规模、管理风格和水平、在本项目中的目标与动机、经营状况、同类工程经验、企业经营战略、长期动机、承受和抗御风险的能力等。

③工程方面:工程的类型、规模、特点、技术复杂程度、风险性;工程技术设计的深度和准确程度,工程质量要求和工程范围的确定性、计划程度;招标时间和工期的控制;项目的盈利性;工程风险程度、工程资源(如资金、材料、设备等)供应及限制条件等。

④环境方面:工程所在地的法律环境,建筑市场竞争激烈程度,物价的稳定性,地质、气候、自然、现场条件的确定性,资源供应的保证程度,获得额外资源的可能性。

三　合同总体策划的过程

合同总体策划的过程大致可分为四个步骤,见图6-1-1。

在项目实施过程中,开始准备每个合同招标时,以及准备签订每份合同时,都应对合同总体策划再做一次评价。

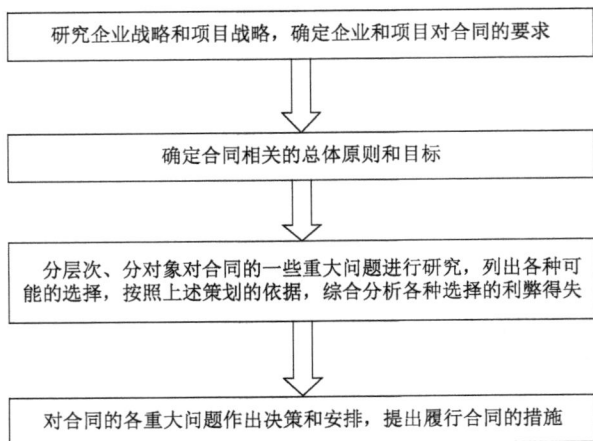

图6-1-1　合同总体策划的过程

四　合同总体策划的内容

在项目建设前,合同总体策划主要是确定整个项目中具有根本性和方向性的问题,这对每个合同的订立和履行有重大影响。合同总体策划对整个项目的计划、组织、控制起着决定性的作用。在项目实施的整个过程中,由于各参与方所处的地位不同、目的不同、工作任务和工作重点不同,其策划的内容也不同。

1. 建设单位的合同策划

在工程中,建设单位处于主导地位,其合同总体策划对整个工程有很大影响。承包人必须按照建设单位的要求投标报价,确定方案并完成工程。建设单位在进行整个项目合同策划时,需要考虑以下三个方面的条件:

①项目的特点和内容。如项目性质、建设规模、功能要求和特点,技术复杂程度、项目质量目标、投资目标和工期目标的要求,项目面临的各种可能的风险等。

②建设单位自身的条件。资金供应能力、管理力量和管理能力,期望对工程管理的介入深度等。

③环境条件。建筑市场上项目资源的供应条件,包括勘察、设计、施工、监理等承包单位的状况和竞争情况,它们的能力、资信、管理水平、过去同类工程经验等,材料设备等的供应及限制条件,地质、气候、自然、现场条件,项目所处的法律政策环境,物价的稳定性等。

此外,建设单位通常必须就如下合同问题作出决策:

1)分标策划

(1)分标策划的作用

项目的工作都是由具体的组织(单位或人员)来完成的,建设单位必须做到正确的分标策划。对于建设单位来说,正确的分标策划能够保证圆满地履行各个合同,促使各个合同达到完美的协调状态,减少组织矛盾和争执,顺利地实现工程项目的整体目标。一个项目的分标策划也就是决定将整个项目任务分为多少个包(或标段),以及如何划分这些标段。分标策划决定了与建设单位签约的承包人的数量,决定着项目的组织结构及管理模式,从根本上决定合同各方面责任、权利和工作的划分,所以它对项目的实施过程和项目管理会产生根本性的影响。建设单位通过分标和合同委托项目任务,并通过合同实现对项目的目标控制。分标策划是实施项目的手段,通过分标策划摆正工程中各方面的重大关系,防止这些重大关系的不协调或矛盾造成工作上的障碍及重大损失。

(2)主要的分标方式

①分阶段分专业工程平行承包。这是一种传统的工程发包方式,即建设单位将工程项目的勘察设计、工程施工、材料和设备供应等分别发包给几个独立的承包人:勘察设计承包人、施工(包括土建、安装、装饰)承包人、材料和设备供应商,各承包人分别与建设单位签订合同,向建设单位负责(图6-1-2),各承包人之间没有合同关系。

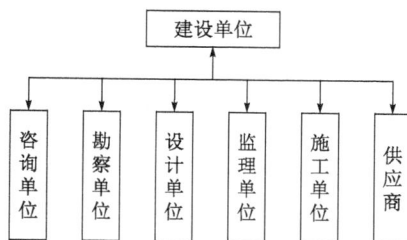

图6-1-2 分阶段分专业工程平行承包

这种方式的特点有:

a. 建设单位的管理工作多,要进行多次招标,计划要求较细,因此项目前期工作需要较长的时间。

b. 各承包人分别与建设单位签订合同,向建设单位负责,各承包人之间没有合同关系,因此建设单位必须负责各承包人之间的工作协调,对各承包人之间互相干扰造成的问题承担责任。在整个项目的责任体系中会存在着责任"盲区"。所以,在这类工程中各组织间的争执较多,索赔较多,工期较长。

c. 这种方式要求建设单位的管理和控制比较精细,需要对出现的各种工程问题作中间决策,必须具备较强的项目管理能力。如果建设单位不是项目管理专家,可以委托咨询(监理)工程师进行管理,当无法聘请得力的咨询(监理)工程师进行全过程的项目管理时,则不能将项目分标太多。

d. 建设单位将面对很多承包人,直接管理承包人的数量较多,管理跨度较大,容易出现职责交叉或盲区,造成项目协调的困难、工程中的混乱和项目失控等现象,从而产生合同争议和索赔,最终导致总投资的增加和工期的延长。

e. 分散平行承包,承包人之间存在着一定的制衡,如各专业设计、设备供应、专业工程施工之间存在制约关系。

f. 采用这种方式,对项目的计划和设计必须周全、准确、细致。这样使各承包人的工程范围容易确定,责任界限比较清楚,否则极易造成项目实施中的混乱状态。

②全包。即由一个承包人承包建筑工程项目的全部工作,包括设计、供应、各专业工程的施工以及管理工作,甚至包括项目前期筹划、方案选择、可行性研究。承包人向建设单位承担全部工程责任。当然全包也可以将除主体工程外的部分工程或工作分包出去(图6-1-3)。

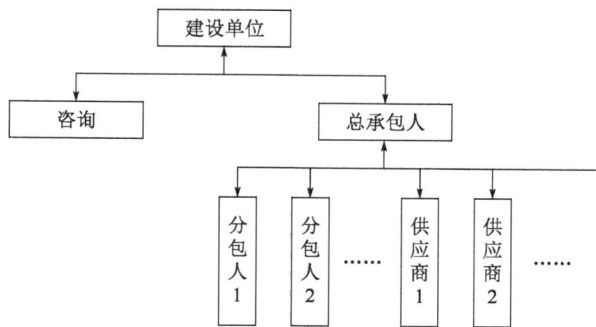

图6-1-3 全包

277

这种承包方式的特点有:

a. 建设单位的管理工作量较少,仅需要一次招标,合同争执及索赔较少,协调容易,现场管理简单,而且项目的责任体系完备。无论是设计与施工的互相干扰、供应商之间的互相干扰,还是不同专业之间的干扰,都由总承包人负责,建设单位不承担任何责任,建设单位只要提出工程的总体要求(如工程的功能要求、设计标准、材料标准的说明等),作宏观控制,验收结果,一般不干涉承包人的工程实施过程和项目管理工作。因此,从建设单位角度看,全包工程具有诸多优势。

b. 承包人能将整个项目管理按一个统一的系统进行管理,避免多头领导,降低管理费用,同时,方便协调和控制,减少大量的、重复的管理工作,节约费用,使得信息沟通方便、快捷、不失真,对施工现场的管理也有利,可减少中间检查、交接环节和手续,避免由此引起的工程延期,从而使工期(招标投标和建设期)大大缩短。

c. 对承包人的要求很高。在全包工程中建设单位必须加强对承包人的宏观控制,选择资信好、实力强、适应全方位工作的承包人。承包人不仅需要具备各专业工程施工力量,而且需要很强的设计能力、管理能力、供应能力,甚至很强的项目策划能力和融资能力。据统计,在国际工程中,国际上最大的承包人所承接的工程项目大多数都采用全包形式。

d. 对建设单位来说,承包人资信风险很大。支付管理费用高、项目控制能力差。因此,建设单位可以选择让几个承包人联营投标,通过法律规定联营成员之间的连带责任"抓住"联营各方,降低风险。这在国际上一些大型和特大型工程中十分常见。

③建设单位也可以采用介于上述两者之间的中间形式,即将工程委托给几个主要的承包人,如设计总承包人、施工总承包人、供应总承包人等(图6-1-4)。这种方式在工程中是极为常见的。

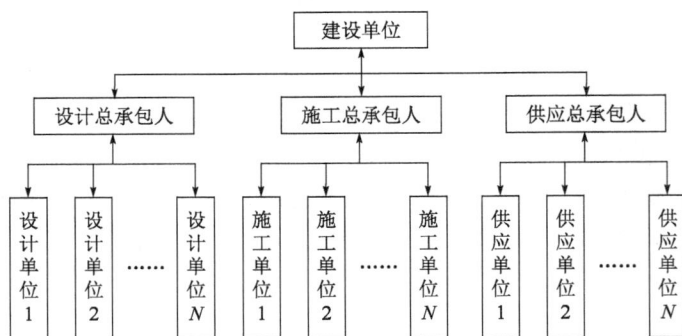

图6-1-4 将工程委托给主要承包人

④非代理型的CM承包方式,即CM/non-Agency方式。CM(Construction Management)有两种形式,其中非代理型的模式见图6-1-5。CM承包人直接与建设单位签订合同,接受整个工程施工的委托,再与分包人、供应商签订合同。

在现代工程中,工程承包方式多种多样,各有优点、缺点和适用条件,建设单位在进行合同策划时应根据自身的具体情况、工程的实际情况、市场的具体情况选择合适的方式。

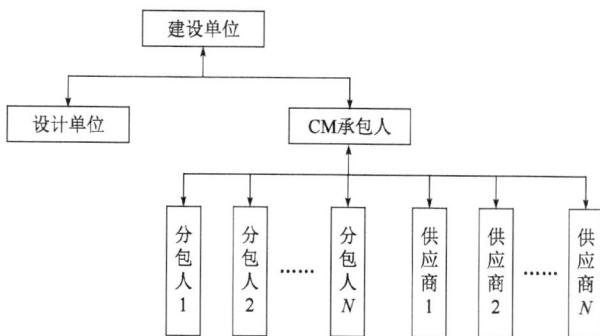

图6-1-5 非代理型的CM承包

2）合同种类的选择

在实际工程中，合同的计价方式有近20种。不同种类的合同，有不同的应用条件、不同的权利和责任的分配、不同的付款方式，对合同双方有不同的风险，应按具体情况选择合同类型。

3）招标方式的确定

我国的招标方式有公开招标、邀请招标。国际上也将竞争性谈判、议标等归为招标方式。每种招标方式有其特点及适用范围。一般要根据承包形式、合同类型、建设单位所拥有的招标时间（工程紧迫程度）等确定招标方式。

另外，在关于招标的策划工作中，还应处理好以下问题：

①确定资格预审的标准和允许参加投标的单位数量。建设单位要保证在工程招标中有比较激烈的竞争，必须保证有一定量的投标单位，这样能取得一个合理的价格，选择余地较大。但如果投标单位太多，则管理工作量大，招标期较长。

在资格预审期要对投标人有基本的了解和分析。一般从资格预审到开标，投标人数量会逐渐减少。即发布招标公告后，会有大量的承包人咨询了解情况，但提供资格预审文件的单位就要少一点，买标书的单位又会少一点，提交投标书的单位还会减少，甚至有的单位投标后又撤回标书。对此必须保证最终有一定量的投标人参加竞争，否则在开标时会很被动。

②确定合理的定标标准。确定定标的指标对整个合同的签订（承包人选择）和执行影响很大。实践证明，如果仅以低价中标，不分析报价的合理性和其他因素，则工程实施过程中会产生较多问题，工程合同失败的比例较高。因为低价中标违反公平合理原则，会导致承包人没有合理的利润，甚至要亏损，其履约积极性较低。所以人们越来越倾向于采用综合评标的方式，即从报价、工期、方案、资信、管理组织等方面进行综合评价，以选择中标者。

③标后谈判的处理。建设单位一般在招标文件中都申明不允许进行标后谈判。这是为了掌握主动权。但从战略角度出发，建设单位应欢迎标后谈判，因为可以利用这个机会获得更合理的报价和更优惠的服务，对双方和整个工程都有利。这已被许多工程实践所证明。

4）合同条件的选择

合同协议书和合同条件是合同文件中最重要的部分。在实际工程中，建设单位可以根据需要，自己（通常委托咨询公司）起草合同协议书（包括合同条款），也可以选择标准的合同条件。在具体应用时，可以按照自己的需要通过特殊条款对标准文本作修改、限定或补充。

一个工程有时会有几个同类型的合同条件供选择,特别是在国际工程中。合同条件的选择应注意如下问题:

①合同条款应与双方的管理水平匹配。合同双方从主观上都希望使用严密的、完备的合同条件,但合同条件应该与双方的管理水平匹配,否则执行时会有困难。如果双方的管理水平很低,而合同条件十分完备、周密、严格,则这种合同条件没有可执行性。将我国的原示范文本与FIDIC合同相比较就会发现,我国施工合同在许多条款中的时间限定要严格很多。这说明在工程中如果使用我国的施工合同,则合同双方要比使用FIDIC合同有更高的管理水平、更快的信息反馈速度。发包人、承包人、项目经理、监理工程师的决策过程必须很快,但实际上往往很难做到,所以在我国的承包工程中常常双方都不能准确执行合同。

②应尽可能使用标准的合同条款且最好选用双方都熟悉的标准合同条件,这样既有利于建设单位管理,又有利于承包人对条款的执行,可减少争执和索赔,能较好地执行合同。如果双方来自不同的国家,选用合同条件时应更多地考虑承包人的因素,使用承包人熟悉的合同条件。由于承包人是工程合同的具体实施者,所以应更多地偏向他,而不能仅从建设单位自身的角度考虑问题。当然在实际工程中,许多建设单位都选择自己熟悉的合同条件,以保证自己在工程管理中处于有利的地位和掌握主动权,但工程不能顺利进行,最终承包人遭受很大损失,许多索赔未能得到解决,工程质量很差,工期也相应延长。由于工程迟迟不能交付使用,建设单位不得已又委托其他承包人进场施工,对工程的整体效益产生极大的影响。

③合同条件的使用应注意其他方面的制约。招标文件由建设单位起草,建设单位居于合同主导地位。

5)重要的合同条款的确定

①适用于合同关系的法律,以及合同争执仲裁的地点、程序等。

②付款方式。如采用进度付款、分期付款、预付款或由承包人垫资承包。这由建设单位的资金来源保证情况等因素决定。让承包人在工程上过多地垫资,会对承包人的风险、财务状况、报价和履约积极性有直接影响。

③合同价格的调整条件、范围、调整方法,特别是物价上涨、汇率变化、法律变化、关税变化等对合同价格调整的规定。

④合同双方风险的分担。即将工程风险在建设单位和承包人之间进行合理分配。基本原则是,通过风险分配激励承包人努力控制三大目标、控制风险,达到最好的工程经济效益。

⑤对承包人的激励措施。各种合同中都可以订立奖励条款。恰当地采用奖励措施可以鼓励承包人缩短工期、提高质量、降低成本、提高管理积极性。通常的奖励措施有:

a. 提前竣工奖励。这是最常见的奖励措施,通常合同明文规定,工期提前,建设单位将给承包人一定金额的奖励。

b. 将项目提前投产实现的盈利在合同双方之间按一定比例分成。

c. 承包人如果能提出新的设计方案,使用新技术,使建设单位节约投资,则按一定比例分成。

d. 在成本加酬金合同中,对于具体的工程范围和工程要求,确定一个目标成本额度,并规定,如果实际成本低于这个额度,则建设单位将节约的部分按一定比例发给承包人作为奖励。

e. 质量奖。这种奖励措施在我国用得较多。合同规定,如工程质量达全优(或优良)标准,建设单位将另外支付一笔奖励金给承包人。

f. 保证建设单位对工程的控制权,包括工程变更权利、进度计划审批权利、实际进度监督权利、施工进度加速权利、质量的绝对检查权利、工程付款的控制权利、承包人不履约时建设单位的处置权利等。

6）通过合同保障建设单位对工程的控制

设计合同条款,通过合同保障建设单位对工程的控制权利,并形成一个完整的控制体系。

①控制内容。明确规定建设单位和其项目经理对工期、成本(投资)、质量及工程成果等各方面的控制权利。

②控制过程。各种控制必须有一个严密的体系,形成一个前后相继的过程,例如：

工期控制过程,包括开工令、对详细进度计划的审批(同意)权、工程施工出现拖延时指令加速的权利、拖延工期的违约金条款等。

成本(投资)控制过程,包括工作量计算程序、付款期、账单的审查过程及权利、付款的控制、竣工结算和最终决策、索赔的处理、决定价格的权利等。

质量控制过程,包括图纸的审批程序及权利,方案的审批(或同意)权,变更工程的权利,材料、工艺、工程质量的认可权、检查权和验收权,对分包和转让的控制权。

③对失控状态或问题的处置权利,例如,材料、工艺、工程质量不符合要求的处置权,暂停工程的权利,在极端状态下中止合同的权利等。

对这些都有了具体详细的规定,才能形成对实施控制的合同保证。

7）保证双方诚实信用的合同措施

为了保证双方诚实信用,必须有相应的合同措施。例如：

①工程中的保函、保留金和其他担保措施。

②承包人的材料和设备进入施工现场,则作为建设单位的财产,没有建设单位(或监理工程师)的同意不得移出现场。

③合同中对违约行为的处罚规定和仲裁条款。例如,在国际工程中,在承包人严重违约的情况下,建设单位可以将承包人逐出现场,而不解除他的合同责任,让其他承包人来完成合同,费用由违约的承包人承担。

2. 承包人的合同策划

对于建设单位的合同策划,承包人常常必须执行或服从。如招标文件规定,承包人必须按照招标文件的要求制作标书,不允许修改合同条件,甚至不允许使用保留条件。但承包人也有自己的合同策划问题。承包人的合同策划主要涉及以下几个问题。

1）投标项目的选择

承包人通过市场调查获得许多工程项目的招标信息,承包人需就是否参与某一项目的投标作出战略决策,其依据为以下几个方面：

①政治文化环境,包括国内政局、国际关系、法律规定、风俗习惯、宗教信仰等。

②经济环境,包括市场行情、生产水平、劳动力成本、汇率、利率、价格水平等。

③自然环境,包括水文、地质、气候、自然灾害等。

④承包市场状况和竞争的形势,包括该工程竞争者的数量、竞争对手的状况等。

⑤工程及建设单位的状况,包括工程的技术难度,施工所需的工艺、技术和设备,对施工工期的要求及工程的影响程度;建设单位对承包方式、合同种类、招标方式、合同的主要条款等的规定和要求;建设单位的资信情况,是否有不守信用、不付款等不良记录;建设单位建设

资金的准备情况和企业经营情况等。

⑥承包人自身的状况，包括公司的优势和劣势、施工力量、技术水平、管理能力、同类工程经验、正在进行中的工程数量、资金状况等。

总之，选择的投标项目应符合承包人自身的经营战略要求，最大限度地发挥其自身优势，符合其经营战略，避免承包超出自己施工技术水平、管理水平、财务能力的工程以及没有竞争优势的工程。

2）合同风险评价

承包人在进行合同策划时必须对工程的合同风险有一个总体评价。合同风险评价主要包括风险的辨识和风险的评估两项工作。

一般情况下，如果工程存在下列问题，则说明工程风险较大：

①工程规模大，工期较长，且建设单位要求采用固定总价合同形式。在这种情况下，承包人需承担全部工程量和价格方面的风险。

②建设单位要求采用固定总价合同，但仅给出初步设计文件，让承包人制作标书，图纸不详细、不完备，工程量不准确、范围不清楚等，或合同中的工程变更赔偿条款对承包人很不利。

③建设单位将制作标书期限压缩得很短，承包人没有足够时间详细分析招标文件，而且招标文件为外文，采用承包人不熟悉的合同条件，这不仅对承包人而言风险很大，而且会对整个工程总目标造成损害。

④工程环境不确定性大。如物价和汇率大幅度变动，水文、地质条件不清楚，且建设单位要求采用固定价格合同。

大量的工程实践证明，如果存在上述问题，特别是当一个工程中同时出现多种上述问题时，这个工程可能彻底失败，甚至将整个承包企业拖垮。这些风险可能造成的损失，在签订合同时往往是难以想象的，遇到这类工程，承包人应有足够的思想准备和应对措施。

3）合作方式的选择

在总发包模式下，承包人必须就如何完成合同范围的工程作出决定。因为多数承包人不可能独立完成全部工程，他必须与其他承包人合作，充分发挥各自的技术、管理、财力优势，以共同承担风险。但不同合作方式的风险分担程度也不相同。

（1）分包

分包在工程中使用较多，通常在以下几种情况下使用：

a. 经济目的。对于某些分项工程，如果总承包人认为自己承担会亏本，可将其分包给有能力且报价低的分包人，这样总承包人不仅可以避免损失，还能获得一定的经济效益。

b. 合理转移或减少风险的需要。有些项目虽然利益大，但风险较高，承包人经过风险分析，不愿承担或无法承担这样大的风险时，就可以通过分包将风险部分转移给其他承包人。

c. 建设单位的要求。即建设单位指定承包人将某些分项工程分包出去。例如，建设单位对某些特殊分项工程只信任某一承包人，要求将该分项工程由该承包人承担；在国际工程中，有些国家规定外国承包人必须分包一定量的工程给本国的承包人；等等。承包人在投标报价时，一般应确定分包人的报价，商定分包的主要条件，甚至签订分包意向书。由于承包人向建设单位承担工程责任，分包人出现任何问题都由总包负责，所以选择分包人应慎重，要选择符合要求的、有能力的、长期合作的分包人。此外，还应注意主体工程不可分包，分包不宜过多，以免出现协调和管理困难,或引起建设单位对承包人能力怀疑等现象。

d. 技术上的需要。总承包人不可能也不需要具备工程所需所有专业的施工能力,通过分包的形式可以弥补总承包人在技术、人力、设备、资金等方面的不足。

(2)联营承包

联营承包是指两家或两家以上的承包人联合投标,共同承接工程。

承包人通过联营承包,可以承接工程规模大、技术复杂、风险大、难以独家承揽的工程,从而扩大经营范围;同时,在投标中可以发挥联营各方的技术、管理、经济和社会优势,使报价更具竞争力;联营各方可取长补短,增强完成合同的能力,提高中标概率。联营有多种方式,最常见的是联合体方式。联合体方式是指各自具有法人资格的施工企业结成合作伙伴联合承包一项工程,他们以联合体名义与建设单位签订合同,共同对建设单位承担责任。组成联合体时,应推举其中一成员为该联合体的责任方,代表联合体的一方或全体成员承担本合同的责任,负责与建设单位和监理工程师联系并接受指令,以及全面负责履行合同。

联营各方应签订联合体协议和章程,经建设单位确认的联合体协议和章程应作为合同文件的组成部分。在合同履行过程中,未经建设单位同意,不得修改联合体协议和章程。联合体协议属于施工承包合同的从合同。通常联合体协议先于施工承包合同签订,但是,只有施工承包合同签订之后,联合体协议才有效。随着施工承包合同结束,联合体协议也终止,联合体亦随之解散。

五 合同总体策划中应注意的问题

合同总体策划是一个十分重要而复杂的工作,为保证合同的顺利执行,应注意的一个关键问题是工程合同体系的协调性,将这一点处理好,不仅可以使参与各方责任清楚,减少合同纠纷和索赔,而且能保证合同目标的顺利实现。工程合同体系的协调性体现在以下几个方面:

①不同时间签订的合同应协调。由于各合同不在同一时间内签订,容易引起失调,所以必须将它们纳入一个统一的、完整的计划体系中统筹安排,做到兼顾每个合同。

②各部门在签订合同时应注意相互间的协调。在许多企业及工程项目中,不同的合同由不同的职能部门或人员管理,例如采购合同归材料科管,承包合同和分包合同归经营科管,贷款合同归财务科管,所以在管理程序上应注意各部门之间的协调,例如提出采购条件时要符合承包合同的技术要求,供应计划应符合项目的工期安排,与财务部门一起商讨付款方式;签订采购合同后要报财务部门备案,以便安排资金,并就运输等工作作出安排(如签订运输合同)。这样才能形成一个完整的项目管理体系。

③考虑各合同间的联系,确保工程各相关合同间的协调。为了完成一个工程建设项目,建设单位要签订许多合同。这些合同之间存在十分复杂的关系,建设单位必须负责这些合同之间的协调工作。工程合同体系的协调是指各个合同所确定的工期、质量、成本、技术要求、管理机制等之间应有较好的兼容性和一致性。这个协调必须反映项目的目标系统、技术设计和计划(如成本计划、工期计划)等内容。工程变更不仅要考虑相关的承包合同,而且要考虑与它平行的供应合同,及其所属的分包合同、供应合同及租赁合同等。在采取调控措施时,也要考虑到对整个合同体系中各个合同的影响。

第二节 合同分析与交底

一 合同分析

1. 合同分析的概念和阶段划分

合同分析主要是从履行合同的角度去分析、研究、补充和解释合同的具体内容和要求,将建设工程合同的目标和规定落实到合同实施的具体问题和具体时间上,用以指导项目具体工作,使合同与工程管理的需要相适应,为合同执行和控制确定依据。合同分析是工程合同管理的关键环节之一,也是合同交底的前提。

合同分析要求在准确客观、简明清晰、协调一致和全面完整的基本原则下对项目各阶段合同进行分析。通常来讲,合同分析可分为三个阶段,即项目投标前的合同分析、项目执行期的合同分析和项目合同管理后评价。

2. 各阶段合同分析的主要内容

1)项目投标前合同分析的主要内容

项目投标前的合同分析对于正确制定投标策略,把握项目特点,保证合同计划的执行和各项管理目标的实现具有重要意义。它是工程项目的关键环节之一,主要包括以下内容:

(1)合同的计价方式分析

一般来说,建设单位都要求承包人在保证工程质量优良的同时,尽可能降低造价、缩短工期。为了满足这些要求,产生了各种各样的合同形式,建设单位可以根据工程性质决定采用哪种合同形式。我国现行的《建设工程施工合同(示范文本)》(2017年版)有三种合同类型:固定价格合同、单价合同、成本加酬金合同。三种合同各有特点,对于具体项目而言,不同合同计价方式下合同管理的特点不同,管理的重点与难点也不同。

①固定价格合同。合同双方在专用条款内约定合同价款包含的风险范围和风险费用的计算方法,在约定的风险范围内合同价款不再调整。根据风险范围的不同,固定价格合同可分为固定总价合同和固定单价合同。

a. 固定总价合同,即总价包干制合同,它的适用前提是合同内容具体明确,通常是短期合同,设计文件内容和深度满足要求,工程数量准确,合同的质量要求、工期要求、费用要求必须明确。由于采用费用包干制形式,在项目执行期通过延期、变更、索赔、调价等合同手段对合同双方的权利义务和经济关系的调节能力大大降低,因此合同管理的前期工作显得十分重要。合同在质量进度和费用方面的各方权利义务关系平等性以及合同风险性的分析是决定是否投标、投什么标的关键因素。如果某项目设计深度不够而又采用包干制合同,这对承包人来说风险是较高的,合同的执行难度也较大。

【例6-1】 某市政工程项目采用总价包干制合同形式,主要原因是建设单位想进行严格的投资控制,实行总价固定的合同价格形式;而该项目在设计时地下排水设施的设计深度不够,致使这部分工程采用材料的规格、型号、质量标准以及工程数量都不明确,但是由于标价竞争激烈,承包人不能报高价;在项目执行时,建设单位和承包人花了大量时间和精力处理这方面的问题,由于无法采用变更、索赔等合同手段,所以承包人遭受了较大的经济损失。

b. 固定单价合同,即建设单位开列有工程细目的工程量清单,然后让投标方投标报价,从中选择一家报价合理且各方面条件较优越的投标方作为中标方,双方签订合同后,工程款将根据所完成的工程数量按工程量清单中对应的单价结算。采用这种合同形式时,通常要求实际完成的工程量与原估计的工程量不能相差太大,否则会造成原定单价的不合理。

②单价合同。在合同约定的价格基础上,如果在合同执行过程中,由通货膨胀导致使用的工料成本增加,可根据合同约定的调价方法对合同价格进行相应的调整。发包人需承担通货膨胀引起的不可预见费用增加的风险。需要注意的是,单价合同中,必须列有调价条款才可进行调价,该合同一般适用于工程内容和技术经济指标规定明确且工期较长的工程项目。

③成本加酬金合同。按工程实际发生的成本,包括人工费、材料费、施工机械使用费、其他直接费和施工管理费以及各项独立费,加上商定的总管理费和利润来确定工程总造价。该合同适用于工期紧迫的工程项目,如抢险救灾、保密等工程,在装饰工程中也用得比较多。

(2)合同各方的权利和义务关系的全面分析

招标文件以合同条款的方式规定了合同双方的权利和义务关系。承包人要了解自己的权利和义务,特别是该合同对承包人是否做了特殊要求,该特殊要求对承包人实现合同目标有何影响。具体内容有以下几个方面:

①承包人的一般责任和义务。

a. 合同规定的承包人一般责任和义务。

b. 承包人实施工程过程中的一般责任和义务(《标准施工招标文件》通用合同条款第4.1.4 ~ 第4.1.7项)。

c. 承包人按照合同实施工程时,应尽量避免对邻近的公共设施和他人作业与生活造成干扰(《标准施工招标文件》通用合同条款第4.1.7项)。

d. 承包人对材料和设备的照管责任和义务,对工程的缺陷修复等的责任和义务。

e. 承包人应按监理人的指示为他人在施工场地或附近实施与工程有关的其他各项工作提供可能的条件(《标准施工招标文件》通用合同条款第4.1.8项)。

②承包人的其他责任和义务。

a. 承包人施工中使用的设计、施工规范、施工方法等包含专利权时,应自负其责。

b. 承包人提供的各项材料和工程设备均由承包人负责采购、运输和保管,并负责其审批。承包人还应会同监理人进行所提供各项材料与设备的检验和交货验收,其所需费用由承包人承担(《标准施工招标文件》通用合同条款第5.1款)。

c. 在签订合同前,中标人应按投标人须知前附表规定的金额、担保形式和招标文件第四章"合同条款及格式"规定的履约担保格式向招标人提交履约担保。联合体中标的,其履约担保由牵头人递交,并应符合投标人须知前附表规定的金额、担保形式和招标文件第四章"合同条款及格式"规定的履约担保格式要求(《标准施工招标文件》通用合同条款第7.3.1项)。

d. 承包人应按合同约定指派项目经理,并在约定的期限内到职。承包人应对其项目经理和其他人员进行有效管理(《标准施工招标文件》通用合同条款第4.5款、第4.7款)。

e. 承包人应对现场进行查勘,收集与完成合同工作有关的当地资料,并对其准确性负责(《标准施工招标文件》通用合同条款第4.10款)。

f. 保障雇佣人员和第三方的安全及合法权益等。

(3)合同风险分析

分析项目存在的风险因素及其风险程度,结合企业自身的风险管理能力,确定相应的风险管理措施和方法,为制定项目管理决策和项目风险管理决策提供依据、方法、手段,以帮助企业决定投标或者在生产过程中遵循的风险管理的原则和方法等。

(4)重点合同条款分析

对承包人来说,灵活、准确地运用《标准施工招标文件》的重要条款,采用合理的合同手段将会取得更好的经营效果。重点合同条款主要有保险条款(《标准施工招标文件》通用合同条款第20条)、违约条款(《标准施工招标文件》通用合同条款第22条)、变更条款(《标准施工招标文件》通用合同条款第15条)、索赔条款(《标准施工招标文件》通用合同条款第23条)、价格调整条款(《标准施工招标文件》通用合同条款第16条)、争议的解决条款(《标准施工招标文件》通用合同条款第24条)等,灵活有效地使用《标准施工招标文件》的变更、索赔、调价等条款对成功经营是非常有帮助的。

(5)合同漏洞和歧义分析

分析并抓住合同的漏洞和破绽,制订切实可行的计划和方案,合同管理者可通过合同手段取得更好的经营效果,这是管理者管理能力和水平的体现。

【例6-2】 某县有一连接线工程,工程项目规模较小且难度小。该工程长450m,宽24m,有两道涵洞和一小段挡土墙,总合同价为300万元。经过现场勘察,投标人发现该路段有一高填方路段,与设计文件的工程数量有较大出入,该路段设计文件的填方高度为7~8m,其高程是从现有的地面线计算的,而该路段实际堆满了大量建筑垃圾,所以施工时必须先清除建筑垃圾后,重新回填。因此,填方数量大大增加,填方材料不足,需借大量土石方回填。承包人抓住该漏洞,通过不平衡报价策略中标,最终获得了满意的利润。

2)项目执行期合同分析的主要内容

该阶段工作的主要内容是熟悉和了解投标阶段项目分析的成果,执行合同管理计划。同时善于抓住合同机会,甚至创造合同机会,采用合理的合同手段,取得更好的经营效果。

3)项目合同管理后评价的主要内容

在工程项目实施完成后,针对项目全生命周期,对项目合同管理机构、人员、管理过程和方法、手段的运用及其效果进行评价,总结成功经验和失败教训,不断提高企业管理水平。

3. 合同分析的主要成果

合同分析是为了取得更好的经营、管理效果。投入大量的人力、物力对项目进行分析,应取得以下几个方面的重要成果:

①分析出合同漏洞,使争议内容得到解释,为索赔提供理由和依据。

②熟悉项目特点,明确权利义务关系,在合同实施前掌握风险评价方法,落实风险责任,制定风险应对措施。

③根据工期、质量、成本等要素的相互关系,将合同工作分解并落实合同责任,提交重点合同条款的分析报告。

④结合企业自身条件制定合同管理目标,以及具体、可行的合同管理方案和计划。

⑤了解、掌握合同机会存在的可能性,明确可利用的合同机会以及不利的合同条款,思考如何利用合同谈判和其他措施改善自身的合同处境。

二 合同交底

按照我国现行的项目管理模式,合同交底一般分为两个阶段。

第一个阶段:招投标工作结束后,由招标(或投标)单位相关负责人和专业合同管理人员对项目部负责人和专业合同管理人员进行交底。其目的在于明确划分项目招标(或投标)和项目实施管理的责任范围和界限,改变当前把所有项目管理失误归结为项目实施阶段失误的现状,能更好地督促项目招标(或投标)单位以更加认真、负责的态度做好各自的本职工作,使项目实施管理机构有更大的发挥空间,以更热情、更负责的态度实施项目,做好管理的具体工作。

第二个阶段:项目实施管理机构的合同管理人员,在对合同的主要内容作出解释和说明的基础上,通过组织项目管理人员和各工程小组负责人学习合同条件和合同分析结果,熟悉合同中的主要内容、各种规定、管理程序,了解承包人的合同责任和工程范围,以及各种行为可能产生的法律后果等,促使合同各方树立全局观念,进一步加强项目合同管理的全员参与、保障工作协调一致,更好地把握合同各方的责任、义务和职责,便于顺利实现合同履行过程中的变更和索赔。

第三节 合同控制

一 合同控制概述

1. 控制与合同控制

要完成项目目标就必须对其实施有效的控制,控制是项目管理的重要职能之一。所谓控制,就是行为主体为保证在变化的条件下实现其目标,按照事先拟定的计划和标准,通过各种方法对被控制对象实施过程中的实际值和计划值进行检查、对比、分析和纠正,以保证工程项目顺利完成预定目标。

合同控制是指合同管理组织为保证合同所约定的各项义务的全面完成和各项权利的顺利实现,以合同分析的成果为基准,对整个合同实施过程进行全面监督、检查、对比和纠正的合同管理行为。其具体实施控制程序见图6-3-1。

工程实施监督 → 合同跟踪 → 合同诊断 → 调整与纠偏

图6-3-1 合同实施控制程序

合同控制是一种综合管理行为,它需要控制者有丰富的实践经验、扎实的工程基础、准确的造价计算能力,了解并熟悉法律和合同知识,能灵活运用以上知识达到合同控制目的。

2. 合同控制的类型

(1)前馈控制与反馈控制

项目中控制形式分为两种:一种是前馈控制,又称为开环控制,如图6-3-2所示;另一种是反馈控制,又称为闭环控制,如图6-3-3所示。

各种信息 → 控制器 → 工程项目

图6-3-2 前馈控制

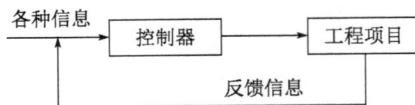

各种信息 → 控制器 → 工程项目 ← 反馈信息

图6-3-3 反馈控制

两种控制形式的主要区别是有无信息反馈。就工程项目而言,控制器是指工程项目的管理者。前馈控制对控制器的要求非常严格,即前馈控制的管理者应具备很高的技术管理水平以及丰富的实践经验。理论上讲,从公路工程项目的一次性特征考虑,一个工程项目在项目控制中均应采用前馈控制形式。但是,由于项目受本身的复杂性和人们预测能力局限性等因素的影响,反馈控制形式在控制活动中显得同样重要和可行。

公路工程项目实施中的反馈信息受各种因素影响,可能出现不稳定现象,即信息振荡现象,在项目控制论中称之为负反馈现象。从工程项目控制的角度理解,所谓负反馈,就是反馈信息失真,管理者依据此信息做出的决策将影响工程进度、质量、费用三大目标的实现。因此,在公路工程施工过程中,管理人员必须尽量避免负反馈现象的发生。

(2)动态控制

工程项目的动态控制是指项目管理者对计划的执行情况适时检查并采取措施纠正偏差的过程。动态控制可分为两种情况:一种是发现项目发生偏离后,再分析原因并进行决策、采取措施的管理行为,称为被动控制,如图6-3-4所示;另一种是预先分析、估计工程项目发生的偏离的可能性,再进行决策、采取纠偏措施进行控制的管理行为,称为主动控制,如图6-3-5所示。

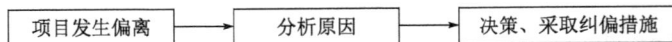

项目发生偏离 → 分析原因 → 决策、采取纠偏措施

图6-3-4 被动控制

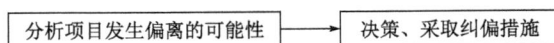

分析项目发生偏离的可能性 → 决策、采取纠偏措施

图6-3-5 主动控制

工程项目的一次性特点,要求管理者应具有较强的主动控制能力。但公路工程项目极为复杂,涉及的因素较多,跨越的范围较广。因此,根据工程实际情况,在工程管理实施过程中,

除采取主动控制外,也应该辅之以被动控制。主动控制与被动控制的合理使用,是管理者控制能力和管理水平的反映。

3. 合同控制目标与合同计划

合理的合同控制目标及合同计划是合同控制的基础和前提。合同控制目标与总的管理目标是一致的。合同控制的目的是利用合同手段和方法确保工程质量、进度、费用等目标最合理地实现,依据总目标确定合同管理的质量、进度、费用三大目标,并在全面分析合同特点的基础上制订这三大目标的详细实施计划。

4. 合同控制的必要性

①合同控制是保证合同目标实现、了解合同执行情况、解决合同执行中出现的问题的方法和手段;

②合同控制是调整合同目标和合同计划的依据;

③合同控制是提高项目管理水平、人员管理能力、项目控制能力的重要方法和手段。

5. 合同控制的依据

①国家、地区的法律、法规,各项规范、定额标准;

②FIDIC通用合同条款、专用合同条款;

③标准合同书;

④设计文件、工程量清单;

⑤投标人的施工组织及进度计划等。

二 工程项目的其他控制

工程实施控制主要包括合同控制、质量控制、进度控制、成本控制等方面的内容。各种控制的内容、目的、依据见表6-3-1。成本、质量、工期是由合同定义的三大目标,承包人最根本的合同任务是达到这三大目标,因此合同控制是其他控制的核心和保证。合同控制可以使质量控制、进度控制、成本控制协调一致,形成一个系统有序的项目管理过程。

工程实施控制的主要内容　　　　　　　　　　　表6-3-1

项目	控制内容	控制目的	控制依据
合同控制	按合同全面完成各项义务,顺利实现各项权利,防止违约	合同规定的各项责任	合同范围内的各种文件,合同分析资料
质量控制	保证按合同规定的质量完成工程项目,使工程顺利通过验收,交付使用,达到预定的功能要求	合同规定的质量标准	工程说明、规范、图纸、工程量表
进度控制	按预定进度计划进行施工,按期交付工程,防止承担工期拖延责任	合同规定的工期	合同规定的总工期计划,建设单位批准的详细的施工进度计划,如网络图、横道图等
成本控制	保证按计划成本完成工程,防止成本超支和费用增加	计划成本	各分项工程、分部工程、总工程的计划成本,人力、材料、资金计划成本,计划成本曲线

1. 质量控制

项目质量控制是对合同执行期质量计划与执行的管理和控制,确保合同质量管理目标的实现。工程施工中,企业建立完善的质量管理体系是质量管理与控制的重点,它包括质量标准、质量控制秩序、质量体系的建立,以及质量因素控制与管理等。施工中与工程相关的质量管理主要是按《标准施工招标文件》中的相关规定。

(1)《标准施工招标文件》关于质量控制的内容

《标准施工招标文件》关于施工质量的条款主要集中在通用合同条款第5条、第6.3款、第13条、第14条、第17.4款、第19.7款。

①承包人提供的材料和工程设备(第5.1款);

②发包人提供的材料和工程设备(第5.2款);

③材料和工程设备专用于合同工程(第5.3款);

④禁止使用不合格的材料和工程设备(第5.4款);

⑤要求承包人增加或更换施工设备(第6.3款);

⑥工程质量要求(第13.1款);

⑦承包人的质量管理(第13.2款);

⑧承包人的质量检查(第13.3款);

⑨监理人的质量检查(第13.4款);

⑩工程隐蔽部位覆盖前的检查(第13.5款);

⑪清除不合格工程(第13.6款);

⑫材料、工程设备和工程的试验和检验(第14.1款);

⑬现场材料试验(第14.2款);

⑭现场工艺试验(第14.3款);

⑮质量保证金(第17.4款);

⑯保修责任(第19.7款)。

(2)施工材料、工艺、施工技术、质量检评、质量标准对工程质量的控制

质量控制管理是工程项目管理的一项重要内容。项目质量控制受质量管理体系和方法、工程材料、设备、工艺、施工技术、质量检验评定方法和手段、质量标准等多因素的影响。合理利用质量管理程序、手段和方法、质量管理合同条款,才能解决生产质量问题和进行缺陷的修补。

【例6-3】 某路面大修工程,工程全长65km,公路等级为三级。原旧路为水泥混凝土,修建于20世纪80年代后期,在原泥结碎石路面上铺15cm碎石找平层后,铺筑20cmC30混凝土面层。该路使用10多年后出现了大量的病害,如:断板严重,路基沉陷严重,车辆必须减速绕避,通行十分困难。建设单位决定对该路进行大修。大修方案为:路面面层采用6cm中粒式沥青混凝土,基层采用20cm厚6%水泥稳定碎石,底基层采用五边形冲压路基破碎原混凝土路面,对于局部弯沉不能满足要求的路段增铺补

强层,并采用15cm碎石调平层找平。某施工企业施工约6个月后,已完成基层工程量的70%,但在基层质量检验时发现了严重问题,大多数路段水稳层的弯沉指标检测结果不能满足设计弯沉要求(66.1mm/100),部分调查数据见表6-3-2。

水稳层弯沉值调查表   表6-3-2

桩号	左轮弯沉 (0.01mm)	右轮弯沉 (0.01mm)	桩号	左轮弯沉 (0.01mm)	右轮弯沉 (0.01mm)
K55+000	38	26	K55+280	46	70
K55+020	38	36	K55+300	80	132
K55+040	126	30	K55+320	58	100
K55+060	34	20	K55+340	58	72
K55+080	3	36	K55+360	108	86
K55+100	76	60	K55+380	34	44
K55+120	84	56	K55+400	66	66
K55+140	174	76	K55+420	28	40
K55+160	140	56	K55+440	86	20
K55+180	50	26	K55+460	124	118
K55+200	48	12	K55+480	76	40
K55+220	60	66	K55+500	6	36
K55+240	36	32	K55+520	86	50
K55+260	156	94	K55+540	44	72

同时,水稳层很多路段有严重裂纹。此时建设单位和承包人意识到问题的严重性:有1200万元左右的已完工程可能不合格。建设单位随即请质监站对出现的问题进行检测,组织路面专家组多次到现场考察。根据质监站的检测结果,专家组得出了以下几点质量原因:

①路基底基层施工与水稳层施工工序脱节,造成部分路基强度降低,从而影响水稳层的强度。承包人在未做好水稳层施工准备,即未备好料,甚至未组建好施工队伍的前提下,就展开了底基层施工工作,在20天内就完成了底基层施工;而水稳层大面积施工在底基层施工完成两个月后才开始。如此一来,底基层冲压后路基产生大量的裂缝,雨水通过裂缝浸入路基,使路基被雨水浸泡约两个月,造成很多路段的承载力大大降低。

②碎石材料抽检质量不能满足要求。就碎石材料是否一定要采用石灰岩材料问题,在水稳层施工前承包人多次向建设单位提出水稳层材料是否可以采用砂岩破碎料代替,或者是否在石灰岩中加入部分砂岩进行水稳层施工,因为该地区同时有一条高速公路正在施工、石灰岩材料紧缺、价格高、运距远。技术规范对碎石料的采用未做明确规定,但对其级配、形状、杂质含量、压碎值等指标做了明确规定。考虑到承包人的

实际情况,加上公路沿线的确有大量满足要求的砂岩料,建设单位对碎石料的岩性也未做要求。施工时,监理工程师未能对材料进行很好的监控,承包人全线料场多且分散开采,材料不合格问题严重。质监站检测结果表明,不合格路段碎石材料的压碎值和级配均不能满足要求。

③压实和养护方面。由于全路段较长,水稳层采用了分散拌和的方式。由于拌和设备、压实设备和运输设备配置不合理,压实被延迟,加上施工温度高,混合料失水,压实效果不好。此外,全线对已施工完成路段的覆盖和洒水养护不够。这是水稳层产生裂纹的重要原因。

④施工中道路交通的管理力度方面。施工中对交通的组织和管理力度不够,导致部分路段水稳层强度尚未形成就被重车碾压,有些路段养护未达7天就开放交通,这些都会使水稳层遭到破坏。

处理方案:对全线的弯沉值按20m间距进行检测,以千米为单位进行评价;对裂纹路段进行调查,据调查结果按以下方式进行修补以满足规范、合同要求:

a. 开放式裂纹较多路段,挖除原水稳层,在原水泥混凝土上局部补强后重铺水稳层。

b. 实测弯沉值与设计弯沉值相差较大路段,增铺15cm厚水稳层。

c. 实测弯沉值与设计弯沉值相差较小路段,往往是部分单点的弯沉值大,影响整个路段弯沉值的代表值,采用局部补强处理。

2. 进度控制

公路工程项目的特点是工程费用高,建设周期长,涉及范围广。工程进度直接影响建设单位和承包人的利益,如果工程进度符合合同要求,施工速度既快又科学,则有利于承包人降低工程成本,并保证工程质量,也能给承包人带来较好的工程信誉;反之,如果工程进度拖延或匆忙赶工,会使承包人的工程费用增加,垫付周转的资金利息增加,可能给承包人带来严重亏损,并且拖延竣工期限也会给建设单位带来工程管理费用的增加,投入工程资金利息的增加,以及造成工程项目延期投产运营的经济损失等。在公路工程进度管理过程中,承包人应编制好符合客观实际、合同条件及技术规范的施工进度计划,并在计划执行过程中,通过计划进度与实际进度的比较,定期、经常检查和调整进度计划。监理工程师的主要任务是审批承包人编制的施工进度计划,并对已批准的进度计划的执行情况进行监督,从全局出发,掌握影响施工进度计划主要条件的变化情况,对进度计划的执行进行控制。与此同时,建设单位则应根据合同要求及时提供施工场地和图纸,并尽可能地改善施工环境,为工程顺利推进创造条件。只有建设单位、承包人和监理工程师这三方面相互配合,才能确保工程进度目标的实现。

在公路工程施工过程中,工程进度监理不仅是个时间计划的管理和控制问题,还需要考虑劳动力、材料、机械设备等所必需的资源能否最有效、合理、经济地配置和使用,使工程在预定的工期内完成,并争取早日使工程投入使用,从而获得最佳投资效益等。因此,进度管理的作用就是在考虑了工程施工管理三大因素的同时,通过贯彻施工全过程的计划、组织、协调、检查与调整等手段,努力实现施工过程中的各个阶段目标,从而确保总工期目标的实现。

【例6-4】 某施工企业承包了一大型立交工程,该立交工程一匝道为跨线立体交叉,该匝道全长185.38m,宽24m,最大建筑高度12m。承包人在该匝道施工中,采用了全匝道满堂架现浇施工方案。监理工程师审核该方案后认为此方案能满足施工质量和进度的要求,甚至有可能大大提前工期,于是同意了承包人的施工计划。在工程实施过程中,承包人发现,按此方案施工,需租用大量模板和支架,导致工程成本比计划增加很多。如果采用分段流水作业,支架和模板可周转使用,绑扎钢筋的工序和混凝土浇筑工序也结合得更加紧密,同时,并不影响合同工期的完成。承包人通过各种努力,要求监理批准变更原施工计划。以上案例说明,原计划虽然能完成合同任务,但存在支架和模板用量大、支架搭设时间长、工作面闲置、工序连接不合理等问题。因此,施工计划不能仅考虑工期问题,它涉及工艺流程、质量、经济性等多个方面,需要综合考量。

1)《标准施工招标文件》关于进度控制的内容

《标准施工招标文件》通用合同条款中,有关工期进度管理的条款有第1.6.4项、第1.10款、第4.8.2项、第4.11款、第7.1款、第9.5款、第10.1款、第10.2款、第11.1款、第11.2款、第11.3款、第11.4款、第11.5款、第11.6款、第12条、第14条、第15条、第19.1款、第19.3款、第22条。主要内容如下:

①图纸的错误(详见第1.6.4项);

②化石、文物(详见第1.10款);

③承包人应按劳动法的规定安排工作时间(详见4.8.2项)

④不利物质条件(详见第4.11款);

⑤道路通行权和场外设施(详见第7.1款);

⑥事故处理(详见第9.5款);

⑦合同进度计划(详见第10.1款);

⑧合同进度计划的修订(详见第10.2款);

⑨开工(详见第11.1款);

⑩竣工(详见第11.2款);

⑪发包人的工期延误(详见第11.3款);

⑫异常恶劣的气候条件(详见第11.4款);

⑬承包人的工期延误(详见第11.5款);

⑭工期提前(详见第11.6款);

⑮暂停施工(详见第12条);

⑯试验和检验(详见第14条);

⑰变更(详见第15条);

⑱缺陷责任期的起算时间(详见第19.1款);

⑲缺陷责任期的延长(详见第19.3款);

⑳违约(详见第22条)。

2)进度计划及修订进度计划

(1)进度计划

《标准施工招标文件》第10.1款规定:承包人应按专用合同条款约定的内容和期限,编制详细的施工进度计划和施工方案说明报送监理人。监理人应在专用合同条款约定的期限内批复或提出修改意见,否则该进度计划视为已得到批准。经监理人批准的施工进度计划称合同进度计划,是控制合同工程进度的依据。承包人还应根据合同进度计划,编制更为详细的分阶段或分项进度计划,报监理人审批。

进度计划由承包人负责编制,提交给监理工程师是为了听取建设性的意见,即如果监理工程师认为承包人提交的进度计划不明确或者不充分,应将意见通知承包人。实际上,他们通常一起讨论监理工程师的意见。一般情况,监理工程师不应同意一个过于乐观的进度计划,且有权要求承包人提供有关施工方案和具体资料,在进行重大临时工程和施工作业时一般都这样做。监理工程师应就有关安全问题以及上述施工方法和安排对永久工程的影响等方面仔细审查相关资料,直到认为预定的进度计划能够实现,监理工程师才能表示满意。此外,监理工程师也应该把他关心的问题告知承包人,以引起注意。因此,监理工程师作为监理方可监督工程进度,但无权改变或干预承包人安全地、恰当地、准时地履行工程施工的责任和义务。

(2)进度计划的修订

《标准施工招标文件》第10.2款规定:不论何种原因造成工程的实际进度与第10.1款的合同进度计划不符时,承包人可以在专用合同条款约定的期限内向监理人提交修订合同进度计划的申请报告,并附有关措施和相关资料,报监理人审批;监理人也可以直接向承包人作出修订合同进度计划的指示,承包人应按该指示修订合同进度计划,报监理人审批。监理人应在专用合同条款约定的期限内批复。监理人在批复前应获得发包人同意。

在施工合同实施过程中,承包人的实际施工进度与计划相差很大时,则可提出让承包人提交一份修订的进度计划,以说明如何在竣工期限内完成工程。承包人无权因修订进度计划而得到任何额外付款,这是承包人的原因造成的。

另外,最初制订的进度计划,据工期的长短不同,将开始施工阶段制订得详细些,而对后续阶段仅做出大致计划,并每隔一段时间,如一个季度,对进度计划进行修订。这种修订后的进度计划也可能有助于后续评估承包人的索赔报告。

【例6-5】 某施工企业在某高速公路路基施工过程中,遇到了一些特殊情况,致使实际工程进度大大滞后于计划进度,在该合同段中有长约500m,挖方量共计10万 m³ 的挖方路段,施工中遇到了事先未预料的坚硬砂岩,砂岩强度达到40MPa,致使施工单位开挖成本剧增,且开挖进度缓慢。承包人处境困难,工程进展缓慢,获得的计量支付量小,资金周转困难,开挖难度大,成本高,机械设备和人员配备不足,施工进度难以保证,监理工程师要求承包人递交加快施工进度的方案,建设单位准备采取措施对承包人进行处罚。因为按相关法律法规,造成以上被动处境的原因主要是承包人现场考察不足。为了履行合同,承包人只得增加机械设备、人员,加班加点工作。虽然最终赶上了工程进度,但经济损失惨重。

（3）延误与延期

工程延误指的是工程进度方面的延误,是由各种原因造成的工程施工不能按原定时间要求进行。若延误是由承包人造成的,则称为工程误期。在此情形下,承包人未能履行合同,将受到建设单位、监理工程师的处罚,包括加快施工进度、指令分包、驱除出场、扣除拖期损失补偿金等合同处罚。工程延期则是非承包人原因造成的,根据发生的情况和后果,承包人可获得合理竣工期限的延长和经济补偿等。

【例6-6】 某高速公路一号合同×段由于气候异常提出延期申请,具体情况如下:

×合同段:2022年7—8月,×地区连降大雨,降雨量超过×地区过去20年平均水平,迫使正在施工的路基土方工程停工。为此,承包人根据相关规定,提出延期申请。

（1）承包人申请延期证据

承包人随工程延期申请附上了2022年7—8月的降雨量、降雨天数和前20年7—8月平均降雨量、降雨天数的对照表以及工地施工记录。前20年平均降雨量和降雨天数的统计资料通过当地气象局官方网站获取,2022年的数据为施工现场实测资料。这些资料数据详见表6-3-3～表6-3-5。

×地区过去20年7—8月气象数据（2002—2021年） 表6-3-3

月份	项目	A区	B区	C区	平均值
7月	降雨量(mm)	186.9	161.6	176.4	175.0
	降雨天数(天)	13.6	15.4	13.3	14.1
8月	降雨量(mm)	187.2	175.2	181.3	181.2
	降雨天数(天)	12.9	13.6	11.9	12.8

×地区2022年7—8月气象数据表 表6-3-4

月份	项目	A区	B区	C区	平均值	施工现场
7月	降雨量(mm)	260.6	220	248.0	243.0	286.6
	降雨天数(天)	17.0	16.0	17.0	16.7	10.0
8月	降雨量(mm)	255.8	264.4	243.3	254.5	407.5
	降雨天数(天)	14.0	15.0	16.0	15.0	12.0

降雨量比较表 表6-3-5

月份	观测值(mm)		施工现场(mm)	超过率
	2002—2021年	2022年		
7月	175.0	243.0	286.6	1.64
8月	181.2	254.5	407.5	2.25
合计	356.2	497.5	694.1	1.95

表6-3-5表示，在施工现场，7月、8月的降雨量分别为2002—2021年7月、8月平均降雨量的1.64倍和2.25倍，合计降雨量是这两个月份合计平均值的1.95倍。

承包人又申述：在7—8月的62天中，实际只有6天进行了土方工程施工。这是因为全线大部分土是粉质黏土，这种土遇水后含水量易增高，且施工现场地下水位只有1.5m，而路基高度平均只有1.6m，所以土方吸收了大量的雨水，不易晒干，在这种情况下不能进行施工作业。

计算方法（计划工作日与实际工作日的差值为预计工作日计算方法）：

日历天数−过去20年平均降雨天数×影响系数=预计工作日

计算结果见表6-3-6。

承包人延期申请计算结果表   表6-3-6

月份	预计工作日（天）	实际工作日（天）	差值（天）
7月	31−14.1×0.7=21.1	6	15.1
8月	31−12.8×0.7=22.0	0	22.0
合计	43.1	6	37.1

注：其中0.7的影响系数是承包人根据高速公路施工经验所得。申请延期天数为37天。

（2）监理工程师评估意见

①承包人的延期申请符合合同相关规定，而且发生的延误在关键线路上，延期申请可以接受。

②承包人延期申请报告中，采用0.7的影响系数来计算预计工作日的方法，因缺乏可靠依据，所以不能接受。应采用将一个下雨日视为1.5个非工作日的办法进行计算。

③采用承包人提供的过去20年的降雨平均记录及2022年的降雨记录，并采用1.5的影响系数，计算出由降雨天数引起的差额工作日为

7月：(14.1−16.7)×1.5=−3.9≈−4（天）

8月：(12.8−15)×1.5=−3.3≈−3（天）

即由于降雨天数差额而需延长的工作天数为7天。

④由表6-3-7可以明显看出，×地区2022年7—8月降雨量远大于过去20年统计的7—8月平均降雨量，7月、8月的降雨量分别超出38.9%和40.5%。施工现场雨量更大，分别超出63.8%和124.9%，而采用1.5的影响系数的计算方法，仅仅体现了常规雨量及下雨天数的影响，没有真正反映特殊雨量和特别异常恶劣气候的实际影响。因此，依据此方法计算出的天数显然不尽合理。承包人在报告中提出7—8月实际工作仅6天，经驻地监理工程师核实，这一数据基本可被接受。考虑雨天对工作的综合影响及实际工作情况，计算出由异常降雨所引起的差额工作日为

7月：31−(14.1×1.5)−6=3.85≈4（天）

8月：31−(12.8×1.5)−0=11.8≈12（天）

即综合考虑各方面受异常雨天的影响，对承包人所提7—8月由异常降雨所引起的工程延期的申请报告，批准延期16天。

监理工程师用降雨量比较表

表6-3-7

月份	项目	过去20年平均值	2022年平均值	差额
7月	降雨量(mm)	175.0	243.0	超38.9%
	降雨天数(天)	14.1	16.7	多2.6天
8月	降雨量(mm)	181.2	254.5	超40.5%
	降雨天数(天)	12.8	15.0	多2.2天

【例6-7】 某建设单位(甲方)与某施工单位(乙方)签订了某工程项目的施工合同。合同规定:采用单价合同的计价方式,每个分项工程的工程量增减风险系数为10%,合同工期为25天,工期每提前1天奖励3000元,每拖后1天罚款5000元。乙方在开工前及时提交了施工网络进度计划(图6-3-6),并得到甲方代表的批准。

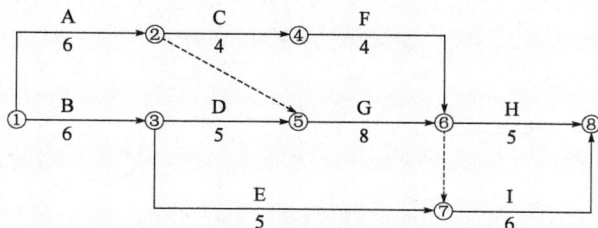

图6-3-6 某工程施工网络进度计划(单位:天)

工程施工中发生了如下几项事件:

事件1:甲方提供的电源出现故障造成施工现场停电,使工作A和工作B的施工效率降低,作业时间分别拖延了2天和1天;工作A和工作B分别多用人工8个和10个工日;工作A租赁的施工机械每天租赁费为560元,工作B的自有机械每天折旧费为280元。

事件2:为保证施工质量,乙方在施工中将工作C的原设计尺寸扩大,增加工程量16m³,该工作综合单价为87元/m³,作业时间增加2天。

事件3:因设计变更,工作E的工程量由300m³增至360m³,该工作原综合单价为65元/m³,经协商调整单价为58元/m³。

事件4:鉴于该工作工期较紧,经甲方代表同意,乙方在工作G和工作I作业过程中采取了加快施工的技术组织措施,使这两项工作作业时间均缩短了2天,这两项工作加快施工的技术组织措施费分别为2000元、2500元。

其余各项工作的实际作业时间和费用均与原计划相符。

问题:

1. 上述哪些事件,乙方可以提出工期和费用补偿要求? 哪些事件不能提出工期和费用补偿要求? 说明其原因。

2. 每项事件的工期补偿是多少? 总工期补偿多少天?

3. 假设人工单价为25元/工日,应由甲方补偿的人工窝工和降效费12元/工日,管理费、利润等不予补偿。甲方应给予乙方的追加工程款为多少?

问题1答案:

事件1:可以提出工期和费用补偿要求,因为提供可靠电源是甲方的责任。

事件2:不可以提出工期和费用补偿要求,因为保证工程质量是乙方的责任,其措施费由乙方自行承担。

事件3:可以提出工期和费用补偿要求,因为设计变更是甲方的责任,且工作E的工程量增加了60m³,超过了工程量增减风险系数10%的约定。

事件4:不可以提出工期和费用补偿要求,因为加快施工的技术组织措施费应由乙方承担,因加快施工而使工期提前应按工期奖励处理。

问题2答案:

事件1:工期补偿为1天,因为工作B在关键线路上,其作业时间拖延的1天影响了工期;但工作A不在关键线路上,其作业时间拖延的2天没有超过其总时差,不影响工期。

事件2:工期补偿为0天。

事件3:工期补偿为0天,因工作E不是关键工作,增加工程量后作业时间增加(360-300)m³/300m³/天=1/5天,不影响工期。

事件4:工期补偿为0天。采取加快施工措施后使工期提前,按工期提前奖励处理。该工程工期提前3天。因工作G是关键工作,采取加快施工后工期提前2天,工作I亦为关键工作,虽然采取加快施工后该工作作业时间缩短2天,但受工作H时差的约束,工期仅提前1天。

总工期补偿:1天+0天+0天+0天=1天。

问题3答案:

事件1:人工费补偿:(8+10)工日×12元/工日=216元

机械费补偿:2台班×560元/台班+1台班×280元/台班=1400元

事件2:按原单价结算的工程量:300m³×(1+10%)=330m³

按新单价结算的工程量:360m³-330m³=30m³

结算价:330m³×65元/m³+30m³×58元/m³=23190元,应该只补偿增加的60m³的工程的单价

事件3:工期提前奖励:3天×3000元/天=9000元

费用补偿总额:216元+1400元+23190元+9000元=33806元

【例6-8】 某工程公司承建一大型基建工程,承包人计划将基础开挖的松土倒在需要填高修建停车场的区域,但由于开工的头3个月当地下了大雨,土质非常潮湿,实际上无法采用这种施工方法,承包人多次书面要求建设单位和监理工程师给予延长工期。如果能延长工期,就可以等到土质干燥后再使用原计划的以挖补填的施工方法。但监理工程师和建设单位坚持:在承包人提交来自中国气象局的证明文件证明该气候确实是非常恶劣之前,不批准延期申请。为了按期完成工程,承包人不得不在恶劣天气

条件下进行施工。由于不能采用以挖补填的方法,承包人只能将基础开挖出的湿土运走,再运来干土填筑停车场。因此,承包人向建设单位提出了额外成本索赔。

在承包人第一次提出延期要求的18个月以后,建设单位和监理工程师同意因大雨、湿土延长工期,但拒绝承包人的上述额外成本索赔,因为合同并没有保证以挖补填的方法一定是可行的。承包人坚持认为自己已按建设单位和监理工程师的要求进行了加速施工,所以提交仲裁。仲裁人考察了下列5个方面,同意承包人的意见。

(1)承包人遇到了可原谅延误,建设单位最终批准了延期申请。

(2)承包人已及时提出了延期申请,后又提交了详细书面材料。

(3)建设单位未能在合理时间内批准延期,既然现场的每个人都知道土质潮湿,不能用于回填,就不必要求提供来自气象部门认可的文件。

(4)建设单位和监理工程师的行为表明了其要求承包人按期完成工程;通过未及时批准延期等行为,建设单位和监理工程师已有力地表达了希望按期完工的意图,这实质上已经有效指令承包人按期完工,也就是指令承包人加速施工。

(5)承包人已证明实际上确实已加速施工并产生了额外成本,所以以挖补填的方法是本工程最合理的施工方法,其成本要比运出湿土、运进干燥填料的方法便宜许多。

(4)暂停施工

在工程项目承包管理过程中,监理人有暂停工程进展的权利,但遇到停工时,要明确承包人是否应对暂时停工负责。

①承包人暂停施工的责任。

由下列情形导致的暂停施工增加的费用和(或)工期延误由承包人承担:

a. 承包人违约引起的暂停施工;

b. 由于承包人原因,为工程合理施工和安全保障所必需的暂停施工;

c. 承包人擅自暂停施工;

d. 承包人其他原因引起的暂停施工;

e. 专用合同条款约定由承包人承担的其他暂停施工。

②监理人暂停施工指示。

监理人有暂停工程进展的权利。监理人认为有必要时,可向承包人作出暂停施工的指示,承包人应按监理人指示暂停施工。不论何种原因引起的暂停施工,暂停施工期间承包人应负责妥善保护工程并提供安全保障。由于发包人的原因发生暂停施工的紧急情况,且监理人未及时下达暂停施工指示的,承包人可先暂停施工,并及时向监理人提出暂停施工的书面请求。监理人应在接到书面请求后的24小时内予以答复,逾期未答复的,视为同意承包人的暂停施工请求。

③暂停施工后的复工。

暂停施工后,监理人应与发包人和承包人协商,采取有效措施积极消除暂停施工的影响。当工程具备复工条件时,监理人应立即向承包人发出复工通知。承包人收到复工通知后,应在监理人指定的期限内复工。承包人无故拖延和拒绝复工的,由此增加的费用和(或)工期延误由承包人承担;由于发包人原因无法按时复工的,承包人有权要求发包人延长工期和(或)增加费用,并支付合理利润。

④暂时停工持续56天以上。

《标准施工招标文件》第12.5款规定:监理人发出暂停施工指示后56天内未向承包人发出复工通知,除了该项停工属于合同规定的情况外,承包人可向监理人提交书面通知,要求监理人在收到书面通知后28天内准许已暂停施工的工程或其中一部分工程继续施工。如监理人逾期不予批准,则承包人可以通知监理人,将工程受影响的部分视为按合同规定的可取消工作。如暂停施工影响到整个工程,可视为发包人违约,应按相关规定办理。由承包人责任引起的暂停施工,如承包人在收到监理人暂停施工指示后56天内不认真采取有效的复工措施,造成工期延误,可视为承包人违约,应按相关规定办理。

3. 成本控制

1)《标准施工招标文件》关于成本控制的内容

《标准施工招标文件》通用合同条款中关于计量与支付的共有19条合同条款,具体的合同条款号为第17.1.1项、第17.1.2项、第17.1.3项、第17.1.4项、第17.1.5项、第17.2.1项、第17.2.2项、第17.2.3项、第17.3.1项、第17.3.2项、第17.3.3项、第17.3.4项、第17.4.1项、第17.4.2项、第17.4.3项、第17.5.1项、第17.5.2项、第17.6.1项、第17.6.2项。

2)工程费用的构成

工程费用的构成见图6-3-7。

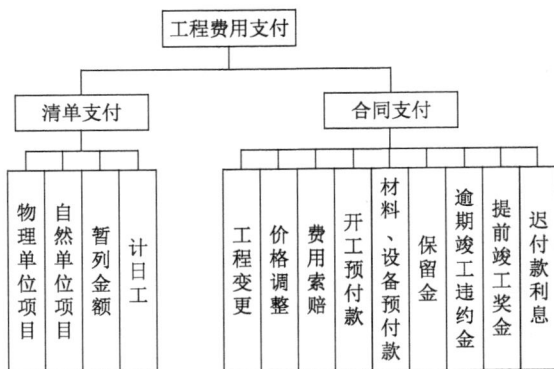

图6-3-7 工程费用的构成

3)成本控制管理

成本控制管理的主要工作包括:

①做好清单支付工作,严格按清单项目和计量支付规则进行准确的计量支付。

②做好暂列金额,计日工,材料、设备预付款,开工预付款,保留金,逾期竣工违约金,提前竣工奖金,迟付款利息的管理工作。

③重点做好工程变更、价格调整和费用索赔三项工作,这是企业盈亏相关的重要管理工作。

(1)工程变更

工程的变更,应该依据《标准施工招标文件》通用合同条款中第15条规定,在履行合同过程中,经发包人同意,监理人可按合同约定的变更程序向承包人作出变更指示,承包人应遵照执行。没有监理人的变更指示,承包人不得擅自变更。变更指示只能由监理人发出。变更指示应说明变更的目的、范围、变更内容以及变更的工程量及其进度和技术要求,并附有关图纸和文件。承包人收到变更指示后,应按变更指示进行变更工作。

①变更的范围和内容。

除专用合同条款另有约定外,在履行合同中发生以下情形之一,应按照规定进行变更。

a. 取消合同中任何一项工作,但被取消的工作不能转由发包人或其他人实施;

b. 改变合同中任何一项工作的质量或其他特性;

c. 改变合同工程的基线、标高、位置或尺寸;

d. 改变合同中任何一项工作的施工时间或改变已批准的施工工艺或顺序;

e. 为完成工程需要追加的额外工作。

②变更的提出。

在合同履行过程中,发生上述变更范围与内容约定情形的,监理人可向承包人发出变更意向书。变更意向书应说明变更的具体内容和发包人对变更的时间要求,并附必要的图纸和相关资料。变更意向书应要求承包人提交包括拟实施变更工作的计划、措施和竣工时间等内容的实施方案。发包人同意承包人根据变更意向书要求提交的变更实施方案的,由监理人按合同约定发出变更指示。

承包人收到监理人按合同约定发出的图纸和文件,经检查认为其中存在上述变更范围和内容约定情形的,可向监理人提出书面变更建议。变更建议应阐明要求变更的依据,并附必要的图纸和说明。监理人收到承包人书面建议后,应与发包人共同研究,确认存在变更的,应在收到承包人书面建议后的14天内作出变更指示。经研究后不同意作为变更的,应由监理人书面答复承包人。若承包人收到监理人的变更意向书后认为难以实施此项变更,应立即通知监理人,说明原因并附详细依据。监理人与承包人和发包人协商后确定撤销、改变或不改变原变更意向书。

③变更估价。

a. 除专用合同条款对期限另有约定外,承包人应在收到变更指示或变更意向书后的14天内,向监理人提交变更报价书,报价内容应根据合同约定的估价原则,详细开列变更工作的价格组成及其依据,并附必要的施工方法说明和有关图纸。

b. 变更工作影响工期的,承包人应提出调整工期的具体细节。监理人认为有必要时,可要求承包人提交要求提前或延长工期的施工进度计划及相应施工措施等详细资料。

c. 除专用合同条款对期限另有约定外,监理人收到承包人变更报价书后的14天内,根据合同约定的估价原则,按照合同约定商定或确定变更价格。

【例6-9】 某项目第一合同中,在中心桩号为K××处规划有一座下穿铁路的顶进桥,由于原设计考虑不周,不能满足工程施工以及铁路部门的需要,建设单位提出对原设计进行变更。变更内容涉及几何尺寸、顶力方向、顶力设备和其他工程等4个方面。该顶进桥变更前后的主要工程数量如表6-3-8所示。鉴于原铁路顶进桥在工程量清单中仅为一项,为估算变更后的费用,采用商定的加权系数法。试计算该桥变更后的费用。

变更前后主要工程数量表　　　　　　　　　　　　　表6-3-8

原设计		新设计	
A_1混凝土	1298m³	A_2混凝土	1584m³
B_1钢筋	131.5t	B_2钢筋	198.4t
C_1钢板	6.712t	C_2钢板	5.443t
D_1开挖	5894m³	D_2开挖	7210m³
E_1填方	2684m³	E_2填方	2684m³
F_1顶力	4110t	F_2顶力	5680t

解:步骤一:计算原设计各项目金额和所占权重及总价

A_1=1298m³×220元/m³=285560元　　　　　　　　26.28%

B_1=131.5m³×2304元/m³=302976元　　　　　　　27.88%

C_1=6.712m³×2304元/m³≈15464元　　　　　　　　1.42%

D_1=5894m³×6.17元/m³=36366元　　　　　　　　3.35%

E_1=2684m³×3.32元/m³≈8911元　　　　　　　　0.82%

F_1=437532元　　　　　　　　　　　　　　　　40.26%

合计　　　　　　　1086809元　　　　　　　　　100%

在以上计算中,A_1的单价取自清单有关项,平均后得出;B_1~E_1的单价均取自清单对应项;F_1代表除A_1~E_1以外的因素,包括临时工程、施工方法、铁路特殊需要和设计单位要求以及其他的不可预见因素等的综合影响。

原清单总价:$C_原=A_1+B_1+C_1+D_1+E_1+F_1=1086809(元)$

步骤二:计算新设计的总价

(1)与原设计项目工程数量相对应的新设计费用

$$C_{新1} = C_原 \times \left(0.2628 \times \frac{A_2}{A_1} + 0.2788 \times \frac{B_2}{B_1} + 0.0142 \times \frac{C_2}{C_1} + 0.0335 \times \frac{D_2}{D_1} + \right.$$

$$\left. 0.0082 \times \frac{E_2}{E_1} + 0.4026 \times \frac{F_2}{F_1} \right)$$

$$= 1086809 \times \left(0.2628 \times \frac{1584}{1298} + 0.2788 \times \frac{198.4}{131.5} + 0.0142 \times \frac{5.443}{6.712} + \right.$$

$$\left. 0.0335 \times \frac{7210}{5894} + 0.0082 \times \frac{2684}{2684} + 0.4026 \times \frac{5680}{4110} \right)$$

$$\approx 1476354(元)$$

(2)变更后的设计增加以下新内容的费用

①直径0.8m桩共计168m,参考原清单单价,按直径1.2m的桩单价566元/m换算,则新单价为566×[(0.4²×π)/(0.6²×π)]≈252元/m。

另一个比较接近的是直径为 1.0m 的桩单价为 214 元/m。

考虑完全是新增项目,需要组织新设备、人力等,监理工程师认为采用单价 252 元/m 的桩比较合理,故

$$C_{新2}=168m×252 元/m=42336 元$$

②沥青路面新增的费用:

$$C_{新3}=114188(元)$$

③新设计总价:

$$C_{新}=C_{新1}+C_{新2}+C_{新3}=1476354+42336+114188=1632878(元)$$

(3)计算工期变更费用

该项目净增:$C_{新}-C_{原}=1632878-1086809=546069(元)$

$(C_{新}-C_{原})/C_{原}=546069/1086809≈50.2\%>25\%$

设该项目变更后的金额已超过合同价格的 25%,那么根据合同条件第 52 条,超出 25% 的部分,可调整单价,现按两种方式计算变更费用。

①对超过 25% 部分使用原单价:

则变更后的新总价:$C_{变新}=1086809×(1+50.2\%)≈1632387(元)$

变更后净增费用:$C_{新}-C_{原}=1632387-1086809=545578(元)$

②按承包人、建设单位和监理工程师三方协商同意的系数扩大法调整:

按投标书的规定求得扩大系数为 1.2460,那么可予调整的部分为 $1632387-1086809×(1+25\%)≈273876(元)$,即应将 273876 元进行调价。

调价后金额为 $273876×1.2460≈341249(元)$

则变更后的新总价:$C_{变新}=1086809×(1+25\%)+341249≈1699760(元)$

变更后净增费用:$C_{新}-C_{原}=1699760-1086809=612951(元)$

(2)价格调整

在合同执行期间,当人工、材料或影响工程施工成本的任何其他事项的价格波动而引起施工成本增减时,应根据合同规定的价格调整公式给予调价,将相应的金额加到合同价格上或从合同价格中扣除。价格调整的计算要点和例子如下:

①确定价格指标 i。

世界银行贷款公路项目或涉外公路项目的投资风险与市场物资产品的价格波动有关,而物价波动的指标在土木工程项目施工中包括工程所在国和外国的劳动力、工程材料、机械设备及其运输等方面。就使用材料而言,建设一条高速公路需要投入水泥、木材、钢材、沥青、砂、石等材料。为了平衡物价风险,必须选择对工程投资、工程成本影响较大且投入数量较多的主要材料作为代表。一般来说,参与调价的指标取 5 ~ 10 个为宜。

世界银行贷款公路项目如京津塘、西山、成渝、济青线的招标都规定取 7 个指标,即劳力、设备供应与维修、沥青、水泥、木材、钢材、碎石等材料供应及运输。如果以上 7 个指标中的某几种材料由建设单位以固定的价格提供给承包人,因为其不参与调价,则 $i<7$。

②测算权重系数 C_i。

权重系数一般精确到两位小数,其测算方法有指标费用计算方法和百分比计算方法两种,下面介绍第一种。所谓指标费用计算法,即建设单位根据标底资料或投标人根据投标资料中的合同价中所包含的劳力、材料、设备、运输费用进行初步计算,确定权重系数。其计算公式为:

$$C_i=W_i/C_P, \quad C_0=1-\sum C_i \qquad (6\text{-}3\text{-}1)$$

其中,C_i 为权重系数;C_P 为有效合同价;C_0 为固定不调价系数。

【例6-10】 某高速公路E标段有效合同价为24187万元,参与调价的指标有8个,以劳力、钢材为例测算权重系数。经分析,合同价格构成中劳力费用占1208.4万元,钢材费用占3036.2万元。

因而有:$C_1=W_1/C_P=1208.4/24187\approx0.05$

$C_2=W_2/C_P=3036.2/24187\approx0.13$

经全面测算,包括其他6个指标在内的汇总权重系数为0.84,则固定不调价系数为

$$C_0=1-\sum C_i=1-0.84=0.16$$

③确定物价比值系数。

D_i 表示第 i 个指标的现价指数与基价指数之比值。合同条件规定,投标截止日期前28天原产地国家统计局公布流通使用的基础物价指数为参与调价指标的基价指数(E_{10}),工程开工后原产地国家统计局公布流通使用的现行物价指数为参与调价指标的现价指数(E_{11})。

现价指数按指数的选择基期的不同分为定基物价指数和环比物价指数。定基物价指数是指,以某一固定期为基期所计算的相对价格指数,并规定以一个年度为期限编制的环比指数为年度环比指数。国际上习惯使用定基物价指数。我国每年公布一次本年度相对于上年度的各种物价指数,即环比物价指数,公布时间一般为次年3月。

我国获得世界银行贷款的公路项目招标文件关于价格调整的规定是:以投标截止日期前28天所在年度的价格指数为基价指数,通过连乘法计算各年度相对招标当年的定基物价指数,并规定招标当年完成的工作量不参与调价。

如果设第 i 个调价指标投标截止日期前28天所在年份的基价指数为 E_{10}($E_{10}=100$),次 j 年国家公布的相对于次($j-1$)年的现价环比指数为 E_{ij},则次 j 年第 i 个指标相对于招标当年的定基物价指数 D_{ij} 为

$$D_{ij}=\prod(E_{ij}/E_{10})=\prod E_{ij}\times100^{(-j)}$$

【例6-11】 某省一世界银行贷款高速公路项目以2019年6月30日为投标截止日期,钢材为其第4个调价指标。该省统计局每年3月以上年度现价指数为100推算并公布的钢材现价环比指数如表6-3-9所示,试计算各年度定基指数。

2020—2023年某省3月份钢材环比指数 表6-3-9

年度	2020	2021	2022	2023
序号(j)	1	2	3	4
环比指数 E_{4j}	112.4	117.3	125.6	129.8

解: 投标截止日期前28天所在年份为2019年,因此应以2019年为基期计算2020年后的定基指数。

2020年相对于2019年的定基指数为

$$D_{41}=E_{41}/E_{40}=1.124$$

2021年相对于2020年的定基指数为

$$D_{42}=(E_{41}/E_{40})\times(E_{42}/E_{40})\approx1.318$$

同理,计算得

$$D_{43}\approx1.656 \qquad D_{44}\approx2.149$$

(3)费用索赔

费用索赔是指工程实施过程中,一方由另一方的原因而造成的费用损失或增加,根据合同的有关规定,受损方通过合法的途径和程序,正式向另一方提出认为应该得到额外费用的一种手段。工程的双方是指建设单位和承包人,建设单位有向承包人索赔的权利,承包人也有向建设单位索赔的权利。

依据《标准施工招标文件》中通用合同条款第23.1条规定,承包人认为有权得到追加付款和(或)延长工期的,应按以下程序向发包人提出索赔:

①承包人应在知道或应当知道索赔事件发生后28天内,向监理人递交索赔意向通知书,并说明发生索赔事件的事由。承包人未在前述28天内发出索赔意向通知书的,丧失要求追加付款和(或)延长工期的权利。

②承包人应在发出索赔意向通知书后28天内,向监理人正式递交索赔通知书。索赔通知书应详细说明索赔理由以及要求追加的付款金额和(或)延长的工期,并附必要的记录和证明材料。

③索赔事件具有连续影响的,承包人应按合理时间间隔继续递交延续索赔通知,说明连续影响的实际情况和记录,列出累计的追加付款金额和(或)工期延长天数。

④索赔事件影响结束后的28天内,承包人应向监理人递交最终索赔通知书,说明最终要求索赔的追加付款金额和延长的工期,并附必要的记录和证明材料。

【例6-12】 国外某公路工程项目中,有一部分工程为一人行天桥工程,施工过程中发现原设计图纸存在错误,监理工程师通知承包人暂停一部分工程施工,并下达了工程变更令,要求承包人待图纸修改后再继续施工。另外,由于额外工程的产生,监理工程师又下达了变更令。承包人对此两项延误情况除提出延长工期的要求外,还额外提出了费用索赔的要求。

①承包人的计算。

a. 图纸错误造成的停工与工程变更,使三台机械设备停工,损失共计37天。

汽车式起重机:45美元/台班×2台班/日×37个工作日=3330美元

大型空压机:30美元/台班×2台班/日×37个工作日=2220美元

其他辅助设备:10美元/台班×2台班/日×37个工作日=740美元

小计:6290美元

现场管理附加费15%:943.5美元

总部管理附加费10%:629.0美元

利润5%:393.1美元

合计:8255.6美元

b. 增加额外工程的变更,使工程的工期又延长了一个半月,要求补偿现场管理费:

24000美元/月×1.5月=36000美元

以上两项共计:承包人索赔损失款为44255.6美元。

②监理方的计算。

经过监理工程师和计量人员的审查和讨论分析,原则上同意承包人的两项索赔,但认为承包人索赔金额计算有误。

a. 图纸错误造成工程变更和延误,有监理工程师指示变更和暂停部分工程施工的证明,承包人只计算了受到影响的机械设备停工损失,这是正确的。但不能按台班费计算,而只能按租赁或折旧率计算,核减为5200美元。

b. 在额外工程变更方面,经过监理工程师审查后认为,增加的工作量已按工程量清单的单价支付过,按投标的计价方法,这个单价是包含了现场管理费和总部管理费的。因此,监理工程师不同意延期引起的补偿费用。

就额外工程增加所需的实际时间计算是一个半月,这也是监理工程师已同意的。但所增加的工程量与原合同工程量及其相应的工期比较,原合同工程量应为0.6个月的时间。即按工程量清单中单价付款时,该0.6个月的管理费和利润均已计入在投标计算的合同单价中了,而0.9个月(1.5-0.6)的管理费和利润则是承包人应得的损失补偿。

监理方的计算如下:

每月现场管理费:19073美元

现场管理费补偿:19073×0.9=17165.7美元

总部管理费10%:1716.6美元

利润5%:(17165.7+1716.6)×5%=944.1美元

合计:19826.4美元

以上两项补偿总计为25026.4美元。

③比较承包人和监理工程师两方面的计算,承包人索赔金额比监理工程师算出的高 19229.2 美元。但因监理工程师的计算是公正、合理的,承包人接受了监理工程师的计算结果。

● **本章任务训练**

1. 简答题

(1)请简述合同总体策划的概念。

(2)请简述合同总体策划应解决的主要重大问题。

(3)请简述合同总体策划的过程。

(4)请简述建设单位合同策划的主要内容。

(5)请简述承包人合同策划的主要内容。

(6)请简述合同分析的概念和阶段划分。

(7)请简述项目投标前合同分析的主要内容。

(8)请简述合同控制的含义。

2. 案例分析题

建设单位(甲方)与施工单位(乙方)订立了一份工程项目的施工合同。合同工期为 25 天,其经批准的施工网络图如图 1 所示。工期每提前 1 天奖励 6000 元,每延后 1 天罚款 8000 元。

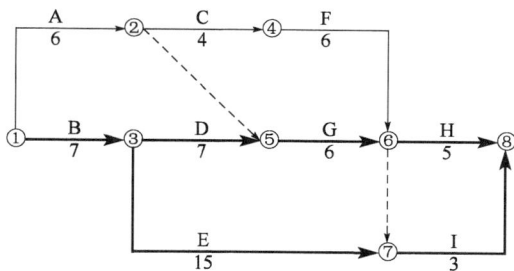

图1 施工网络

工程施工中发生如下几个事件。

事件 1:甲方供电故障造成施工现场停电,使工作 A 和工作 B 的施工效率降低,作业时间分别拖延 2 天和 1 天。

事件 2:为保证施工质量,乙方在施工中将工作 C 在原设计基础上加宽,作业时间增加 2 天。

事件 3:因设计变更,工作 E 的工程量由 300m³ 增至 350m³,导致作业时间增加 1 天。

事件 4:因该工程工期较紧,经甲方代表同意,乙方在工作 G 和工作 I 作业过程中采取了加快施工的技术组织措施,使这两项工作作业时间缩短了 2 天,由此增加的技术组织措施费分别为 2000 元、2500 元。

其余各项工作的实际作业时间和费用与原计划相符。

问题：

(1)上述哪些事件，乙方可以提出工期和费用补偿要求？说明理由。

(2)每项事件的工期补偿是多少天？总工期补偿多少天？

(3)该工程实际工期为多少天？工期奖罚款为多少元？

(4)工期调整后，该工程的关键线路是哪些？

第六章参考答案

第 七 章

索 赔 管 理

● 知识目标

（1）掌握索赔的概念、分类、原因、程序，以及索赔文件和反索赔，熟悉索赔的条件、依据和证据。

（2）掌握承包人对索赔的管理，熟悉监理工程师、建设单位对索赔的管理。

（3）掌握费用索赔和工期索赔的基本理论和方法。

● 能力目标

（1）能够应用索赔的基本理论和方法，进行相关主体的索赔工作。

（2）能够应用工期索赔和费用索赔的基本理论和方法，计算工期索赔和费用索赔。

● 素质目标

（1）培养工程索赔管理的职业能力。

（2）增强工程索赔管理的合法合规意识。

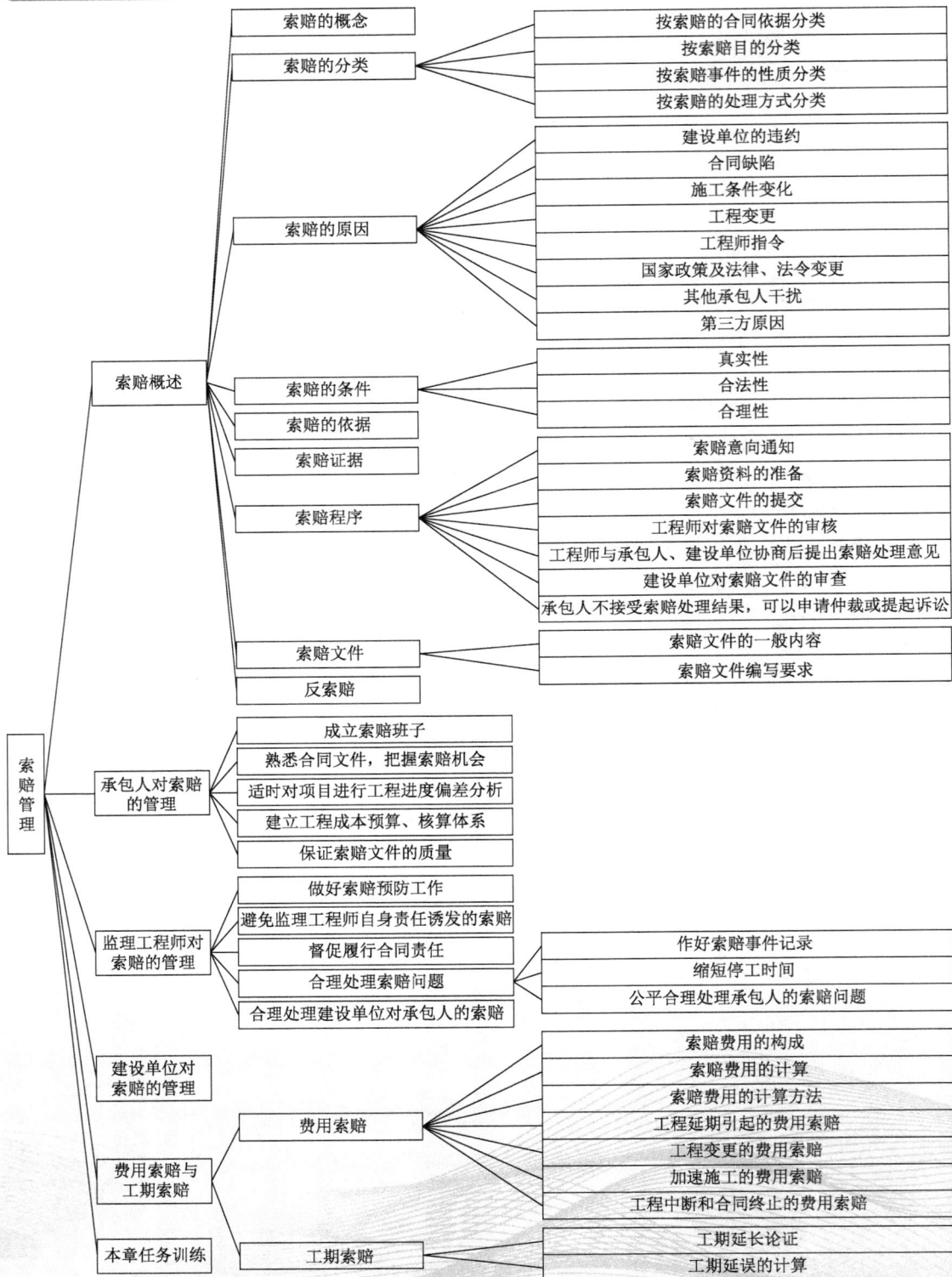

● 知识架构

```
索赔管理
├── 索赔概述
│   ├── 索赔的概念
│   ├── 索赔的分类
│   │   ├── 按索赔的合同依据分类
│   │   ├── 按索赔目的分类
│   │   ├── 按索赔事件的性质分类
│   │   └── 按索赔的处理方式分类
│   ├── 索赔的原因
│   │   ├── 建设单位的违约
│   │   ├── 合同缺陷
│   │   ├── 施工条件变化
│   │   ├── 工程变更
│   │   ├── 工程师指令
│   │   ├── 国家政策及法律、法令变更
│   │   ├── 其他承包人干扰
│   │   └── 第三方原因
│   ├── 索赔的条件
│   │   ├── 真实性
│   │   ├── 合法性
│   │   └── 合理性
│   ├── 索赔的依据
│   ├── 索赔证据
│   ├── 索赔程序
│   │   ├── 索赔意向通知
│   │   ├── 索赔资料的准备
│   │   ├── 索赔文件的提交
│   │   ├── 工程师对索赔文件的审核
│   │   ├── 工程师与承包人、建设单位协商后提出索赔处理意见
│   │   ├── 建设单位对索赔文件的审查
│   │   └── 承包人不接受索赔处理结果，可以申请仲裁或提起诉讼
│   ├── 索赔文件
│   │   ├── 索赔文件的一般内容
│   │   └── 索赔文件编写要求
│   └── 反索赔
├── 承包人对索赔的管理
│   ├── 成立索赔班子
│   ├── 熟悉合同文件，把握索赔机会
│   ├── 适时对项目进行工程进度偏差分析
│   ├── 建立工程成本预算、核算体系
│   └── 保证索赔文件的质量
├── 监理工程师对索赔的管理
│   ├── 做好索赔预防工作
│   ├── 避免监理工程师自身责任诱发的索赔
│   ├── 督促履行合同责任
│   ├── 合理处理索赔问题
│   │   ├── 作好索赔事件记录
│   │   ├── 缩短停工时间
│   │   └── 公平合理处理承包人的索赔问题
│   └── 合理处理建设单位对承包人的索赔
├── 建设单位对索赔的管理
├── 费用索赔与工期索赔
│   ├── 费用索赔
│   │   ├── 索赔费用的构成
│   │   ├── 索赔费用的计算
│   │   ├── 索赔费用的计算方法
│   │   ├── 工程延期引起的费用索赔
│   │   ├── 工程变更的费用索赔
│   │   ├── 加速施工的费用索赔
│   │   └── 工程中断和合同终止的费用索赔
│   └── 工期索赔
│       ├── 工期延长论证
│       └── 工期延误的计算
└── 本章任务训练
```

第一节 索赔概述

一 索赔的概念

索赔是当事人在合同实施过程中,根据法律、合同规定及惯例,对并非由自己的过错,而是由合同对方应承担责任的情况造成损失后,向对方提出补偿要求的过程。在工程建设的各个阶段都有可能发生索赔,施工阶段的索赔较多。

索赔具有广义和狭义两种解释。广义的索赔是指合同双方向对方提出的索赔,既包括承包人向建设单位的索赔,也包括建设单位向承包人的索赔。狭义的索赔仅指承包人向建设单位的索赔。

对施工合同双方来说,索赔是维护双方合法利益的权利,它与合同条件中双方的合同责任一样,构成严密的合同制约关系。

施工索赔是在工程承包合同履行中,当事人一方由于另一方未履行合同所规定的义务,或者出现了应当由对方承担的风险而遭受损失时,向另一方提出赔偿要求的行为。在实际工作中,"索赔"是双向的,我国《建设工程施工合同(示范文本)》中的索赔就是双向的,既包括承包人向发包人的索赔,也包括发包人向承包人的索赔。通常情况下,索赔是指承包人(如施工单位)在合同实施过程中,对非自身原因造成的工程延期、费用增加而要求发包人给予补偿损失的一种权利要求。

索赔有较广泛的含义,可以概括为如下3个方面:

①一方违约使另一方蒙受损失,受损方向对方提出赔偿损失的要求;

②发生应由建设单位承担责任的特殊风险或遇到不利自然条件等情况,使承包人蒙受较大损失,而向建设单位提出补偿损失要求;

③承包人应当获得的正当利益,由于没能及时得到监理工程师的确认和建设单位应给予的支付,而以正式函件向建设单位索赔。

二 索赔的分类

由于索赔贯穿工程项目全过程,可能发生的范围比较广泛,其分类随标准、方法不同而不同,主要有以下几种分类方法。

1. 按索赔的合同依据分类

按索赔的合同依据可以将施工索赔分为合同中明示的索赔和合同中默示的索赔。

(1)合同中明示的索赔

合同中明示的索赔是指承包人提出的索赔要求,在该工程项目的合同文件中有文字依据,承包人可以据此提出索赔要求,并取得经济补偿。这些在合同文件中有文字规定的合同条款,称为明示条款。

(2)合同中默示的索赔

合同中默示的索赔,即承包人的该项索赔要求,虽然在工程项目的合同条款中没有专门的文字叙述,但可以根据该合同的某些条款的含义,推论出承包人有索赔权。这种索赔要求,同样有法律效力,承包人有权得到相应的经济补偿。这种有经济补偿含义的条款,在合同管理工作中被称为"默示条款"或"隐含条款"。默示条款是一个广泛的合同概念,它包含合同明示条款中没有写入但符合双方签订合同时设想的愿望和当时环境条件的一切条款。这些默示条款,或者从明示条款所表述的设想愿望中引申出来,或者从合同双方在法律上的合同关系上引申出来,经合同双方协商一致;或被法律和法规所指明,都成为合同文件的有效条款,要求合同双方遵照执行。

2. 按索赔目的分类

按索赔目的可以将施工索赔分为工期索赔和费用索赔。

(1)工期索赔

非承包人的原因导致施工进度延误,承包人要求批准顺延合同工期的索赔,被称为工期索赔。工期索赔形式上是对权利的要求,以避免在原定合同竣工日不能完工时,被发包人追究拖期违约责任。一旦合同工期获得批准顺延后,承包人不仅免除了承担拖期违约赔偿费的严重风险,而且可能提前工期得到奖励,最终仍反映在经济收益上。

(2)费用索赔

费用索赔的目的是获取经济补偿。当施工的客观条件改变导致承包人增加开支时,承包人要求对超出计划成本的附加开支给予补偿,以挽回不应由其承担的经济损失。

3. 按索赔事件的性质分类

按索赔事件的性质可以将工程索赔分为工程延误索赔、工程变更索赔、合同被迫终止的索赔、加速施工索赔、意外风险和不可预见因素索赔,以及其他索赔。

(1)工程延误索赔

发包人未按合同要求提供施工条件,如未及时交付设计图纸、施工现场、道路等,或发包人指令工程暂停或由不可抗力事件等造成工期拖延的,承包人对此提出索赔。这是工程中常见的一类索赔。

(2)工程变更索赔

发包人或监理工程师下达指令,增加或减少工程量或增加附加工程、修改设计、变更工程顺序等,造成工期延长和(或)费用增加,承包人对此提出索赔。

(3)合同被迫终止的索赔

发包人或承包人违约以及由不可抗力事件等造成合同非正常终止,无责任的受害方因蒙受经济损失而向对方提出索赔。

(4)加速施工索赔

发包人或工程师指令承包人加快施工速度,缩短工期,引起承包人人力、财力、物力的额外开支而提出的索赔。

(5)意外风险和不可预见因素索赔

在工程实施过程中,由人力不可抗拒的自然灾害、特殊风险以及有经验的承包人通常难以合理预见的不利施工条件或外界障碍,如地下水、地质断层、溶洞、地下障碍物等引起的索赔。

（6）其他索赔

如货币贬值、汇率变化、物价变化、工资上涨、政策法令变化等原因引起的索赔。

4. 按索赔的处理方式分类

按索赔的处理方式可以将施工索赔分为单项索赔和总索赔。

（1）单项索赔

单项索赔是针对某一干扰事件提出的索赔。索赔的处理是在合同实施的过程中，干扰事件发生时，或发生后立即执行。单项索赔由合同管理人员处理，并在合同规定的索赔有效期内提交索赔意向书和索赔报告，这是索赔有效性的保证。

单项索赔通常处理及时，实际损失易于计算。例如，工程师下达指令，将某分项工程混凝土替换为钢筋混凝土，承包人对此只需提出与钢筋有关的费用索赔即可。

单项索赔报告必须在合同规定的索赔有效期内提交工程师，由工程师审核后交建设单位，由建设单位作出答复。

（2）总索赔

总索赔又叫一揽子索赔或综合索赔。一般在工程竣工前，承包人将施工过程中未解决的单项索赔集中起来，提交一篇总索赔报告。合同双方在工程交付前后进行最终谈判，以一揽子方案解决索赔问题。

三 索赔的原因

引起索赔的原因是多种多样的，通常包括以下几个方面。

1. 建设单位的违约

建设单位违约常常表现为建设单位或其委托人未能按合同规定为承包人提供应由其提供的、使承包人得以施工的必要条件，或未能在规定的时间内付款。比如：建设单位未能在规定时间向承包人提供场地使用权，工程师未能在规定时间内发出有关图纸、指示、指令或批复，工程师拖延发布各种证书（进度付款签证、移交证书等），建设单位提供材料等的延误或不符合合同标准，监理工程师的不适当决定和苛刻检查等。

2. 合同缺陷

合同缺陷常常表现为合同文件规定不严谨甚至矛盾、合同中有遗漏或错误。这不仅包括商务条款中的问题，也包括技术规范和图纸中的问题。在这种情况下，工程师有权对其作出解释。如果承包人执行工程师的解释后引起成本增加或工期延长，则承包人可以提出索赔，工程师应给予证明，建设单位应给予补偿，一般情况下，建设单位作为合同起草人，要对合同中的缺陷负责，除非其中有非常明显的含糊不清之处或其他缺陷，根据法律可以推断承包人有义务在投标前发现并及时向建设单位指出。

3. 施工条件变化

在工程施工中，尽管在开始施工前承包人已分析了地质勘查资料，也进行了现场实地考察，但很难准确无误地发现施工现场的全部问题，如果发生了有经验的承包人也无法预料的施工条件的变化，会对合同价格和工期产生较大的影响。在这种情况下，必然会引起施工索赔。

经常遇到的施工条件变化包括：不利物质条件，如无法合理预见的地下水、地质断层等；发现化石、古迹等；发生不可抗力事件，如洪水、地震等自然灾害。

4. 工程变更

在土木工程施工过程中，工程量的变化是不可避免的，施工时实际完成的工程量会大于或小于工程量表中所列的预计工程量。在施工过程中，工程师发现设计、质量标准和施工顺序等存在问题时，往往会下达指令增加新的工作，更换建筑材料，暂停施工或加速施工等。这些变更指令必然引起施工费用的增加，或需要延长工期。所有这些情况，都迫使承包人提出索赔要求，以弥补自身不应承担的经济损失。

5. 工程师指令

工程师指令通常表现为工程师指令承包人加速施工、进行某项工作、更换某些材料、采取某种措施或停工等。工程师是受建设单位委托来进行工程建设监理的，其作用是监督所有工作按合同规定进行，督促承包人和建设单位完全合理地履行合同、保证合同顺利实施。为了保证合同工程达到既定目标，工程师可以发布各种必要的现场指令。相应地，这种指令（包括错误指令）造成的成本增加和（或）工期延误，承包人当然有权提出索赔。

6. 国家政策及法律、法令变更

国家政策及法律、法令变更，通常指直接影响工程造价的某些政策及法律、法令的变更，比如限制进口、外汇管制或税收及其他收费标准的提高。无疑，工程所在国的政策及法律、法令是承包人投标报价的重要参考依据。就国内工程而言，因国务院各有关部、各级建设行政管理部门或其授权的工程造价管理部门公布的价格调整，比如定额、取费标准、税收、上缴的各种费用等的调整，建设单位相应调整合同价款（专用条款另有规定者除外）；如未予调整，承包人可以要求索赔。

7. 其他承包人干扰

其他承包人干扰通常是指其他承包人未能按时、按序进行并完成某项工作，各承包人之间配合协调不好等而给本承包人的工作带来的干扰。大中型公路工程项目中往往会有若干承包人在现场施工。由于各承包人之间没有合同关系，工程师作为建设单位委托人，有责任组织协调好各个承包人之间的工作，否则，将会给整个工程和各承包人的工作带来严重影响，引起承包人索赔。比如，某承包人不能按期完成其工作，其他承包人的相应工作也会因此延误。在这种情况下，被迫延迟的承包人就有权向建设单位提出索赔。在其他方面，如场地使用、现场交通等，各承包人之间也有可能发生相互干扰的问题。

8. 第三方原因

第三方的原因通常表现为由与工程有关的第三方的问题而引起的对本工程的不利影响。比如，建设单位在规定时间内，按规定方式向银行寄出了要求向承包人支付款项的付款申请，但由于邮路延误，银行迟迟没有收到该付款申请，因而承包人没有在合同规定的期限内收到工程款。在这种情况下，由于最终表现出来的结果是承包人没有在规定的时间内收到款项，所以承包人往往会向建设单位索赔。对于第三方原因造成的索赔，建设单位在给予承包人补偿之后，应根据其与第三方签订的合同或有关法律规定再向第三方追偿。

四 索赔的条件

索赔的根本目的在于保护自身利益,**挽回损失**(报价低也是一种损失),避免亏本,因此是不得已而为之。要取得索赔的成功,必须符合三个基本条件。

1. 真实性

确实存在不符合合同的干扰事件,它对承包人的工期和成本造成影响。这是客观事实,有确凿的证据证明。由于合同双方都在进行合同管理,都在对工程施工过程进行监督和跟踪,对索赔事件都应该也都能清楚地了解,所以承包人提出的任何索赔,首先必须是真实的。

2. 合法性

干扰事件由非承包人自身责任引起,按照合同条款,对方应给予补(赔)偿。索赔必须符合工程承包合同的规定。合同作为工程施工中承发包双方应遵守的"最高法律",由它"判定"干扰事件的责任由谁承担,承担什么样的责任,应赔偿多少等。对于同样的索赔事件,采用不同的合同条件进行判定,就会有不同的结果。

3. 合理性

索赔要求应合情合理,符合实际情况,能够真实反映干扰事件引起的实际损失,采用合理的计算方法和计算基础。承包人必须证明干扰事件与干扰事件的责任认定、施工过程所受到的影响、承包人所受到的损失、所提出的索赔要求等之间存在因果关系。

五 索赔的依据

索赔的依据主要是法律、法规、合同条件及"惯例"。由于不同的工程采用了不同的合同文件,索赔的依据也就不完全相同,合同当事人的索赔权利也不同。

六 索赔证据

索赔证据是当事人用来支持其索赔成立或与索赔有关的证明文件和资料。索赔证据作为索赔文件的组成部分,在很大程度上关系到索赔的成败。证据不全、不足或没有证据,索赔是很难获得成功的。

在工程项目的实施过程中,会产生大量的工程信息和资料,这些信息和资料是开展索赔工作的重要依据。如果项目资料不完整,索赔工作就难以顺利进行。因此在施工过程中应始终做好资料积累工作,建立完善的资料记录和科学管理制度,认真、系统地积累和管理合同文件、质量、进度及财务收支等方面的资料。对于可能会发生索赔的工程项目,从开始施工时就要有目的地收集证据资料,系统地拍摄现场,妥善保管开支收据,有意识地为索赔积累必要的证据材料。常见的索赔证据主要有:

①各种合同文件,包括合同协议书及各种合同附件,中标通知书,投标函及投标函附录,专用合同条款,通用合同条款,技术标准和要求,图纸,已标价工程量清单,承包人有关人员、设备投入的承诺,投标文件中的施工组织设计文件以及其他合同文件。具体的如发包人提供

的水文地质、地下管网资料,施工所需的证件、批件、临时用地或占地证明手续、坐标控制点资料等。

②经工程师批准的承包人施工进度计划、施工方案、施工组织设计和具体的现场实施情况记录,以及各种施工报表等。

③施工日志及工长工作日志、备忘录等。施工中发生的影响工期或工程资金的所有重大事件均应写入备忘录存档,备忘录应按年、月、日顺序编号,以便查阅。

④工程有关施工部位的照片及录像等。保存完整的工程照片和录像能有效地显示工程进度。除了标书上规定需要定期拍摄的工程照片和录像外,承包人应经常注意拍摄工程照片和录像,注明日期,作为自己查阅的资料。

⑤工程各项往来信件、电话记录、指令、信函、通知、答复等。

⑥工程各项会议纪要、协议及其他各种签约文件、与建设单位代表的谈话资料等。

⑦发包人或工程师发布的各种书面指令书和确认书,承包人要求、请求、通知书等。

⑧气象报告和资料,如有关天气的温度、风力、雨雪的资料等。

⑨投标前建设单位提供的参考资料和现场资料。

⑩施工现场记录。工程施工过程中的有关设计交底记录、变更图纸、变更施工指令等,工程图纸、图纸变更、交底记录的送达份数及日期记录,工程材料和机械设备的采购、订货、运输、进场、验收、使用等方面的凭证及材料供应清单、合格证书,工程送电、工程送水、道路开通、道路封闭的日期及数量记录,工程停电、停水和干扰事件影响的日期及恢复施工的日期等。

⑪工程各项经建设单位或工程师签证的资料,如承包人的付款申请、监理确认的工程量计量单等。

⑫工程结算资料和有关财务报告,如工程预付款、进度款拨付的数额及日期记录,以及工程结算书、保修单等。

⑬各种检查验收报告和技术鉴定报告。

⑭各类财务凭证。

⑮其他。包括分包合同、官方的物价指数、汇率变化表,以及国家、省、市有关影响工程造价、工期的文件、规定等。

七 索赔程序

索赔程序是指从索赔事件产生到最终处理完成的全过程所包括的工作内容和工作步骤。由于索赔工作实质上是承包人和建设单位在分担工程风险方面的重新分配过程,涉及双方的诸多经济利益,因此索赔是一个烦琐、细致、耗费精力和时间的过程。合同双方必须严格按合同规定的索赔程序开展工作,才能圆满解决索赔问题,承包人的索赔才能获得成功。

具体工程的索赔程序,应根据双方签订的施工合同来确定。在工程实践中,比较详细的索赔程序一般可分为以下主要步骤:

1. 索赔意向通知

索赔意向通知是一种维护自身索赔权利的文件。在工程实施过程中,承包人发现索赔事件或意识到存在潜在的索赔机会后,要做的第一件事,就是在合同规定的时间内将自己的索赔意向用书面形式及时通知建设单位或工程师,即向建设单位或工程师就某一个或若干个索赔事件表明索赔意愿、要求或声明保留索赔的权利。索赔意向通知是索赔程序中的第一步，其关键是要抓住索赔机会，及时提出索赔意向。

索赔意向通知的目的一般仅仅是向建设单位或工程师阐明索赔意向，所以应当简明扼要。通常只要说明以下几点内容：索赔事由发生的时间、地点，简要事实情况和发展动态，索赔所依据的合同条款和主要理由，索赔事件对工程成本和工期可能产生的不利影响。

《公路工程标准施工招标文件》、FIDIC 合同条件及《建设工程施工合同（示范文本）》中均规定，承包人应在知道或应当知道索赔事件发生后 28 天内，向监理人递交索赔意向通知书，并说明发生索赔事件的事由；承包人未在前述 28 天内发出索赔意向通知书的，丧失要求追加付款和（或）延长工期的权利。建设单位和工程师也有权拒绝承包人的索赔要求，这是索赔成立的有效、必备条件之一。因此，在实际工作中，承包人应避免未能遵守索赔时限的规定导致合理的索赔要求无效。在实际的工程承包合同中，对索赔意向提出的时间限制不尽相同，只要合同双方经过协商达成一致并将其写入合同条款即可。

合同条款要求承包人在规定期限内首先要提出索赔意向，是基于下述考虑：

①提醒建设单位或工程师及时关注索赔事件的发生、发展的全过程；

②为建设单位或工程师开展索赔管理工作做准备，如应进行合同分析、收集相关证据等；

③如属建设单位责任引起索赔，建设单位有机会采取必要的改进措施，以防止损失的进一步扩大。

对于承包人来讲，及时发出索赔意向通知可以对其合法权益起到保护作用，使承包人避免"因被称为'志愿者'而无权取得补偿"的风险。

2. 索赔资料的准备

从提出索赔意向到提交索赔文件，属于索赔资料准备阶段。此阶段的主要工作有：

①跟踪和调查索赔事件，掌握事件发生的详细经过和前因后果。

②分析索赔事件发生的原因，划清各方责任，确定责任承担主体，并分析这些索赔事件是否违反了合同规定，是否在合同规定的赔偿或补偿范围内，即确定索赔依据。

③损失或损害调查或计算。通过对比实际与计划的施工进度和工程成本，分析经济损失或权利损害的范围和程度，并由此计算出工期索赔值和费用索赔值。

④收集证据。索赔事件产生、持续直至结束的全过程，都必须保留完整的同期记录，这是索赔成功的重要条件。在实际工作中，许多承包人的索赔要求都因没有或缺少书面证据而得不到合理解决，这个问题应引起承包人的高度重视。

⑤起草索赔文件。按照索赔文件的格式和要求，将上述各项内容系统地反映在索赔文件中。

索赔的成功很大程度上取决于承包人对索赔作出的解释和真实可信的证明材料。即使承包人抓住了合同履行中的索赔机会，但如果拿不出索赔证据或证据不充分，其索赔要求也往往难以成功或索赔金额大打折扣。因此，承包人在正式提交索赔文件前的资料准备工作极为重要。这就要求承包人注意记录和积累工程施工过程中的各类资料，并可随时从中提取与索赔事件有关的证明材料。

3. 索赔文件的提交

承包人必须在合同规定的索赔时限内向建设单位或工程师提交正式的书面索赔文件。

《公路工程标准施工招标文件》中的通用合同条款、《建设工程施工合同(示范文本)》中的通用合同条款及FIDIC合同条件中都详细、具体地规定了索赔文件提交的时间限制,这也就体现了索赔的时效性。如果承包人未能按时提交索赔文件,那他就失去了该项事件请求补偿的索赔权利,此时,他所获得的损害补偿,将不超过工程师认为应主动给予的补偿额,或把该事件损害提交仲裁解决时,仲裁机构依据合同和同期记录可以证明的损害补偿额。

4. 工程师对索赔文件的审核

工程师受建设单位的委托和聘请,对工程项目的实施进行组织、监督和控制。在建设单位与承包人之间的索赔事件发生、处理和解决过程中,工程师是一个核心人物。工程师在接到承包人的索赔文件后,必须以完全独立的身份,站在客观、公正的立场上审查索赔要求的正当性,必须对合同条件、协议条款等有详细的了解,以合同为依据来公平处理合同双方的利益纠纷。工程师应该建立自己的索赔档案,密切关注索赔事件的影响和发展,有权检查承包人的有关同期记录材料,随时就记录内容提出他的不同意见或他认为应予以增加的记录项目。

工程师根据建设单位的委托或授权,对承包人的索赔进行审核。审核工作主要分为判定索赔事件是否成立和核查承包人的索赔计算是否正确、合理两个方面。监理工程师应在建设单位授权的范围内做出自己独立的判断,对索赔做出评估。

(1)索赔评估

索赔评估主要从下述几个方面进行:①审查承包人提供的索赔资料的真实性、全面性、系统性以及能否满足评审的需要;②判断申请索赔的依据是否正确、充分;③判断索赔的理由是否正确、充分;④检查索赔数额的计算原则与方法是否正确、索赔数额是否真实、价格是否合理等。

(2)索赔应具备的条件

承包人索赔的成立必须同时满足以下4个条件:①与合同约定相比,事件已经造成了承包人实际的额外费用增加或工期损失;②费用增加或工期损失不是由承包人自身的责任造成的;③这种经济损失或权利损害不是由承包人应承担的风险造成的;④承包人在合同规定的期限内提交了书面的索赔意向通知和索赔文件。

上述4个条件没有先后、主次之分,必须同时满足,承包人的索赔才能成立。

(3)工程师对索赔文件的审查重点

审查重点主要有两个方面:①重点审查承包人的申请是否有理有据,即承包人的索赔要求是否有合同依据、所受损失是否确实由非承包人负责的原因造成、提供的证据是否足以证明索赔要求成立、是否需要提交其他补充材料等。②工程师应以公正的立场、科学的态度,重点审查并核算索赔数额的计算是否正确、合理;分清责任,对不合理的索赔要求或表述不明确的地方进行反驳和质疑,或要求承包人作出进一步的解释和补充,并拟定自己计算的合理索赔款项和工期延展天数。

5. 工程师与承包人、建设单位协商后提出索赔处理意见

工程师核实并初步确定应予以补偿的额度往往与承包人索赔文件中要求的额度不一致,甚至差额较大,主要原因大多为对承担事件损害责任的界限划分不一致、索赔证据不充分、索赔计算的依据和方法分歧较大等,因此双方应就索赔的处理进行协商,有时甚至需要反复协商。协商后仍无法达成共识的,工程师有权单方面做出处理决定,承包人仅有权得到所提供的证据满足工程师认为索赔成立那部分的付款和工期延展。不论是工程师通过协商与承包

人达成一致,还是工程师单方面做出处理决定,批准给予补偿的款额和延展工期的天数如果在建设单位授权范围之内,工程师则可将此结果通知承包人,并抄送建设单位。补偿款将计入本期或下一期的期中支付证书内,建设单位应在合同规定的期限内付款;延展的工期加到原合同工期中去。如果批准的额度超过工程师的权限,则应报请建设单位批准(通常,无论是否超过授权,审批索赔前都应与建设单位协商)。

对于工期索赔持续影响时间超过28天的延误事件,当索赔条件成立时,工程师对承包人每隔28天报送的阶段索赔临时报告审查后,每次均应做出批准临时延长工期的决定,并于事件影响结束后28天内承包人提出最终的索赔文件后,批准延展工期总天数。应当注意的是,最终批准的总延展天数,不应少于以前各阶段已同意延展天数之和。根据《标准施工招标文件》通用合同条款第23.1款规定,索赔事件具有连续影响的,承包人应按合理时间间隔继续递交延续索赔通知,说明连续影响的实际情况和记录,列出累计的追加付款金额和(或)工期延长天数;在索赔事件影响结束后的28天内,承包人应向监理人递交最终索赔通知书,说明最终要求索赔的追加付款金额和延长的工期,并附必要的记录和证明材料。

工程师经过对索赔文件的认真评审,并与建设单位、承包人进行了较充分的讨论后,应提出自己的索赔处理决定。通常,工程师的处理决定不是终局性的,对建设单位和承包人不具有强制性的约束力。

《建设工程施工合同(示范文本)》合同条件规定,监理人应在收到索赔报告后14天内完成审查并报送发包人。监理人对索赔报告存在异议的,有权要求承包人提交全部原始记录副本。发包人应在监理人收到索赔报告或有关索赔的进一步证明材料后的28天内,由监理人向承包人出具经发包人签认的索赔处理结果。发包人逾期答复的,则视为认可承包人的索赔要求。《公路工程标准施工招标文件》通用合同条款未对监理工程师对索赔的审批期限作出限定,但监理工程师应及时处理承包人提出的索赔问题。

6. 建设单位对索赔文件的审查

当索赔数额超过建设单位对工程师的授权范围(额度)时,应由建设单位直接审查索赔文件,并与承包人谈判解决,工程师应参加建设单位与承包人之间的谈判,工程师也可以作为索赔争议的调解人。建设单位首先根据事件发生的原因、责任范围、合同条款审核承包人的索赔文件和工程师的处理报告,再依据工程建设的目的、投资控制目标、竣工投产日期要求以及针对承包人在施工中的缺陷或违反合同规定等的有关情况,决定是否批准工程师的处理决定。例如,承包人某项索赔理由成立,工程师根据相应条款的规定,既同意给予一定的费用补偿,也批准延展相应的工期,但建设单位权衡了施工的实际情况和外部条件的要求后,可能不同意延展工期,而宁愿给承包人增加费用补偿额,要求其采取赶工措施,按期或提前完工,这样的决定只有建设单位才有权作出。索赔文件经建设单位审查后,工程师即可签发有关索赔审批书;对于数额比较大的索赔,一般需要建设单位、承包人和工程师三方反复协商才能做出最终处理决定。

7. 承包人不接受索赔处理结果,可以申请仲裁或提起诉讼

如果承包人同意接受最终的处理决定,索赔事件的处理即告结束;如果承包人不同意,则可根据合同约定,进入合同纠纷的解决程序:监理工程师裁定—友好协商或上级调解—仲裁—诉讼,使索赔问题得到最终解决。在仲裁或诉讼过程中,工程师作为工程全过程的参与

者和管理者,可以作为见证人提供证据(含证词、证言)。

工程项目实施过程中会发生各种各样、大大小小的索赔、争议等问题,应该强调的是:合同各方应该争取尽量在最早的时间、最低的层次,尽最大可能以友好协商的方式解决索赔问题,不要轻易申请仲裁或提起诉讼。因为对工程争议的仲裁或诉讼往往是非常复杂的,要花费大量的人力、物力、财力和精力,给工程建设带来不利影响,有时甚至是严重的影响。

八 索赔文件

1. 索赔文件的一般内容

索赔文件是合同一方向对方提出索赔的书面文件,它全面反映了一方当事人对一个或若干个索赔事件的所有要求和主张,对方当事人通过对索赔文件的审核、分析和评价来作认可、要求修改、反驳甚至拒绝的回答,索赔文件也是双方进行索赔谈判或调解、仲裁、诉讼的依据。因此,索赔文件的表达形式与内容对索赔的结果有重大影响,索赔方必须认真编写索赔文件。

在合同履行过程中,一旦出现索赔事件,承包人应该按照索赔文件的构成内容,及时地向建设单位提交索赔文件。单项索赔文件的一般内容如下:

(1)标题

索赔文件的标题应该能够简要、准确地概括索赔的中心内容,如"关于……事件的索赔"。

(2)事件

详细描述事件过程,主要包括事件发生的工程部位、时间、原因和经过、影响的范围以及承包人当时采取的防止事件扩大的措施、事件持续时间、承包人已经向建设单位或工程师报告的次数及日期、事件最终结束影响的时间、事件处置过程中的有关主要人员办理的有关事项等,也包括双方信件交往、会谈,并指出对方违约之处、证据的编号等。

(3)理由

理由是指索赔的依据,主要是法律依据和合同条款的规定。合理引用法律和合同的有关规定,建立事实与损失之间的因果关系,说明索赔的合理性、合法性。

(4)结论

结论指出事件造成的损失或损害情况及其程度,主要包括要求补偿的金额及工期,这部分只需列举各项明细数据及汇总数据即可。

(5)详细计算书(包括损失估价和延期计算两部分)

为了证实索赔金额和工期的真实性,必须指明计算依据及计算资料的合理性,包括损失费用、工期延长的计算基础、计算方法、计算公式及详细的计算过程和计算结果。

(6)附件

附件包括索赔文件中所列举的事实、理由、影响等各种编过号的证明文件和证据、图表。

对于一揽子索赔,其格式比较灵活,它实质上是将许多尚未解决的单项索赔加以分类和综合整理。一揽子索赔文件往往需很大的篇幅来描述其细节。一揽子索赔文件的主要组成部分如下:

①索赔致函和要点;

②总情况介绍(叙述施工过程、对方失误等);

③索赔总表(将索赔总数细分、编号,每个条目写明索赔内容的名称和索赔额);

④上述事件详述;

⑤上述事件结论;

⑥合同细节和事实情况;

⑦分包人索赔;

⑧工期延长的计算和损失费用的估算;

⑨各种证据材料等。

2. 索赔文件编写要求

编写索赔文件需要实际工作经验。索赔文件如果起草不当,索赔方可能会丧失有利地位和条件,使正当的索赔问题得不到合理解决。对于重大索赔或一揽子索赔,最好能在律师或索赔专家的指导下编写索赔文件。编写索赔文件有以下基本要求:

(1)符合实际

索赔事件要真实、证据确凿。索赔的依据和款额应符合实际情况,不能虚构和夸大,更不能无中生有,这是索赔的基本要求。这既关系到索赔的成败,也关系到承包人的信誉。一份符合实际的索赔文件,审阅者看后的第一印象是合情合理,不会立即予以拒绝;相反,如果索赔要求缺乏依据,不切实际地漫天要价,审阅者一看就极为反感,甚至连其中合理的索赔部分也会被忽视,这不利于索赔问题的最终解决。

(2)说服力强

①符合实际的索赔要求本身就具有一定说服力,但除此之外,索赔文件中的责任分析应清楚、准确。一般索赔所针对的事件都是由非承包人责任引起的,因此,在索赔文件中要善于引用法律和合同中的有关条款,详细、准确地分析并明确指出对方应承担的全部责任,并附上有关证据材料,不可在责任分析上模棱两可、含糊不清。对事件的叙述要清楚明确,不应包含任何估计或猜测性表述。

②强调事件的不可预见性和突发性。强调即使是有经验的承包人对该事件也不可能有预见或提前做好准备,并且承包人为了避免和减轻该事件的影响和损失已尽了最大的努力,采取了能够采取的所有可行措施,从而使索赔理由更加充分,更易于被对方接受。

③论述要有逻辑。明确阐述索赔事件的发生过程及其影响,使承包人的工程施工受到严重干扰,并为此增加了支出,拖延了工期。应强调索赔事件、对方责任、工程受到的影响和索赔之间有直接的因果关系。

(3)计算准确

索赔文件中应完整呈现索赔值的详细计算资料,指明计算依据、计算原则、计算方法、计算过程及计算结果的合理性,必要的地方应作详细说明。计算结果要反复校核,做到准确无误,要避免高估冒算。计算上的错误,尤其是增加索赔款的计算错误,会给对方留下不良印象,并让对方认为提出的索赔要求缺乏严肃性,存在多处弄虚作假,从而直接影响索赔的成功。

(4)简明扼要

索赔文件在内容上应组织合理、条理清楚,各种定义、论述、结论正确,逻辑性强,既要能完整地表达索赔要求,又要简明扼要,使对方能很快地理解索赔的本质。索赔文件最好采用活页装订,保证印刷清晰。同时,语言表达应尽量委婉,避免使用强硬、不客气的语言表述方式。

(5)按要求的格式编写

索赔文件应按照工程规定的格式进行编写、报送。

九　反索赔

所谓反索赔,即发包人的索赔,当由承包人原因不能按照协议书约定的竣工日期或工程师同意顺延的工期竣工,或出于承包人原因工程质量达不到协议书约定的质量标准,或承包人不履行合同义务或不按合同约定履行义务或发生错误而给发包人造成损失时,发包人也可按合同约定,向承包人提出索赔。

第二节　承包人对索赔的管理

承包人索赔管理包括利用索赔机会向建设单位提出索赔和对建设单位索赔的预防与反驳两方面的管理。

对向建设单位提出索赔的管理的任务是,依据合同实施过程中出现的不可预见的或合同外的事项,如工程变更、施工条件变化、施工干扰等,索取投标价格以外的、由索赔事项引起的附加成本开支补偿或工期损失补偿;索赔管理的目标是获得更多的利润或减少亏损。索赔工作是一项艰巨、复杂、涉及较多技巧和较广知识面的工作,它要求承包人拥有既懂工程、技术,又懂合同、法律,既懂经营,善交流、谈判,又懂工程估价、财务的复合型人才,以此为基础成立专门的索赔班子,建立完善的工程合同、工程成本、工程进度、工程洽商、工程档案与项目信息管理等管理制度。

树立索赔意识,在工程实施过程中利用一切客观存在的索赔机会,及时发现和抓住索赔的有利时机;要以合同文件为依据,以客观事实为基础进行对比分析,秉持诚实信用原则,不夸大、不虚构事实,做到有理、有义、有节。

一　成立索赔班子

工程施工项目多、合同金额大、索赔项目多且复杂的施工企业,应安排一名副经理专门负责或分管索赔工作,并成立专门的索赔部门,负责对公司各工程施工项目的索赔工作进行统一指导和协调。此外,各施工工程的项目经理部都应安排专人负责索赔管理,以便同公司的索赔部门密切配合,共同开展工程施工中的索赔工作。一般来说,施工项目经理部设立的索赔班子应由下列人员组成:1名有索赔经验的工程师作为索赔负责人负责该项目的索赔工作和索赔谈判,1名或2名具有工程知识、法律知识且熟悉合同管理的专职或兼职索赔人员,1名成本分析人员。实践证明,这种人员配置能够满足索赔和索赔管理的要求,有效地开展索赔工作。在工程规模较小、施工时间较短、预计索赔项数较少、索赔金额较小的情况下,项目经理部可以不成立专门的索赔班子,而由项目经理直接负责索赔和索赔管理工作。

索赔部门要制定明确的索赔目标、索赔计划,定期召开分析会,寻找已经出现的或潜在的索赔机会;要检查已提出索赔项目的索赔进展情况,采取一定措施来保证索赔成功;同时,应保持索赔人员的连续性、索赔工作的连续性、索赔管理工作的连续性和系统性。对于工程规模大、工期长的施工项目,还要保证工程记录、索赔资料收集的连续性、系统性、完备性。

二 熟悉合同文件,把握索赔机会

任何工程合同都包含一系列合同文件,其中的合同条款,如《公路工程标准施工招标文件》通用合同条款,在索赔方面有着较为详细的规定,这是维护建设单位利益和承包人合法权益的准则。应用合同文件进行索赔,必须熟悉和掌握合同文件,特别是通用合同条款;正确领会合同条款的含义、熟练运用合同条款,才能及时发现索赔机会,提出索赔要求,争取索赔成功。

索赔机会要通过合同文件结合施工现场实际的跟踪检查来发现,即适时将工程实施情况与合同文件进行对比分析,一旦发现有不符合合同文件要求或合同实施过程中出现偏差(如进度偏差)等问题,就可能出现索赔机会。

三 适时对项目进行工程进度偏差分析

索赔是由干扰事件造成实际工程施工过程与预定计划的差异引起的,索赔额的大小常常由这个差异决定。对于工程进度偏差,可利用网络计划分析干扰事件影响的尺度和索赔值,工期索赔值应由网络计划关键线路的延长情况分析得到。

四 建立工程成本预算、核算体系

在施工项目管理中,成本管理包括工程施工预算和估价、成本计划、成本核算、成本控制(监督、跟踪、诊断)等内容。它们都与索赔有紧密的联系。工程施工预算和报价是费用索赔的计算基础。工程施工预算确定的是“合同状态”下的工程费用开支。如果没有干扰事件的影响,则承包人按合同完成工程施工和履行保修责任,建设单位如数支付合同价款。而干扰事件会引起实际成本的增加,从理论上讲,这个增量就是索赔值。在实际工程施工中,索赔值应以合同价为计算基础和依据,通过分析实际成本和计划成本的差异得到。

要想寻找和及时抓住索赔机会,承包人的索赔人员必须熟悉工程成本的构成要素并具有控制和分析比较工程成本实际发生与预算成本的差异的能力,以便进行费用索赔。

五 保证索赔文件的质量

一旦发现索赔机会,就应进行索赔处理,及时、迅速地提出索赔要求和提交索赔文件;提交索赔文件后,就应不断地与建设单位和监理工程师联系,催促其尽早地解决索赔问题;工程中的每个单项索赔应尽早独立解决,尽量避免以一揽子方式解决所有索赔问题。索赔文件编制涉及以下问题:

(1)索赔权的论证

索赔文件中应首先论证索赔权利成立的根据。承包人在索赔文件中必须论证发生的索赔事件、客观事实与索赔依据之间存在的客观内在联系和因果关系。

从论证索赔权方面看,承包人的索赔人员应对整个施工合同文件很熟悉且能灵活运用,包括通用合同条款、专用合同条款、技术规范、工程范围、工程图纸和工程量清单、合同变更、会议纪要及来往函件等。最主要的是深入理解《公路工程标准施工招标文件》通用合同条款和专用合同条款的含义。

（2）索赔文件的准确性

要确保索赔文件的准确性。注意索赔证据中合同条款引用和数据计算的准确性，必要时附上现场照片和记录，使建设单位和监理工程师信服。

（3）索赔文件的格式和内容

索赔文件的格式可根据索赔事件编写，其具体内容编写可参考本章第一节的相关说明。

第三节　监理工程师对索赔的管理

在建设单位与承包人之间的索赔事件发生、处理和解决过程中，监理工程师是核心人物。

在施工合同执行过程中，监理工程师对工程索赔具有很大影响。因为监理工程师受建设单位的委托行使合同管理的职权，监理工程师行使职权不当可能引起承包人索赔；监理工程师对索赔问题的处理意见会对索赔结果起着决定性作用；监理工程师作为索赔争端的调解人，有利于索赔争端取得友好解决；监理工程师在索赔争端的仲裁和诉讼过程中作为见证人，有助于合同纠纷的公正裁决。因此，监理工程师应加强对工程索赔的管理。

监理工程师的索赔管理贯穿项目施工的全过程。为了实施有效的索赔管理，监理工程师应秉持公正、及时、实事求是、充分协商、诚实信用的原则做好索赔预防工作，及时处理索赔事宜。

一　做好索赔预防工作

现代工程项目一般工期较长，规模较大，投资较多，在实施过程中总会发生一些问题导致合同一方因非自身原因或风险而遭受损失，因此，在合同中通常赋予受损失一方向另一方索赔以弥补损失的权利。从合同双方的利益出发，应该使索赔事项的发生次数越少越好、损失越小越好。监理工程师应对可能导致索赔事件的各种因素予以充分估计，减少或避免索赔事件的发生。为此，监理工程师应做好以下工作：

（1）协助建设单位做好设计文件的审查和学习工作，减少设计错误和变更

认真做好设计图纸审查工作，是减少索赔的一个重要的预防措施。在设计交底前，总监理工程师应组织监理人员熟悉设计文件，并就图纸中存在的问题通过建设单位向设计单位提出书面意见和建议。因此，在这个阶段，监理工程师应该通过对设计文件的审查和学习，尽可能地协助建设单位向承包单位提供尽量完善的设计图纸，从而尽量减少或避免由设计错误或变更造成的索赔。另外，监理工程师如果承担设计监理工作的话，在验收设计文件时，一定要认真审查，把好图纸关。

（2）协助建设单位做好招标工作

项目的招标文件和招标工作中的一些事项会直接影响到项目实施过程中索赔事项的发

生和处理。因此,协助建设单位做好项目招标工作是索赔预防的一个极其重要的环节。

(3)避免无法预见的不利自然条件,或人为障碍而引起的费用索赔

最常见的情况是由桥梁结构基础或隧道的恶劣地质状况和地下障碍物导致的费用索赔。为了避免这类索赔事件的发生,在工程施工前,监理工程师一方面应通知施工单位尽早对现场进行调查和向公共设施主管单位了解有关地下障碍物的情况,另一方面要查阅有关资料,对可疑地段进一步勘探,以掌握地下障碍物或地质情况。如果发现有导致索赔事件发生的因素,应尽早处理,这样不仅可减少或避免索赔事件的发生,还可确保施工进度不受影响。

二 避免监理工程师自身责任诱发的索赔

作为受建设单位雇用并为工程建设管理服务的监理工程师,其失职、权力的滥用、错误的指令、不作为等行为,如果给承包人造成了损失,承包人均会提出索赔,包括提供的放线资料有误差而引起的索赔事件,施工中由合同以外的检验引起的费用索赔事件,为避免对隐蔽工程事后检查而引起的费用索赔事件,随便指示承包人改变进度计划、施工次序和施工方案,或者要求承包人必须按照自己提出的方案进行施工等引起的索赔事件等。

三 督促履行合同责任

建设单位不及时履行合同责任和义务,是承包人索赔的直接诱因。监理工程师应及时提醒建设单位全面、切实履行合同中规定的责任和义务,例如,按时提供施工图纸、按时提供施工场地、按时支付工程费用等,以避免这类原因引起的索赔事件。

监理工程师应做好索赔干扰事件的预测、预防工作,发现索赔干扰事件苗头后及时采取有效措施予以消除。工程地质变化、合同缺陷、物价上涨、设计错误等干扰事件的发生是有一定的规律可循的,一个有经验的监理工程师根据自己的经验并采取相应的手段,是可以对干扰事件的发生可能性、发生规律、发生后的影响和损失的大小在一定程度上进行预测的。因此,监理工程师在合同管理工作中,要事先进行干扰事件的预测,并制定相应的防范措施或应对措施。当干扰事件发生时,监理工程师应迅速做出反应,及时按合同规定程序发出指令,控制干扰事件的影响范围和影响程度,减少损失。

四 合理处理索赔问题

1. 做好索赔事件记录

索赔事件发生后,监理工程师应做好有关索赔事件的同期记录,内容包括:①有关各种调查的记录,如对索赔事件的原因、影响范围及调整施工单位的作业计划的可能性;②施工现场发生索赔事件造成人员及设备的闲置情况,应每天记录;③工程损坏的情况,对于不是施工单位的原因而造成工程损坏或已完成工程的返工,监理工程师应对损坏或返工工程的规模、范围、数量做好检查记录;④其他费用支出情况,即监理工程师应对索赔事件所影响的时段内承包人实际支出的各项费用进行调查、核实,并做好有关记录。

2. 缩短停工时间

监理工程师在做好索赔事件记录时,有停工状况的,应设法缩短停工时间。施工单位以外原因导致工程施工中断而引起部分索赔事件的发生。当这种情况出现后,如果有条件,监理工程师应根据施工单位的施工状况,立即指令施工单位修改作业计划,缩短停工时间,以减少索赔的额度。

3. 公平合理处理承包人的索赔问题

(1)审核承包人索赔事件的基本步骤

当承包人提出索赔要求时,监理工程师应按下列步骤审核承包人索赔事件:

①登记索赔文件文号与报表;②调查索赔发生的原因和事实根据,对有疑问的地方或者证据不足之处,要求承包人补充证据资料,并且应亲自进行现场调查研究,了解索赔事项的真实程度;③审核承包人的索赔申请书中合同条款及合同规定的依据是否正确,确定承包人是否具有索赔权;④弄清工程是如何遇到困难并减慢速度,需要另外雇用多少人员,另外增加多少设备等;⑤分析与查验计算的索赔数量是否正确,分清责任,根据网络分析和费用分析方法测算工期应该延长的天数和经济补偿的款额;⑥向建设单位和承包人通报监理工程师的初审意见;⑦签发索赔批复报告和支付证书;⑧处理因索赔产生的合同争端等。

(2)审核与处理索赔的准则

承包人提出的索赔往往是机会性的,索赔数量较大,有时采用夸大、虚报、移花接木或行贿等手段希望索赔成功。而且有的建设单位总希望监理工程师拒绝承包人提出的一切费用索赔,以避免工程成本的增加。因此,监理工程师必须正确对待合同赋予的裁决索赔的权力,必须大公无私、以独立裁判人的身份调查索赔原因是否成立,审核索赔费用是否符合实际,做到既维护建设单位利益又保护承包人的合法权益,树立监理工程师的良好信誉。对于有理有据的索赔,应尽快调查研究,直至合理解决索赔问题并支付索赔费用。应确定如下审核与处理索赔的准则:一是依据合同条件中的条款,实事求是地对待索赔事件;二是确保各项记录、报表、文件、会议纪要等文档资料准确、齐全;三是核算数据正确无误;四是大公无私、不偏不倚,站在公正立场,合理确定索赔额;五是避免重复支付。在审核施工单位的索赔费用时,还必须注意索赔的费用是否已在合同的其他项目中支付,凡是在其他项目中已支付了费用的,就不能以索赔为名重复支出。

对于监理工程师的处理意见,如果承包人不同意,或者承包人和建设单位都不满意,监理工程师有责任听取双方的意见,修改索赔评审报告和处理建议,直到合同双方均表示同意。通常的工作程序是,监理工程师首先就承包人的索赔处理方案与建设单位协商一致,然后通知承包人进行索赔谈判。如果承包人坚持不同意,而监理工程师坚持自己的处理建议,此项索赔争端将提交友好协商或上级调解,或申请仲裁。

五 合理处理建设单位对承包人的索赔

建设单位的索赔依据也是合同文件,直接诱因是承包人违约,如承包人不能按期建成工程、施工质量不符合技术规范的要求、施工中承包人过错产生的工程变更等。对于建设单位的索赔要求,监理工程师要对照合同条件和具体证据进行研究,肯定合理的要求,对有异议的部分同建设单位再次讨论,确定后,根据合同条件的规定,将建设单位的索赔决定正式通知承包人,并在期中支付中扣回相应款项。

第四节 建设单位对索赔的管理

建设单位对索赔的管理是项目管理中一项非常重要的工作。建设单位索赔管理的主要任务包括索赔的规避,即预防索赔发生和向对方(承包人)提出索赔的反驳。所谓预防索赔,是指防止承包人提出索赔;而反驳索赔是指通过索赔管理,反对承包人提出的索赔要求,从而减少由承包人索赔产生的经济损失。在工程项目的实施过程中,在施工合同双方——建设单位和承包人之间不可避免地会发生索赔事件,承包人往往会寻求各种机会不断地向建设单位提出索赔要求。因此,如何减少承包人索赔的机会或降低承包人的索赔数额是建设单位必须重视的问题。

预防索赔和反驳索赔在索赔管理中具有十分重要的作用。索赔的预防是建设单位索赔管理的重要内容。建设单位加强合同管理,采取一系列预防对方索赔的措施,如严格依据合同履行义务,防止自己违约,从而避免由自己违约而引起承包人的索赔;再如,通过加强协调与沟通,及时发现问题,减少或避免索赔事件的发生,采取措施避免因自己的失误或协调不力而引起承包人的索赔,从而减少或防止损失的发生。

第五节 费用索赔与工期索赔

一 费用索赔

1. 索赔费用的构成

对于索赔费用的计算,首先要从总体上了解承包人可以索赔的费用及费用的构成。一般情况下,承包人的索赔可以分为损失索赔和额外工作索赔。损失索赔主要是由建设单位违约或监理工程师指令错误引起的,建设单位应当对承包人因此遭受的损失予以补偿,包括实际损失和可得利益或所失利益(可得利益是否补偿要视具体情况而定,大多数情况下,损失索赔只对实际损失进行补偿)。这里的实际损失是指承包人额外支出的成本,所失利益是指如果建设单位不违约,承包人本应取得的,但因建设单位等违约而丧失了的利益,比如建设单位终止合同后,承包人遭受的预期利润损失可以得到补偿。

额外工作索赔主要是由合同变更及监理工程师下达工程变更指令引起的。对于额外工作索赔,建设单位应以原合同中的合适价格为基础,或以监理工程师确定的合理价格为依据予以付款。

索赔费用的构成与工程款的计价内容几乎相同,通常包括直接费、现场管理费、上级管理费、利润及额外费用等。

2. 索赔费用的计算

承包人提出一项索赔要求的同时,要详细计算索赔款额,明确给出采用的计算方法和计算依据,以供监理工程师审查与核对。索赔款额中具体各种索赔费用可按下述方法计算。

1)索赔人工费的计算

要计算索赔的人工费,就要知道人工费的单价和人工消耗量。

人工费的单价首先要按照报价单中的人工费标准确定。如果是额外工作,要按照国家或地区统一制定发布的人工费定额计算。随着物价的上涨,人工费也会相应上涨。如果是可调价合同,在进行索赔人工费计算时,也要考虑到人工费的上涨可能带来的影响。如果工程延期,使得大量工作推迟到人工费上涨以后的阶段进行,人工费会大大超过计划标准。这时进行单价计算,一定要明确工程延期的责任,以确定合理的人工费单价。如果施工现场同时出现人工费单价提高和施工效率降低的情况,则要分别考虑这两种情况对人工费的影响。

人工消耗量要按现场实际记录、工人的工资单据,以及相应定额中的人工消耗量定额来确定。如果涉及现场施工效率降低,则要做好实际效率的现场记录,并与报价单中的施工效率相比较,确定实际增加的人工消耗量。

2)索赔材料费的计算

要计算索赔材料费,就要知道增加的材料用量和相应材料的单价。

材料单价的计算首先要明确材料价格的构成。材料的价格一般包括材料供应价、包装费、运输费、运输损耗费、采购保管费等费用。如果不涉及材料价格的上涨,可以直接按照投标报价中的材料价格进行计算。如果涉及材料价格的上涨,则要按照材料价格的构成,结合可靠的订货单、采购单,或者官方公布的材料价格调整指数,重新计算材料的市场价格。

$$材料价格=(材料供应价+包装费+运输费+运输损耗费)\times(1+采购保管费率)-$$
$$包装品回收价值 \tag{7-5-1}$$

要依据增加的工程量,根据相应材料消耗定额规定的材料消耗量指标确定实际增加的材料用量。

$$材料费=材料价格\times工程量\times每单位工程量材料消耗量标准 \tag{7-5-2}$$

3)索赔施工机械使用费的计算

索赔施工机械使用费的计算根据施工机械和索赔事件的具体情况,按下述方式处理。

(1)工程量增加

如果是工程量增加,可以按照报价单中的机械台班费用单价和相应工程量增加的台班数量,计算增加的施工机械使用费。如果因工程量的变化双方协议对合同价进行了调整,则按照调整以后的新单价进行施工机械使用费的计算。

(2)机械设备闲置

如果是非承包人的原因导致施工机械窝工闲置,闲置费用计算时要区分是承包人自有机械设备还是租赁机械设备(是自有或租赁,以承包人的投标文件为准),分别计算。

①对于承包人自有机械设备,闲置费用可视具体情况按折旧费或折旧费加维护费、保险费、养路费等计算;

②如果是租赁的设备,且租赁价格合理,又有租赁收据,可以按租赁费计算闲置的机械台班费。

（3）施工机械降效

如果实际施工中由非承包人的原因导致施工效率降低，承包人将不能按照原定计划完成施工任务；工程延期，会增加相应的施工机械费用。确定机械降效导致的机械费增加，可以考虑按式（7-5-3）计算增加的机械台班数量：

$$实际台班数量=计划台班数量×[1+（原定效率-实际效率）÷原定效率] \quad (7-5-3)$$

其中的原定效率是合同报价中的施工效率，实际效率是受到干扰以后现场的实际施工效率。知道了实际所需的机械台班数量，可以按式（7-5-4）计算由于施工机械降效而增加的机械台班数量：

$$增加的机械台班数量=实际台班数量-计划台班数量 \quad (7-5-4)$$

则机械降效增加的机械使用费为：

$$机械降效增加的机械使用费=机械台班单价×增加机械台班数量 \quad (7-5-5)$$

4）索赔管理费的计算

（1）工地管理费

通常，工地管理费是按照人工费、材料费、施工机械使用费等之和的一定百分率计算确定的。当承包人完成额外工程或者附加工程时，索赔的工地管理费也按照同样的比例计取。如果是其他非承包人原因导致现场施工工期延长而增加的工地管理费，可以按原报价中的工地管理费平均值计取，见式（7-5-6）。

$$工地管理费总额=合同价中工地管理费总额÷合同总工期×批准延期的天数 \quad (7-5-6)$$

计算的基本思路是：按照正常情况承包人完成计划工作量，则在计划工作量中包含了承包人的工地管理费；由非承包人原因造成的停工，且获得延期的批准，承包人在此期间完成的工作量少于计划量，则造成承包人收入的减少，建设单位应当给予补偿。

在实际工程施工中，受索赔事件的干扰，承包人现场没有完全停工，而是在一种低效率和混乱的状态下施工，例如工程变更、建设单位指令局部停工等，则使用式（7-5-6）时应扣除这个阶段已完工工作量所占的工期份额。

【例7-1】　某工程合同工作量为1856900元，合同工期为10个月，合同中现场管理费为269251元，由于建设单位未及时供应图纸，施工现场局部停工2个月，在这2个月中，承包人共完成工作量89500元，89500元相当于正常情况的施工期为

$$89500÷（1856900÷10）≈0.5（月）$$

工期拖延产生的现场索赔管理费为

$$（269251÷10）×（2-0.5）≈40388（元）$$

（2）企业管理费

企业管理费一般可考虑采用以下几种方法进行计算。

①按照投标书中企业管理费的比例计算，即

$$企业管理费索赔额=企业管理费÷企业合同直接费总值×$$
$$（直接费索赔款+工地管理费索赔款） \quad (7-5-7)$$

此方法是将工程直接费作为比较基础来分摊企业管理费。该法简单易行，运用较广。

【例7-2】 某工程争议合同的实际直接费为500万元,在争议合同执行期间,承包人所在企业同时完成的其他工程合同的直接费总额为2500万元,该期间承包人企业管理费总额为300万元,则

单位直接费的企业管理费率=300÷(500+2500)×100%=10%

企业管理费索赔额=500×10%=50(万元)

②按照原合同价中的企业管理费平均计取,即

企业管理费索赔额=合同价中企业管理费总额÷合同总工期×批准延期的天数 (7-5-8)

【例7-3】 某承包人承包某工程,合同价为500万元,合同工期为720天,该合同执行过程中由建设单位原因工期拖延了80天。在720天中,承包人承包其他工程的合同总额为1500万元,总部管理费总额为150万元,则

$$争议合同应分摊的企业管理费 = \frac{500}{500 + 1500} \times 150 = 37.5(万元)$$

$$日企业管理费率 = \frac{37.5万元}{720天} \approx 520.8元/天$$

$$企业管理费索赔额 = 520.8 \times 80 = 41664(元)$$

③按原合同价中承包人的企业管理费率计算。

通常情况下,要求承包人在报价中进行单价分析;而在公路工程项目招标投标中,无论是标底编制还是报价计算,一般都按《公路工程建设项目概算预算编制办法》(JTG 3830—2018)中的程序和要求进行。其中,企业管理费通常按一定费率取值,以各类工程的定额直接费为基数计算:

企业管理费=各类工程的定额直接费×企业管理费率 (7-5-9)

5)索赔利润的计算

一般对于工程延误的索赔,由于利润通常是包括在每项实施的工程内容的价格之中的,而单纯的延误工期并未影响某些项目的实施从而导致利润减少,因此工程师(或建设单位)往往很难同意在延误的索赔费用中再考虑利润损失。

在有些索赔事件中也是可以索赔利润的,索赔利润款额的计算通常与原中标合同价中的利润率保持一致,即

利润额=(直接费索赔额+工地管理费索赔额+企业管理费索赔额)×合同价中的利润率

(7-5-10)

6)利息的计算

无论是建设单位拖付工程款或已批准的索赔款,或者是工程变更和工期延误引起的承包人的投资增加,还是建设单位的错误扣款,都会引起承包人的融资成本增加。按单利计息,其计息按式(7-5-11)计算:

利息额=迟付款金额×迟付款日利率×迟付款时间(日) (7-5-11)

迟付款日利率可按当期银行的贷款利率、当期银行的透支利率、合同双方协议的利率取值。在投标书附录中已有约定的,按约定的利率取值;没有约定的,协商确定取值。

3. 索赔费用的计算方法

（1）分项计算法

分项计算法是以每个干扰事件为对象,以承包人为某项索赔工作所支付的实际开支为依据,向建设单位要求经济补偿。每项索赔费用,是计算该事项的影响导致承包人发生的超过原计划的费用,也就是该项工程施工中所发生的额外的人工费、材料费、施工机械使用费,以及相应的管理费,有些索赔事项还可以包含应得的利润。

分项计算法可以分为三步:

①分析每个或每类干扰事件所影响的费用项目。这些费用项目一般与合同价中的费用项目一致,如直接费、管理费、利润等。

②用适当方法确定各项费用,计算每个费用项目受索赔事件影响后的实际成本或费用,与合同价中的费用相比较,求出各项费用超过原计划的部分。

③将各项费用汇总,即得到总费用索赔值。

也就是说,在直接费(人工费、材料费和施工机械使用费之和)超出合同中原有部分的额外费用的基础上,再加上应得的管理费(工地管理费和总部管理费)和利润,即承包人应得的索赔款额。这部分实际发生的额外费用客观地反映了承包人的额外开支或者实际损失,是承包人经济索赔的证据资料。

为了准确计算实际的成本支出,承包人在现场的成本记录或者单据等资料都是必不可少的,一定要在项目施工过程中注意收集和保留。表7-5-1给出了分项计算法的示例,供参考。

分项计算法示例

表7-5-1

序号	费用项目	金额(元)	序号	费用项目	金额(元)
1	工程延误	256000	5	利息支出	8000
2	工程中断	166000	6	利润=(1+2+3+4)×15%	69600
3	工程加速	16000	7	索赔总额	541600
4	附加工程	26000			

（2）总费用法

总费用法基本上是在采用总索赔的方式时才采用的索赔款的计算方法。也就是说,当发生多次索赔事项以后,这些索赔事项相互纠缠,无法区分,则重新计算出该工程项目的实际总费用,再从这个实际总费用中减去中标合同价中的估算总费用,得到要求补偿的索赔款额。即

索赔款额=实际总费用−合同价中的总费用 （7-5-12）

表7-5-2为总费用法的计算示例,供参考。

这里要明确,只有当无法采用分项计算法时,才采用总费用法。

在采用总费用法时要注意,管理费的计算一般要考虑实际损失,所以理论上应该按照实际的管理费率进行计算与核实。鉴于具体计算较困难,通常都采用合同价中的管理费率或者双方商定的费率。由实际工程成本的增加导致承包人支出的增加,必然增加承包人的融资成

本,所以承包人可以在索赔中计算利息支出。

总费用法计算示例 表7-5-2

序号	费用项目	金额(元)
1	合同实际成本	
	（1）直接费	
	①人工费	①200000
	②材料费	②100000
	③设备	③200000
	④分包商	④900000
	⑤其他	⑤ + 100000
	合计	1500000
	（2）间接费	+160000
	（3）总成本［（1）+（2）］	1660000
2	合同总收入（合同价+变更令）	−1440000
3	成本超支（1−2）	220000
	加：（1）未补偿的办公费和行政费	166000
	（按总成本的10%）	273000
4	（2）利润［（总成本的15%）+管理费］	+40000
	（3）利息	699000
	索赔总额	

（3）修正的总费用法

修正的总费用法是在总费用法计算的原则上,进行相应的修改和调整,去掉一些比较不确切的因素的影响,使索赔款的计算更加合理。修改和调整的内容主要有:

①将计算索赔款的时段限定在受到外界影响的时段,而不是整个施工期;

②只计算受到影响时段内的某项或者某些工作所受影响的损失,而不是计算该时段内所有施工工作的损失;

③考虑在受影响时段内受影响的工程项目施工中使用的人工、材料、施工机械等资源的供应情况;

④依据可靠的记录资料,如工程师的施工日志、现场施工记录等;

⑤与索赔事项无关的费用不列入总费用中;

⑥对合同价的估算费用重新进行核算,按照受影响时段内该项工作的实际单价进行计算,再乘实际完成的该项工作的工程量,得出调整以后的报价费用。

经过上述各项调整与修正,总费用能相对准确地反映出实际增加的费用,作为给予承包人补偿的款额。按修正以后的总费用法计算索赔款,可按下式计算。

索赔款额=某项工作调整后的实际总费用−该项工作在合同价中的总费用 （7-5-13）

（4）仲裁裁定法

仲裁裁定法是通过仲裁庭裁决,研究承包人的索赔资料和证据,并听取双方的质证、申辩,最后裁定一个索赔款额,以仲裁庭裁决的方式使承包人得到相应的经济补偿。

仲裁裁定法所依据的资料包括工程合同文件、承包人的索赔文件,以及一系列必要的证据和单据。此方法要求承包人提交充足的索赔证据,以便仲裁庭据此做出公正、合理的裁决。

（5）审判判决法

在符合法律规定的仲裁裁定无效或合同中约定产生争议后直接采用诉讼方式时，合同双方对索赔方面的争议可以通过法庭判决的方式来解决。法庭在仔细研究承包人的索赔资料和证据，并听取双方的质证、辩护，甚至通过社会中介机构进行司法鉴定后，判决一个索赔款额，以法庭判决的方式使承包人得到相应的经济补偿。近年来，索赔方面的审判判决案子逐渐增加。

4. 工程延期引起的费用索赔

1）工期索赔与费用索赔的关系

对于某个索赔事件（如施工拖期），工期索赔与费用索赔可能同时存在，也可能只存其一，这要根据具体的索赔事件进行具体的分析，分别予以考虑和论证，不应把它们简单地联为一体。有些人误认为不批准工期延长，便得不到经济补偿；或者得到了工期延长，便有权得到经济补偿；又或者得到了经济补偿，便不能再要求延长工期等，这些观点都是不正确的。

一般来讲，工期索赔与费用索赔存在如下关系。

①凡是建设单位方面的原因引起的工期延误，都属于可原谅的和应予补偿的延误，承包人既有权得到工期延长，又能够得到附加开支的经济补偿。

②有时，对可原谅并应予补偿的延误，利用网络进行分析，如果该项延误影响了关键路线（critical path method，CPM）上的工作，则应给予承包人延长工期；如果承包人能证实引起的附加开支，也可给予经济补偿；但如果该影响不涉及关键路线上的工作，便不应给予工期延长，只予以经济补偿。

③凡属于客观原因引起的工期延误，即这种延误来自大自然或社会事态的影响，既非承包人的责任，也不是建设单位所能控制的。这种延误可原谅，但不予以经济补偿，承包人有权获得工期延长，但不能得到经济补偿。

④凡属于承包人方面的原因引起的工期延误，承包人既无权得到工期延长，也不能获得任何经济补偿；唯一的办法是自费采取赶工措施，以免最终不能按期竣工而承担延误损害赔偿费。

根据上述情况，承包人应善于分析形成索赔事项的原因，从合同条件中引用索赔的依据，并系统地积累资料和证据，分别提出和论证工期索赔或费用索赔。

2）工期拖延时承包人可索赔的费用

（1）人工费的损失可能有两种情况

其一，为现场工人的停工、窝工引起的损失。一般按照施工日记上记录的实际停工工时（或工日）数和报价单上的人工费单价计算。有时考虑到工人处于停工状态，可以采用最低的人工费单价计算。

其二，为工效降低引起的损失。受索赔事件的干扰，工人虽未停工，却处于低效率施工状态，这使得现场施工所完成的工作量未达到计划的工作量，但用工数量达到或超过计划数。在这种情况下，要准确地分析和评价干扰事件的影响是极为困难的。通常以投标书所确定的劳动力投入量和工作效率为依据，与实际的劳动力投入量和工作效率相比较，以计算费用损失。

（2）材料费索赔

一般工期拖延中没有材料的额外消耗，但工期拖延可能造成承包人订购的材料推迟交货，而使承包人蒙受损失。这种损失可凭实际损失证明索赔。另外，对于可调价合同，在工期延长的同时，材料价格上涨造成的损失，可用调值公式直接计算。

（3）机械费索赔

机械费的索赔与人工费相似。停工造成的设备停滞，一般按式(7-5-14)计算：

$$机械费索赔=停滞台班数×停滞台班费单价 \qquad (7-5-14)$$

停滞台班数按照施工日记计算。停滞台班费主要包括折旧费用、利息、保养费、固定税费等，一般为正常设备台班费的60%~70%。

如果是租赁的设备，可按租赁费计算。

（4）工地管理费

如果索赔事件造成总工期的拖延，则必须计算工地管理费。由于在施工现场停工期间没有完成计划工程量，或完成的工程量不足，承包人没有得到计划所确定的工地管理费，而在停工期间现场工地管理费的支出依然存在。按照索赔的原则，应赔偿的费用是这一阶段工地管理费的实际支出。如果这个阶段尚有工地管理费收入，例如在这一阶段完成部分工程，则应扣除工程款收入中所包含的工地管理费数额。但实际工地管理费的审核和分配是十分困难的，特别是在工程并未完全停止的情况下。

（5）企业管理费

对于工期延误的费用索赔，一般先计算直接费(人工费、材料费、机械费)损失，然后单独计算管理费。按照赔偿实际损失原则，应将承包人企业的实际管理费开支，按一定的、合理的会计核算方法，分摊到已计算好的工程直接费超支额。由于它以企业实际管理费开支为基础，所以其证实和计算都很困难。它的数额较大，争议也比较大，一般采用分摊方式，可用式(7-5-7)~式(7-5-9)计算。

3)非关键路线上活动拖延的费用索赔

由建设单位责任引起非关键路线活动的拖延，造成局部工作或工程暂停，且该非关键路线的拖延在时差范围内，不影响总工期，则没有总工期的索赔。这些拖延如果导致承包人费用的损失，则相关的费用索赔通常有以下几个方面：

①人工费损失。即在这种局部停工中，承包人已安排的劳动力、技术人员无法调到其他地方或做其他工作，或工程师(或建设单位)指令不做其他安排，这些损失应按实际计工单由建设单位支付，计算方法与前面相同。

②机械费损失。为这些局部工程专门租用或购置的设备已经进场，由于停工，这些设备无法挪为他用，停滞在施工现场，这一损失也应由建设单位承担。

在发生上述情况时，承包人应请示工程师，服从工程师对现场施工及对涉及工人、设备的安排指示。

③对于工地管理费，一般情况下，由于承包人当月完成的合同工程量变化不大，而且总工期没有拖延，故不存在对工地管理费的索赔。

5. 工程变更的费用索赔

工程变更的费用索赔不仅涉及变更本身，而且要考虑变更产生的影响。例如，所涉及的工期顺延,由变更引起的停工、窝工、返工、低效率损失等。

（1）工程量变更

工程量变更是最为常见的工程变更,它包括工程量的增加、减少,分项工程的删除或增加等情形。它可能是由设计变更或工程师和建设单位提出新的要求引起的,也可能是建设单位在招标文件中提供的工程量表不准确造成的。

①对于固定总价合同,工程量作为承包人需承担的风险,一般只有在建设单位修改设计的情况下才给承包人调整价格的机会。

②对于单价合同,工程量表中所列工程量仅为估算工程量,结算是按照实际完成的工程量来进行的,只有在竣工结算时有效合同价变化超过 15%,或当某一分项工程占合同价超过 2%,同时该分项工程量的增减幅度超过原工程量清单中工程量的 25% 时,才应调整该分项的合同单价。调整的一般规则是:工程量增加,该分项的单价降低;工程量减少,则该分项的单价增加,新单价仅适用于超过部分的工程量。

③按照 FIDIC 合同条件规定,建设单位可以删除部分工程,但这种删除仅限于建设单位不再需要这些部分工程的情况。建设单位不能将在本合同中删除的部分工程再另行发包给其他承包人,否则承包人有权对该被删除工程中所包含的现场管理费、上级管理费和利润提出索赔。

④对于附加工程,承包人无权拒绝,其价格计算应以合同单价为依据。工程量可以按附加工程的图纸或实际工程量计算。

⑤对于额外工程,承包人有权拒绝执行,或要求重新签订协议并重新确定价格。

（2）工程质量的变化

建设单位修改设计,提高工程质量标准,或工程师对符合合同要求的工程"不满意",指令承包人提高建筑材料、工艺、工程质量标准,都可能导致费用索赔。质量变化的费用索赔,主要通过量差和价差分析确定。

6. 加速施工的费用索赔

在工程承包实践中,承包人可以对如下情况提出加速施工的费用索赔:

①由非承包人责任造成工期拖延,建设单位希望工程能按时交付,由工程师指令承包人采取加速措施。

②工程未拖延,但由于运营等原因,建设单位希望工程提前交付,与承包人协商采取加速措施。

③由于发生索赔干扰事件,已经造成工期拖延,但双方对工期拖延的责任产生争执。在未明确责任的前提下,工程师(建设单位)指令承包人必须按期完工,承包人被迫采取加速措施。但最终经承包人申诉或经调解、仲裁,确定工期拖延为建设单位的责任,承包人工期索赔成功,则建设单位应补偿承包人为赶工而产生的费用。

加速施工的费用索赔计算是十分困难的,这是因为整个合同报价的依据发生了变化。它涉及劳动力投入的增加、劳动效率降低(由加班、频繁调动、工作岗位变化、工作面减小等导致)、加班费补贴;材料(特别是周转材料)的增加、运输方式的变化、使用量的增加;设备数量的增加、使用效率的降低;管理人员数量的增加;分包人索赔、供应商提前交货的索赔等。

7. 工程中断和合同终止的费用索赔

工程中断的费用索赔的计算基础基本上和工程延期的费用索赔相同。

对于合同终止的费用索赔,一般工程承包合同都有相应的规定,解除合同并不影响当事人的索赔权利。索赔值一般按实际费用损失确定,首先应进行工程的全盘清查,结清已完工程的价款,结算未完工程成本,以核定承包人的损失。另外,还可以提出表7-5-3所列的一些费用索赔。

合同终止时费用索赔内容   表7-5-3

费用项目	内容说明	计算基础
人工费	遣散工人的费用,给工人的赔偿金,善后处理工作人员的费用	按实际损失计算
机械费	已交付的机械租金,为机械运行已做的一切物质准备费用,机械作价处理损失,已缴纳的保险费	
材料费	已购材料,已订购材料的费用损失,材料作价处理损失	
其他附加费用	分包人索赔 已缴纳的保险费、银行费用等 开办费和工地管理费损失	

二 工期索赔

1. 工期延长论证

承包人在施工索赔过程中,要对工期的延长进行论证,主要目的有两个:一个是延长工期,使承包人免于承担误期的罚金;另一个是探讨承包人获得经济补偿的可能性。

在进行工期延长论证时,承包人要明确以下几个基本工期概念:

①合同计划工期。这是承包人在投标报价文件中所确定的施工期,是为了完成招标文件中所规定的工作内容,承诺完成工程的工期。一般来说,其是建设单位在招标文件中所提出的施工期,是从工程开工之日起到建成工程所需要的施工天数。

②实际施工工期。这是在工程项目的施工过程中,在具体的施工条件下,建成"全部工作内容"实际所花费的施工天数。因为实际的施工天数会受到各种施工干扰因素的影响,可能超出合同计划工期。如果实际工期的增加是非承包人的原因造成的,则承包人有权利得到相应的工期补偿。即

$$\text{工期延长天数} = \text{实际工期} - \text{合同计划工期} \tag{7-5-15}$$

③理论工期。理论工期是指在施工过程中,假定按照原定施工效率,完成"全部工作内容"理论上所需要的工作时间。在实际施工工期和理论工期中所讲的"全部工作内容"是指实际上完成的全部工作,既包括合同范围以内的工作,也包括工程量的增加和超出合同范围的工作。

如果在实际工作中,承包人完全按照合同原定的施工效率施工,则实际工期应该等于理论工期;如果承包人采取一些加速施工的措施,则实际工期要小于理论工期,这时:

$$\text{加速施工挽回的工期} = \text{理论工期} - \text{合同计划工期} \tag{7-5-16}$$

2. 工期延误的计算

1)网络分析法

网络分析法是进行工期分析的首选方法,适用于各种干扰事件的工期索赔,利用计算机软件对索赔进行网络分析和计算。网络分析法就是通过分析干扰事件发生前后的网络计划,对比两种情况下工期计算的结果来确定工期索赔值,是一种科学、合理的分析方法。

网络分析中要考虑两个重要问题:

①实际工程施工中时差的利用问题。在实际工程施工中必须考虑到索赔干扰事件发生前的实际施工状态。多数索赔干扰事件都是在合同实施过程中发生的,在索赔干扰事件发生前,有许多活动已经完成或已经开始,这些活动可能已经占用了路线上的时差,使索赔干扰事件的实际影响远大于上述理论分析计算结果。

②不同索赔干扰事件对工期索赔之间的重叠影响。

2)比例分析法

前述的网络分析法是最科学的,也是最合理的方法。但它实施的条件是,必须有计算机的网络分析程序,否则分析极为困难,甚至无法进行。这是因为稍复杂工程的网络活动可能有几百个,甚至几千个,人工分析和计算几乎是不可能实现的。

在实际工程中,干扰事件常常仅影响某些单项工程、单位工程或分部分项工程的工期,要分析它们对总工期的影响,可以采用更为简单的比例分析方法。

(1)以占合同价的比例计算

例7-4为以占合同价的比例计算的案例。

【例7-4】 在某道路工程施工中,建设单位延迟提供某段软土路基的地基处理设计图纸,使该段路基工程延迟10周。该段路基工程合同价为240万元,整个合同段合同总价为800万元。则承包人提出工期索赔值为

工期索赔值=受干扰部分的工程合同价×该部分工程受干扰工期拖延量÷整个工程合同总价

=240万元×10周÷800万元=3周

(2)按单项工程工期拖延的平均值计算

例7-5为按单项工程工期拖延的平均值计算的案例。

【例7-5】 某工程有 A、B、C、D 四项单项工程。合同规定由建设单位提供水泥。在实际施工过程中,建设单位没能按合同规定的日期供应水泥,造成工程停工待料。根据现场工程资料和合同双方的信函等证明,由于建设单位水泥提供不及时对工程施工造成如下影响:

①A 单项工程 $500m^3$ 混凝土基础施工推迟21天;

②B 单项工程 $850m^3$ 混凝土基础施工推迟7天;

③C 单项工程 $225m^3$ 混凝土基础施工推迟10天;

④D 单项工程 $480m^3$ 混凝土基础施工推迟10天;

承包人在一揽子索赔中,对建设材料供应不及时造成的工期延长提出如下索赔:

总延长天数=21+7+10+10=48(天)

平均延长天数=48÷4=12(天)

工期索赔值可在平均延长天数的基础上,再适当考虑各单项工程的不均匀性对总工期的影响的增加值,于是有:

工期索赔值=12+4(为考虑不均衡性影响增加值)=16(天)

3)其他方法

在实际工作中,工期的补偿天数的确定方法可以是多样的,例如在干扰事件发生前由合同双方商讨,在变更协议或其他附加协议中直接确定补偿天数,或按实际工期延长记录确定补偿天数等。

● 本章任务训练

1. 简答题

(1)请简述施工索赔的概念。

(2)请简述按索赔目的对索赔进行的分类。

(3)请简述按索赔事件的性质对索赔进行的分类。

(4)请简述索赔的原因。

(5)请简述索赔的条件。

(6)请简述常见的索赔证据。

(7)请简述索赔程序。

(8)请简述索赔报告的一般内容。

(9)请简述反索赔的概念。

(10)请简述工期索赔和费用索赔的概念。

2. 案例分析题

案例一

某工程在按合同施工过程中遇到地震,造成了相应的损失。地震结束后,在规定时间内,承包人(施工单位)向项目监理机构通报了地震损失情况并提出了索赔要求,同时附上了索赔有关材料和证据。索赔报告中的基本要求如下:

(1)遭受地震造成的损失,应由建设单位承担赔偿责任。

(2)已建部分工程遭到破坏,损失200万元,应由建设单位承担赔偿责任。

(3)灾害使施工单位10人受伤,处理伤病的医疗费用和补偿金额总计10万元,建设单位应给予赔偿。

(4)施工单位总价值200万元的待安装设备彻底报废;施工单位租赁的施工设备损坏赔偿20万元,其他施工机械闲置损失3万元。其他单位临时停放在现场的一辆价值30万元的汽车被损毁。以上损失均应由建设单位承担赔偿责任。

(5)地震致使施工单位停工6天,要求合同工期顺延。

（6）由于工程被破坏，清理现场费4万元，应由建设单位支付。

问题：

（1）以上索赔是否合理？为什么？

（2）以上索赔中，承包人能成功索赔的工期和费用是多少？

（3）不可抗力风险承担的原则是什么？

案例二

施工过程中，某一关键工作面上发生了几种原因造成的临时停工：

（1）6月10—16日承包人的施工设备出现了从未出现过的故障。

（2）本应于6月14日交给承包人的图纸直到7月1日才完成交接。

（3）为了赶工期，承包人采取赶工措施，产生赶工措施费10万元。

（4）合同中规定：非承包人责任的停工损失为3万元/天，利润损失为3千元/天。

问题：承包人的可索赔工期是多少？可索赔费用是多少？

案例三

承包人（乙方）于2024年5月20日与建设单位（甲方）签订了修建建筑面积3000m²工业厂房的施工合同，乙方编制的施工方案和进度计划已获得监理工程师批准。该工程的基坑开挖土方量为5500m³，假设直接费单价为6.8元/m³，除直接费外的其他费的综合费率为直接费的20%。该基坑施工方案规定：土方工程采用租赁1台斗容量为1m³的反铲挖掘机施工（租赁费650元/台班）。甲、乙双方合同约定6月11日开工，6月20日完工。在实际施工过程中发生了如下几项事件：

（1）因租赁的挖掘机出现故障，晚开工2天，造成人员窝工10个工日；

（2）施工过程中，因遇软土层，接到监理工程师6月15日停工的指令，进行地质复查，配合用人工20个工日，配合用挖掘机5台班；

（3）6月19日接到监理工程师于6月20日的复工令，同时收到基坑开挖深度加深3m的设计变更通知单，由此增加土方开挖量1100m³；

（4）6月20—22日，因罕见特大暴雨迫使基坑开挖工作暂停，造成人员窝工10个工日；

（5）6月23日，配合用人工40个工日和挖掘机2台班，修复冲坏的道路，6月24日恢复挖掘工作，最终基坑于6月30日开挖完毕。

问题：

（1）上述哪些事件索赔成立？说明原因。

（2）每项事件工期索赔各是多少天？总计工期索赔是多少天？

（3）假设人工费单价为101元/工日，因增加用工所需的综合管理费为增加人工费的30%，则各项事件的费用索赔各是多少？总的费用索赔是多少？

第七章参考答案

第 八 章

工程合同终结管理与后评价

● 知识目标

(1)熟悉工程合同终结管理的主要任务、项目合同终结的工作与方法。
(2)熟悉工程合同后评价的作用和内容。

● 能力目标

(1)能够应用合同终结管理的基本理论和方法,从事合同终结管理相关工作。
(2)能够应用合同后评价的基本理论和方法,从事合同后评价相关工作。

● 素质目标

(1)培养工程合同终结管理和后评价的职业能力。
(2)增强工程合同终结管理和后评价的合法合规意识。

● 知识架构

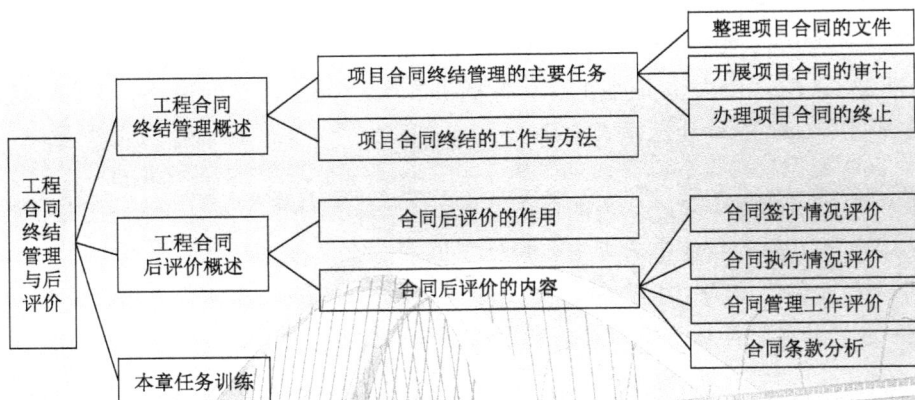

第一节 工程合同终结管理概述

一 项目合同终结管理的主要任务

项目合同终结工作是项目合同涉及的相关各方共同开展的一项工作,这涉及有关项目合同的中止、终止或终结,以及项目的完工交付等方面的内容。

项目合同的终结需要伴随一系列项目合同终结管理工作,包括合同成果的检查与验收、项目合同及其管理的终止等。需要说明的是,项目合同的提前终止也是项目合同终结管理的一种特殊工作。项目合同终结管理的主要任务包括以下几个方面:

1. 整理项目合同的文件

这些文件是指与项目合同和项目承发包合同有关的所有文件,包括合同书、合同变更记录、承包人提供的技术文件、承包人工作绩效报告以及与合同有关的检查结果记录等。合同的主文件和支持细节文件都应该经过整理并建立索引,以便日后使用。以上这些整理过的项目合同文件应该包括在最终的项目整体文档记录中。

2. 开展项目合同的审计

项目合同的审计是对项目合同工作的全面审查。合同审查的依据是有关的合同文件和相关的法律法规。合同审查的目标是确认项目合同管理活动的成功之处、不足之处以及是否存在违法违纪现象,以便为后续工作提供经验和教训。项目合同审计不能由项目建设单位内部的人员负责,而是由国家或专业审计部门负责。

3. 办理项目合同的终止

当承包人履行完项目合同规定的义务后,项目建设单位的合同管理团队就应该向承包人提交项目合同已经完成的正式通知。在项目合同中一般有关于正式结束和终止项目合同的协定条款,项目合同的终止活动必须按照这些合同条款规定的条件和流程开展。

二 项目合同终结的工作与方法

项目合同终结工作包括对合同最终成果的验收与交付,合同最终成果的产权或所有权的交付,以及项目合同终结手续的办理等。合同最终成果的验收与交付工作又包括项目最终成果的全面验收检查和出现问题时的整改,以及项目合同双方最终成果的交割和项目合同终止手续等。不同项目因最终成果不同可能会有不同的项目合同终结工作。

项目合同的终结方法包括:为合同终结提供任何处理合同条款与条件的方法,办理项目合同终结的法律手续的方法,确定项目团队和处于项目合同终结的项目相关利益主体的任务、责任和角色的方法,正式验收与移交项目合同规定最终成果的方法,在发生项目合同纠纷时处理纠纷的方法等。

第二节　工程合同后评价概述

一　合同后评价的作用

按照合同全生命期管理的要求,在合同执行后必须进行合同后评价工作,将合同签订和执行过程中的利弊得失、经验教训总结出来,提交分析报告,为后续工程合同管理提供借鉴。

二　合同后评价的内容

合同管理工作有较强的经验依赖性,只有不断总结经验,才能不断提高项目管理水平,才能通过工程项目不断培养出高水平的合同管理者,所以合同后评价工作十分重要。但现在人们并不十分重视这项工作,或尚未有意识、有组织地开展这项工作。合同后评价包括如下内容。

1. 合同签订情况评价

合同签订情况评价包括:

①预定的合同战略和策划是否正确? 目标是否已经顺利实现?

②招标文件分析和合同风险分析的准确程度。

③判断有无约定不明条款、有失公平甚至显失公平的条款、不切实际的条款,以及缺款少项的情况,若有以上情况,应该如何解决?

④合同环境调查、实施方案、工程预算以及报价方面的问题及经验教训。

⑤合同谈判中的问题及经验教训,以后签订同类合同的注意点。

⑥各个相关合同之间的协调问题等。

2. 合同执行情况评价

合同执行情况评价包括:

①合同执行战略是否正确?

②合同条款执行是否符合实际?

③是否达到预想的结果?

④在合同执行中出现了哪些特殊情况?

⑤应采取什么措施避免或减少损失?

⑥合同风险控制及利弊得失。

⑦各个相关合同在执行中协调的问题等。

合同执行情况评价还应考量合同全面履行的情况。全面履行包括实际履行和适当履行。实际履行就是标的的履行。施工合同的标的是施工项目,应考虑它是否符合协议书约定的标准。适当履行就是合同条款或者合同内容的全部履行。《建设工程施工合同(示范文本)》质量控制方面的条款如通用合同条款5.1质量要求、5.2质量保证措施、5.3隐蔽工程检查、5.4不合格工程的处理、5.5质量争议监测等,进度控制方面的条款如通用合同条款7.1施工组织设计、7.2施工进度计划、7.3开工、7.4测量放线、7.5工期延误、7.6不利物质条件、7.7异常恶劣的气候条件、7.8暂停施工、7.9提前竣工等。在合同实施过程中,统计这些条款各履行了多少条? 履约率有多大? 未能履行的原因和应对策略如何?

3. 合同管理工作评价

这是对合同管理工作本身,如工作职能、程序、工作成果的评价,包括:

①合同管理工作对工程项目的总体贡献或影响;

②合同分析的准确程度;

③在投标报价和工程实施中,合同管理子系统与其他职能部门协调中的问题,需要改进的地方;

④索赔处理和纠纷处理的经验与教训等。

4. 合同条款分析

合同条款分析包括:

①合同的具体条款,特别是对本工程有重大影响的合同条款的表述和执行过程中的利弊得失;

②合同签订和执行过程中所遇到的特殊问题的分析结果;

③对具体的合同条款如何表达更为有利等。

从订立合同直至合同终止,应由专人管理合同的评审和评价工作;前面介绍的评价内容可通过列表呈现,还可以更全面、细致。

● 本章任务训练

1. 简答题

(1)请简述项目合同终结管理的主要任务。

(2)请简述项目合同终结的主要工作内容。

(3)请简述合同后评价的作用。

(4)请简述合同后评价的主要内容。

2. 多选题

(1)下列选项属于合同签订情况评价的是(　　)。

A. 预定的合同战略和策划是否正确,目标是否已经顺利实现

B. 招标文件分析和合同风险分析的准确程度

C. 判断有无约定不明条款、有失公平甚至显失公平的条款、不切实际的条款,以及缺款少项的情况,若有以上情况应该如何解决

D. 合同环境调查、实施方案、工程预算、报价方面的问题及经验教训

E. 合同谈判中的问题及经验教训,以后签订同类合同的注意点

(2)下列选项属于合同执行情况评价的是(　　)。

A. 合同执行战略是否正确,合同条款执行是否符合实际,是否达到预想的结果

B. 在合同执行中出现了哪些特殊情况

C. 应采取什么措施避免或减少损失

D. 合同风险控制及利弊得失

E. 各个相关合同在执行中协调的问题

(3)下列选项属于合同管理工作评价的是( )。

A. 合同管理工作对工程项目的总体贡献或影响

B. 合同分析的准确程度

C. 在投标报价和工程实施中,合同管理子系统与其他职能部门协调中的问题

D. 索赔处理和纠纷处理的经验与教训

(4)下列选项属于合同条款分析的是( )。

A. 合同的具体条款,特别是对本工程有重大影响的合同条款的表达和执行过程中的利弊得失

B. 合同签订和执行过程中所遇到的特殊问题的分析结果

C. 对具体的合同条款如何表达更为有利

D. 预定的合同战略和策划是否正确

第八章参考答案

参 考 文 献

［1］ 全国人民代表大会. 中华人民共和国民法典［EB/OL］. (2020-05-28)［2024-09-13］. http://www.npc.gov.cn/c2/c30834/202006/t20200602_306457.html.

［2］ 全国人民代表大会常务委员会. 中华人民共和国招标投标法［EB/OL］. (2018-01-04)［2024-09-13］. http://www.npc.gov.cn/zgrdw/npc/xinwen/2018-01/04/content_2036284.htm.

［3］ 中华人民共和国国务院. 中华人民共和国招标投标法实施条例［EB/OL］. (2019-03-02)［2024-09-13］. https://www.gov.cn/gongbao/content/2019/content_5468831.htm.

［4］ 全国人民代表大会常务委员会. 中华人民共和国仲裁法［EB/OL］. (2017-09-12)［2024-09-13］. http://www.npc.gov.cn/zgrdw/npc/xinwen/2017-09/12/content_2028692.htm.

［5］ 全国人民代表大会常务委员会. 中华人民共和国建筑法［EB/OL］. (2019-05-07)［2024-09-13］. http://www.npc.gov.cn/c2/c30834/201906/t20190608_298044.html.

［6］ 全国人民代表大会常务委员会. 中华人民共和国公证法［EB/OL］. (2020-09-12)［2024-09-13］. http://www.npc.gov.cn/zgrdw/npc/xinwen/2017-09/12/content_2028695.htm.

［7］ 全国人民代表大会常务委员会. 中华人民共和国保险法［EB/OL］. (2015-02-28)［2024-09-13］. https://www.gov.cn/bumenfuwu/2009-02/28/content_2620272.htm.

［8］ 中华人民共和国国家发展和改革委员会. 招标公告和公示信息发布管理办法［EB/OL］. (2017-11-23)［2024-09-13］. https://www.gov.cn/zhengce/2017-11/23/content_5713259.htm.

［9］ 中华人民共和国国家发展和改革委员会, 中华人民共和国工业和信息化部, 中华人民共和国财政部, 等. 评标委员会和评标方法暂行规定［EB/OL］. (2001-07-05)［2024-09-13］. https://www.gov.cn/zhengce/2001-07/05/content_5713201.htm.

［10］ 中华人民共和国住房和城乡建设部, 中华人民共和国国家工商行政管理总局. 建设工程施工合同(示范文本)［EB/OL］. (2017-10-01)［2024-09-13］. https://www.mohurd.gov.cn/gongkai/zc/wjk/art/2017/art_17339_233757.html.

［11］ 中华人民共和国住房和城乡建设部, 国家市场监督管理总局. 建设项目工程总承包合同(示范文本)［EB/OL］. (2020-11-25)［2024-09-13］. https://www.mohurd.gov.cn/gongkai/zc/wjk/art/2020/art_17339_248376.html.

［12］ 中华人民共和国交通运输部. 公路工程标准施工招标资格预审文件［EB/OL］. (2017-11-30)［2024-09-13］. https://xxgk.mot.gov.cn/2020/jigou/glj/202006/t20200623_3312728.html.

［13］ 中华人民共和国交通运输部. 公路工程标准施工招标文件［EB/OL］. (2017-11-30)［2024-09-13］. https://xxgk.mot.gov.cn/2020/jigou/glj/202006/t20200623_3312728.html.

［14］ 中华人民共和国交通运输部. 公路工程标准施工监理招标资格预审文件［EB/OL］. (2018-02-14)［2024-09-13］. https://www.gov.cn/zhengce/zhengceku/2018-12/31/content_5446110.htm.

［15］ 中华人民共和国交通运输部. 公路工程标准施工监理招标文件［EB/OL］. (2018-12-31)［2024-09-13］. https://www.gov.cn/zhengce/zhengceku/2018-12/31/content_5446110.htm.

［16］ 中华人民共和国交通运输部. 公路工程标准勘察设计招标资格预审文件［EB/OL］.

(2018-02-14)［2024-09-13］. https://xxgk. mot. gov. cn/2020/jigou/glj/202006/t20200623_3312730. html.

［17］中华人民共和国交通运输部. 公路工程标准勘察设计招标文件［EB/OL］. (2018-02-14)［2024-09-13］. https://xxgk. mot. gov. cn/2020/jigou/glj/202006/t20200623_3312730. html.

［18］中华人民共和国国家发展和改革委员会,中华人民共和国工业和信息化部,中华人民共和国财政部,等. 工程建设项目施工招标投标办法［EB/OL］. (2013-03-11)［2024-09-13］. https://www. gov. cn/zhengce/2013-03/11/content_5713206. htm.

［19］中华人民共和国国家发展和改革委员会,中华人民共和国工业和信息化部,中华人民共和国住房和城乡建设部,等. 中华人民共和国标准材料采购招标文件［EB/OL］. (2017-09-04)［2024-09-13］. https://www. ndrc. gov. cn/fzggw/jgsj/fgs/sjdt/201709/t20170912_1107057. html.

［20］中华人民共和国国家发展和改革委员会,中华人民共和国工业和信息化部,中华人民共和国住房和城乡建设部,等. 中华人民共和国标准设备采购招标文件［EB/OL］. (2017-09-04)［2024-09-13］. https://www. ndrc. gov. cn/fzggw/jgsj/fgs/sjdt/201709/t20170912_1107057. html.

［21］中华人民共和国国家发展和改革委员会,中华人民共和国工业和信息化部,中华人民共和国住房和城乡建设部,等. 中华人民共和国标准勘察招标文件［EB/OL］. (2017-09-04)［2024-09-13］. https://www. ndrc. gov. cn/fzggw/jgsj/fgs/sjdt/201709/t20170912_1107057. html.

［22］中华人民共和国国家发展和改革委员会,中华人民共和国工业和信息化部,中华人民共和国住房和城乡建设部,等. 中华人民共和国标准设计招标文件［EB/OL］. (2017-09-04)［2024-09-13］. https://www. ndrc. gov. cn/fzggw/jgsj/fgs/sjdt/201709/t20170912_1107057. html.

［23］中华人民共和国国家发展和改革委员会,中华人民共和国工业和信息化部,中华人民共和国住房和城乡建设部,等. 中华人民共和国标准监理招标文件［EB/OL］. (2017-09-04)［2024-09-13］. https://www. ndrc. gov. cn/fzggw/jgsj/fgs/sjdt/201709/t20170912_1107057. html.

［24］中华人民共和国国家发展和改革委员会. 必须招标的工程项目规定［EB/OL］. (2018-03-27)［2024-09-13］. https://www. gov. cn/gongbao/content/2018/content_5296544. htm.

［25］中华人民共和国国家发展和改革委员会,中华人民共和国财政部,中华人民共和国住房和城乡建设部. 中华人民共和国标准施工招标资格预审文件［EB/OL］. (2007-11-01)［2024-09-13］. https://www. gov. cn/gongbao/content/2008/content_1018948. htm.

［26］中华人民共和国国家发展和改革委员会,中华人民共和国财政部,中华人民共和国住房和城乡建设部. 中华人民共和国标准施工招标文件［EB/OL］. (2007-11-01)［2024-09-13］. https://www. gov. cn/gongbao/content/2008/content_1018948. htm.

［27］中华人民共和国住房和城乡建设部,中华人民共和国国家工商行政管理总局. 建设工程监理合同(示范文本)［EB/OL］. (2012-03-27)［2024-09-13］. https://www. mohurd. gov. cn/gongkai/zhengce/zhengcefilelib/201204/20120423_209598. html.

［28］中华人民共和国国家发展和改革委员会,中华人民共和国工业和信息化部,中华人民共和国财政部,等. 工程建设项目招标投标活动投诉处理办法［EB/OL］. (2013-03-11)［2024-09-13］. https://www. gov. cn/zhengce/2004-06/21/content_5713209. htm.

［29］中华人民共和国住房和城乡建设部,中华人民共和国国家工商行政管理总局. 建设工程

设计合同示范文本(房屋建筑工程)[EB/OL].(2015-07-01)[2024-09-13].http://www.
jhs.moa.gov.cn/tzgg/201904/t20190418_6180981.htm.

[30] 中华人民共和国住房和城乡建设部,中华人民共和国国家工商行政管理总局.建设工程
设计合同示范文本(专业建设工程)[EB/OL].(2015-07-01)[2024-09-13].http://www.
jhs.moa.gov.cn/tzgg/201904/t20190418_6180981.htm.

[31] 中华人民共和国国家发展和改革委员会.必须招标的基础设施和公用事业项目范围规定
[EB/OL].(2018-06-06)[2024-09-13].https://www.gov.cn/zhengce/zhengceku/2018-12/31/
content_5433928.htm.

[32] 中华人民共和国交通运输部.公路工程建设项目投资估算编制办法:JTG 3820—2018
[S].北京:人民交通出版社股份有限公司,2019.

[33] 中华人民共和国交通运输部.公路工程建设项目概算预算编制办法:JTG 3830—2018
[S].北京:人民交通出版社股份有限公司,2019.

[34] 中华人民共和国交通运输部.公路工程估算指标:JTG/T 3821—2018[S].北京:人民交
通出版社股份有限公司,2019.

[35] 中华人民共和国交通运输部.公路工程概算定额:JTG/T 3831—2018[S].北京:人民交
通出版社股份有限公司,2019.

[36] 中华人民共和国交通运输部.公路工程预算定额:JTG/T 3832—2018[S].北京:人民交
通出版社股份有限公司,2019.

[37] 中华人民共和国交通运输部.公路工程机械台班费用定额:JTG/T 3833—2018[S].北
京:人民交通出版社股份有限公司,2019.

[38] 付盛忠,金鹏涛.建筑工程合同管理[M].3版.北京:北京理工大学出版社,2022.